21 世纪高职高专系列教材

电气控制与 PLC 技术

主　编　王兆晶
副主编　阎　伟
编　者　周照君　傅晓霞
　　　　马　坤　邱黛君

山东大学出版社

21世纪高职高专系列教材
编委会成员名单

出版说明

江泽民同志在党的十六大报告中指出:“教育是发展科学技术和培养人才的基础,在现代化建设中具有先导性、全局性作用,必须摆在优先发展的战略地位。……加强职业教育和培训,发展继续教育,构建终身教育体系。”职业教育作为我国教育事业的一个重要的组成部分,改革开放以来,尤其是近年来获得了长足发展。据不完全统计,目前全国各类高等职业学校有近千所,仅山东省就有五十多所,为国家和地方培养了一大批高素质的劳动者和专门人才。与此相适应,教材建设也硕果累累,各出版社先后推出了多部具有高职特色的高职高专教材。但总体上看,与迅猛发展的高职教育相比,教材的出版相对滞后,这不仅表现在教材品种相对较少,更表现在内容的针对性不强,某些方面与高职的专业设置、培养目标相去甚远。同时,地方性、区域性的高职教材也稍嫌不足。以山东省为例,作为一个经济强省、人口大省、教育大省,迄今为止,居然没有一套统编的,与山东省社会、经济、文化发展相适应的高职教材,严重地制约了我省高职高专教育的发展。

有鉴于此,我们在山东省教育厅的领导与支持下,依据教育部《高职高专教育基础课程教学基本要求》和《高职高专教育专业人才培养目标及规格》,并结合我省高职院校及专业设置的特点,组织省内二十余所高职院校长期从事高职高专教学和研究的专家、教授,编写了这套“21世纪高职高专系列教材”。该教材充分借鉴近年来国内高职高专院校教材建设的最新成果,认真总结和汲取省内高职院校和成人高校在教育、培养新时期技术应用性专门人才方面所取得的成功经验,以适应高职院校教学改革的需要为目标,重点突出实用性、针对性,力求从内容到形式都有一定的突破和创新。本系列教材拟分批出版,约一百余种。出齐后,将涵盖山东省高职高专教育的基础课程和主干课程。

编写这套教材，在我们是一次粗浅的尝试，也是一次学习、探索和提高的机会。由于我们水平有限，加之编写时间仓促，本教材无论在内容还是形式上都难免会存在这样那样的缺憾或不足，敬请专家和读者批评指正。

21世纪高职高专系列教材编写委员会

2015年8月

前 言

《电气控制与 PLC 技术》是机械类专业的一门专业课程，是机电类高职工科专业开设的实践性很强的技术应用型课程。该课程不仅为数控技术、机床课程设计等后续课程、集中实训和毕业设计打下基础，而且为相关专业学生考取初级、中级电工职业资格证书做准备。本书的重点内容是设备电气控制技术和可编程控制器在生产中的应用，本课程的突出特征是理论教学与实训一体化的编写形式，要求理论必须与实训操作密切结合，强调技术应用。

本教材是立足于高职应用型教育这一特点，以“加强基础知识、重视实践技术、培养动手能力”为指导思想，注重培养工程应用、工程设计的原则为出发点来编写的，从而体现一体化教材的特色。全书力求简明扼要，循序渐进，图文并茂。各章中均有习题及实训项目，还附有电器元件的性能和型号表等可供查阅。实训项目可由各学校根据教学条件自行安排。

全书共分七章：第一章为绪论，讲述电气控制技术的发展概况，电力拖动的基本概念，发电和用电，安全用电知识。第二章为低压电器的应用技术，介绍电器基本知识，常用低压电器的结构、工作原理、电器元件参数及选用。第三章介绍三相异步电动机的基本控制线路，电气原理图的绘制方法和设计方法等。第四章针对一般通用机械设备的电气控制系统进行了分析，并介绍了一般机械设备电路故障的检查方法、一般机械设备常见电气故障及检修方法。第五章介绍可编程序控制器的原理及特点，分别介绍了三菱 FX2N 系列、西门子系列、欧姆龙 C 系列、松下 FP1 系列 PLC 的系统组成、编程指令及应用。第六章介绍交直流调速速控制系统的工作原理、变频器的工作原理和应用技术。第七章介绍数控机床电气控制系统的应用技术。

本书可作为高职院校机电一体化、机械制造与自动化、数控技术应用专业的教材，亦可作为其他机械类、制造类专业的对应课程教材，同时适用于从事电气控制与 PLC 技术人员的培训、成人教育、职业教育等课程的应用。

本书第一、二章由阎伟编写；第三、四章由王兆晶编写；第五章由周照君、傅晓霞编写；第六章由王兆晶、傅晓霞编写；第七章由马坤编写。全书由王兆晶统稿。

编者在编写本书时参阅了相关书籍、专业文章、技术资料和图片等文献，在此向原作者致以衷心的感谢。如有不当之处，恳请见谅。

由于编者水平有限，书中难免存在错误和不妥之处，恳请广大专业人员和读者给予批评指正。

编 者

2015 年 8 月

目　录

第一章 绪 论

第一节 电气控制技术的发展概况

一、机床电气控制技术的发展过程

电气控制方式经历了一个从低级到高级的发展过程。最初采用的是手动控制。最早的自动控制是在20世纪的20～30年代出现的继电接触器控制，它可以实现对控制对象的启动、停车、调速、自动循环以及保护等控制。它所使用的控制器件结构简单、价格低廉、控制方式直观、易掌握、工作可靠、易维护，因此，在机床控制上得到长期、广泛的应用。它的缺点是体积大、功耗大、控制速度慢、改变控制程序困难，由于是有触点控制，在控制复杂时可靠性降低。

为了解决复杂和程序可变控制对象的需要，在20世纪60年代出现了顺序控制器。它是继电器和半导体元件综合应用的控制装置，具有程序改变容易、通用性较强等优点，广泛用于组合机床、自动线上。

随着计算机技术的发展，又出现了以微型计算机为基础的具有编程、存储、逻辑控制及数字运算功能的可编程序控制器(PLC)。PLC的设计以工业控制为目标，因而具有功率级输出、接线简单、通用性强，编程容易、抗干扰性强、工作可靠等一系列优点。它一问世，就以强大的生命力，大面积地占领了传统的控制领域。PLC的发展方向是微型、简易、价廉，以取代传统的继电器控制；而它的另一个发展方向是大容量、高速、高性能、对大规模复杂控制系统能进行综合控制。

数字控制是机床电气控制发展的另外一个重要方面。数控机床是数控技术用于机床的产物。它是20世纪50年代初，为适应中小型机械加工自动化的需要，应用电子技术、计算机技术、现代控制理论、精密测量技术、伺服驱动技术等现代科学技术的成果。数控机床既有专用机床生产率高的优点，又有通用机床工艺范围广、使用灵活的特点，并且还具有能自动加工复杂成型表面，精度高的优点。数控机床集高效率、高精度、高柔性于一身，成为当今机床自动化的理想形式。

柔性制造系统(FMS)是由一中心计算机控制的机械加工自动线，是数控机床、工业机器人、自动搬运车、自动化检测、自动化仓库组成的技术产物。加工计算机辅助设计 CAD、计算机辅助制造 CAM、计算机辅助质量检测 CAQ 及计算机信息管理系统将构成计算机集成制造系统 CIMS。它是当前机械加工自动化发展的最高形式。机床电气自动化的水平在电气控制技术迅速发展的进程中将被不断推向新的高峰。

二、现代电气控制技术的发展

电气控制技术是以各类电动机为动力的传动装置与系统为对象，以实现生产过程自动化的控制技术。电气控制系统是其中的主干部分，在国民经济的各行各业中得到广泛应用，是实现工业生产自动化的重要技术手段。

继电器—接触器控制系统至今仍是许多生产机械设备广泛采用的基本电气控制形式，也是学习更先进电气控制系统的基础。它主要由接触器、继电器、主令电器（如按钮、行程开关）等组成，由于其控制方式是断续的，故称为断续控制系统。它具有控制简单、方便实用、价格低廉、易于维护、抗干扰能力强等优点。但由于其接线方式固定，灵活性差，难以适应复杂和程序可变的控制对象的需要，且工作频率低，触点易损坏，可靠性差。

以软件手段实现各种控制功能、以微处理器为核心的可编程控制器（PLC），是 20 世纪 60 年代诞生并开始发展起来的一种新型工业控制装置。它具有通用性强、可靠性高、能适应恶劣的工业环境，指令系统简单、编程简便易学、易于掌握，体积小、维修工作少、现场连接安装方便等一系列优点，正逐步取代传统的继电器控制系统，广泛应用于冶金、石油、化工、造纸、纺织、采矿、机械制造、电力、环保等各个行业的控制中。

在自动化领域，可编程控制器与 CAD/CAM、工业机器人并称为加工业自动化的三大支柱，其应用日益广泛。可编程控制器技术是以硬接线的继电器——接触器控制为基础，逐步发展为既有逻辑控制、计时、计数，又有运算、数据处理、模拟量调节、联网通信等功能的控制装置。它可通过数字量或者模拟量的输入、输出满足各种类型机械控制的需要。可编程控制器及有关外部设备，均按既易于与工业控制系统联成一个整体，又易于扩充其功能的原则设计。可编程控制器已成为生产机械设备中开关量控制的主要电气控制装置。

随着科学技术的不断发展、生产工艺的不断改进，特别是计算机技术的应用和新型控制策略的出现，不断改变着电气控制技术的面貌。在控制方法上，从手动控制发展到自动控制；在控制功能上，从简单控制发展到智能化控制；在操作上，从笨重发展到信息化处理；在控制原理上，从单一的有触点硬接线继电器逻辑控制系统发展到以微处理器或微型计算机为中心的网络化自动控制系统。

现代电气控制技术综合应用了计算机技术、微电子技术、自动控制技术、检测技术、通信技术、网络技术、智能技术等先进的科学技术成果。

第二节 电力拖动的概念

在工业生产中,以电力为原动力,用电动机拖动生产机械使之运转的方法称为电力拖动。电力拖动是由电动机、控制和保护设备、生产机械传动装置三部分组成。

1.电动机

电动机是电力拖动的原动机,电动机是将电能转换成机械能的部件,通过对电能的控制以产生所需的转矩与转速。

电动机分为交流电动机和直流电动机两大类,它们的最大不同,在于交流电动机直接使用交流电源,而直流电动机需要专用电源供电。交流电动机具有结构简单、制造方便、维修容易、价格便宜等优点,所以使用较为广泛。如工厂中大量使用的各种机床、风机、机械泵、压缩机等。直流电动机具有良好的启动、制动、调速和控制性能。可以方便地在很宽的范围内平滑地调速,所以常被用于自动控制要求较高的场所,例如,精密机床的进给运动等。由于直流电动机有换向器和易磨损的电刷,因而必须经常对它们进行维护与检修。

随着电子技术的发展,20 世纪 60 年代出现了半导体晶闸管交流调速系统,尤其是 70 年代以后,大规模集成电路和电子计算机的发展,以及现代控制的应用,为开发交流调速创造了有利条件。例如,交流电动机的串级调速、变频调速、无换向器电动机调速等,都使交流电力拖动的调速范围加宽了,精度和稳定性也提高了。

2.控制和保护设备

控制设备是控制电动机运转的设备,控制设备是由各种控制电器(如开关、熔断器、接触器、继电器、按钮等)按照一定要求和规定组成的控制线路和设备,用于控制电动机的运行,即控制电动机的启动、正转、反转、调速和制动。保护设备是保护控制线路和电动机实现过载、过流、欠压和短路等作用(如低压断路器、热继电器、电流继电器等)。

3.生产机械及传动装置

生产机械是直接进行生产的机械设备,生产机械是电动机的负载。传动装置是电动机与生产机械之间的传动机械,用于传递动力,如减速箱、皮带、联轴器等。不同的生产机械对传动装置的要求也不同。因此,选用合理的传动装置,可使生产机械达到理想的工作状态。

第三节 发电、输电、配电和用电

电能是人类生产和生活中不可缺少的能源。从发电厂到电力用户中,各类电机和变压器成为电能产生、输送、分配等环节能量转换的必要设备。简单的电力系统如图 1-1 所示。

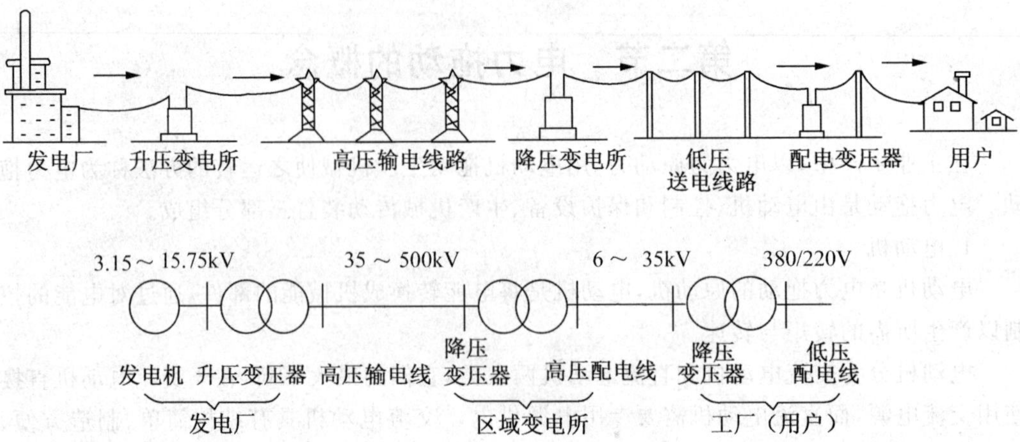

图 1-1　简单电力系统示意图

一、发电

电能是由煤炭、石油、水力、核能、太阳能和风能等一次能源通过各种转换装置而获得的二次能源。目前，世界各国电能的生产主要以火力发电、水力发电、原子能发电三种方式为主。

1. 火力发电

它是利用煤灰、石油燃烧后产生的热量来加热水，使之成为高温、高压蒸汽，再用蒸汽推动汽轮机旋转并带动三相交流同步发电机发电。

火力发电的优点是建厂速度快，投资成本相对较低。缺点是消耗大量的燃料，发电成本较高，对环境污染较为严重。目前，我国及世界上绝大多数国家仍以火力发电为主。火力发电汽轮机组作功流程，如图 1-2(a)所示，图 1-2(b)为火力发电厂远景。

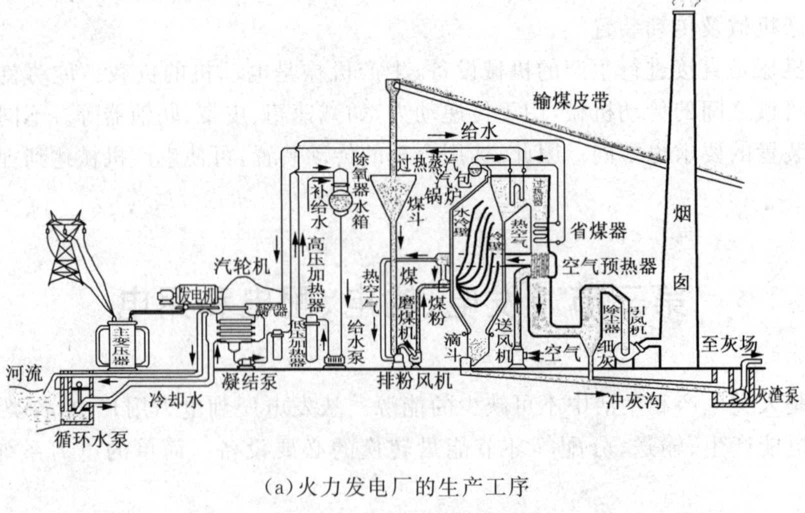

(a)火力发电厂的生产工序

图 1-2　火力发电示意图

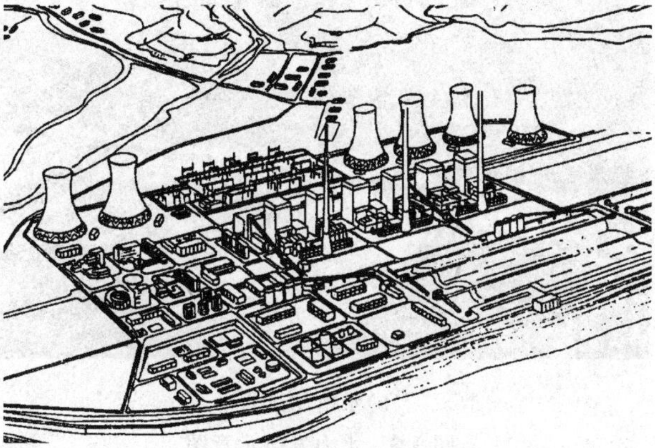

(b)火力发电厂远景

图 1-2　火力发电示意图

2.水力发电

它是通过水库或筑坝截流的方式来提高水位,利用水流的落差及流量去推动水轮机旋转并带动同步发电机发电,即利用水流的势能来发电。常见的坝后式水力发电厂作功流程,如图 1-3(a)所示。

水力发电的优点是发电成本低,不存在环境污染问题,并可以实现水利的综合利用。缺点是一次性投资大,建站时间长,而且受自然条件的影响较大。我国水力资源丰富,开发潜力很大,特别是长江三峡水利工程的建设成功[见图 1-3(b)],使我国水力发电量得到了大幅度的提高。

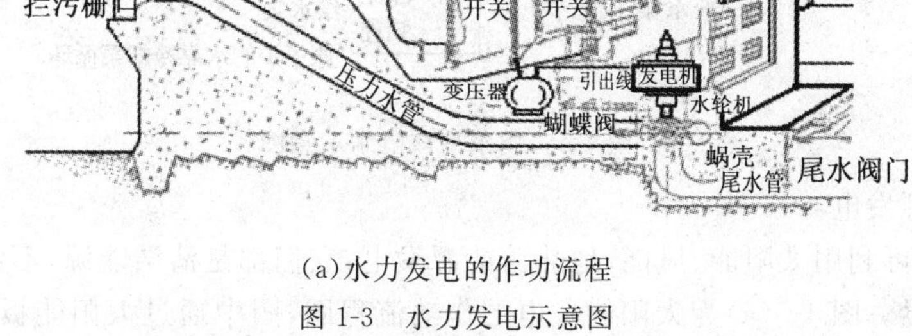

(a)水力发电的作功流程

图 1-3　水力发电示意图

(b)水电站远景

图 1-3 水力发电示意图

3. 核能发电

又称原子能发电，它是利用核燃料在反应堆中的裂变反应所产生的巨大能量来加热水，使之成为高温、高压蒸汽，再用蒸汽推动汽轮机旋转并带动同步发电机发电。图 1-4 所示为压水型核电站发电示意。

核能发电消耗的燃料少，发电成本较低，但建站难度大、投资高、周期长。全世界目前核能发电量约占总发电量的 20%，发展核能将成为必然趋势。

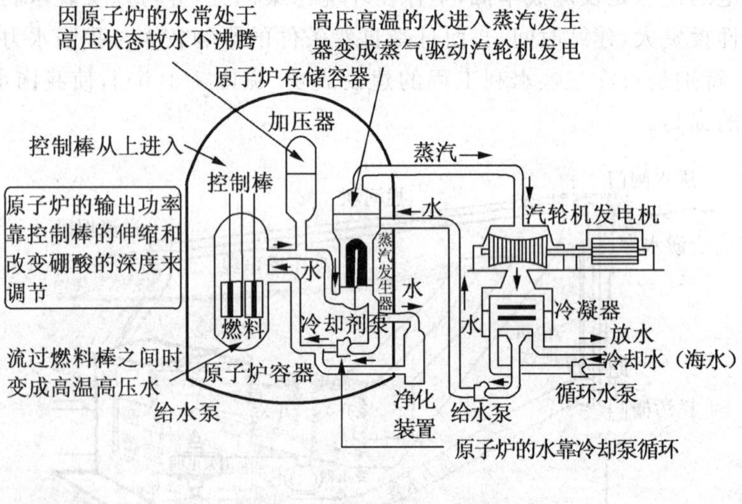

图 1-4 压水型核电站示意图

4. 新能源发电

此外，还可利用太阳能、风能、地热等能源发电，它们都是清洁能源，不污染环境，有很好的开发前景。图 1-5(a)为太阳能发电的作功流程图，图中通过太阳能板吸收光能转化为电能，再由并网逆变器把电能送入电网。光伏并网发电是光伏电源的发展方向，它代表了 21 世纪最具吸引力的能源利用技术。

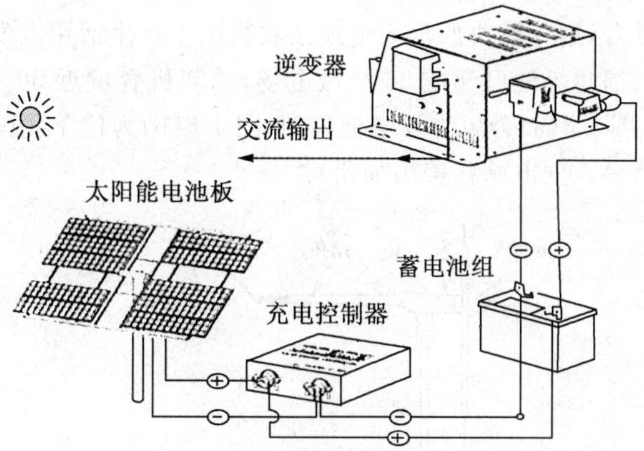

(a)太阳能发电的作功流程

(b)太阳能路灯

图 1-5 太阳能发电示意图

(1)太阳能发电　太阳能发电系统由太阳能电池组、太阳能控制器、蓄电池(组)组成。如输出电源为交流 220V 或 110V,还需要配置逆变器。各部分的作用为:

①太阳能电池板。太阳能电池板是太阳能发电系统中的核心部分,也是太阳能发电系统中价值最高的部分。其作用是将太阳的辐射能力转换为电能,或送往蓄电池中存储起来,或推动负载工作。

②太阳能控制器。太阳能控制器的作用是控制整个系统的工作状态,并对蓄电池起到过充电保护、过放电保护的作用。在温差较大的地方,合格的控制器还应具备温度补偿的功能。

③蓄电池。一般使用铅酸电池,在小型、微型系统中也有使用镍氢电池、镍镉电池或锂电池的。其作用是在有光照时将太阳能电池板所发出的电能储存起来,到需要的时候再释放出来。

④逆变器。太阳能的直接输出一般都是 12VDC、24VDC、48VDC。为能向交流 220V 的电器提供电能,需要将太阳能发电系统所发出的直流电能转换成交流电能,因此需要使用 DC-AC 逆变器。

(2)风力发电　风力发电是一种将风能转化为机械能,由机械能再转化为电能的技术。我国风能资源丰富，居世界首位，具有大规模发展的潜力。目前，全国累计安装小型风力发电机近 20 万台，用作解决西部无电地区农牧民生产生活用电发挥了重要作用。在内蒙古、新疆、广东、福建等地已建成 26 个风电场，总装机容量近 50 万千瓦，仅占全国电力装机的 0.11%。图 1-6(a)为风力发电流程图，图 1-6(b)为位于我国新疆的世界第二大风力发电站场景(第一大发电站在美国加州)。

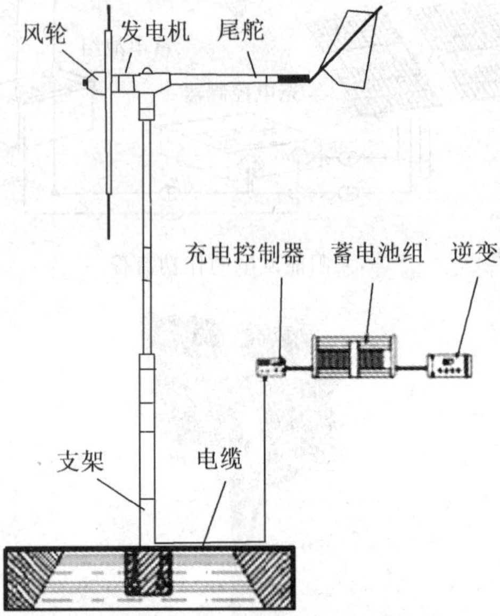

(a)风力发电作功流程

(b)新疆风力发电站场景

图 1-6　风力发电示意图

截至 2008 年底，全国发电设备装机容量达到 79253 万千瓦。其中，水电 17152 万千瓦，约占总容量的 21.64%；火电 60132 万千瓦，约占总容量的 75.87%；风电并网总容量 894 万千瓦。

2008 年全国发电量达到 34334 亿千瓦时，其中，水电发电量 5633 亿千瓦时，约占全部发电量的 16.41%；火电发电量 27793 亿千瓦时，约占全部发电量的 80.95%；核电发电量 684 亿千瓦时，约占全部发电量的 1.99%；风电 128 亿千瓦时，约占全部发电量的 0.37%。

二、输电

发电站一般都建在远离城市的能源产地或水陆运输比较方便的地方,因此发电站发出的电能必须要用输电线进行远距离的输送,以供给电能消费场所使用。为了增大供电的可靠性,提高供电质量和均衡供、用电的需求,目前世界各国都将本国或一个大地区的各发电站并入一个强大的电网,构成一个集中管理、统一调度的大电力系统(电力网)。

目前,世界各国都采用高压输电,并不断地由高压(110~220kV)向超高压(330~750kV)和特高压(750kV以上)升级。我国目前高压输电的电压等级有110kV、220kV、330kV、500kV、750kV等多种。由于受发电机本身结构及绝缘材料的限制,不可能直接产生这样高的电压,因此在输电时首先必须通过升压变压器将电压升高。

高压电能输送到用电区后,为了保证用电安全并合乎用电设备的电压等级要求,还必须通过各级降压变电站,将电压降至合适的数值。例如,工厂输电线路,高压为35kV或10kV,低压为380V和220V。

截至2008年底,全国电网220 kV及以上输电线路回路长度36.48万千米;220kV及以上变电设备容量138714万千伏安。

三、配电

当高压电送到工厂以后,由工厂的变、配电站进行变电和配电。变电是指变换电压的等级;配电是指电力的分配。

大、中型工厂都有自己的变、配电站。变电所(站)是变换和分配电能的场所,它由电力变压器和配电装置组成。为了满足用电设备对电压的要求,在用电地区设立降压变电所将电压降低。如图1-1所示,一般先将电压降至6~10kV,然后分配到各用电单位,再由单位变电所里的电力变压器降压至220/380V,供给各电能用户(如照明灯、电动机、办公设备及家用电器等)。

在配电过程中,通常把动力用电和照明用电分别配电,即把各动力配电线路和照明配电线路分开,这样可以缩小局部故障带来的影响。

四、用电

2008年全国社会用电量达到34268亿千瓦时。其中,第一产业用电量为879亿千瓦时;第二产业用电量为25863亿千瓦时,其中轻、重工业用电量分别为4511亿千瓦时和20984亿千瓦时;第三产业用电量为3498亿千瓦时;城乡居民生活用电量为4035亿千瓦时。

将各种类型的发电厂、输电线路及大量的电力用户组成一个多电厂、多电力用户的电力网络,可以避免由于个别发电厂因检修或发生故障而造成用电区域的大面积停电,从而提高供电的可靠性;也可以根据季节的不同,用来调配水力发电和火力发电的负荷,以节省燃料,实现经济运行;还可以进行电力的合理调度提高设备的利用率,减少整个地区的总备用容量。

供电部门在向用户供电时,将根据用户负荷的重要性、用电的需求量及供电条件等诸多因素，确定供电的方式，以保证供电质量。电力负荷通常分为三级：

(1)一级负荷　指停电时可能引起人身伤亡、设备损坏、产生严重事故或混乱的场所，如大型医院、地铁、机场、铁路运输、政府重要机关部门等，它们一般采用两个独立的电源系统供电。

(2)二级负荷　指停电时将产生大量废品、减产或造成公共场所秩序严重混乱的部门，如炼钢厂、化工厂、大城市热闹场所等，它们一般有两路电源线进行供电。

(3)三级负荷　指不属于上述一、二级电力负荷的用户，其供电方式为单路。

第四节　安全用电技术

一、触电

人体组织中有60%以上是含有导电物质的水分组成，因此人体是良导体。当人体接触设备的带电部分并形成电流通路时，就会有电流流过人体，导致触电。

1. 人体触电的原因

人体触电的原因主要有以下几点：

(1)没有遵守安全工作规程，人体直接接触或过于靠近电气设备的带电部分。

(2)电气设备安装不符合规程的要求，带电体的对地距离不够。

(3)人体触及到因绝缘损坏而带电的电气设备外壳和与之相连接的金属构架。

(4)靠近电气设备的绝缘损坏处或其他带电部分的接地短路处，遭到较高电位所引起的伤害。

(5)对电气常识不懂或一知半解，乱拉电线、灯具，乱动电器用具等造成触电。

2. 触电伤害

触电是指电流流过人体时对人体产生的生理和病理伤害。这种伤害是多方面的，可分为电击和电伤两种类型。

(1)电击　电击是由于电流通过人体而造成的内部器官在生理上的反应和病变，绝大部分触电死亡事故都是由电击造成的。

电击又可分为直接电击和间接电击两种：直接电击是指人体直接触及正常运行的带电体所发生的电击。间接电击则是指电气设备发生故障后，人体触及意外带电部分所发生的电击。因此，直接电击也称为正常情况下的电击，间接电击也称为故障情况下的电击。

(2)电伤　电伤是指由于电流的热效应、化学效应或机械效应对人体外表造成的局部伤害，它常常与电击同时发生。最常见的有电灼伤、电烙印、皮肤金属化三种类型。电击和电伤的特征与危害见表1-1。

表 1-1 电击和电伤的特征与危害

<table>
<tr><th colspan="2">名 称</th><th>特 征</th><th>说明与危害</th></tr>
<tr><td colspan="2">电击</td><td>电击常会给人体留下较明显的特征：电标、电纹、电流斑。电标是在电流出入口处所产生的革状或炭化标记；电纹是电流通过皮肤表面，在其出入口间产生的树枝状不规则发红线条；电流斑则是指电流在皮肤表面出入口处所产生的大小溃疡</td><td>电击是触电事故中最危险的一种。例如，致使人体产生痉挛、刺痛、灼热感、昏迷、心室颤动或停跳、呼吸困难、心跳停止等现象</td></tr>
<tr><td rowspan="3">电伤</td><td>电灼伤</td><td>①接触灼伤：接触灼伤发生在高压触电事故时，电流通过人体皮肤的进出口造成的灼伤
②电弧灼伤：电弧灼伤发生在误操作或过分接近高压带电体，当其产生电弧放电时，出现高温电弧</td><td>高温电弧会把皮肤烧伤，致使皮肤发红、起泡或烧焦和组织破坏；电弧还会使眼睛受到严重伤害</td></tr>
<tr><td>电烙印</td><td>由于电流的化学效应和机械效应引起，通常在人体与带电体有良好接触的情况下发生。电烙印有时在触电后并不立即出现，而是相隔一段时间后才出现</td><td>皮肤表面将留下与被接触带电体形状相似的肿块痕迹。电烙印一般不发炎或化脓，但往往造成局部麻木和失去知觉</td></tr>
<tr><td>皮肤金属化</td><td>由于极高的电弧温度使周围的金属熔化、蒸发并飞溅到皮肤表层，令皮肤表面变得粗糙坚硬，其色泽与金属种类有关，如灰黄色（铅）、绿色（紫铜）、蓝绿色（黄铜）等</td><td>金属化后的皮肤经过一段时间后会自行脱落，一般不会留下不良后果</td></tr>
</table>

二、安全电流和安全电压

1. 电流对人体的危害

电流对人体的危害与通过人体的电流强度、持续时间、电压、频率、人体电阻、通过人体的途径以及人体的健康状况等因素相关，而且各种因素之间有着十分密切的联系。

当电流流经人体时，会产生不同程度的刺痛和麻木，并伴随不自觉的皮肤收缩。肌肉收缩时，胸肌、膈肌和声门肌的强烈收缩会阻碍呼吸，而使触电者死亡。电流通过中枢神经系统的呼吸控制中心可使呼吸停止。电流通过心脏造成心脏功能紊乱，即室性纤颤，会使触电者因大脑缺氧而迅速死亡。

通过人体的电流越大，人体的生理反应越明显，感觉越强烈，从而引起心室颤动所需的时间越短，致命的危险就越大。不同的电流通过人体时产生的反应见表 1-2。

表 1-2　　　　不同的电流通过人体时产生的反应

电流(mA)	交 流 电(50Hz)	直 流 电
0.6～1.5	手指开始感觉发麻	无感觉
2～3	手指感觉强烈发麻	无感觉
5～7	手指肌肉感觉痉挛	手指感觉灼热和刺痛
8～10	手指关节与手掌感觉痛,手已难于脱离电源,但尚能摆脱电源	感觉灼热增加
20～25	手指感觉剧痛,迅速麻痹,不能摆脱电源,呼吸困难	灼热感更增,手的肌肉开始痉挛
50～80	呼吸麻痹,心室开始震颤	强烈灼痛,手的肌肉痉挛,呼吸困难
90～100	呼吸麻痹,持续 3 秒后或更长时间后心脏麻痹或心房停止跳动	呼吸麻痹
＞500	延续 1s 以上有死亡危险	呼吸麻痹,心室颤动,心跳停止

2.安全电压

为了使通过人体的电流不超过安全电流值,我国把安全电压的额定值分为 6V、12V、24V、36V 和 42V 五种等级。安全电压的等级和选用见表 1-3。

表 1-3　　　　安全电压等级和选用

安全电压(交流有效值)(V)		选用举例
额定值	空载上限值	
6	8	人体需要长期触及器具上带电体的场所
12	15	
24	29	工作面积狭窄且操作者易大面积接触带电体的场所,如锅炉、金属容器内
36	43	潮湿场所,如矿井、多导电粉尘及类似场所使用的行灯等
42	50	在有危险的场所使用的手持电动工具

三、人体触电的方式

人体触电的形式见表 1-4。

表 1-4 触电的形式

触电形式	触电情况	危险程度	图 示
单相触电（变压器低压侧中性点接地）	电流从一根相线经过电气设备、人体再经大地流到中性点。此时，加在人体上的电压是相电压	①若绝缘良好，一般不会发生触电危险；若绝缘被破坏或绝缘很差，就会发生触电事故 ②触电电流大，几乎是致命的，加上电弧灼伤，情况更为严重	
单相触电（变压器低压侧中性点不接地）	①在 1kV 以下，人触到任何一相带电体时，电流经电气设备，通过人体到另外两根相线对地绝缘电阻和分布电容而形成回路 ②在 6～10kV 高压侧中性点不接地系统中，电压高，所以触电电流大		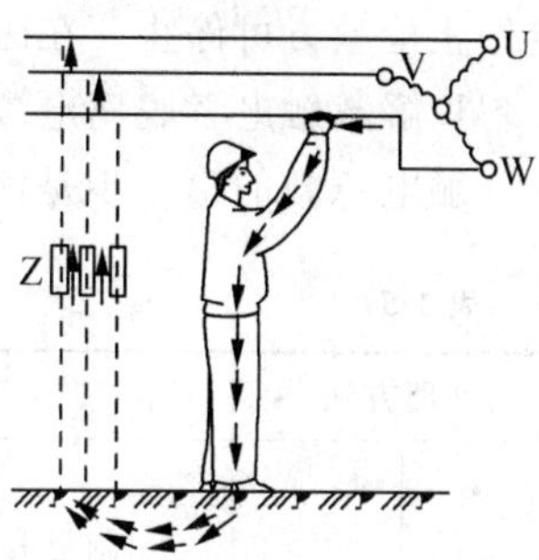
两相触电	电流从一根相线经过人体流至另一根相线，由于在电流回路中只有人体电阻，所以两相触电非常危险	触电者即使穿着绝缘鞋或站在绝缘台上也起不到保护作用	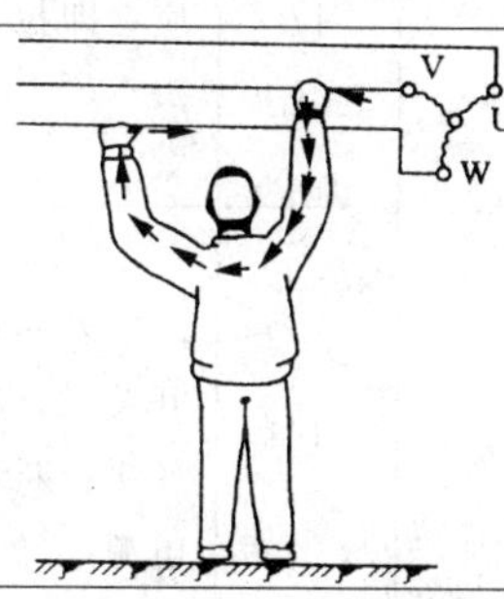
跨步电压触电	输电线断线落地或运行中的电气设备因绝缘损坏漏电时，电流经过接地体向大地作半环形流散，并在落地点或接地体周围地面产生强大电场。当有人走过落地点周围时，其两脚之间的电位差称为跨步电压。跨步电压触电时，电流从人的一只脚经下身通过另一只脚流入大地形成回路	电场强度随离断线落地点距离的增加而减小。距断线点 1m 范围内，约有 60% 的电压降；距断线点 2～10m 范围内，约有 24% 的电压降；距断线点 11～20m 范围内，约有 8% 的电压降	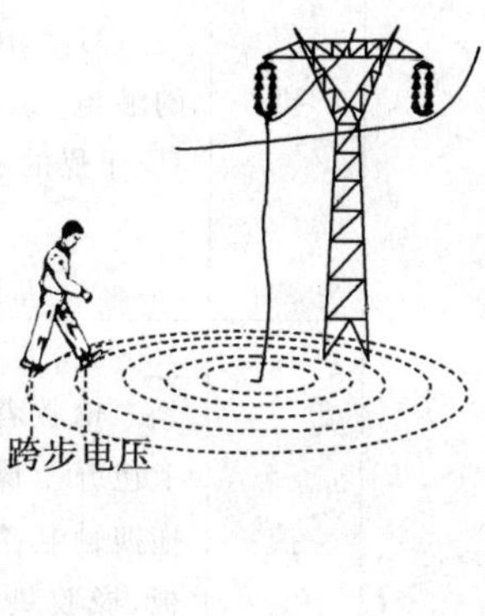

四、触电急救

一旦发现有人触电后，周围人员首先应迅速拉闸断电，尽快使其脱离电源。在施工现场发生触电事故后，应将触电者迅速抬到宽敞、空气流通的地方，使其平卧，采取相应的抢救方法。

触电急救的要点是：抢救迅速和救护得法。即用最快的速度在现场采取积极措施，保护触电者生命，减轻伤情，减少痛苦，并根据伤情需要迅速联系医疗救护等部门救治。

触电急救必须分秒必争，并坚持不断地进行，同时及早与医疗部门取得联系，争取医务人员接替救治。触电急救十分辛苦，要耐心一直抢救到触电者复活为止，或经过医生确定停止抢救方可停止。在医务人员未接替抢救前，现场人员不得放弃现场抢救。

1. 解救触电者脱离电源的方法

触电急救的第一步是使触电者迅速脱离电源，具体方法见表 1-5。

表 1-5　　使触电者脱离电源的方法

处理方法		实施方法	图示
低压电源	拉	附近有电源开关或插座时，应立即拉下开关或拔掉电源插头	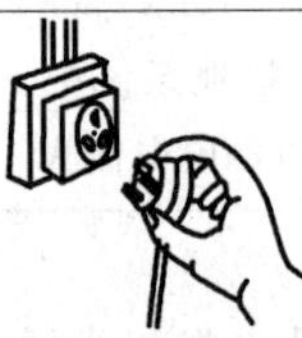 拔掉插头 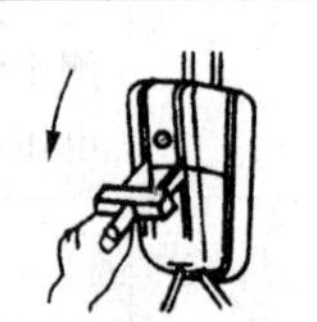 拉下电闸
	切	若一时找不到断开电源的开关时，应迅速用绝缘完好的钢丝钳或断线钳剪断电线，以断开电源	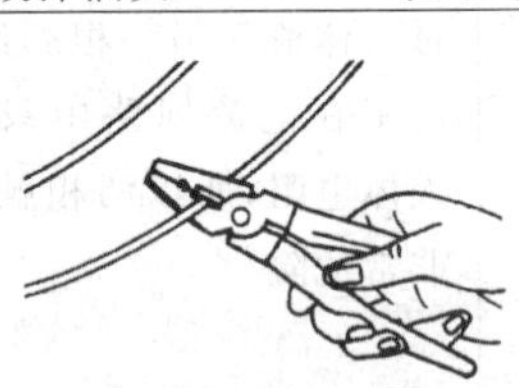 剪断连接的电线
	挑	对于由导线绝缘损坏造成的触电，急救人员可用绝缘工具、干燥的木棒等将电线挑开	 用干燥木棍挑开电线
	拽	抢救者可戴上手套或在手上包缠干燥的衣服等绝缘物品拖拽触电者；也可站在干燥的木板、橡胶垫等绝缘物品上，用一只手将触电者拖拽开来	 采取绝缘保护下单手拽开触电者

续表

高压电源	发现有人在高压设备上触电时，救护者应戴上绝缘手套、穿上绝缘靴后拉开电闸	 戴上绝缘手套、穿上绝缘靴后救护

2.触电急救的方法

对触电人员采取的急救方法见表 1-6。

表 1-6 触电的急救方法

急救方法	实施方法	图 示
进行简单诊断	①将脱离电源的触电者迅速移至通风、干燥处，将其仰卧，松开上衣和裤带 ②观察触电者的瞳孔是否放大。当处于假死状态时，人体大脑细胞严重缺氧，处于死亡边缘，瞳孔自行放大 ③观察触电者有无呼吸存在，摸一摸颈部的颈动脉有无搏动	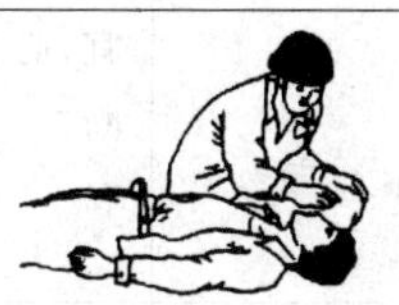  (a) 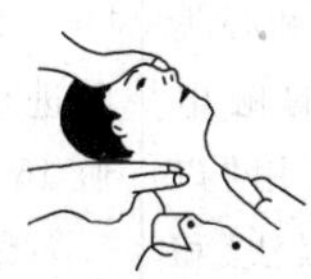 (b)
对“有心跳而呼吸停止”的触电者，应采用“口对口人工呼吸法”进行急救	①将触电者仰天平卧，颈部枕垫软物，头部偏向一侧，松开衣服和裤带，清除触电者口中的血块、假牙等异物。抢救者跪在病人的一边，使触电者的鼻孔朝天后仰 ②用一只手捏紧触电者的鼻子，另一只手托在触电者颈后，将颈部上抬，深深吸一口气，用嘴紧贴触电者的嘴，大口吹气 ③然后放松捏着鼻子的手，让气体从触电者肺部排出，如此反复进行，每 5 秒吹气一次，坚持连续进行，不可间断，直到触电者苏醒为止	 (a) 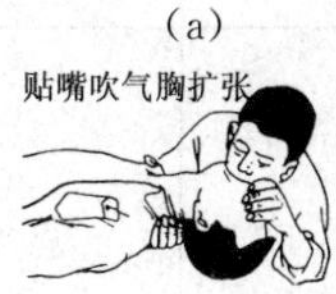 (b) 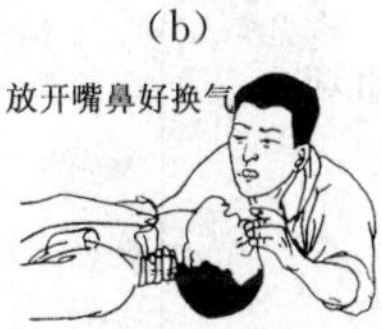 (c)

续表

对"有呼吸而心跳停止"的触电者,应采用"胸外心脏挤压法"进行急救	①将触电者仰卧在硬板上或地上,颈部枕垫软物使头部稍后仰,松开衣服和裤带,急救者跪跨在触电者腰部 ②急救者将右手掌根部按于触电者胸骨下二分之一处,中指指尖对准其颈部凹陷的下缘,当胸一手掌,左手掌复压在右手背上 ③掌根用力下压 3～4cm,然后突然放松。挤压与放松的动作要有节奏,每分钟 100 次为宜,必须坚持连续进行,不可中断	 (a) 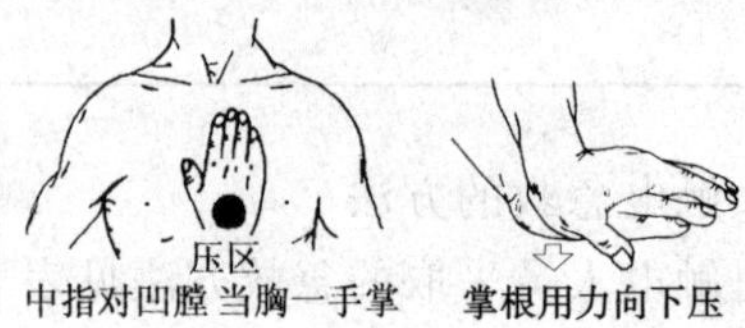 (b) 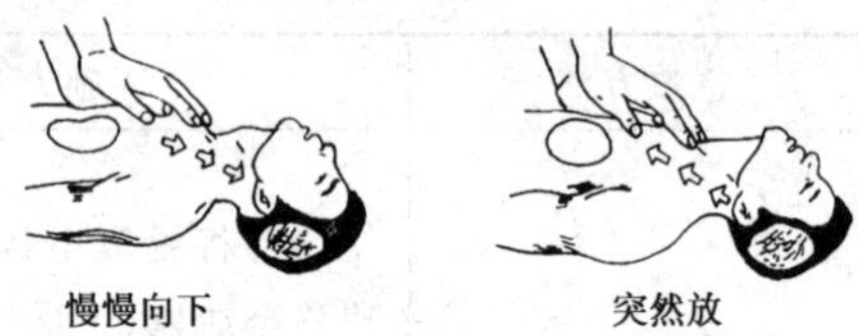 (c)
对"呼吸和心跳都已停止"的触电者,应同时采用"口对口人工呼吸法"和"胸外心脏挤压法"进行急救	①一人急救:两种方法应交替进行,即吹气 2 次,再挤压心脏 15 次,且速度都应快些 ②两人急救:每 5 秒吹气一次,每 1 秒挤压一次,两人同时进行	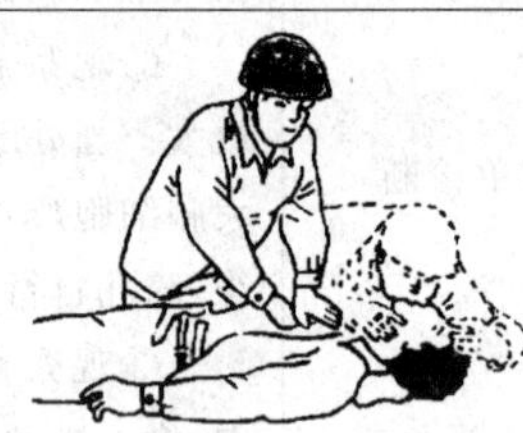 (a)  (b)
注意事项	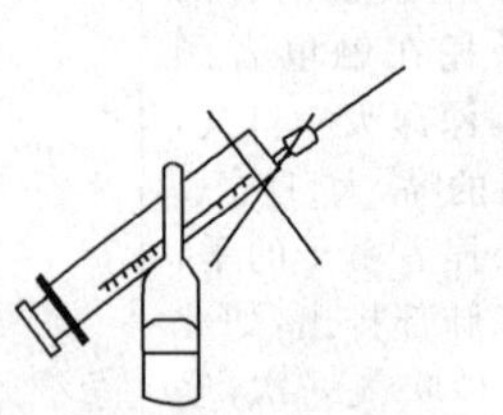 (a)禁止乱打肾上腺素等强心针	 (b)禁止用冷水浇淋

五、触电的预防措施

为了更好地使用电能，防止触电事故的发生，应严格遵守各种电气设备的操作规程和操作步骤，同时在生产和生活中用电必须采取一些安全措施。触电现象的预防措施见表1-7。

表 1-7　　触电现象的预防措施

触电现象	预防的措施
带电工作	①由经过培训、考试合格的电工进行，并有专业人员监护 ②采取安全措施（如穿上绝缘靴；站在橡胶皮上、干燥的绝缘物上或用橡胶布遮盖周围的导体和接地处）
移动和便携式电具、电气设备使用不当	①应建立经常或定期的检查制度，如发现故障或与有关规定不符合时，应及时加以处理（如采用保护接地或保护接零等安全措施） ②使用 24V 或 12V 的安全电压 ③采用漏电保护开关
设备接地不良	金属外壳的电气设备的电源插头一般使用三极插头，其中带有“⏚”符号的一极应接到专用的接地线上。禁止将地线接到水管、煤气管等埋于地下的管道上使用
临时线路	①定期的检查 ②严禁使用“一线一地”制安装
裸露的带电体	①按规定架空 ②设置警告牌或遮拦
跨步电压	当人体突然进入高电压线跌落区时，要保持镇静，在看清高压线的位置的情况下，双脚并拢，向远离高压线落地点的方向做小幅度跳动

习　题

1-1　机床电气控制技术经历了哪几个重要的发展过程？

1-2　什么叫做电力拖动？电力拖动由哪些部分组成的？

1-3　从电能的产生到使用电能经过哪些环节才能完成？

1-4　电力负荷分为哪几级？请举例说明。

1-5　人体触电的原因主要有哪些？

1-6　对触电人员如何进行正确的的急救？

1-7　对于触电现象的预防措施有哪些？

第二章　低压电器的应用

第一节　低压电器基本知识

根据外界特定的信号或要求，自动或手动接通和断开电路，断续或连续地改变电路参数，实现对电路或非电现象的切换、控制、保护、检测和调节的电器设备均称为电器。在工矿企业的电气控制设备中，采用的基本上都是低压电器。低压电器是电气控制系统中的基本组成元件，控制系统的优劣和低压电器的性能有直接的关系。

低压电器通常指工作在额定电压等级在交流 1200V、直流 1500V 以下的电路中起通断、控制、保护和调节作用的电气设备。在我国工业控制电路中最常用的三相交流电压等级为 380V，只有在特定行业环境下才使用其他电压等级，如煤矿井下的电钻用 127V、运输机用 660V、采煤机用 1140V 等。

直流电压常用等级有 110V、220V 和 440V，主要用于动力；6V、12V、24V 和 36V，主要用于控制；在电子线路中还有 5V、9V 和 15V 等电压等级。

一、低压电器的分类

低压电器种类繁多，功能各样，构造各异，用途广泛，工作原理也各不相同，常用低压电器的分类方法也很多。

1. 按用途或控制对象分类

(1)配电电器　主要用于低压配电系统中。要求系统发生故障时准确动作、可靠工作，在规定条件下具有相应的动稳定性与热稳定性，使电器不会被损坏。常用的配电电器有刀开关、转换开关、熔断器、断路器等。

(2)控制电器　主要用于电气传动系统中。要求寿命长、体积小、重量轻且动作迅速、准确、可靠。常用的控制电器有接触器、继电器、启动器、主令电器、电磁铁等。

2. 按动作方式分类

(1)自动电器　依靠自身参数的变化或外来信号的作用，自动完成接通或分断等动作，如接触器、继电器等。

(2)手动电器　用手动操作来进行切换的电器，如刀开关、转换开关、按钮等。

3. 按触点类型分类

(1)有触点电器　利用触点的接通和分断来切换电路，如接触器、刀开关、按钮等。

(2)无触点电器　无可分离的触点。主要利用电子元件的开关效应，即导通和截止来实现电路的通、断控制，如接近开关、霍尔开关、电子式时间继电器、固态继电器等。

4. 按工作原理分类

(1)电磁式电器　根据电磁感应原理动作的电器，如接触器、继电器、电磁铁等。

(2)非电量控制电器　依靠外力或非电量信号(如速度、压力、温度等)的变化而动作的电器，如行程开关、速度继电器、压力继电器、温度继电器等。

5. 按低压电器型号分类

为了便于了解文字符号和各种低压电器的特点，采用我国《国产低压电器产品型号编制办法》(JB 2930-81.10)的分类方法，将低压电器分为13个大类。每个大类用一位汉语拼音字母作为该产品型号的首字母，第二位汉语拼音字母表示该类电器的各种形式。

(1)刀开关 H，例如 HS 为双投式刀开关(刀型转换开关)，HZ 为组合开关。

(2)熔断器 R，例如 RC 为瓷插式熔断器，RM 为密封式熔断器。

(3)断路器 D，例如 DW 为万能式断路器，DZ 为塑壳式断路器。

(4)控制器 K，例如 KT 为凸轮控制器，KG 为鼓型控制器。

(5)接触器 C，例如 CJ 为交流接触器，CZ 为直流接触器。

(6)启动器 Q，例如 QJ 为自耦变压器降压启动器，QX 为星三角启动器。

(7)控制继电器 J，例如 JR 为热继电器，JS 为时间继电器。

(8)主令电器 L，例如 LA 为按钮，LX 为行程开关。

(9)电阻器 Z，例如 ZG 为管型电阻器，ZT 为铸铁电阻器。

(10)变阻器 B，例如 BP 为频敏变阻器，BT 为启动调速变阻器。

(11)调整器 T，例如 TD 为单相调压器，TS 为三相调压器。

(12)电磁铁 M，例如 MY 为液压电磁铁，MZ 为制动电磁铁。

(13)其他 A，例如 AD 为信号灯，AL 为电铃。

在选用低压电器时，通常根据型号来进行选用。

二、低压电器的结构

电器一般都有感测部分和执行部分两部分结构组成。感测部分接受外界输入的信号，并通过转换、放大、判断，作出有规律的反应，使执行部分动作，输出相应的指令，实现控制的目的。对于有触点的电磁式电器，感测部分大都是电磁机构；对于非电磁式的自动电器，感测部分因其工作原理不同而各有差异，但执行部分仍是触点。

电磁机构是各种自动化电磁式电器的主要组成部分一，它将电磁能转换成机械能，带动触点使之闭合或断开。如图 2-1 所示，电磁机构一般由电磁线圈、动铁心和静铁心三部分组成。

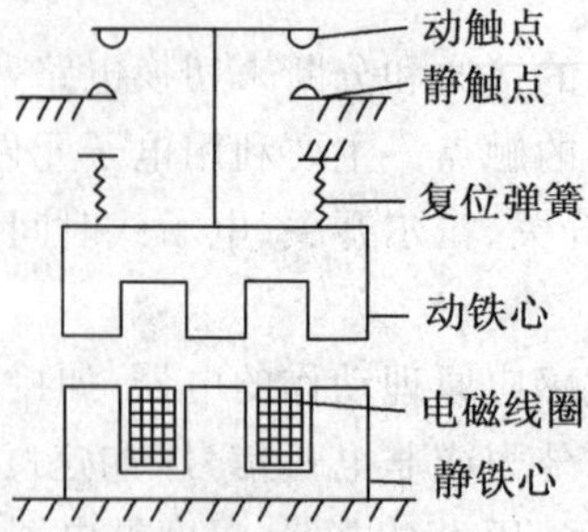

图 2-1　电磁式电器的电磁机构

电器的执行部件是触点系统，用来实现电路的接通或断开，有闭合状态、分断过程、断开状态三种工作状态。

第二节　低压开关

低压开关主要用作隔离、转换及接通和分断电路用，多用作机床电路的电源开关和局部照明电路的控制开关，有时也可用来直接控制小容量电动机的启动、停止和正、反转。

低压开关常用类型有刀开关、组合开关和低压断路器等。

一、开启式负荷开关

开启式负荷开关又称瓷底胶盖刀开关，简称闸刀开关。这种开关适用于交流频率50Hz、额定电压单相220V或三相380V、额定电流10A至100A的照明、电热负载及小容量电动机控制线路中，供手动不频繁地接通和分断电路，并起到短路保护作用。

1. 开启式负荷开关的结构

HK系列负荷开关是由刀开关和熔断器组合而成。它的瓷底座上装有进线座、静触点、熔体、出线座和带瓷质手柄的动触点，并有上、下胶盖用来灭弧，以防止人员操作时触电或开关分断时产生的电弧伤人。HK系列开启式负荷开关的外形和内部结构如图2-2(a)(b)(c)所示，其图形符号，如图2-2(d)所示。

(a)HK1-15/2 型

(b)HK1-30/3 型

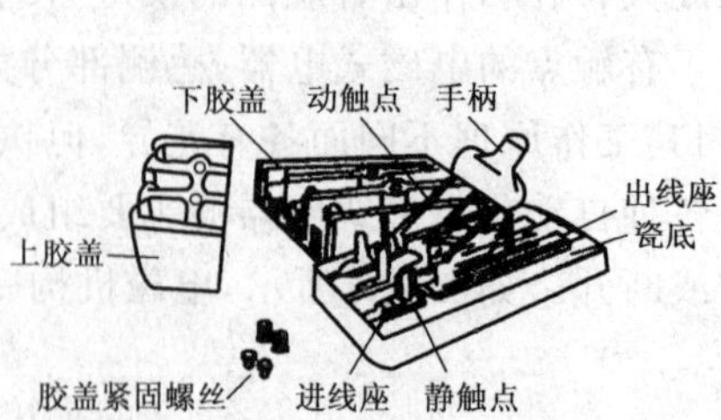

(c)负荷开关内部结构

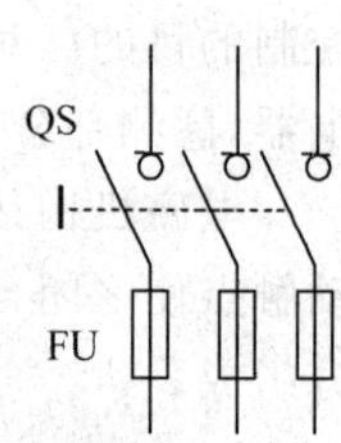

(d)图形符号

图 2-2　开启式负荷开关

开启式负荷开关的型号及含义如下：

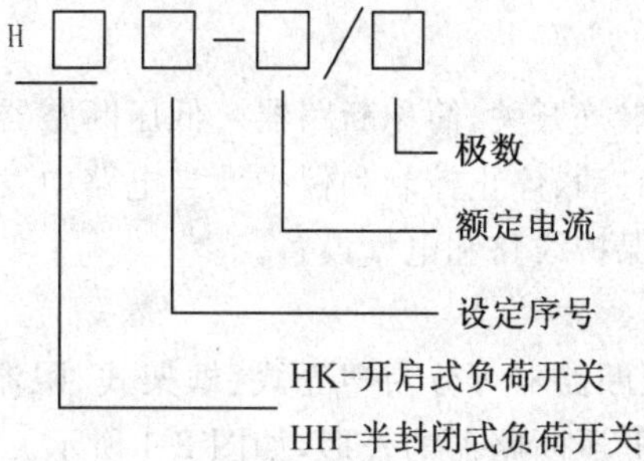

2. 开启式负荷开关的选用

(1)照明和电热负载　选用开关的额定电流应不小于所有负载的额定电流之和，额定电压为220V或250V的两极开关。

(2)电力负载　电动机容量不超过3kW时可选用，并使开关的额定电流应不小于电动机额定电流3倍，额定电压为380V或500V的三极开关。

二、封闭式负荷开关

HH系列封闭式负荷开关主要用于各种配电设备中手动不频繁接通和分断负载的电路。交流380V，60A及以下等级的封闭式负荷开关还可作为三相交流电动机(15kW以下)的不频繁接通和分断。其常见外形如图2-3所示。封闭式负荷开关的图形符号与开启式负荷开关相同。

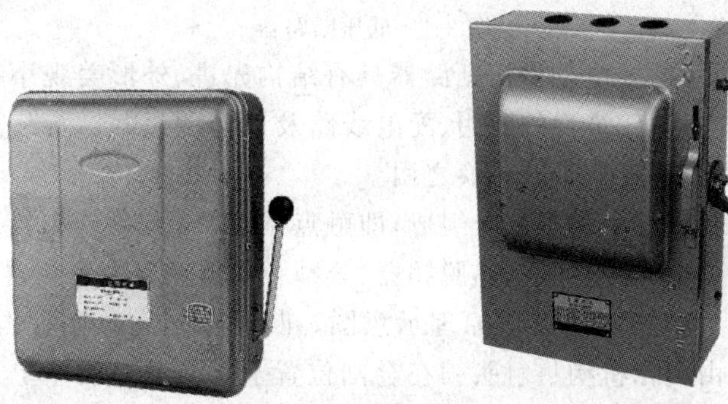

图2-3　封闭式负荷开关

1. 封闭式负荷开关的使用

(1)负荷开关应垂直安装在控制屏或开关板上使用。

(2)对负荷开关接线时，电源进线和出线不能接反。开启式负荷开关的上接线端应接电源进线，负载则接在下接线端，便于更换熔丝。

(3)封闭式负荷开关的外壳应可靠的接地，防止意外漏电使操作者发生触电事故。

(4)更换熔丝应在开关断开的情况下进行，且应更换与原规格相同的熔丝。

2. 封闭式负荷开关的选用

(1)用于照明或电热负载　负荷开关的额定电流应等于或大于被控制电路中各负载额定电流之和。

(2)用于电动机负载　封闭式负荷开关的额定电流一般为电动机额定电流的 1.5 倍。

三、低压断路器

低压断路器又称自动空气开关,简称断路器。低压断路器通常用做电源开关,有时也可用来做电动机不频繁的启动、停止控制和保护。当电路中发生短路、过载和失压等故障时,能自动切断故障电路,保护线路和电气设备。

1.低压断路器的结构

按结构形式分类,低压断路器可分为塑壳式、框架式、限流式、直流快速式、灭磁式和漏电保护式等六类。常用低压断路器的外形,如图 2-4 所示。

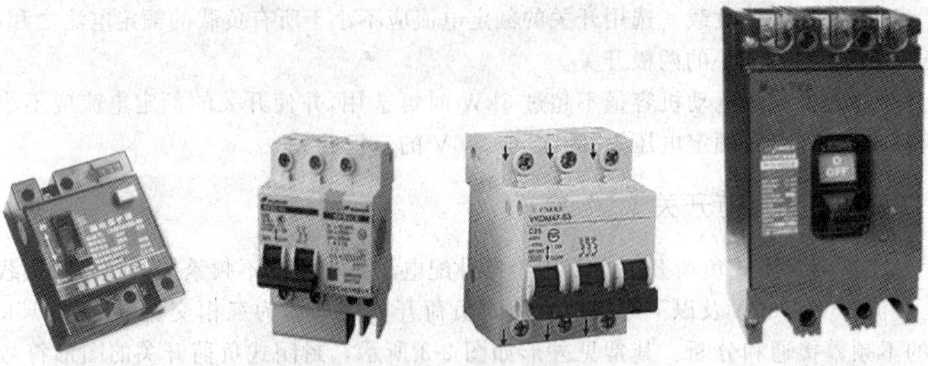

(a)DZL18-20 型　(b)DZ47L 系列　(c)DZ47 系列　(d)DZ10 系列

图 2-4　低压断路器

图 2-4(a)(b)所示的漏电型低压断路器具有结构先进、外形美观小巧等特点,广泛用于办公楼、住宅和类似的建筑物的照明、配电线路及设备的过载、短路、漏电保护等,也可在正常情况下,作为线路不频繁的转换之用。

低压断路器主要由三个基本部分组成,即触点系统、灭弧系统和各种脱扣器,包括过电流脱扣器、失压(欠电压)脱扣器、热脱扣器、分励脱扣器和自由脱扣器。

图 2-5(a)所示为断路器的工作原理示意图。断路器是靠操作机构手动或电动合闸的,触头闭合后,自由脱扣机构将触头锁在合闸位置上。当电路发生上述故障时,通过各自的脱扣器使自由脱扣机构动作,自动跳闸以实现保护作用。分励脱扣器则作为远距离控制分断电路之用。

过电流脱扣器用于线路的短路和过电流保护,当线路的电流大于整定的电流值时,过电流脱扣器所产生的电磁力使挂钩脱扣,动触点在弹簧的拉力下迅速断开,实现断路器的跳闸功能。

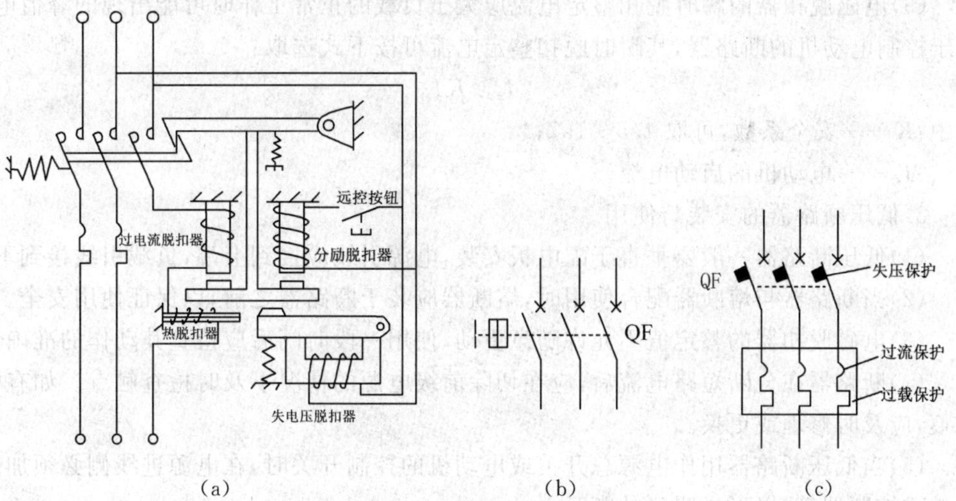

图 2-5 断路器工作原理示意图及图形符号

热脱扣器用于线路的过负荷保护。失压(欠电压)脱扣器用于失压保护,如图 2-5(a)所示,失压脱扣器的线圈直接接在电源上,处于吸合状态,断路器可以正常合闸;当停电或电压很低时,失压脱扣器的吸力小于弹簧的反力,弹簧使动铁心向上使挂钩脱扣,实现短路器的跳闸功能。分励脱扣器用于远方跳闸,当在远方按下按钮时,分励脱扣器得电产生电磁力,使其脱扣跳闸。

不同断路器的保护是不同的,使用时应根据需要选用。如图 2-5(b)(c)所示的图形符号,也可以标注其保护方式,断路器图形符号中标注了失压、过负荷、过电流三种保护方式。

DZ 系列低压断路器的型号及含义如下:

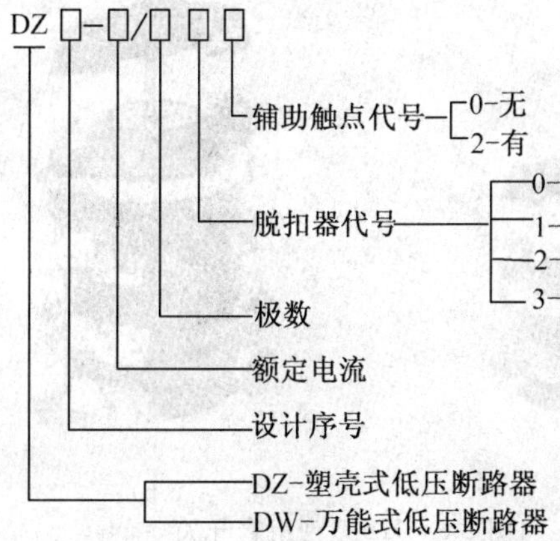

2. 低压断路器的选用

(1)低压断路器的额定电压和额定电流应不小于线路的正常工作电压和电路的实际工作电流。

(2)热脱扣器的额定电流应与所控制负载的额定电流一致。

(3)断路器的极限通断能力应不小于电路最大的短路电流。

(4)欠压脱扣器的额定电压应等于线路的额定电压。

(5)电磁脱扣器的瞬时脱扣整定电流应大于负载的正常工作时可能出现的峰值电流。用于控制电动机的断路器,其瞬时脱扣整定电流可按下式选取:

$$I_z \geqslant K I_{st} \tag{2-1}$$

式中:K——安全系数,可取 1.5~1.7;

I_{st}——电动机的启动电流。

3.低压断路器的安装与使用

(1)低压断路器一般要垂直于配电板安装,电源引线应接到上端,负载引线接到下端。

(2)当断路器与熔断器配合使用时,熔断器应装于断路器之前,以保证使用安全。

(3)电磁脱扣器的整定值不允许随意更动,使用一段时间后应检查其动作的准确性。

(4)断路器在分断短路电流后,应在切除前级电源的情况下及时检查触点。如有电灼烧痕,应及时修理或更换。

(5)当低压断路器用作电源总开关或电动机的控制开关时,在电源进线侧必须加装刀开关或熔断器等,以形成明显的断开点。

四、组合开关

组合开关又叫转换开关。这种开关适用于工频交流电压 380V 以下及直流 220V 以下的电器线路中,供手动不频繁的接通和断开电路、换接电源和负载以及作为控制 5kW 以下三相异步电动机的直接启动、停止和换向。

组合开关在机床设备和其他设备中使用较广泛,它体积小,灭弧性能比刀开关好,接线方式有多种。常见的 HZ 系列组合开关的外形如图 2-6 所示。该系列开关具有通用性强、技术性能及经济效果好的优点。

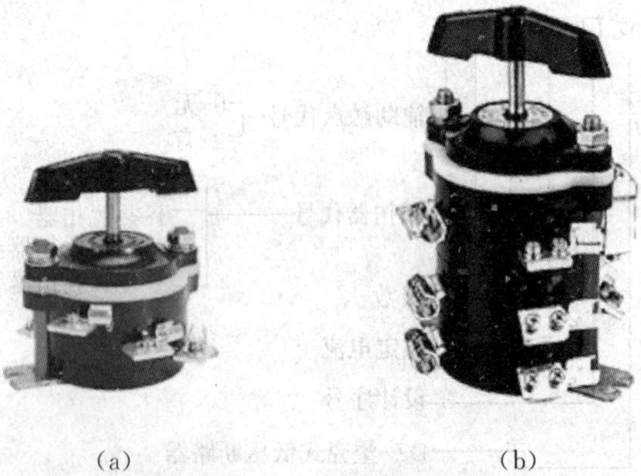

(a)　　(b)

图 2-6　HZ 系列组合开关

HZ 系列组合开关的型号及含义如下:

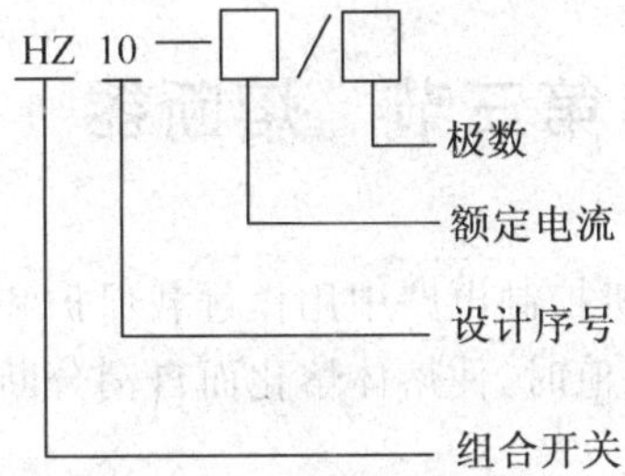

1.组合开关的结构

HZ 系列组合开关是由分别装在数层绝缘体内的动静触点组合而成。开关的顶盖部分是由滑板、凸轮、扭簧和手柄等构成的操作机构。由于采用了扭簧储能,可使触点快速闭合或分断,从而提高了开关的通断能力。HZ10-10/3 型组合开关的内部结构和图形符号,如图 2-7 所示。

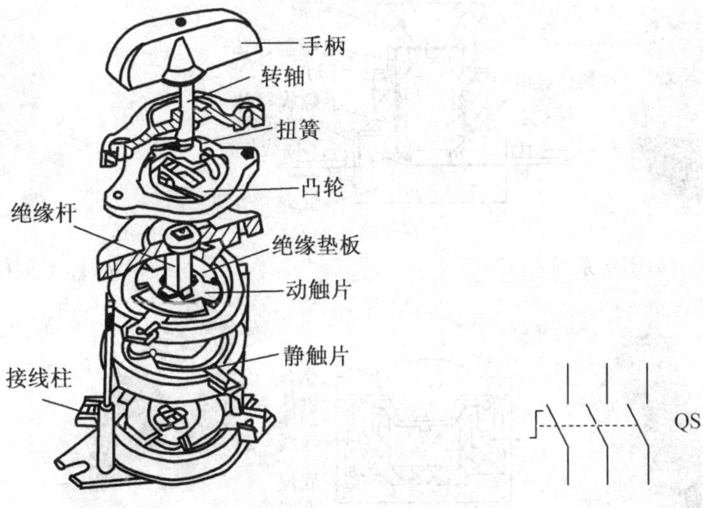

(a)内部结构　　(b)图形符号

图 2-7　HZ10-25/3 型组合开关

2.组合开关的选用

应根据极数、电源种类、电压等级及负载的容量选用。

(1)用于照明或电热电路　组合开关的额定电流应等于或大于被控制电路中各负载电流的总和。

(2)用于电动机电路　组合开关的额定电流一般取电动机额定电流的 1.5～2.5 倍。

3.组合开关的使用

(1)组合开关的通断能力较低,当用于控制电动机作可逆运转时,必须在电动机完全停止转动后,才能反向接通。

(2)当操作频率过高或负载的功率因数较低时,转换开关要降低容量使用,否则会影响开关寿命。

第三节　熔断器

熔断器是低压电路和电动机控制电路中用作过载保护和短路保护的电器。它串联在电路中，当通过的电流大于规定值时，使熔体熔化而自动分断电路。

一、熔断器的结构

熔断器主要由熔体、安装熔体的熔管和熔座三部分组成。熔体的材料通常有两种：一种是由铅、铅锡合金或锌等低熔点材料制成，用于小电流电路；另一种是由银、铜等较高熔点的金属制成，多用于大电流电路。常见熔断器的外形和内部结构，如图 2-8 所示。

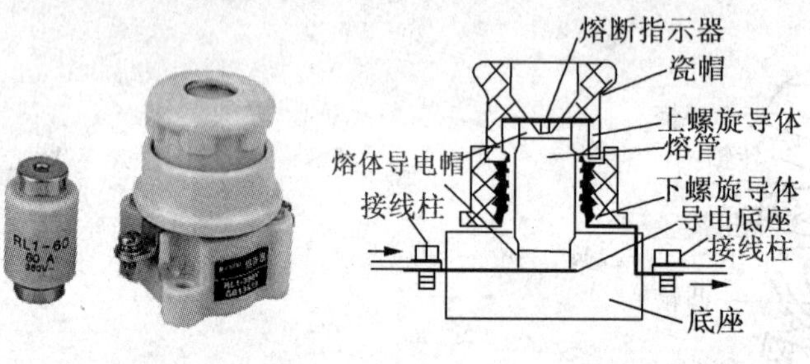

(a)RL1 系列

(b)RT18 系列(带熔断器指示)

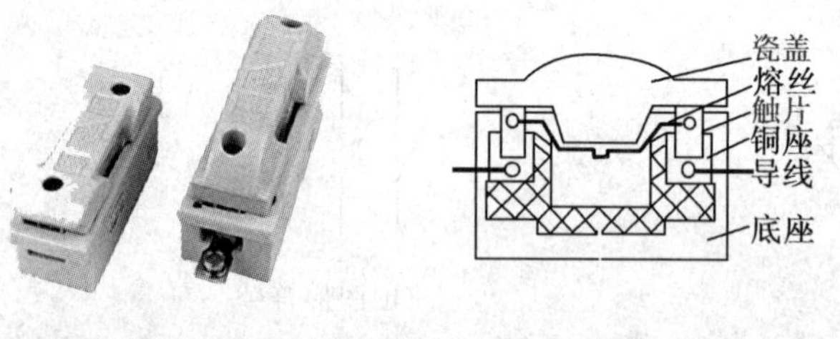

(c)RC1A 系列

(d)RM10 系列

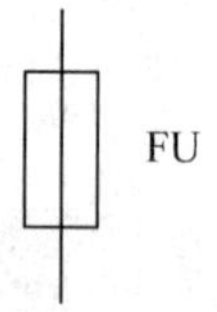

(e)图形符号

图 2-8　低压熔断器

熔断器的型号含义如下：

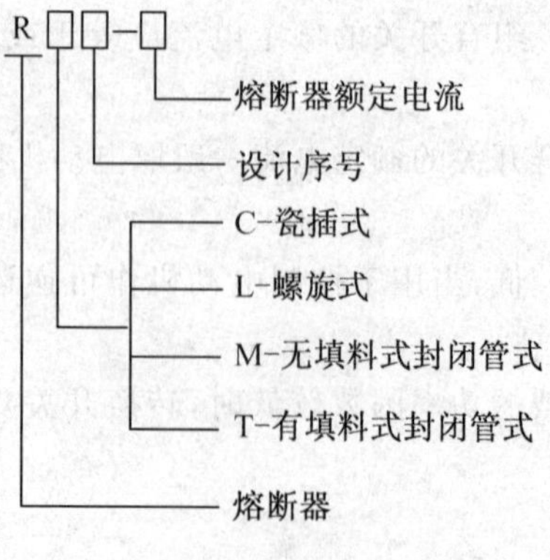

二、熔断器的使用与维护

1. 应正确选用熔断器和熔体。对不同性质的负载，如照明电路、电动机线路的主电路和控制电路等，应分别保护，并装设单独的熔断器。

2. 安装螺旋式熔断器时，必须注意将电源线接到瓷底座的下接线端(即低进高出的原则)，以保证安全。

3. 瓷插式熔断器安装熔丝时，熔丝应顺着螺钉旋紧方向绕过去，同时应注意不要划伤熔丝，也不要把熔丝绷紧，以免减小熔丝截面尺寸或插断熔丝。

4. 更换熔体时应切断电源，并应换上相同额定电流的熔体。

三、熔断器的选用

1. 应根据使用场合选择熔断器的类型

电网配电一般用管式熔断器；电动机保护一般用螺旋式熔断器；照明电路一般用瓷插式熔断器；保护可控硅元件则应选择快速熔断器。

2. 熔断器规格的选择

(1)对于变压器、电炉和照明等负载，熔体的额定电流应略大于或等于负载电流。

(2)对于输配电线路，熔体的额定电流应略大于或等于线路的安全电流。

(3)对电动机用作短路保护时，应按电动机启动时间的长短来选择熔体的额定电流。

第四节　交流接触器

接触器是一种自动的电磁式开关，适用于远距离频繁地接通或断开交、直流主电路及大容量控制电路。它的控制对象主要是电动机，它不仅能实现远距离自动操作和欠电压释放保护功能，而且具有控制容量大、工作可靠、操作频率高、使用寿命长等优点，在电力拖动系统中得到广泛应用。按通过的电流种类，可分为交流接触器和直流接触器。此节只介绍常用的交流接触器。

一、交流接触器的结构和工作原理

交流接触器主要由电磁系统、触点系统、灭弧装置及辅助部件等组成。其常见外形如图 2-9 所示。其中 CJ20 系列是较新的产品；CJX2 系列交流接触器适用于交流 50Hz 或 60Hz，电压至 660V、电流至 780A 的电路中，供远距离接通与分断电路及频繁启动、控制交流电动机，接触器还可加装积木式辅助触头组、空气延时头、机械联锁机构等附件，组成延时接触器、可逆接触器、星—三角启动器，并且可以和热继电器直接安装组成电磁启动器。

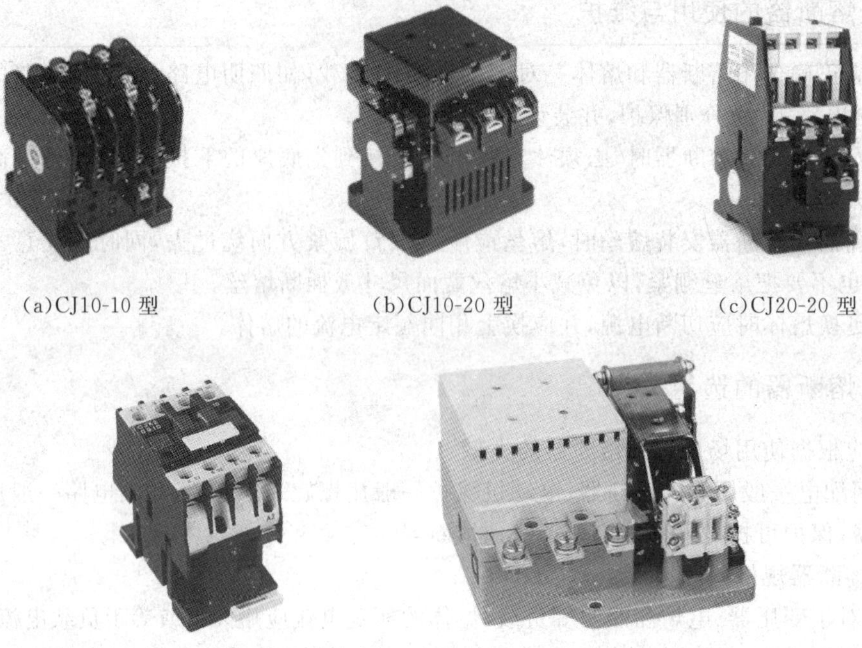

(a)CJ10-10 型　(b)CJ10-20 型　(c)CJ20-20 型

(d)CJX2 系列　(e)CJ10-100 型

图 2-9　交流接触器的外形

交流接触器的型号及含义如下：

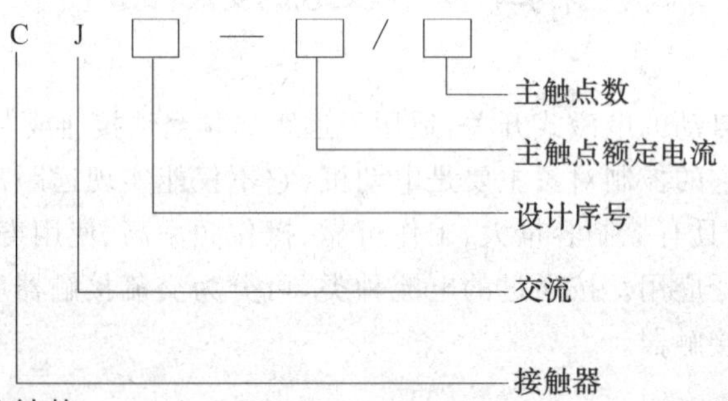

1. 交流接触器的结构

CJ10-20 型交流接触器的内部结构如图 2-10 所示。

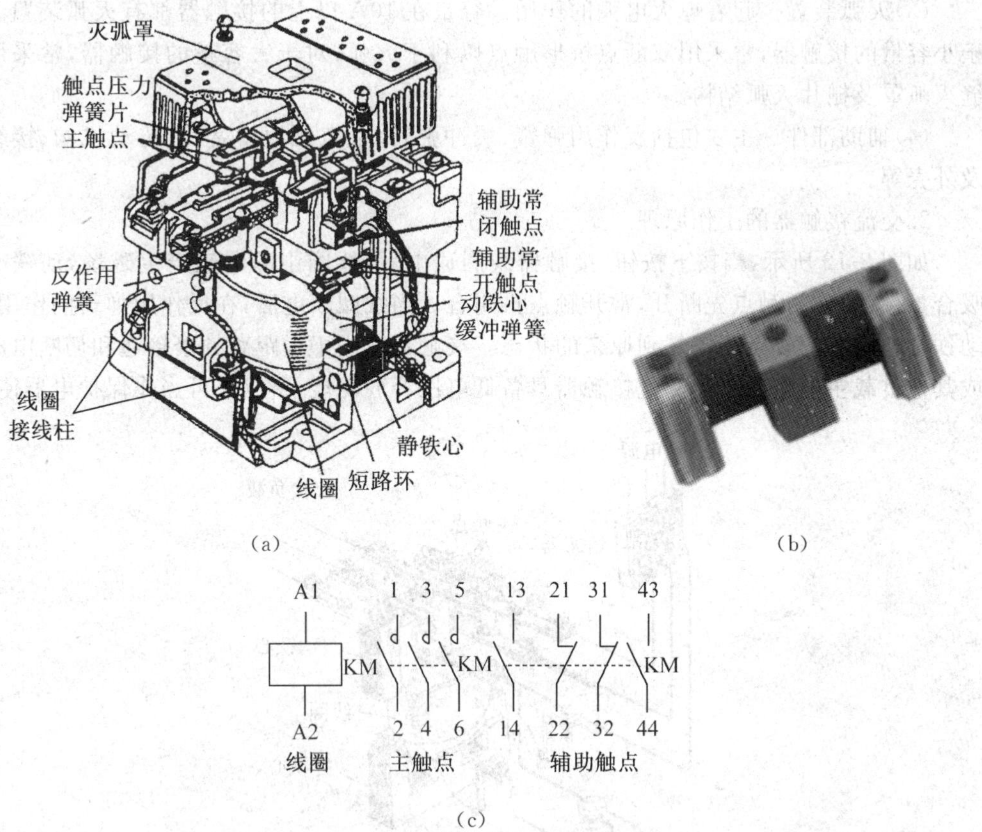

图 2-10 交流接触器的结构和图形符号

(1)电磁系统 用来操作触点闭合与分断。它包括静铁心、吸引线圈、动铁心(衔铁)。铁心用硅钢片叠成,以减少铁心中的铁损耗。在静铁心端部极面上装有短路环如图 2-10(b)所示,其作用是消除交流电磁铁在吸合时产生的振动和噪音。

(2)触点系统 起着接通和分断电路的作用。它包括主触点和辅助触点。通常主触点用于通断电流较大的主电路,有 3 对或 4 对常开触点;辅助触点用于通断小电流的控制电路,起着电气联锁或控制作用,通常有两对常开触点和两对常闭触点。

图 2-10(c)所示的图形符号,接触器上标有端子标号,线圈为 A1、A2,主触点 1、3、5 接电源侧,2、4、6 接负荷侧。辅助触点用两位数表示,前一位为辅助触点顺序号,后一位的 3、4 表示常开触点,1、2 表示常闭触点。

交流接触器的触点按接触情况可分为点接触式、线接触式和面接触式三种;按触点的结构形式可分为桥式触点和指形触点两种,如图 2-11 所示。

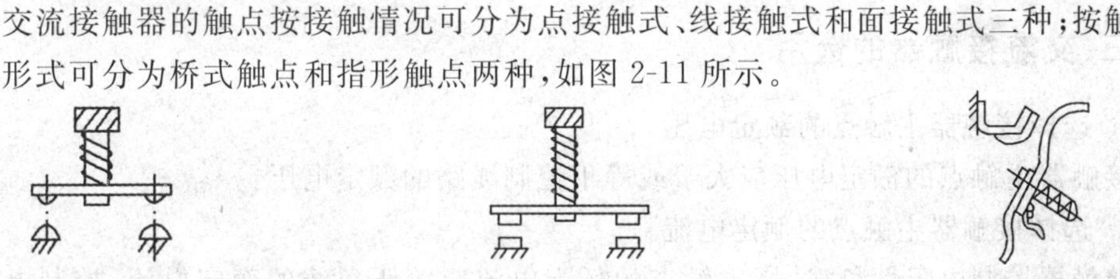

(a)点接触桥式　(b)面接触桥式　(c)线接触指形

图 2-11 触点的接触形式

(3)灭弧装置　起着熄灭电弧的作用。容量在10A以上的接触器都有灭弧装置。对于小容量的接触器,常采用双断点桥形触点以利于灭弧;对于大容量的接触器,常采用纵缝灭弧罩及栅片灭弧结构。

(4)辅助部件　主要包括反作用弹簧、缓冲弹簧、触点压力弹簧片、传动机构、接线柱及外壳等。

2. 交流接触器的工作原理

如图2-12所示,当按下按钮,接触器线圈通电后,线圈中的电流产生磁场,动铁心被吸合,所有的常闭触点先断开,常开触点再闭合。当线圈断电后,在反作用弹簧的作用下,动铁心和所有的触点都恢复到原来的状态。接触器适用于远距离频繁接通和切断电动机或其他负载主电路。由于交流接触器具备低电压释放功能,所以还可当作保护电器使用。

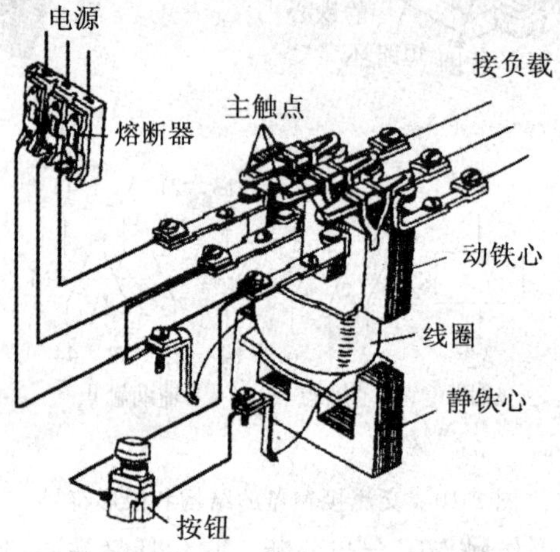

图2-12　交流接触器的工作原理

二、交流接触器的安装与使用

1. 在安装接触器前应先检查线圈的额定电压是否与实际需要相符。

2. 接触器的安装多为垂直安装,其倾斜角不得超过5°,否则会影响接触器的动作特性;安装有散热孔的接触器时,应将散热孔放在上下位置,以降低线圈的温升。

3. 接触器安装与接线时应将螺钉拧紧,以防振动松脱。

4. 接触器的触点应定期清理,若触点表面有电弧灼伤时,应及时修复。

三、交流接触器的选用

1. 选择接触器主触点的额定电压

接触器主触点的额定电压应大于或等于控制线路的额定电压。

2. 选择接触器主触点的额定电流

接触器控制电阻性负载时,主触点的额定电流应等于负载的额定电流;控制电动机时,主触点的额定电流应大于或稍大于电动机的额定电流。一般按下列经验公式计算:

$$I_c=\frac{P_N\times 10^3}{KU_N} \tag{2-2}$$

式中:K——经验系数,一般取 1～1.4;

P_N——被控制电动机的额定功率(kW);

U_N——被控制电动机的额定电压(V);

I_c——接触器主触点电流(A)。

若接触器控制的电动机启动或正反转频繁,一般将接触器主触点的额定电流降一级使用。

3. 选择接触器吸引线圈的电压

当控制线路简单,使用电器较少时,为节省变压器,可直接选用 380V 或 220V 的电压。当线路复杂,使用电器超过 5 个时,从人身和设备安全的角度考虑,线圈额定电压要选低一些,可用 24V、36V 或 110V 电压的线圈。

4. 选择接触器的触点数量及类型

接触器触点的数量、类型应满足控制线路的要求。

第五节 继电器

继电器的种类较多,按它在电力拖动自动控制系统中的作用,可分为控制继电器和保护继电器两种类型。其中,中间继电器、时间继电器和速度继电器多作为控制电器使用;热继电器、欠压继电器和过电流继电器则作为保护电器使用。

一、中间继电器

中间继电器在控制电路中起逻辑变换和状态记忆的功能,以及用于扩展接点的容量和数量。另外,在控制电路中还可以调节各继电器、开关之间的动作时间,防止电路误动作的作用。中间继电器实质上是一种电压继电器,它是根据输入电压的有或无而动作的。中间继电器体积小,动作灵敏度高,一般不用于直接控制电路的负荷,但当电路的负荷电流在 5～10A 以下时,也可代替接触器起控制负荷的作用。

中间继电器的工作原理和接触器一样,触点较多,一般为四对常开和四对常闭触点。常用的中间继电器型号有 JZ7、JZ14 等。JZ 系列中间继电器的外形和内部结构,如图 2-13 所示。

1. 中间继电器的工作原理

中间继电器的基本结构和工作原理与接触器完全相同,故也称为接触器式继电器。所不同的是中间继电器的触点组数多,并且没有主、辅之分,各组触点允许通过的电流大小是相同的,其额定电流为 5A。

2. 中间继电器的使用与选用

中间继电器的使用与接触器相似,但中间继电器的触点容量较小,一般不能在主电路中应用。中间继电器一般根据负载电流的类型、电压等级和触点数量来选择。

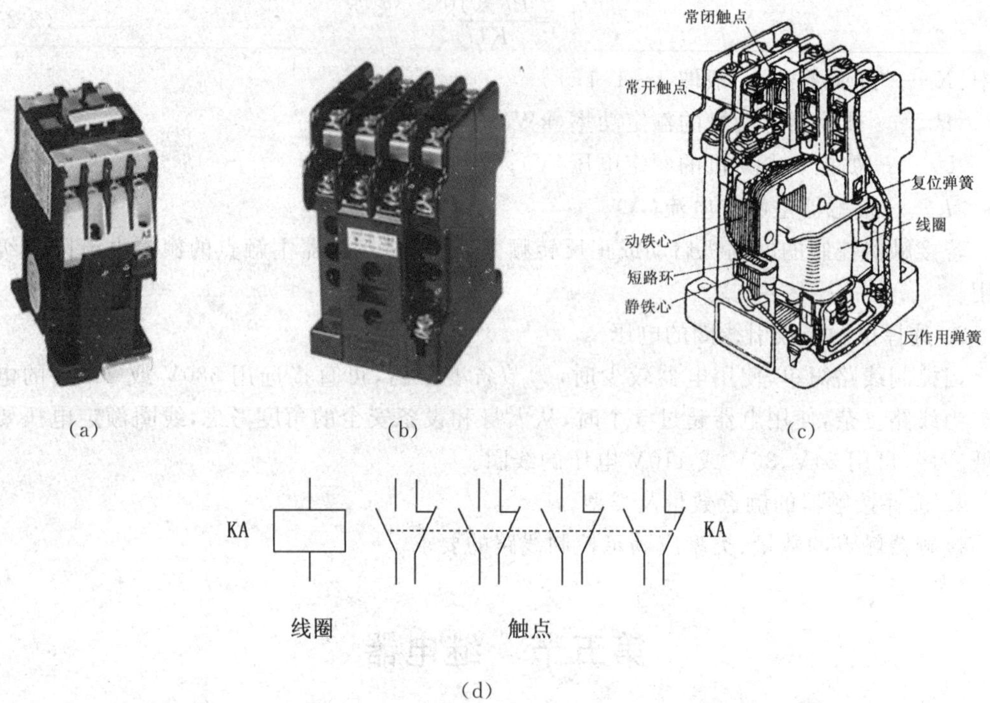

图 2-13　中间继电器的外形、结构和图形符号

二、热继电器

热继电器一般作为交流电动机的过载保护用。

1. 热继电器的结构

常见热继电器的外形、结构和图形符号，如图 2-14 所示。热继电器主要由双金属片、热元件、复位按钮、传动杆、电流调节旋钮、触点和接线柱等组成。

双金属片是一种将两种热膨胀系数不同的金属用机械碾压方法使之形成一体的金属片。膨胀系数大的（如铁镍铬合金、铜合金或高铝合金等）称为主动层；膨胀系数小的（如铁镍类合金）称为被动层。由于两种热膨胀系数不同的金属紧密地贴合在一起，当产生热效应时，使得双金属片向膨胀系数小的一侧弯曲，由弯曲产生的位移带动触点动作。

热元件一般由铜镍合金、镍铬铁合金或铁铬铝等合金电阻材料制成，其形状有圆丝、扁丝、片状和带材等几种。热元件串接于电机的定子电路中，通过热元件的电流就是电动机的工作电流（大容量的热继电器装有速饱和互感器，热元件串接在其二次回路中）。当电动机正常运行时，其工作电流通过热元件产生的热量不足以使双金属片变形，热继电器不会动作。当电动机发生过电流且超过整定值时，双金属片的热量增大而发生弯曲，经过一定时间后，使触点动作，通过控制电路切断电动机的工作电源。同时，热元件回路也因失电而使双金属片逐渐降温，经过一段时间的冷却，双金属片恢复到原来状态。

热继电器动作电流的调节是通过旋转调节旋钮来实现的。调节旋钮为一个偏心轮，旋转调节旋钮可以改变传动杆和动触点之间的传动距离，距离越长动作电流就越大，反之动作电流就越小。

(a)JR36 系列

(b)JRS1 系列

(c)JRS2 系列

(d)电子式热继电器

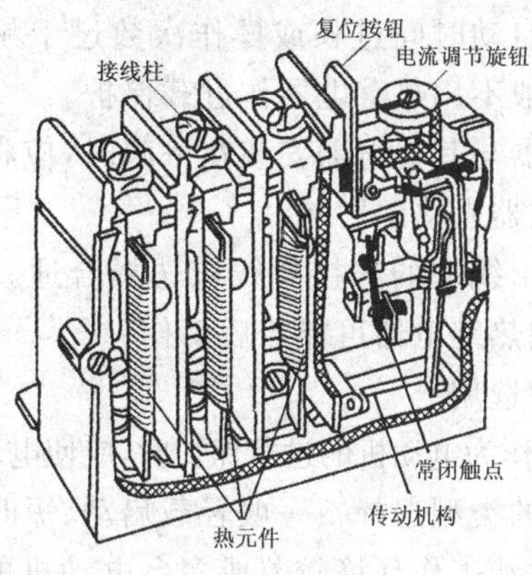

(e)JR36 系列热继电器的结构

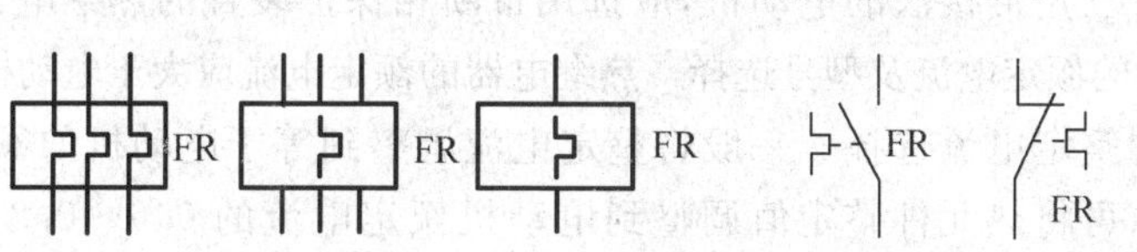

(f)热继电器的图形符号

图 2-14　热继电器

热继电器的复位方式有自动复位和手动复位两种，将复位螺钉旋入，使常开的静触点向动触点靠近，这样动触点在闭合时处于不稳定状态，在双金属片冷却后动触点也返回，为自动复位方式。如将复位螺钉旋出，触点不能自动复位，为手动复位方式。在手动复位方式下，需在双金属片恢复状态时按下复位按钮才能使触点复位。

JRS1 系列热继电器用于交流 50Hz 或 60Hz，电压至 660V，电流至 80A 及以下电路中，供交流电动机热保护用，可与 CJX2 系列交流接触器配装，也可独立安装。JRS2 系列热继电器适用于交流电压至 660～1000V，电流至 630A 的长期工作或间断长期工作的一般交流电动机的过载保护，具有断相保护、温度补偿、脱扣指示功能，并能自动与手动复位，可与接触器接插安装，也可独立安装。JR 系列热继电器的型号含义如下：

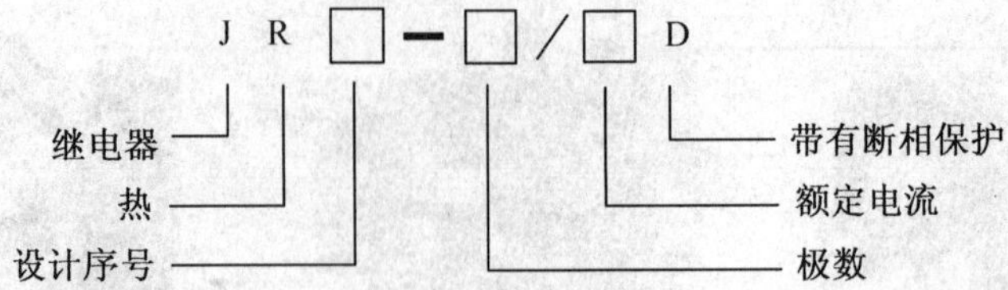

新型电子式热继电器具有对称性故障(如过载、过流、堵转)及非对称性故障(如各种断相、电流不平衡、相间短路、匝间短路等)以及相序、过压、欠压等保护。

2. 热继电器的使用与维护

(1)当电动机启动时间过长或操作次数过于频繁时,会使热继电器误动作或烧坏电器,故这种情况一般不用热继电器作过载保护。

(2)当热继电器与其他电器安装在一起时,应将它安装在其他电器的下方,以免其动作特性受到其他电器发热的影响。

(3)热继电器出线端的连接导线应选择合适。若导线过细,则热继电器可能提前动作;若导线太粗,则热继电器可能滞后动作。

3. 热继电器的选用

选用热继电器作为电动机的过载保护时,应使电动机在短时过载和启动瞬间不受影响。

(1)热继电器的类型选择　一般轻载启动、短时工作,可选择二相结构的热继电器;当电源电压的均衡性和工作环境较差或多台电动机的功率差别较显著时,可选择三相结构的热继电器;对于三角形接法的电动机,应选用带断相保护装置的热继电器。

(2)热继电器的额定电流及型号选择　热继电器的额定电流应大于电动机的额定电流。

(3)热元件的整定电流选择　一般将整定电流调整到等于电动机的额定电流;对过载能力差的电动机,可将热元件整定值调整到电动机额定电流的 0.6～0.8 倍;对启动时间较长,拖动冲击性负载或不允许停车的电动机,热元件的整定电流应调节到电动机额定电流的 1.1～1.15 倍。

三、时间继电器

时间继电器是一种利用电磁原理或机械动作原理来延迟触点闭合或分断的自动控制电器。它的种类很多,有电磁式、电动式、空气阻尼式及晶体管式等,其常见外形,如图 2-15 所示。

(a)JS7 系列　　(b)JS14A 系列

图 2-15　时间继电器

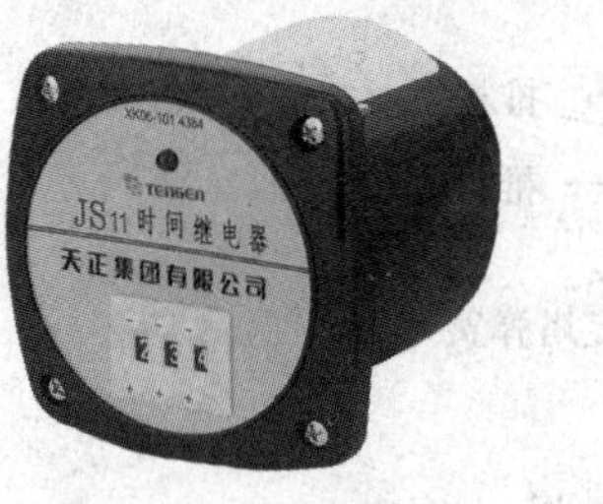

(c)JS11 系列

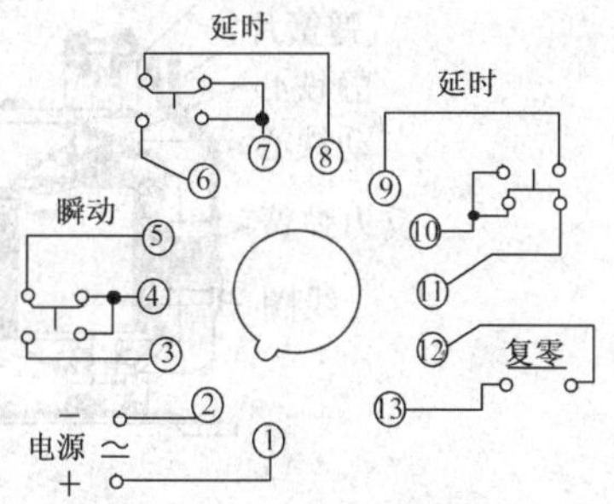

(d)JS11 系列时间继电器的端子接线图

图 2-15　时间继电器

在生产机械的控制中被广泛应用的是空气阻尼式，这种继电器的优点是结构简单、延时范围大、寿命长、价格低廉，且不受电源电压及频率波动的影响，其缺点是延时误差大、无调节刻度指示，一般适用延时精度要求不高的场合。空气阻尼式时间继电器常用的产品有 JS7-A、JS23 等系列，其中 JS7-A 系列的主要技术参数为延时范围，其延时范围有 0.4～60s 和 0.4～180s 两种。操作频率为 600 次/h，触点容量为 5A，延时误差为±15%。

JS 系列时间继电器的型号及含义如下：

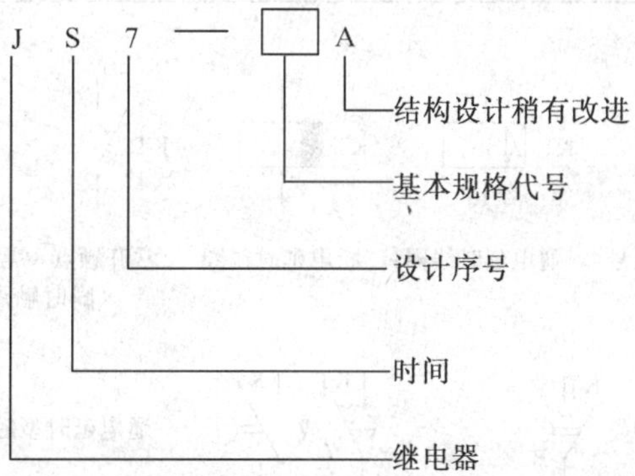

1. 空气阻尼式时间继电器的结构

由电磁系统、工作触点、气室及传动机构等四部分组成。其结构如图 2-16 所示。

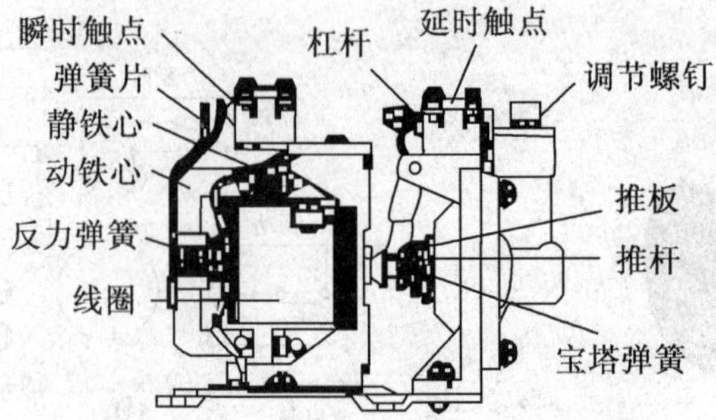

图 2-16　JS7-A 系列时间继电器的结构

时间继电器有两种类型:通电延时型和断电延时型,其动作特点见表 2-1。时间继电器的图形符号,如图 2-17 所示。

表 2-1　时间继电器触点的动作特点

触点类型	动作特点	
	线圈通电时	线圈断电时
通电延时型常开触点	延时闭合	立即断开
断电延时型常开触点	立即闭合	延时断开
瞬动型常开触点	立即闭合	立即断开

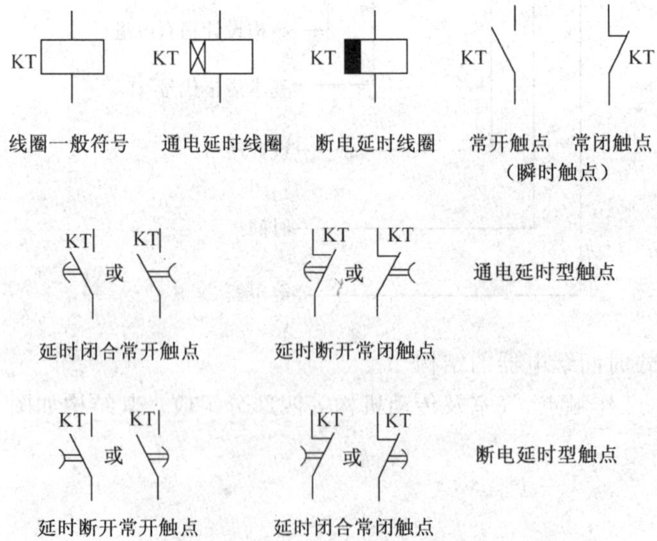

图 2-17　时间继电器的图形符号

2. 时间继电器的安装与使用

(1)JS7-A 系列时间继电器只要将线圈固定底板转动 180°,即可将通电延时结构改为断电延时结构。

(2)JS7-A 系列时间继电器由于延时调节无刻度，故不能准确地调整延时时间。在使用空气阻尼式时间继电器时，应保持延时机构的清洁，防止因进气孔堵塞而失去延时作用。

(3)JS11-□1 系列通电延时继电器，必须在分断离合器电磁铁线圈电源时才能调节延时值；而 JS11-□2 系列断电延时继电器，必须在接通离合器电磁铁线圈电源时才能调节延时值。

3. 时间继电器的选用

(1)类型选择　凡是对延时要求不高的场合，一般采用价格低廉的 JS7-A 系列时间继电器，对于延时要求较高的场合，可采用 JS11、JS20 等系列的时间继电器。

(2)延时方式的选择　时间继电器有通电延时和断电延时两种，应根据控制线路的要求来选择哪一种延时方式的时间继电器。

(3)线圈电压的选择　根据控制线路电压来选择时间继电器吸引线圈的电压。

四、电流继电器和电压继电器

1. 电流继电器

电流继电器的输入量是电流，它是根据输入电流大小而动作的继电器。电流继电器的线圈串入电路中，以反映电路电流的变化，其线圈匝数少、导线粗、阻抗小。电流继电器可分为欠电流继电器和过电流继电器。

(1)欠电流继电器　欠电流继电器用于欠电流保护或控制，如直流电动机励磁绕组的弱磁保护、电磁吸盘中的欠电流保护、绕线式异步电动机启动时电阻的切换控制等。欠电流继电器的动作电流整定范围为线圈额定电流的 30%～65%。需要注意的是，欠电流继电器在电路正常工作时，电流正常不欠电流时，欠电流继电器处于吸合动作状态，常开触点处于闭合状态，常闭触点处于断开状态；当电路出现不正常现象或故障现象导致电流下降或消失时，继电器中流过的电流小于释放电流而动作，所以欠电流继电器的动作电流为释放电流而不是吸合电流。欠电流继电器的图形符号，如图 2-18 所示。

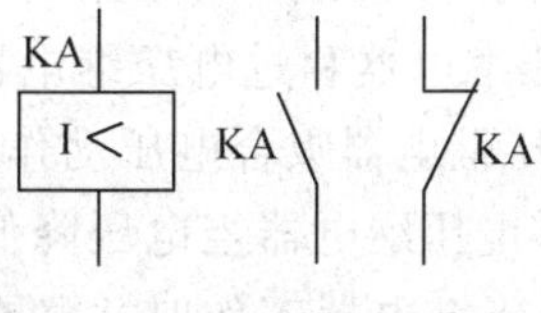

图 2-18　欠电流继电器的图形符号

(2)过电流继电器　过电流继电器用于过电流保护或控制，如起重机电路中的过电流保护。过电流继电器在电路正常工作时流过正常工作电流，正常工作电流小于继电器所整定的动作电流，继电器不动作，当电流超过动作电流整定值时才动作。过电流继电器动作时其常开触点闭合，常闭触点断开。过电流继电器整定范围为(110%～400%)额定电流，其中交流过电流继电器为(110%～400%)I_N，直流过电流继电器为(70%～300%)I_N。

过电流继电器主要用于重载或频繁启动的场合作为电动机主电路的过载和短路保护。常用的过电流继电器的外形和图形符号，如图 2-19 所示。

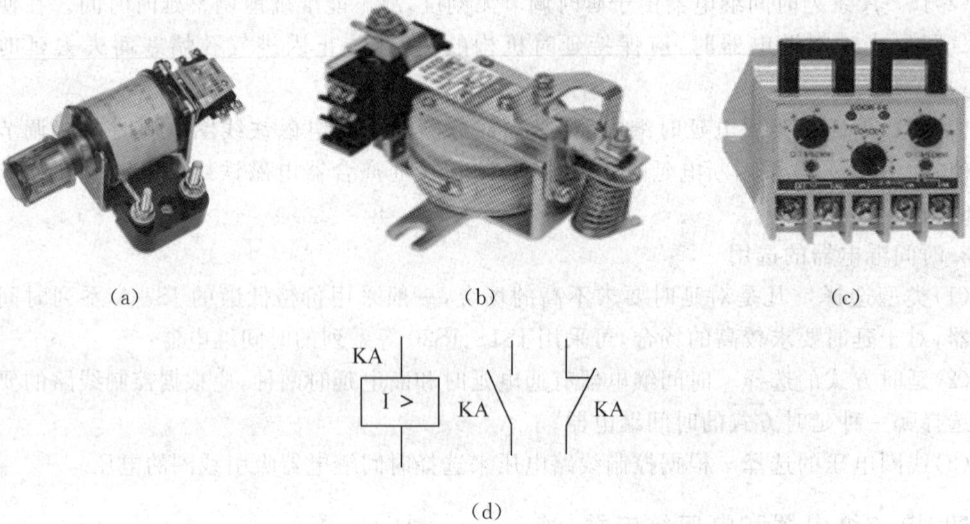

图 2-19　JL12 系列过电流继电器外形和图形符号

1)电流继电器的安装与使用

①安装前先检查额定电流及整定值是否与实际要求相符。

②安装后应在主触点不接电的情况下,使吸引线圈带电操作几次,试验继电器的动作是否可靠。

③定期检查各部件有否松动及损坏现象,并保持触点的清洁和可靠。

2)电流继电器的选用

①过电流继电器线圈的额定电流一般可按电动机长期工作的额定电流来选择,对于频繁启动的电动机,考虑启动电流在继电器在中的热效应,额定电流可选大一级。

②过电流继电器的整定值一般为电动机额定电流的 1.7～2 倍,频繁启动场合可取 2.25～2.5 倍。

2. 电压继电器

电压继电器的输入量是电路的电压大小,其根据输入电压大小而动作。与电流继电器类似,电压继电器可分为欠电压继电器和过电压继电器两种。过电压继电器动作电压范围为(105%～120%)U_N;欠电压继电器吸合电压动作范围为(20%～50%)U_N,释放电压调整范围为(7%～20%)U_N;零电压继电器当电压降低至(5%～25%)U_N时动作,它们分别起过压、欠压、零压保护。电压继电器工作时并联在电路中,因此线圈匝数多、导线细、阻抗大,反映电路中电压的变化,用于电路的电压保护。

电压继电器常用在电力系统继电保护中,在低压控制电路中使用较少。电压继电器作为保护电器时,其图形符号,如图 2-20 所示。

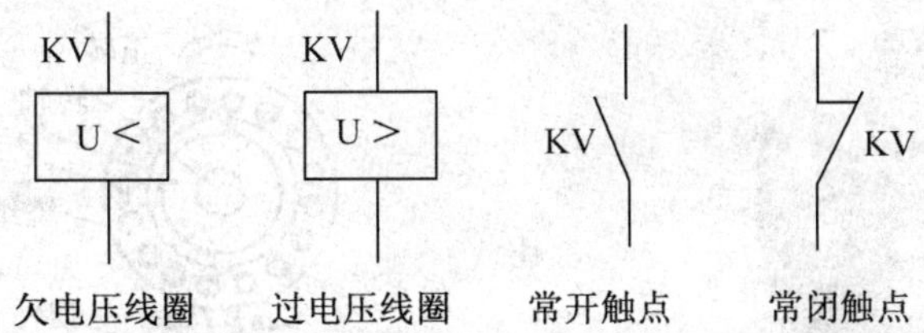

图 2-20　电压继电器的图形符号

五、速度继电器

速度继电器是一种可以按照被控电动机转速的大小使控制电路接通或断开的电器。速度继电器通常与接触器配合使用，实现对电动机的反接制动。速度继电器的型号及含义如下：

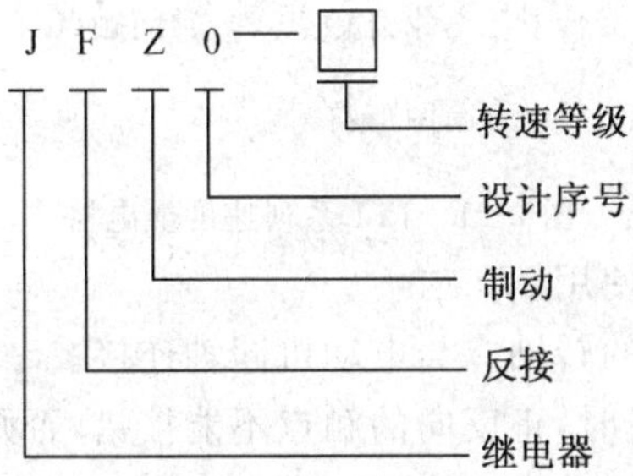

1. 速度继电器的结构

速度继电器主要由定子、转子、可动支架、触点系统及端盖等部分组成。JY1 系列速度继电器的外形和图形符号，如图 2-21 所示。转子是一个圆柱形永久磁铁，定子是一个鼠笼型空心圆环，由硅钢片叠成，并装有鼠笼型绕组。其转子的轴与被控电动机的轴相连接，当电动机转动时，转子(圆柱形永久磁铁)随之转动产生一个旋转磁场，定子中的鼠笼型绕组切割磁力线而产生感应电流和磁场，两个磁场相互作用，使定子受力而跟随转动，当达到一定转速时，装在定子轴上的摆锤推动簧片触点运动，使常闭触点断开，常开触点闭合。当电动机转速低于某一数值时，定子产生的转矩减小，触点在簧片作用下复位。

常用的速度继电器有 JYl 型和 JFZ0 型两种。其中 JYl 型可在 700～3600 r/min 范围工作，JFZ0-1 型适用于 300～1000r/min，JFZ0-2 型适用于 1000～3000r/min。

一般速度继电器都具有两对转换触点，一对用于正转时动作，另一对用于反转时动作。触点额定电压为 380V，额定电流为 2A。通常速度继电器动作转速为 130r/min，复位转速在 100r/min 以下。

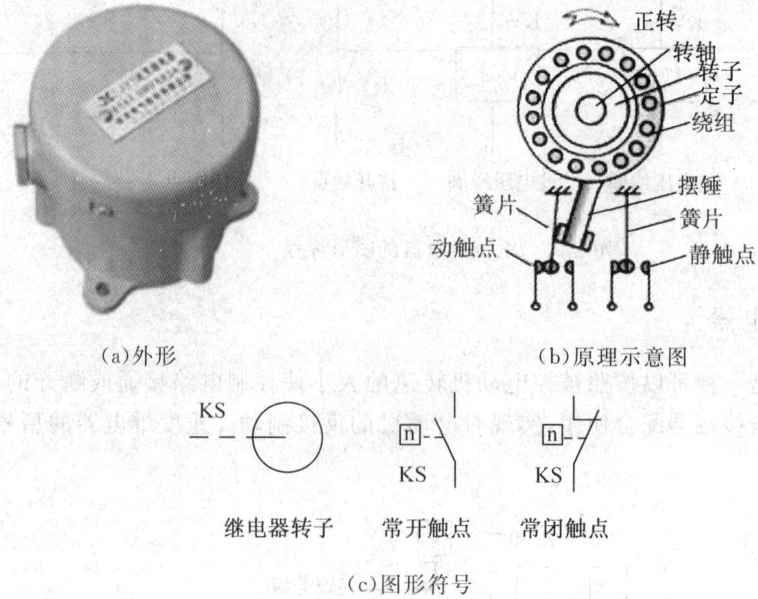

图 2-21　JY1 系列速度继电器

2. 速度继电器的安装与使用

(1)安装时,速度继电器的转轴应与电动机同轴连接。

(2)速度继电器安装接线时,正反向的触点不能接错,否则不能实现反接制动控制。

(3)速度继电器的金属外壳应可靠接地。

(4)速度继电器主要根据电动机的额定转速来选择。

第六节　主令电器

主令电器主要用于闭合、断开控制电路,以发出信号或命令,达到对电力拖动系统的控制或实现程序控制。常用的主令电器有多种,在此只介绍按钮、行程开关和控制器等。

一、按钮

按钮是一种以短时接通或分断小电流电路的电器,它不直接去控制主电路的通断,而是在控制电路中发出"指令"时去控制接触器、继电器等电器,再由它们去控制主电路。按钮的型号及含义如下:

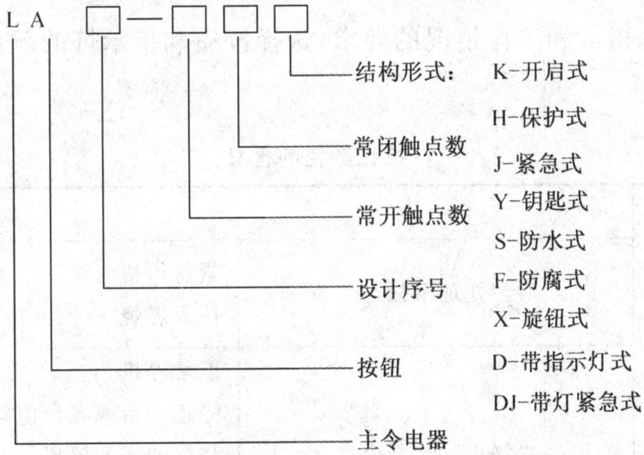

1.按钮的结构

按钮是短时间接通或断开小电流电路的电器，其常见外形和结构如图 2-22 所示。按动按钮时，桥式动触点先和上面的静触点分离，然后和下面的静触点接触，手松开后，靠弹簧复位，如图 2-22g 所示。按钮主要用于操纵接触器、继电器或电气联锁电路。

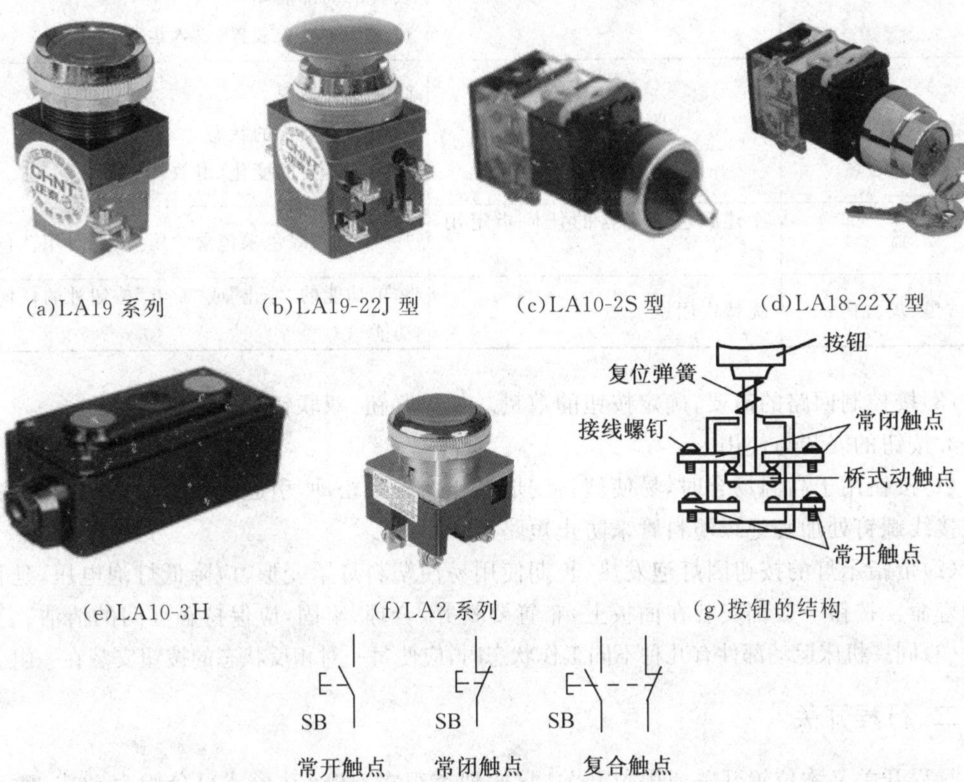

(a)LA19 系列　(b)LA19-22J 型　(c)LA10-2S 型　(d)LA18-22Y 型

(e)LA10-3H　(f)LA2 系列　(g)按钮的结构

(h)按钮的图形符号

图 2-22　按钮

2.按钮的选用

(1)根据使用场合和具体用途选择按钮的种类，在灰尘较多时不宜选用 LA18 和

LA19 系列按钮。

(2)按工作状态指示和工作情况的要求，选择按钮和指示灯的颜色。表 2-2 给出了按钮颜色的含义。

表 2-2 按钮颜色的含义

颜 色	含 义	举 例
红	处理事故	紧急停机 扑灭燃烧
	“停止”或“断电”	正常停机 停止一台或多台电动机 装置的局部停机 切断一个开关 带有“停止”或“断电”功能的复位
绿	“启动”或“通电”	正常启动 启动一台或多台电动机 装置的局部启动 接通一个开关装置(投入运行)
黄	参与	防止意外情况 参与抑制反常的状态 避免不需要的变化(事故)
蓝	上述颜色未包含的任何指定用意	凡红、黄和绿色未包含的用意，皆可用蓝色
黑、灰、白	无特定用意	除单功能的“停止”或“断电”按钮外的任何功能

(3)按控制回路的需要，确定按钮的数量。如单联钮、双联钮和三联钮等。

3. 按钮的安装与使用

(1)按钮用于高温场合时，易使塑料变形老化而导致松动，引起接线螺钉间相碰短路，可在接线螺钉处加套绝缘塑料管来防止短路。

(2)带指示灯的按钮因灯泡发热，长期使用易使塑料灯罩变形，应降低灯泡电压，延长使用寿命。按钮一般都安装在面板上，布置要整齐、合理、牢固，应保持触点间的清洁。

(3)同一机床运动部件有几种不同工作状态时，应使每一对相反状态的按钮安装在一组。

二、行程开关

行程开关又称位置开关或限位开关，它的种类很多，按运动形式可分为直动式、微动式、转动式等；按触点的性质分可为有触点式和无触点式。

行程开关的型号及含义如下：

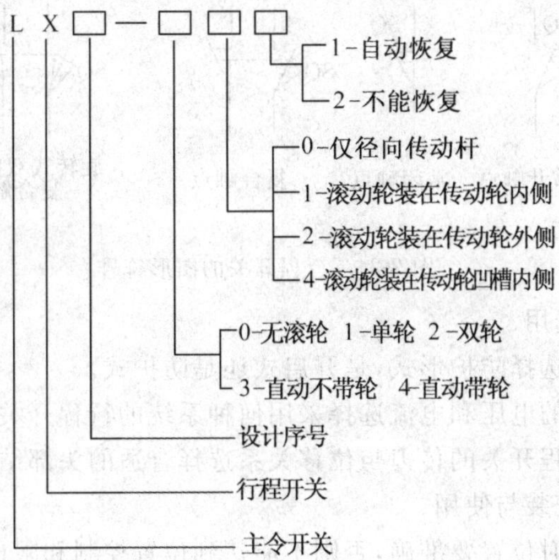

1.有触点行程开关

有触点行程开关简称行程开关，行程开关的工作原理和按钮相同，区别在于它不是靠手的按压，而是利用生产机械运动的部件碰压而使触点动作来发出控制指令的主令电器。它用于控制生产机械的运动方向、速度、行程大小或位置等，其结构形式多种多样。

行程开关的结构是由触点系统、操作机构和外壳组成。其常见外形和结构如图 2-23 所示，行程开关的图形符号如图 2-24 所示。

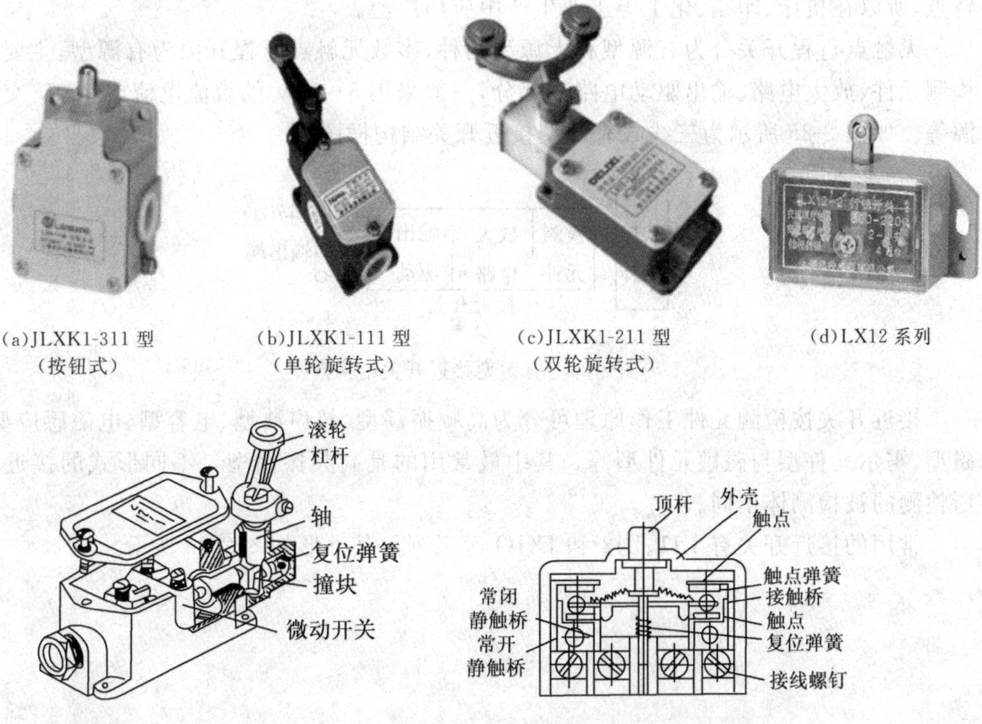

(a)JLXK1-311 型（按钮式）　(b)JLXK1-111 型（单轮旋转式）　(c)JLXK1-211 型（双轮旋转式）　(d)LX12 系列

(e)JLXK1-111 型内部结构　(f)LX19K 型内部结构

图 2-23　行程开关

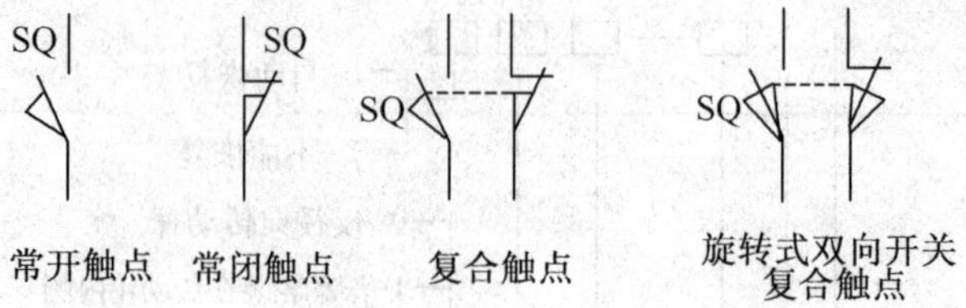

图 2-24　行程开关的图形符号

(1)行程开关的选用

①根据安装环境选择防护形式,是开启式还是防护式。

②根据控制回路的电压和电流选择采用何种系统的行程开关。

③根据机械与行程开关的传力与位移关系选择合适的头部结构形式。

(2)行程开关的安装与使用

①行程开关安装时位置要准确,否则不能达到位置控制和限位的目的。

②应定期检查行程开关,以免触点接触不良而达不到行程和限位控制的目的。

2.无触点行程开关

无触点行程开关又称接近开关,它可以代替有触点行程开关来完成行程控制和限位保护,还可用于高频计数、测速、液位控制、零件尺寸检测、加工程序的自动衔接等的非接触式开关。由于它具有非接触式触发、动作速度快、可在不同的检测距离内动作、发出的信号稳定无脉动、工作稳定可靠、寿命长、重复定位精度高以及能适应恶劣的工作环境等特点,所以在机床、印刷、化工等工业生产中应用广泛。

无触点行程开关分为有源型和无源型两种,多数无触点行程开关为有源型,主要包括检测元件、放大电路、输出驱动电路三部分,一般采用 5～24V 的直流电流或 220V 交流电源等。如图 2-25 所示为三线式有源型接近开关结构框图。

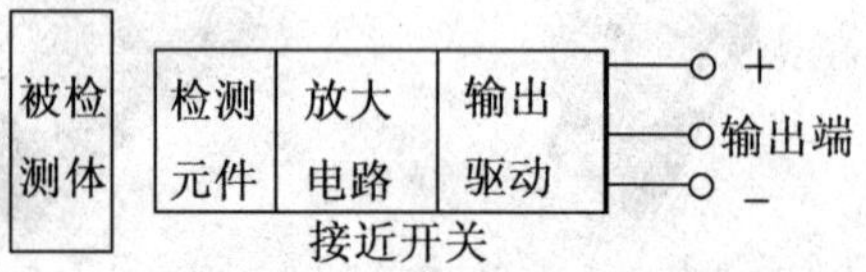

图 2-25　有源型接近开关结构框图

接近开关按检测元件工作原理可分为高频振荡型、超声波型、电容型、电磁感应型、永磁型、霍尔元件型与磁敏元件型等。其中最常用的是高频振荡型。不同形式的接近开关所检测的被检测体不同。

常用的接近开关有 LJ1、LJ2 和 JXJO 等系列。其外形如图 2-26 所示。

图 2-26　接近开关

(1)电容式接近开关可以检测各种固体、液体或粉状物体,其主要由电容式振荡器及电子电路组成,它的电容位于传感界面,当物体接近时,将因改变了电容值而振荡,从而产生输出信号。

(2)霍尔接近开关用于检测磁场,一般用磁钢作为被检测体。其内部的磁敏感器件仅对垂直于传感器端面的磁场敏感,当磁极 S 极正对接近开关时,接近开关的输出产生正跳变,输出为高电平,若磁极 N 极正对接近开关时,输出为低电平。

(3)超声波接近开关适于检测不能或不可触及的目标,其控制功能不受声、电、光等因素干扰,检测物体可以是固体、液体或粉末状态的物体,只要能反射超声波即可。其主要由压电陶瓷传感器、发射超声波和接收反射波用的电子装置及调节检测范围用的程控桥式开关等几个部分组成。

(4)高频振荡式接近开关用于检测各种金属,主要由高频振荡器、集成电路或晶体管放大器和输出器三部分组成,其基本工作原理是当有金属物体接近振荡器的线圈时,该金属物体内部产生的涡流将吸取振荡器的能量,致使振荡器停振。振荡器的振荡和停振这两个信号,经整形放大后转换成开关信号输出。通常把接近开关刚好动作时感辨头与检测体之间的距离称为动作距离。

接近开关输出形式有两线、三线和四线式几种,晶体管输出类型有 NPN 和 PNP 两种,外形有方型、圆型、槽型和分离型等多种,图 2-27 为槽型三线式 NPN 型光电式接近开关的工作原理图和远距分离型光电开关工作示意图。

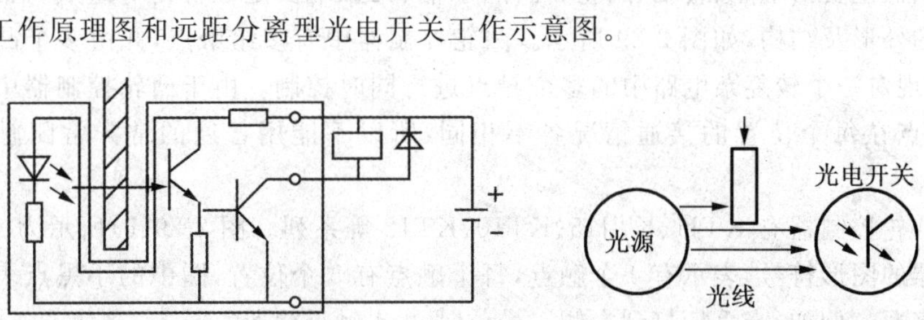

(a)槽型光电式接近开关　　(b)远距分离型光电开关

图 2-27　槽型和分离型光电开关

接近开关的主要参数有型式、动作距离范围、动作频率、响应时间、重复精度、输出型式、工作电压及输出触点的容量等。接近开关的图形符号,如图 2-28 所示。

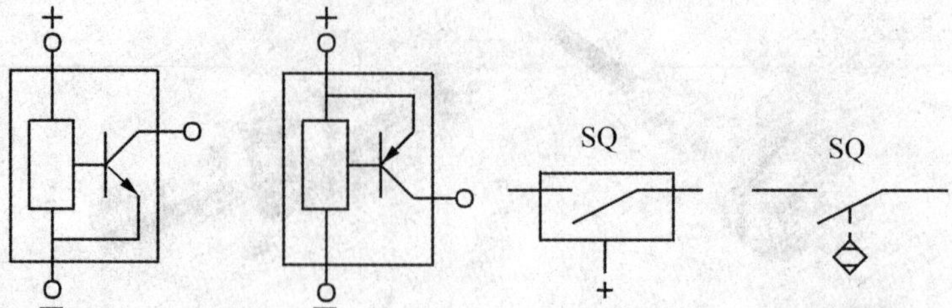

图 2-28 接近开关的图形符号

3. 接近开关的选择

选择接近开关时应注意以下几点：

(1)工作频率、可靠性及精度。

(2)检测距离、安装尺寸。

(3)触点形式(有触点、无触点)、触点数量及输出形式(NPN 型、PNP 型)。

(4)电源类型(直流、交流)、电压等级。

三、凸轮控制器

控制器是一种手动操作，直接控制主电路大电流(10A～600A)的开关电器。常用的控制器有 KT 型凸轮控制器、KG 型鼓型控制器和 KP 型平面控制器，各种控制器的作用和工作原理基本类似，在此以常用的凸轮控制器为例进行说明。

凸轮控制器是利用凸轮来操作动触点动作的控制器，它主要用于容量不大于 30kW 的中小型绕线式转子异步电动机线路中，借助其触点系统直接控制电动机的启动、停止、调速、反转和制动。

1. 凸轮控制器的结构和型号

凸轮控制器主要由触点、转轴、凸轮、杠杆、手柄、灭弧罩及定位机构等组成。常见的凸轮控制器的外形及结构，如图 2-29 所示。凸轮控制器中有多组触点，并由多个凸轮分别控制，以实现对一个较复杂电路中的多个触点进行同时控制。由于凸轮控制器中的触点多，每个触点在每个位置的接通情况各不相同，所以不能用普通的常开常闭触点来表示。

常用的凸轮控制器有 KTJ1、KTJ15、KT10、KT12 等系列。图 2-29(c)所示为 4 极 5 位凸轮控制器的图形符号，表示有 4 个触点，每个触点有 5 个位置，图中的小黑点表示触点在该位置接通。例如，当手柄打到右侧 1 号位时，2、4 触点接通。

(a)KT14 系列凸轮控制器

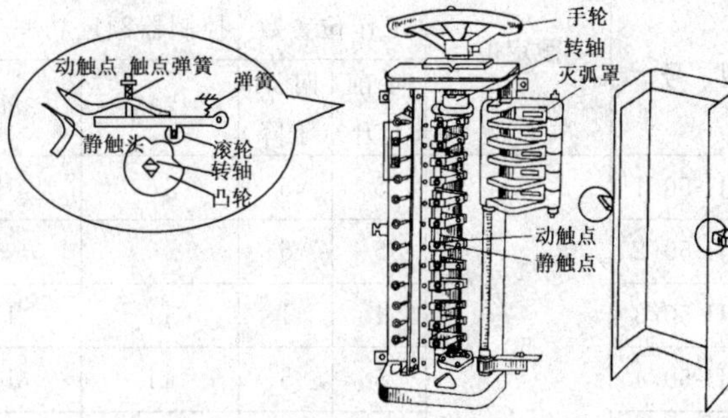

(b)内部结构示意图

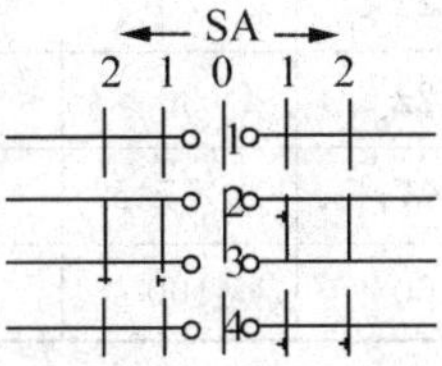

(c)4 极 5 位凸轮控制器的图形符号

图 2-29　凸轮控制器

其型号意义如下：

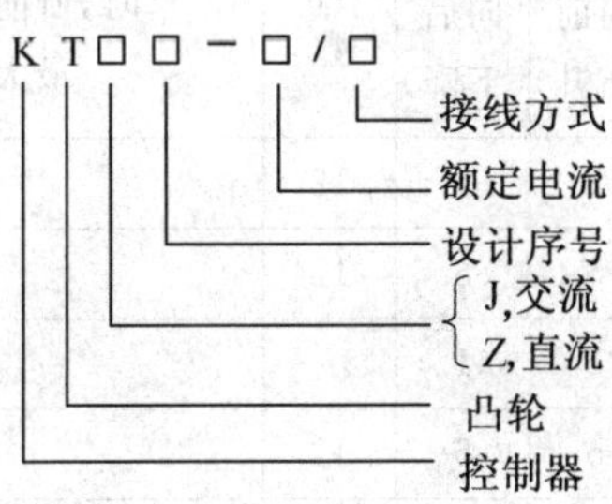

2. 常用凸轮控制器的技术数据

常用凸轮控制器的技术数据见表 2-3、2-4。

表 2-3 KTJ1 系列凸轮控制器技术数据

<table>
<tr><th rowspan="2">型 号</th><th rowspan="2">额定电流(A)</th><th colspan="2">工作位置数</th><th colspan="2">控制器额定功率(kW)</th><th rowspan="2">通电持续率在40%以下的工作电流(A)</th><th rowspan="2">操作频率(次/h)</th></tr>
<tr><th>向前(上升)</th><th>向后(下降)</th><th>220V</th><th>380V</th></tr>
<tr><td>KTJ1-50/1</td><td rowspan="6">50</td><td>5</td><td>5</td><td>16</td><td>16</td><td>75</td><td rowspan="10">600</td></tr>
<tr><td>KTJ1-50/2</td><td>5</td><td>5</td><td>—</td><td>—</td><td>75</td></tr>
<tr><td>KTJ1-50/3</td><td>1</td><td>1</td><td>11</td><td>11</td><td>75</td></tr>
<tr><td>KTJ1-50/4</td><td>5</td><td>5</td><td>11</td><td>11</td><td>75</td></tr>
<tr><td>KTJ1-50/5</td><td>5</td><td>5</td><td>2×11</td><td>2×11</td><td>75</td></tr>
<tr><td>KTJ1-50/6</td><td>5</td><td>5</td><td>11</td><td>11</td><td>75</td></tr>
<tr><td>KTJ1-80/1</td><td rowspan="3">80</td><td>6</td><td>6</td><td>22</td><td>30</td><td>120</td></tr>
<tr><td>KTJ1-80/2</td><td>6</td><td>6</td><td>22</td><td>30</td><td>120</td></tr>
<tr><td>KTJ1-80/5</td><td>5</td><td>5</td><td>2×7.5</td><td>2×7.5</td><td>120</td></tr>
<tr><td>KTJ1-150/1</td><td>150</td><td>7</td><td>7</td><td>60</td><td>100</td><td>225</td></tr>
</table>

表 2-4 KT14 系列凸轮控制器技术数据

<table>
<tr><th rowspan="2">型 号</th><th rowspan="2">额定电压(V)</th><th rowspan="2">额定电流(A)</th><th colspan="2">工作位置数</th><th rowspan="2">触点数</th><th rowspan="2">在通电持续率为25%时,所能控制的电动机最大功率(kW)</th><th rowspan="2">操作频率(次/h)</th></tr>
<tr><th>向前(上升)</th><th>向后(下降)</th></tr>
<tr><td>KT14-25J/1</td><td rowspan="6">380</td><td rowspan="3">25</td><td>5</td><td>5</td><td>12</td><td>11</td><td rowspan="6">600</td></tr>
<tr><td>KT14-25J/2</td><td>5</td><td>5</td><td>17</td><td>2×5.5</td></tr>
<tr><td>KT14-25J/3</td><td>1</td><td>1</td><td>7</td><td>5.5</td></tr>
<tr><td>KT14-60J/1</td><td rowspan="3">60</td><td>5</td><td>5</td><td>12</td><td>30</td></tr>
<tr><td>KT14-60J/2</td><td>5</td><td>5</td><td>17</td><td>2×11</td></tr>
<tr><td>KT14-60J/4</td><td>5</td><td>5</td><td>13</td><td>2</td></tr>
</table>

四、主令控制器

主令控制器主要适用于交流 50Hz,电压至 380V 及直流至 220V 的电路中,作频繁地按顺序操纵多个控制回路和转换控制线路之用,多用作起重机磁力控制屏等各类型电子驱动装置的遥远控制。其常见外形如图 2-30 所示。

(a)

(b)

图 2-30　主令控制器

控制器的使用与维护要求如下：

(1)启动操作时，手轮转动不能太快，应逐级启动，防止电动机的冲击电流超过电流继电器的整定值。

(2)控制器停止使用时，应将手轮准确地停在零位。

(3)控制器要保持清洁，经常清除金属导电粉尘；转动部分应定期加以润滑。

(4)凸轮控制器根据所控起重设备上的交流(直流)电动机的启动、调速、换向的技术要求和额定电流来选择。

第七节　其他电器

一、电磁铁

常用的电磁铁有 MQ 型牵引电磁铁、MW 型起重电磁铁、MZ 型制动电磁铁等。MQ 型牵引电磁铁用于在低压交流电路中作为机械设备及各种自动化系统操作机构的远距离控制。MW 型起重电磁铁用于安装在起重机械上吸引钢铁等磁性物质。

MZD 型单相制动电磁铁和 MZS 型三相制动电磁铁一般用于组成电磁制动器，由制动电磁铁组成的交流电磁制动器如图 2-31 所示，通常电磁制动器和电动机轴安装在一起，其电磁制动线圈和电动机线圈并联，二者同时得电或电磁制动线圈先得电之后电动机紧随其后得电。电磁制动器线圈得电，吸引衔铁使弹簧受压，闸瓦和固定在电动机轴上的闸轮松开，电动机旋转。当电动机和电磁制动器同时失电时，在压缩弹簧的作用下闸瓦将闸轮抱紧，使电动机制动。

(a)闸瓦制动器

(b)MZD 型制动电磁铁

(c)YWZ 系列电力液压制动器

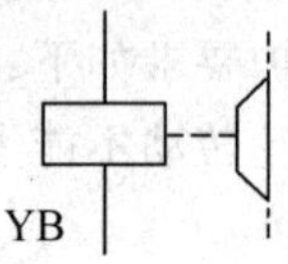

(d)电磁制动器的图形符号

图 2-31　机械制动器

目前，广泛采用的 YWZ 系列电力液压制动器，其外形如图 2-31(c)所示。它是以单推杆 MYT 系列电力液压推动器作为驱动装置，主要用于起重运输、冶金、矿山、港口、建筑机械等制动装置，具有动特性好、起制动时间快、制动平稳、无噪音、安全可靠、维护简单、寿命长等优点。

二、信号灯

信号灯也叫指示灯，主要用于在各种电气设备及线路中作电源指示、显示设备的工作状态以及操作警示等。信号灯的发光体主要有白炽灯、氖灯和发光二极管等。

信号灯有持续发光(平光)和断续发光(闪光)两种发光形式，一般信号灯用平光灯，当需要反映下列信息时用闪光灯：

(1)进一步引起注意。

(2)须立即采取行动。

(3)反映出的信息不符合指令的要求。

(4)表示变化过程(在过程中发光)。

信号灯亮与熄灭的时间比一般在 1∶1～1∶4 之间，较优先的信息使用较高的闪烁频率。信号灯的图形符号，如图 2-32 所示。

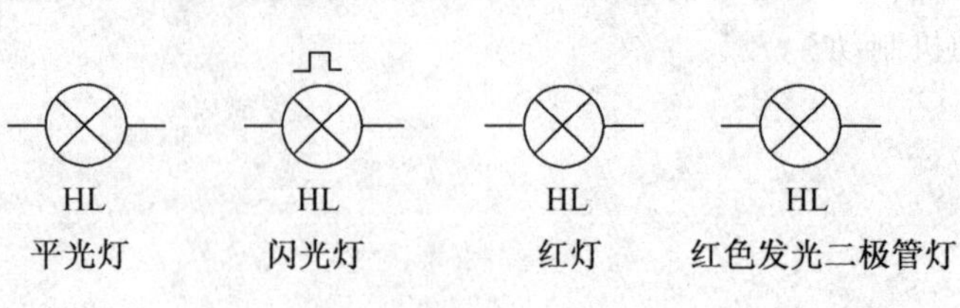

图 2-32　信号灯的图形符号

如果要在图形符号上标注信号灯的颜色，可在靠近图形处标出对应颜色的字母：红色：RD；黄色：YE；绿色：GN；蓝色：BU；白色：WH。如果要在图形符号上标注灯(信号灯或照明灯)的类型，可在靠近图形处标出对应类型的字母：氖：Ne；氙：Xe；钠：Na；汞：Hg；碘：I；白炽：IN；电发光：EL；弧光：ARC；荧光：FL；红外线：IR；紫外线：UV；发光二极管：LED。

常用的信号灯型号有 AD11、AD30、ADJ1 等，信号灯的主要参数有工作电压、安装尺寸及发光颜色等。

指示灯的颜色及其含义见表 2-5。

表 2-5　指示灯的颜色及其含义

颜　色	含　义	说　明	典型应用
红色	危险告急	可能出现危险和需要立即处理	温度超过规定(或安全)限制 设备的重要部分已被保护电器切断润滑系统失压 有触及带电或运动部件的危险
黄色	注意	情况有变化或即将发生变化	温度(或压力)异常 当仅能承受允许的短时过载
绿色	安全	正常或允许进行	冷却通风正常 自动控制系统运行正常 机器准备启动
蓝色	按需要指定用意	除红、黄、绿三色外的任何指定用意	遥控指示 选择开关在设定位置
白色	无特定用意	任何用意。不能确切地用红黄绿时，以及用作执行时	

第八节　新型继电器

随着半导体技术的发展，由半导体器件构成的无触点开关(如半导体集成门电路、固态继电器及晶闸管等)组成的无触点控制线路具有较高的开关速度，抗震、无火花、耐腐蚀、使用寿命长，控制的可靠性高、体积小、重量轻。其最大的优点是，可用计算机很方便地改变控制程序，灵活性好，所以越来越受到人们的重视而迅速发展。

一、舌簧继电器

舌簧继电器主要由线圈和舌簧管组成，其常见外形和结构如图 2-33 所示。舌簧继电器中的舌簧管是用烧结的方法将舌簧片封结在玻璃管内而成。舌簧片用铁镍合金材料制成，具有良好的导磁特性，同时还有一定的弹性，其端部通常镀以贵金属（如金、铑、钯等），以保证良好地接通与断开电路。玻璃管内充有惰性气体，以减少触点污染和电腐蚀。

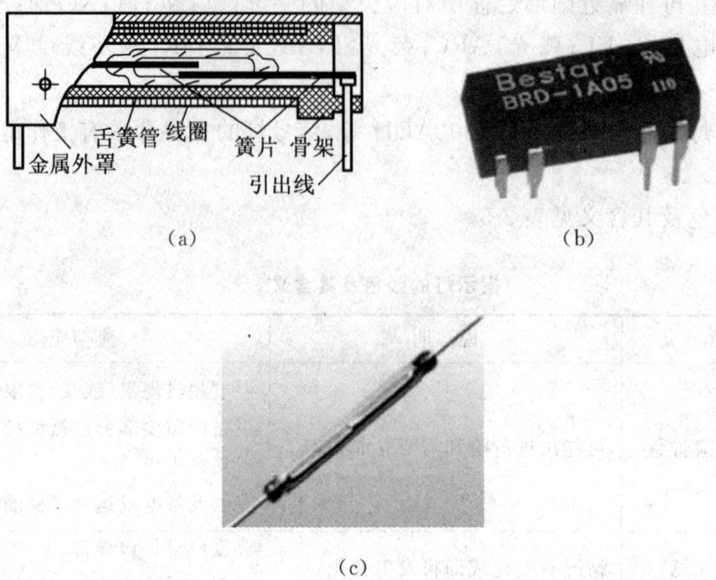

图 2-33　舌簧继电器的外形和结构

1. 舌簧继电器的工作原理

线圈通电后，舌簧片被磁化，重叠部分因互相吸引而接触，使电路接通。线圈断电后吸力消失，在舌簧片的弹力作用下，舌簧片复原，两舌簧片分离，断开电路。

舌簧片的触点组件可以是常开型的、常闭型的或转换型的（包括一对常开一对常闭触点）。一个舌簧管只有一个触点组件。如果一个线圈内放入多个不同类型的舌簧管，就构成了多触点继电器。

舌簧管不仅可用线圈励磁驱动，也可以用永久磁铁来驱动。驱动方式也可以有多种（图 2-34），从而构成各种类型的接近控制和检测控制装置，将多种机械量转换为电信号。

舌簧管还可以做成光导开关，借助于固定块将一对光缆安装在悬臂舌簧片的端部，当舌簧片闭合时，使光缆同轴对称而形成光通路。舌簧片光导开关可使光缆相对端面之间的间隙做得很小，使传输损耗减到最低，其间隙因封闭在管内，也就避免了光缆相对端面的污染。

2. 舌簧继电器的特点

(1)舌簧管结构简单，体积小，质量轻，价格低，容易实现自动化生产。

(2)触点单独密封在玻璃管中，工作可靠性高。

(3)可动部分质量小，且无铰链联结，所以动作响应快。一般吸合与释放时间均在 0.5～2ms 以内（小型舌簧管的吸合与释放时间通常都低于 1ms，适宜与电子线路的动作配合，因此在通信、检测与计算机技术中得到广泛的应用）。

(4)吸合功率小，灵敏度高，多用半导体元件启动。舌簧继电器的主要缺点是：触点较容易出现冷焊（非通电熔化而造成的触点间的烧结现象）；触点断开容量较低，过载能力较差；触点距离近，耐压较低；簧片断开瞬间易出现颤抖现象等。

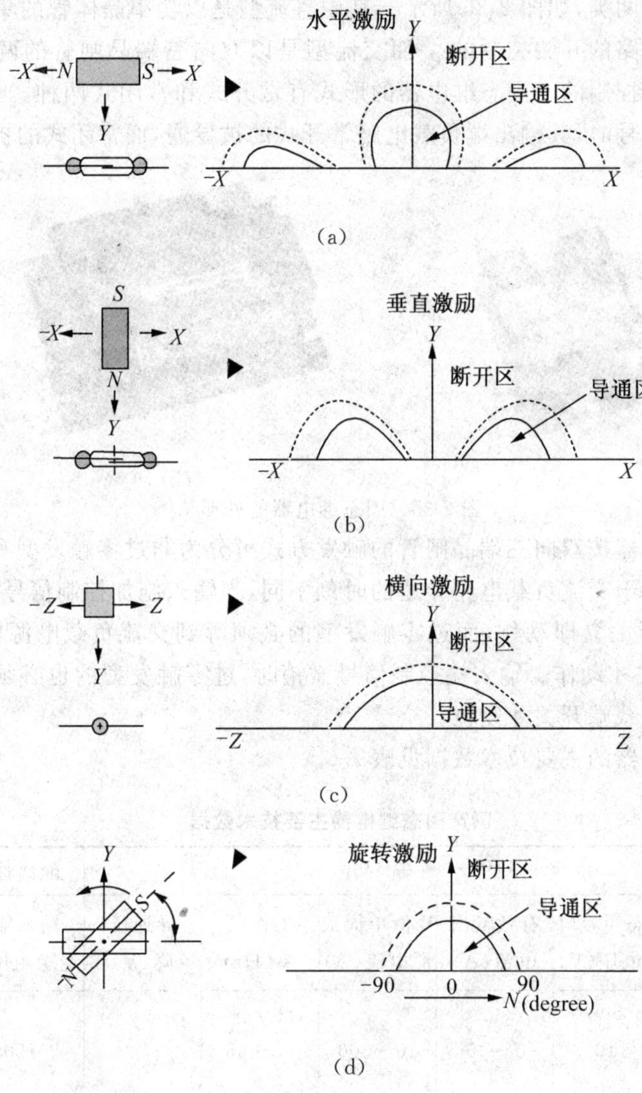

图 2-34　舌簧管的驱动方式

二、固态继电器

固态继电器（Solid State Relay）简称 SSR，是一种新型无触点继电器。由于具有可靠性高、开关速度快和工作频率高、使用寿命长，便于小型化，输入控制电流小以及与 TTL、CMOS 等集成电路有较好的兼容性等一系列优点，不仅在许多自动控制装置中替代了常规的继电器，而且在常规继电器无法应用的一些领域，如在微型计算机数据处理系统的终端装置、可编程序控制器的输出模块、数控机床的程控装置以及在微机控制的测量仪表中都有用武之地。随着我国电子工业的迅速发展，其应用领域正在不断扩大。

固态继电器是具有两个输入端和两个输出端的一种四端器件，其输入与输出之间通常采用光耦合器隔离，称之为全固态继电器。固态继电器按输出端负载的电源类型可分为直流型和交流型两类，如图 2-35 所示。其中直流型是以功率晶体管的集电极和发射极进行输出端负载电路的开关控制的，而交流型是以双向三端晶闸管的两电极进行输出端负载电路的开关控制的。固态继电器的形式有常开式和常闭式两种，当固态继电器的输入端施加控制信号时，其输出端负载电路常开式的被导通，而常闭式的被断开。

(a)　　(b)

图 2-35　固态继电器的外形

交流固态继电器按双向三端晶闸管的触发方式可分为非过零触发型和过零触发型两种。其主要区别在于交流负载电路导通的时刻不同，当输入施加控制信号的电压时，非过零触发型负载端开关立即动作，而过零触发型的必须等到交流负载电源电压过零(接近 0V)时，负载端开关才动作。输入端控制信号撤销时，过零触发型的也必须等到交流负载电源电压过零时负载端开关才复位。

国产固态继电器的主要技术数据见表 2-6。

表 2-6　国产固态继电器主要技术数据

输　入		输　出					隔离性能	开关速度
驱动电压(V)	驱动电流(mA)	断态重复峰值电压(V)	有效输出电流(A)	峰值单周浪涌电流(A)	工作频率(Hz)	导通压降(V)	输入输出绝缘耐压(V)	换接时间/ms
3～30	3～10	50 110 220	1～40	10～300	45～65	＜2	1500	＜10

固态继电器的输入端要求有几个毫安至 20 毫安的驱动电流，最小工作电压为 3V，所以 MOS 逻辑信号通常要经晶体管缓冲级放大后再去控制固态继电器，对于 CMOS 电路可利用 NPN 晶体管缓冲器。当输出端的负载容量很大时，直流固态继电器可通过功率晶体管 (交流固态继电器通过双向晶闸管)驱动负载。

当温度超过 35℃后，固态继电器的负载能力(最大负载电流)随温度升高而下降，因此使用时必须注意散热，或降低电流使用。

对于容性或阻性负载，应限制其开通瞬间的浪涌电流值(一般为负载电流的 7 倍)；对于电感性负载，应限制其瞬时峰值电压，以防损坏固态继电器，具体使用时，可参照产品说明书或有关技术手册。

习　题

2-1　什么是低压电器？低压电器是如何分类的？

2-2　组合开关的主要用途是什么？如何选用组合开关？

2-3　常用的低压熔断器有哪些类型？低压断路器有哪些保护功能？

2-4　交流接触器的主要用途是什么？如何选择接触器主触点的额定电流？

2-5　交流接触器的结构由哪几部分组成？

2-6　交流接触器在动作时，常开触点和常闭触点的动作状态是怎样变化的？

2-7　如何选用熔断器？熔断器为什么一般不能用作过载保护？

2-8　热继电器的主要用途是什么？热继电器的触点动作后，能否自动复位？

2-9　中间继电器与交流接触器有什么区别？什么情况下可用中间继电器代替交流接触器使用？

2-10　怎样区别通电延时型和断电延时型的空气阻尼式时间继电器？通电延时型时间继电器可以改为断电延时型时间继电器吗？

2-11　按钮和行程开关有什么不同？各起什么作用？

2-12　舌簧继电器是怎样工作的？它有哪些特点？

2-13　什么是固态继电器？它有哪些优点？

2-14　某机床主轴电动机的型号为 Y132S-4，额定功率为 5.5kW，电压 380V，电流 11.6A，定子绕组采用三角形接法，启动电流约为额定电流的 5 倍。若用组合开关作电源开关，用按钮、接触器控制电动机的运行，并需要有短路、过载保护。试选择所用的组合开关、按钮、接触器、熔断器及热继电器的型号和规格。

第三章　电动机基本控制线路的应用

任何复杂的控制线路是由一些比较简单的、基本的控制线路或基本环节所组成。识读和绘制电动机基本控制线路是分析和维修电气线路的有力工具。

为了表达生产机械电气控制系统的组成及工作原理，同时也便于设备的安装、调试和维修，而将系统中各电气元件及连接关系用一定的图样反映出来，在图样上用规定的图形符号表示各电气元件，并用文字符号说明各电气元件，这样的图样叫做电气图。

电气图，也称电气控制系统图。图中必须根据国家标准，用统一的文字符号、图形符号及画法，以便于设计人员的绘图与现场技术人员、维修人员的识读。常用的电气图包括电气原理图、电器元件布置图、电气安装接线图。

第一节　电气图的识读和绘制

一、电气原理图

电气原理图结构简单、层次分明，适用于研究和分析电路工作原理、并可为寻找故障提供帮助，同时也是编制电气安装接线图的依据，因此在设计部门和生产现场得到广泛应用。电气原理图是使用图形符号、文字符号、项目代号等表示电路各个电气元件之间的关系和工作原理的图。

1. 图形符号

图形符号通常用于图样或其他文件，用以表示一个设备或概念的图形、标记或字符。图形符号含有符号要素、一般符号和限定符号。常用图形符号见表 3-1。

(1)符号要素　是一种具有确定意义的简单图形，必须同其他图形结合才构成一个设备或概念的完整符号。例如接触器主触点的符号就由接触器触点功能符号和常开触点符号组合而成。

(2)一般符号　用以表示一类产品和此类产品特征的一种简单的符号。例如电动机可用一个圆圈表示。

(3)限定符号　是一种加在其他符号上提供附加信息的符号。

运用图形符号绘制电气图时应注意：

①符号尺寸大小、线条粗细依国家标准可放大与缩小，但在同一张图样中，同一符号的尺寸应保持一致，各符号之间及符号本身比例应保持不变。

②标准中示出的符号方位，在不改变符号含义的前提下，可根据图面布置的需要旋转，或成镜像位置，但是文字和指示方向不得倒置。

③大多数符号都可以附加上补充说明标记。

④对标准中没有规定的符号，可选取《电气图常用图形符号》(GB4728)中给定的符号要素、一般符号和限定符号，按其中规定的原则进行组合。

2. 文字符号

文字符号用于电气技术领域中技术文件的编制，也可以标注在电气设备、装置和元器件上或近旁，以表示电气设备、装置和元器件的名称、功能、状态和特性。

文字符号分为基本文字符号和辅助文字符号，常用文字符号见表 3-1。

表 3-1　常用电气图形符号和文字符号的新旧对照表

<table>
<tr><th colspan="2" rowspan="2">名称</th><th colspan="2">新标准</th><th colspan="2">旧标准</th><th colspan="2" rowspan="2">名称</th><th colspan="2">新标准</th><th colspan="2">旧标准</th></tr>
<tr><th>图形符号</th><th>文字符号</th><th>图形符号</th><th>文字符号</th><th>图形符号</th><th>文字符号</th><th>图形符号</th><th>文字符号</th></tr>
<tr><td colspan="2">一般三极电源开关</td><td>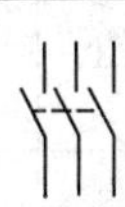</td><td>QS</td><td>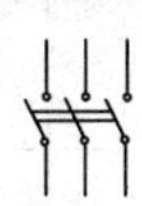</td><td>K</td><td rowspan="4">接触器</td><td>线圈</td><td>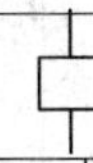</td><td rowspan="4">KM</td><td>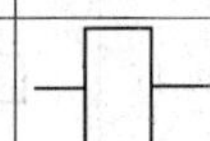</td><td rowspan="4">C</td></tr>
<tr><td colspan="2" rowspan="2">低压断路器</td><td rowspan="2">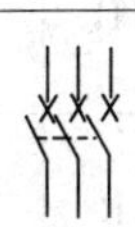</td><td rowspan="2">QF</td><td rowspan="2">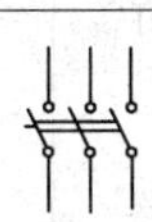</td><td rowspan="2">UZ</td><td>主触点</td><td></td><td>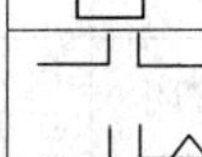</td></tr>
<tr><td>常开辅助触点</td><td></td><td></td></tr>
<tr><td rowspan="3">位置开关</td><td>常开触点</td><td></td><td rowspan="3">SQ</td><td>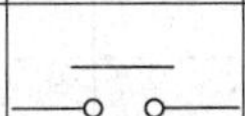</td><td rowspan="3">XK</td><td>常闭辅助触点</td><td>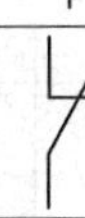</td><td>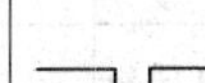</td></tr>
<tr><td>常闭触点</td><td>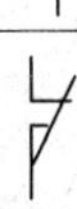</td><td>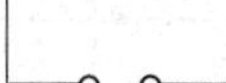</td><td rowspan="2">速度继电器</td><td>常开触点</td><td>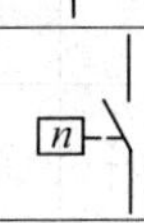</td><td rowspan="2">KS</td><td>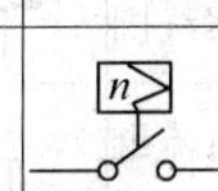</td><td rowspan="2">SDJ</td></tr>
<tr><td>复合触点</td><td>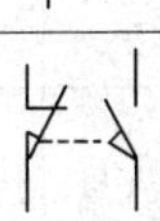</td><td>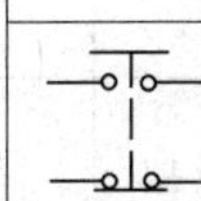</td><td>常闭触点</td><td>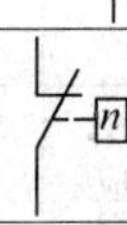</td><td>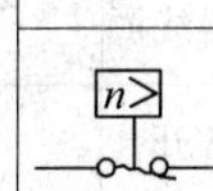</td></tr>
</table>

续表

名称		新标准 图形符号	新标准 文字符号	旧标准 图形符号	旧标准 文字符号
熔断器			FU		RD
按钮	启动		SB		QA
按钮	停止		SB		TA
按钮	复合		SB		AN
时间继电器	常开延时断开触点		KT		SJ
热继电器	热元件		FR		RJ
热继电器	常闭触点		FR		RJ
继电器	中间继电器线圈		KA		ZJ
继电器	欠电压继电器线圈		KV		QYJ
继电器	过电流继电器线圈		KI		GLJ
继电器	常开触点		相应继电器符号		相应继电器符号
继电器	常闭触点		相应继电器符号		相应继电器符号
继电器	欠电流继电器线圈		KI	与新标准相同	QLJ

名称		新标准 图形符号	新标准 文字符号	旧标准 图形符号	旧标准 文字符号
时间继电器	线圈		KT		SJ
时间继电器	常开延时闭合触点		KT		SJ
时间继电器	常闭延时断开触点		KT		SJ
时间继电器	常闭延时闭合触点		KT		SJ
桥式整流装置			VC		ZL
照明灯			EL		ZD
信号灯			HL		XD
电阻器			R		R
接插器			X		CZ
电磁铁			YA		DT
电磁吸盘			YH		DX
串励直流电动机			M		ZD
并励直流电动机			M		ZD

续表

名称	新标准		旧标准		名称	新标准		旧标准	
	图形符号	文字符号	图形符号	文字符号		图形符号	文字符号	图形符号	文字符号
万能转换开关	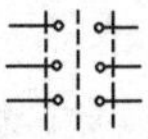	SA	与新标准相同	HK	他励直流电动机	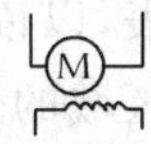	M	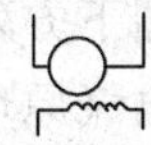	ZD
制动电磁铁	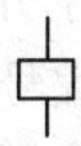	YB	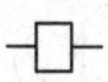	DT	复励直流发电机	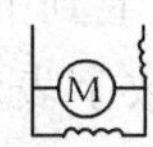			
电磁离合器	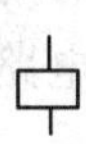	YC	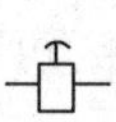	CH	直流发电机		G	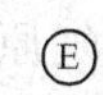	ZF
电位器	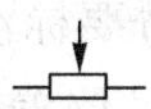	RP	与新标准相同	W	三相鼠笼式异步电动机		M		D

(1)基本文字符号　基本文字符号有单字母符号与双字母符号两种。单字母符号按拉丁字母顺序将各种电气设备、装置和元器件划分为 23 大类，每一类用一个专用单字母符号表示，如“C”表示电容器类，“R”表示电阻器类等。

双字母符号由一个表示种类的单字母符号与另一个字母组成，且以单字母符号在前，另一个字母在后的次序排列，如“F”表示保护器件类，则“FU”表示为熔断器，“FR”表示为热继电器。

(2)辅助文字符号　辅助文字符号用来表示电气设备、装置和元器件以及电路的功能、状态和特征。如“L”表示限制，“RD”表示红色等。辅助文字符号也可以放在表示种类的单字母符号之后组成双字母符号，如“YB”表示电磁制动器，“SP”表示压力传感器等。辅助字母还可以单独使用，如“ON”表示接通，“M”表示中间线，“PE”表示保护接地等。

3. 电气原理图的绘制原则

(1)电气原理图中的电器元件是按未通电和没有受外力作用时的状态绘制　在不同的工作阶段，各个电器的动作不同，触点时闭时开，而在电气原理图中只能表示出一种情况。因此，规定所有电器的触点均表示在原始情况下的位置，即在没有通电或没有发生机械动作时的位置。对接触器来说，是线圈未通电，触点未动作时的位置；对按钮来说，是手指未按下时触点的位置；对热继电器来说，是常闭触点在未发生过载动作时的位置等。

(2)主电路、控制电路和辅助电路应分开绘制　主电路是设备的驱动电路，是从电源到电动机大电流通过的路径；控制电路是由接触器和继电器线圈、各种电器的触点组成的逻辑电路，实现所要求的控制功能；辅助电路包括信号电路、保护电路、照明电路等。

主电路用垂直线绘制在图的左侧，控制电路用垂直线绘制在图的右侧，控制电路中的耗能元件画在电路的最下端。

(3)触点的绘制位置　使触点动作的外力方向必须是：当图形垂直放置时为从左到右，即垂线左侧的触点为常开触点，垂线右侧的触点为常闭触点。

(4)图中自左至右或自上至下表示操作顺序，并尽可能减少线条和避免线条交叉。

(5)图中有直接电联系的交叉导线的连接点(即导线交叉处)要用黑圆点表示。无直接电联系的交叉导线，交叉处不能画黑圆点。

(6)在原理图的上方将图分成若干图区，并标明该区电路的用途与作用；在继电器、接触器线圈下方列有触点表，以说明线圈和触点的从属关系。

4. 电气原理图图面区域的划分

图面分区时，竖边从上到下用英文字母，横边从左到右用阿拉伯数字分别编号。分区代号用该区域的字母和数字表示，如 A3、C6 等。图面上方的图区横向编号是为了便于检索电气线路，方便阅读分析而设置的。图区横向编号的下方对应文字，有时对应文字也可排列在电气原理图的底部，表明该区元件或电路的功能，以利于理解全电路的工作原理。

5. 电气原理图符号位置的索引

在较复杂的电气原理图中，对接触器、继电器线圈的文字符号下方要标注其触点位置的索引；而在其触点的文字符号下方要标注其线圈位置的索引。符号位置的索引，用图号、页次和图区编号的组合索引法，索引代号的组成如下：

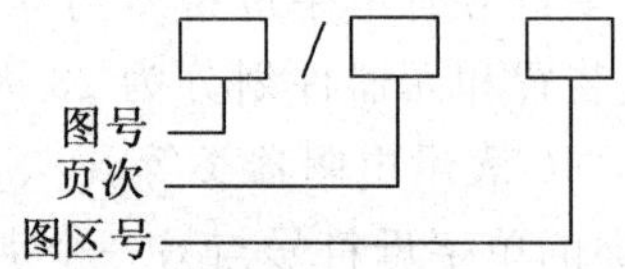

当与某一元件相关的各符号元素出现在不同图号的图样上，而每个图号仅有一页图样时，索引代号可以省去页次；当与某一元件相关的各符号元素出现在同一图号的图样上，而该图号有几张图样时，索引代号可省去图号，依次类推。

当与某一元件相关的各符号元素出现在只有一张图样的不同图区时，索引代号只用图区号表示。

在电气原理图中，接触器和继电器的线圈与触点的从属关系，应当用附图表示。即在原理图中相应线圈的下方，给出触点的图形符号，并在其下面注明相应触点的索引代号，未使用的触点用"×"表明。有时也可采用省去触点图形符号的表示法。

如图 3-1(a)所示，在接触器 KM 触点的位置索引中，左栏为主触点所在的图区号(有两个主触点在图区 4，另一个主触点在图区 5)，中栏为辅助常开触点所在的图区号(一个触点在图区 6，另一个没有使用)，右栏为辅助常闭触点所在的图区号(两个触点都没有使用)。

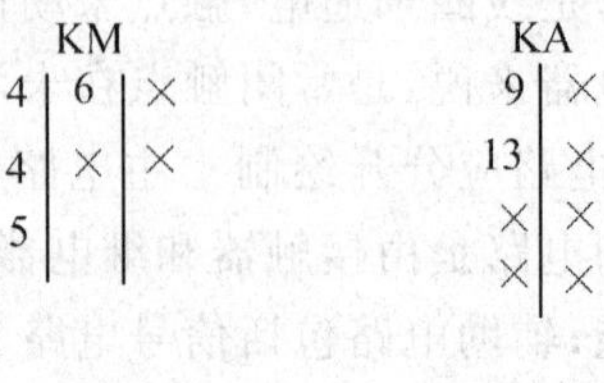

图 3-1 线圈下方的图形符号举例

如图 3-1(b)所示，在继电器 KA 触点的位置索引中，左栏为常开触点所在的图区号(一个触点在图区 9，另一个触点在图区 13)，右栏为常闭触点所在的图区号(四个都没有使用)。

6.接线端子标记

(1)三相交流电路引入线采用 L_1、L_2、L_3、N、PE 标记,直流电源的正、负线分别用 L_+、L_- 标记。

(2)分级三相交流电源主电路,采用三相文字代号 U、V、W 的前面加上阿拉伯数字 1、2、3 等来标记。如 1U、1V、1W、2U、2V、2W 等。

(3)各电动机分支电路各接点标记采用三相文字代号后面加数字来表示,数字中的个位数表示电动机代号,十位数字表示该支路各节点的代号,从上到下按数值大小顺序标记。如 U_{11} 表示 M_1 电动机的第一相的第一个节点代号,U_{21} 表示 M_1 电动机的第一相的第二个节点代号,依次类推。

(4)三相电动机定子绕组首端分别用 U1、V1、W1 标记,定子绕组末端分别用 U2、V2、W2 标记,电动机绕组中间抽头分别用 U3、V3、W3 标记。

(5)控制电路采用阿拉伯数字编号。标注方法按"等电位"原则进行,在垂直绘制的电路中,标号顺序一般按自上而下、从左至右的规律编号。凡是被线圈、触点等元件所间隔的接线端点,都应标以不同的线号。

二、电器元件布置图

电器元件布置图主要是表明电气设备上所有电器元件的实际位置,为电气设备的安装及维修提供必要的资料。电器元件布置图可根据电气设备的复杂程度集中绘制或分别绘制。图中不需标注尺寸,但是各电器代号应与有关图纸和电器清单上所有的元器件代号相同,在图中往往留有 10%以上的备用面积及导线管(槽)的位置,以供改进设计时用。

电器元件布置图的绘制原则:

(1)绘制电器元件布置图时,机床的轮廓线用细实线或点划线表示,电器元件均用粗实线绘制出简单的外形轮廓。

(2)绘制电器元件布置图时,电动机要和被拖动的机械装置画在一起;行程开关应画在获取信息的地方;操作手柄应画在便于操作的地方。

(3)绘制电器元件布置图时,各电器元件之间,上、下、左、右应保持一定的间距,并且应考虑器件的发热和散热因素,应便于布线、接线和检修。

图 3-2 为某机床的电器元件布置图,图中 FU1～FU4 为熔断器、KM 为接触器、FR 为热继电器、TC 为照明变压器、XT 为接线端子板。

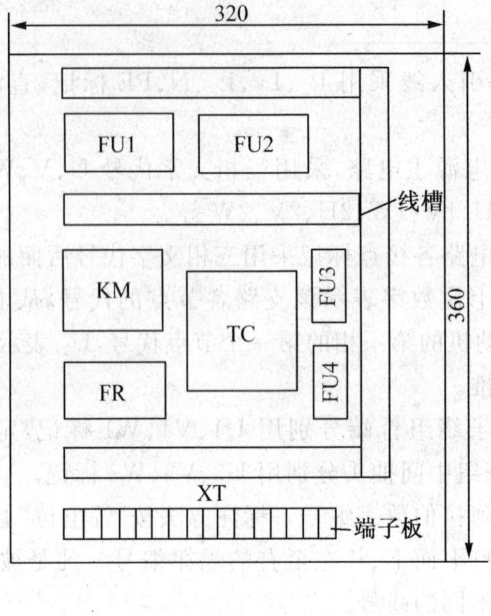

图 3-2　某机床电器元件布置图

三、电气安装接线图

电气安装接线图主要用于电气设备的安装配线、线路检查、线路维修和故障处理。在图中要表示出各电气设备、电器元件之间的实际接线情况，并标注出外部接线所需的数据。在电气安装接线图中各电器元件的文字符号、元件连接顺序、线路号码编制都必须与电气原理图一致。

电气安装接线图的绘制原则：

(1)绘制电气安装接线图时，各电器元件均按其在安装底板中的实际位置绘出。元件所占图面按实际尺寸以统一比例绘出。

(2)绘制电气安装接线图时，一个元件的所有部件绘在一起，并用点划线框起来，有时将多个电器元件用点划线框起来，表示它们是安装在同一安装底板上的。

(3)绘制电气安装接线图时，安装底板内外的电器元件之间的连线通过接线端子板进行连接，安装底板上有几条接至外电路的引线，端子板上就应绘出几个引线的接点。

(4)绘制电气安装接线图时，走向相同的相邻导线可以绘成一股线。

例如，图 3-3 所示就是根据上述原则绘制出的某机床的电气安装接线图。

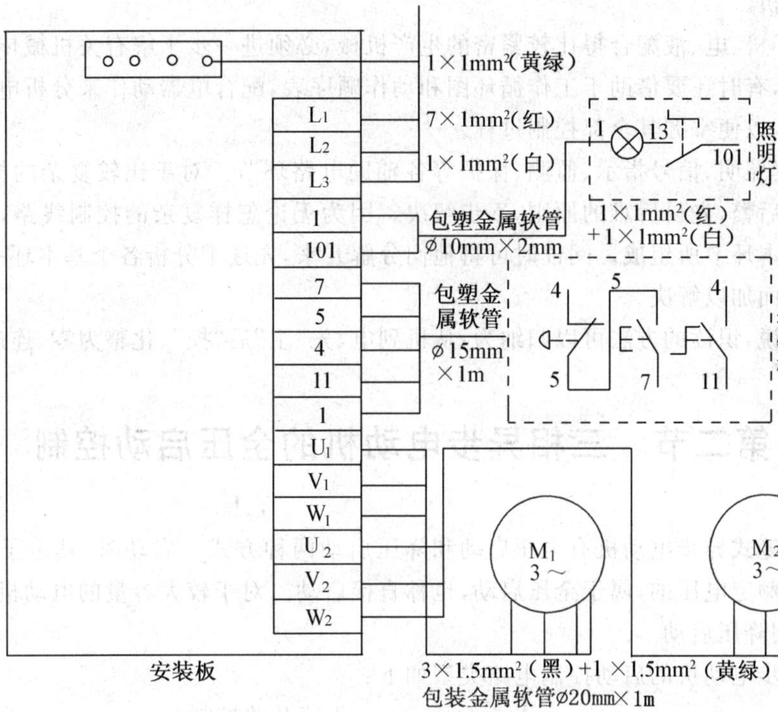

图 3-3　某机床的电气安装接线图

电气原理图是表示电气控制线路工作原理的图形，所以熟练识读电气原理图，是掌握设备正常工作状态、迅速处理电气故障的必不可少的环节。

生产机械的实际电路往往比较复杂，有些还和机械、液压、气动等动作相配合来实施控制。因此在识读电气原理图之前，首先要了解生产工艺过程对电气控制的基本要求，例如，需要了解控制对象的电动机数量、各台电动机是否有启动、反转、调速、制动等控制要求，需要哪些联锁保护、各台电动机的启动、停止顺序的要求等等具体内容，并且要注意机、电、液、气等的联合控制。

四、读图要点

在识读电气原理图时，大致可归纳为以下几点：

(1)必须熟悉图中各器件符号和作用。

(2)阅读主电路。应该了解主电路有哪些用电设备(如电动机、电炉等)，以及这些设备的用途和工作特点。并根据工艺过程，了解各用电设备之间的相互联系，采用的保护方式等。在完全了解主电路的这些工作特点后，就可以根据这些特点再去阅读控制电路。

(3)阅读控制电路。控制电路有各种电器组成，主要用来控制主电路工作的。在阅读控制电路时，一般先根据主电路接触器主触点的文字符号，到控制电路中去找与之相应的吸引线圈，进一步弄清楚电机的控制方式。这样可将整个电气原理图划分为若干部分，每一部分控制一台电动机。另外，控制电路一般是依照生产工艺要求，按动作的先后顺序，自上而下、从左到右并联排列。因此，读图时也应当自上而下、从左到右，一个环节一个环节地进行分析。

(4)对于机、电、液配合得比较紧密的生产机械，必须进一步了解有关机械传动和液压传动的情况，有时还要借助于工作循环图和动作顺序表，配合电器动作来分析电路中的各种联锁关系，以便掌握其全部控制过程。

(5)阅读照明、信号指示、监测、保护等各辅助电路环节。对于比较复杂的控制电路，可按照先简后繁，先易后难的原则，逐步解决。因为无论怎样复杂的控制线路，总是由许多简单的基本环节所组成。阅读时可将他们分解开来，先逐个分析各个基本环节，然后再综合起来全面加以解决。

概括地说，识读的方法可以归纳为：从机到电、先“主”后“控”、化整为零、连成系统。

第二节　三相异步电动机的全压启动控制

三相鼠笼式异步电动机有全压启动和降压启动两种方式。启动时，其定子绕组上的电压为电源额定电压的，属于全压启动，也称直接启动。对于较大容量的电动机启动控制时，一般采用降压启动。

三相异步电动机的启动控制电路类型如下：

- 启动类型
  - 全压启动
    - 手动控制
      - 负荷开关控制
      - 组合开关控制
    - 点动控制
    - 自锁控制
    - 具有过载保护的自锁控制
  - 降压启动
    - 串电阻降压控制
      - 接触器控制
      - 时间继电器控制
    - Y-Δ 降压控制
      - 手动控制
      - 时间继电器控制
      - Y-Δ 启动器控制
    - 自耦变压器降压控制
      - 手动控制
      - 自动控制
    - 延边三角形降压控制

一、三相异步电动机的正转启动控制

全压启动控制电路简单、电气设备少，是一类最简单、经济的启动方法。只要电网的容量允许，应尽量采用此种方法。但全压启动时电流较大，可达电动机额定电流的 4～7 倍，会使电网电压显著降低，影响在同一电网工作的其他设备的稳定运行，甚至使其他电动机停转或无法启动。

1. 手动正转控制线路

如图 3-4 所示，该线路简单、元件少，装有熔断器，可作电动机的短路保护，对于容量

较小、启动不频繁的电动机来说，此种控制是经济方便的启动控制方法。工厂中常被用来控制三相电风扇和砂轮机等设备。但在启动频繁的场合，该方法是不可取的。线路中，组合开关 QS 起接通、断开电源用；熔断器 FU 作短路保护用。

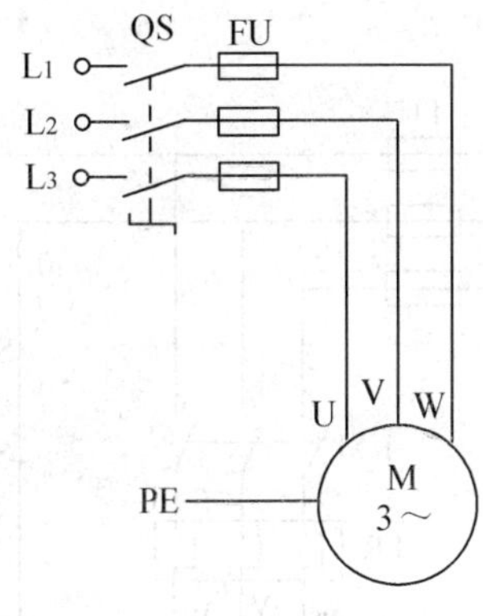

图 3-4　手动正转控制线路

2. 接触器点动控制线路

如图 3-5 所示，该电路可分成主电路和控制电路两部分。主电路从电源 L1、L2、L3、开关 QS、熔断器 FU、接触器主触点 KM 到电动机 M。控制电路由按钮 SB 和接触器线圈 KM 组成。

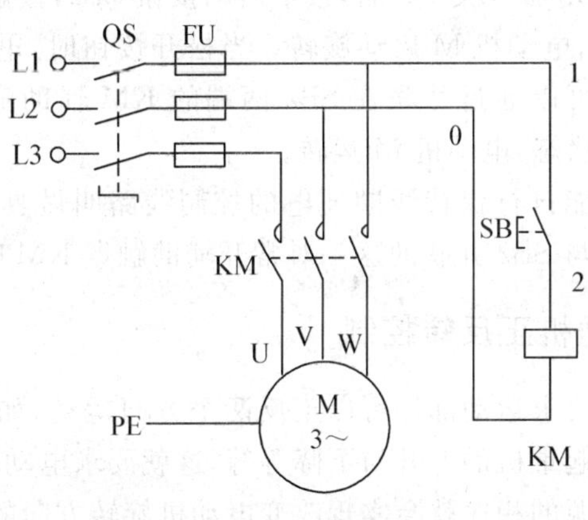

图 3-5　电动机点动控制线路

由图中分析可知，当合上电源开关 QS 时，电动机是不会启动运转的，因为这时接触器 KM 的线圈未通电，它的主触点处在断开状态，电动机 M 的定子绕组上没有电压。若要使电动机 M 转动，只有按下按钮 SB，使线圈 KM 得电，KM 的主触点闭合，电动机 M 即可启动。但当松开按钮 SB 时，KM 线圈失电，KM 主触点分开，切断电动机 M 的电源，电动机即停转。

这种只有当按下按钮时电动机才会运转，松开按钮即停转的线路，称为点动控制线路。这种线路常用作快速移动或简易起重设备等。

3. 接触器自锁正转控制线路

如果要使点动控制线路中的电动机长期运行，启动按钮 SB 必须始终用手按住，显然这是不符合生产实际要求的。为实现电动机连续运行，需要采用具有接触器自锁的控制线路。图 3-6 所示为具有接触器自锁的控制线路，该线路与点动控制线路的不同之处在于，控制电路中增加了停止按钮 SB1，在启动按钮 SB2 的两端并联一对接触器 KM 的常开辅助触点。

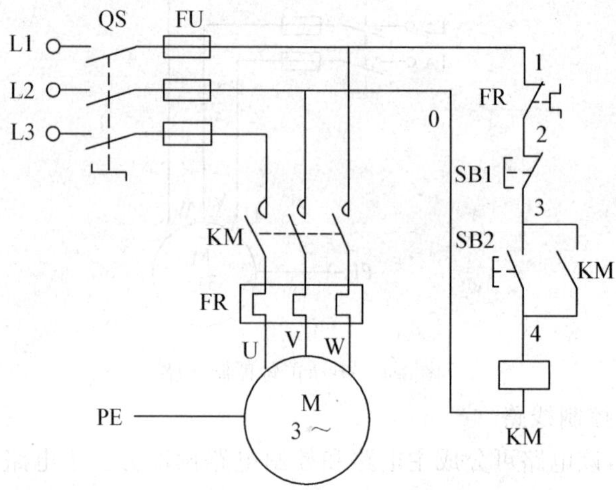

图 3-6　具有过载保护的接触器自锁正转控制线路

在图 3-6 中，当闭合电源开关 QS 后，按下启动按钮 SB2，接触器线圈 KM 得电，接触器 KM 三对主触点闭合，电动机 M 启动旋转。当松开按钮时，电动机 M 不会停转，因为这时，接触器线圈 KM 可以通过并联在 SB2 两端的 KM 辅助触点继续维持通电，保证 KM 主触点仍处在接通状态，电动机 M 运转。

这种松开按钮而仍能自行保持线圈通电的控制线路叫做具有自锁的接触器控制线路，简称自锁控制线路，与 SB2 并联的这一对常开辅助触点 KM 叫作自锁触点。

二、三相异步电动机正反转控制

许多生产机械往往要求运动部件可以正反两个方向运动，如机床工作台的前进与后退，主轴的正转与反转，起重机的上升与下降等等，这就要求电动机能正、反双向旋转来实现。采用改变电动机电源的相序就会实现改变电动机旋转方向的目的。

1. 倒顺开关正反转控制线路

该控制线路只能用于功率较小的三相笼型异步电动机的控制，否则触点易被电弧烧坏。倒顺开关属组合开关类型，但它结构上不同于一般作为电源引入的组合开关。它有三个操作位置：顺转、停转和倒转。其常见外形如图 3-7(a)所示，其原理图如图 3-7(b)所示。

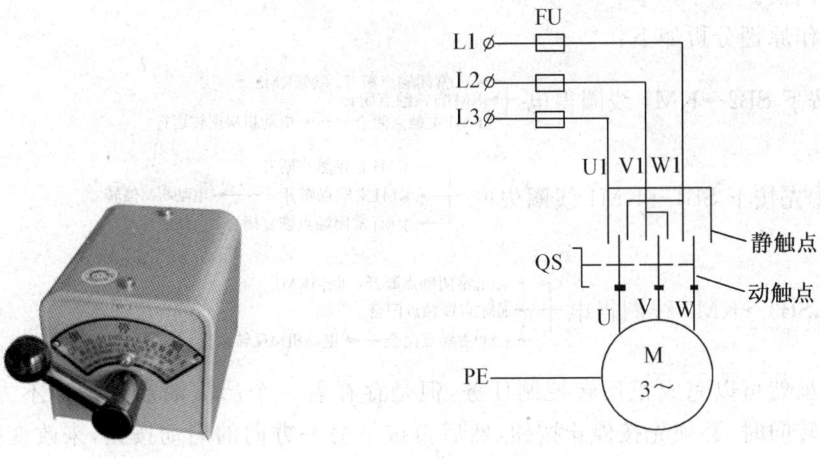

（a）　　　　（b）

图 3-7　倒顺开关正反转控制线路

图中可看出，倒顺开关置于顺转和倒转位置时，对电动机 M 来说，差别是电源相序得到了改变，从而改变了电动机的转向。需要注意的是，当电动机处于正转（开关置于“顺”位置）状态时，要使它反转，必须先把手柄扳到“停”的位置。若直接由“顺”扳至“倒”，电源突然反接，会产生较大的反接电流，对电源是一种不利的冲击，也容易损坏开关的触点。

2. 接触器联锁的正反转控制线路

该控制线路利用按钮、接触器等低压电器来自动控制电动机的正反转，如图 3-8 所示。

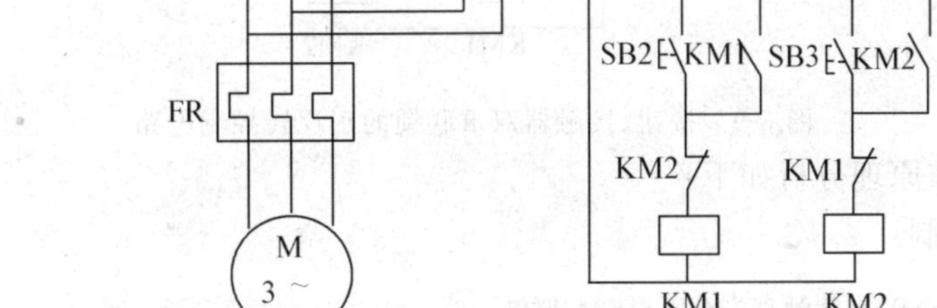

图 3-8　接触器联锁的正反转控制线路

图中采用了两个接触器，即正转用的接触器 KM1 和反转用的接触器 KM2，它们分别由正转按钮 SB2 和反转按钮 SB3 控制，这两个接触器的主触点相序不同，KM1 按 U1—V1—W1 相序接线，KM2 则调换了两相相序，所以当两个接触器分别工作时，电动机的旋转方向进行了调换。

线路的工作原理分析如下：

1. 正转：按下 SB2→KM1 线圈得电
- →KM1常闭触点断开，联锁KM2
- →KM1自锁触点闭合
- →KM1主触点闭合——→电动机M正转运行

2. 反转：①先按下 SB1→KM1 线圈失电
- →KM1自锁触点断开
- →KM1主触点断开——→电动机M停转
- →KM1常闭触点恢复闭合

②再按下 SB3→KM2 线圈得电
- →KM2常闭触点断开，联锁KM1
- →KM2自锁触点闭合
- →KM2主触点闭合——→电动机M反转运行

这种线路虽然可以完成正反转控制任务，但是存在着一个严重缺点是操作不方便。在改变电动机转向时，必须先按停止按钮，然后再按下另一方向的启动按钮，来改变电动机的转向。为达到不按停止按钮就能直接由一种转向改变到另一种转向，可采用以下有接触器、按钮联锁的正反转控制线路。

3. 按钮、接触器双重联锁的正反转控制线路

如图 3-9 所示为双重联锁的正反转控制线路，主电路部分与图 3-8 相同。这种线路集中了按钮联锁和接触器联锁的优点，具有操作方便，安全可靠等优点，为电力拖动设备中所常用。

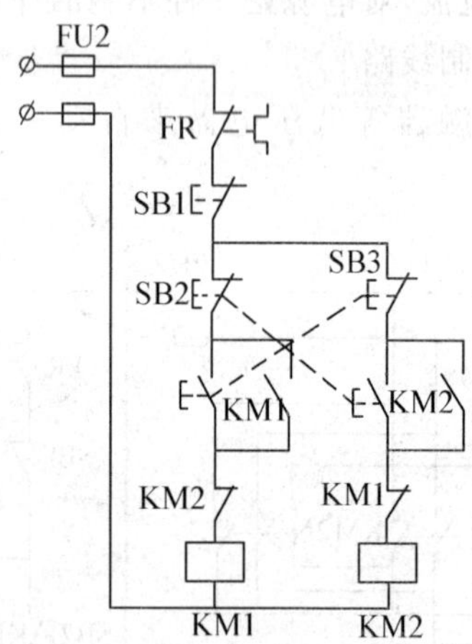

图 3-9　按钮、接触器双重联锁的正反转控制电路

线路的工作原理分析如下：

(1)正转控制：

按下SB1
- →SB1常闭触点先分断对KM2联锁
- →SB1常开触点后闭合→KM1线圈得电→

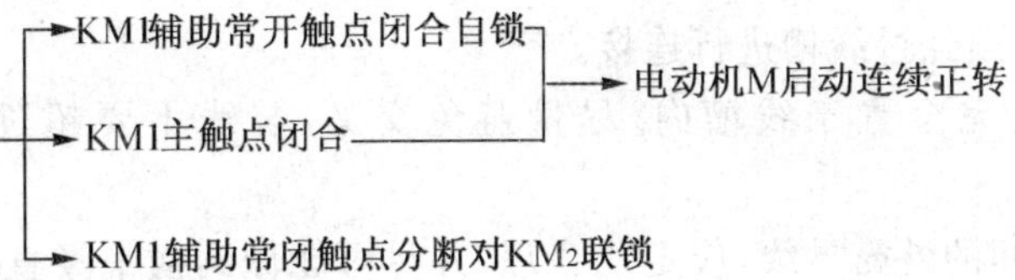

(2)反转控制：

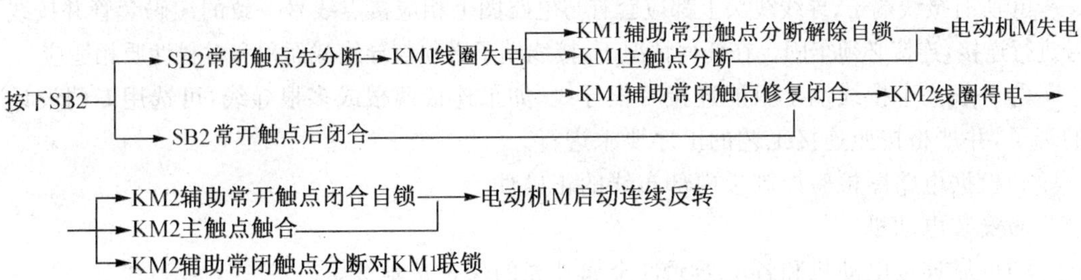

若要停止，按下 SB3，整个控制电路失电，电动机 M 失电停转。

4. 双重联锁正反转控制线路的安装

(1)目的要求　掌握双重联锁正反转控制线路的安装方法

(2)器材　线路板一块；导线规格：主电路采用 BVR 1.5mm^2(黑色)塑铜线，控制电路采用 BVR 1mm^{2}塑铜线(红色)，接地线采用 BVR(黄绿双色)塑铜线(截面 1.5 mm^2)。控制线路中的元件明细表见表 3-2。

表 3-2　　**元件明细表**

代　号	名　称	型　号	规　格	数　量
M	三相异步电动机	Y112M-4	4kW、380V、△接法、8.8A、1440r/min	1
QS	组合开关	HZ10-25/3	三极、25A	1
FU1	熔断器	RL1-60/25	500V、60A、配熔体 25A	3
FU2	熔断器	RL1-15/2	500V、15A、配熔体 2A	2
KM1、KM2	交流接触器	CJ10-20/3	20A、线圈电压 380V	2
FR	热继电器	JR16-20/3	三极、20A、整定电流 8.8A	1
SB1～SB3	按钮	LA10-3H	保护式、380V、5A、按钮数 3	1
XT	端子板	JX2-1015	380V、10A、15 节	1

(3)安装训练

1)配齐所用电器元件，并检验元件质量。

2)在控制板上安装走线槽和所有电器元件，并贴上文字符号。安装走线槽时，应做到横平竖直、排列整齐匀称、安装牢固和便于走线等。安装线槽的电气接线图如图 3-10(a)所示。

3)按电路图进行板前线槽配线，并在导线端部套编码套管和冷压接线头。板前线槽的具体工艺要求是：

①所有导线的截面积在等于或大于 0.5mm^{2}时，必须采用软线。

②布线时，严禁损伤线芯和导线绝缘。

③各电器元件接线端子上引出或引入的导线，除间距很小和元件机械强度很差允许直接架空敷设外，其他导线必须经过线槽进行连接。

④进入线槽内的导线要完全置于线槽内，尽量避免交叉，装线不要超过其容量的 70%。

⑤各电器元件与线槽之间的外露导线，应走线合理，并尽可能做到横平竖直，变换走向要垂直。

⑥所有接线端子、导线线头上都应套有与电路图上相应接点线号一致的编码套管并按线号进行连接，连接必须牢固。在任何情况下，接线端子必须与导线截面积和材料性质相适应。

⑦一般一个接线端子只能连接一根导线，如果连接两根或多根导线，可选用专门设计的端子，并严格按照连接工艺的工序要求进行。

4）根据电路图检验控制板内部布线的正确性。

5）安装电动机。

6）可靠连接电动机和各电器元件金属外壳的保护接地线。

7）连接电源、电动机等控制板外部的导线。

8）自检。

9）检查无误后通电试验。

在电气安装工程中，电器元件布置如图 3-10(a)所示，电器控制箱中各低压电器元件的实际摆放示意可参照图 3－10(b)所示。

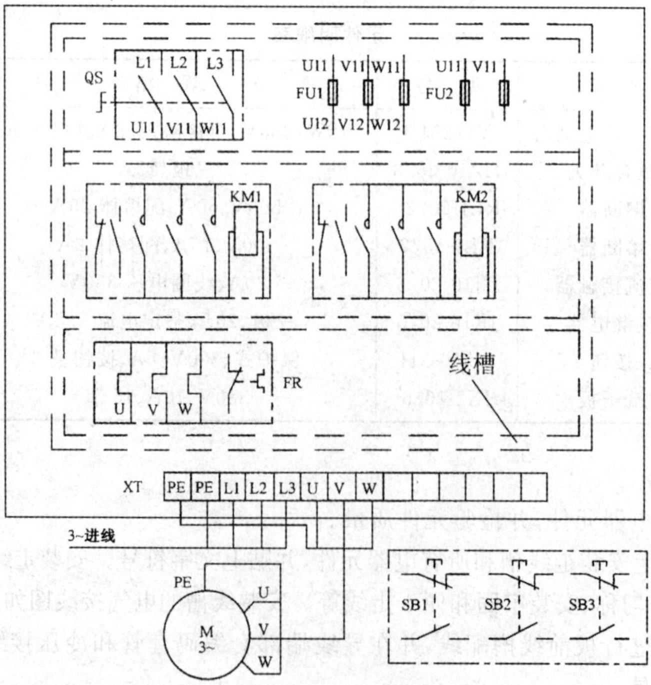

(a)电气安装接线图

图 3-10　电动机正反转控制线路的电气安装图

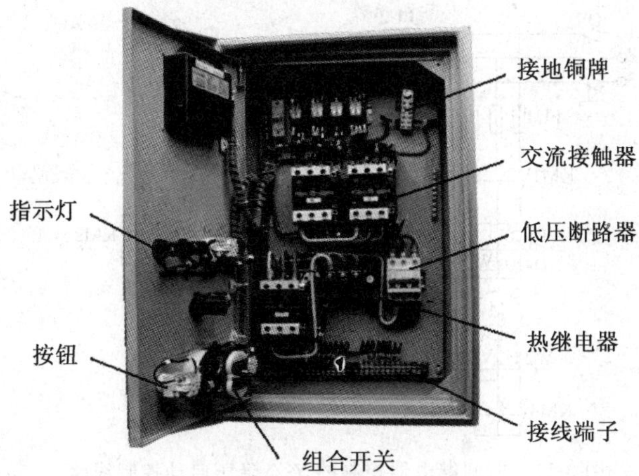

(b)低压电器元件的摆放示意

图 3-10　电动机正反转控制线路的电气安装图

第三节　三相异步电动机的降压启动控制

电动机降压启动的目的是减小启动电流，避免启动瞬间电网电压的显著下降。

判断一台三相异步电动机能否直接启动通常由公式(3-1)来确定，若满足此条件或电动机容量较小时，可全压启动；若电动机容量在 10kW 以上或不满足式(3-1)时，则应采用降压启动。

$$\frac{I_{st}}{I_N} \leqslant \frac{3}{4} + \frac{S}{4P_N} \tag{3-1}$$

式中：I_{st}——电动机启动电流(A)；

I_N——电动机额定电流(A)；

S——电源容量(kVA)；

P_N——电动机额定功率(kW)；

降压启动时降低加在电动机定子绕组上的电压，待电动机启动后，再将电压恢复到额定值，使电动机在额定电压下运行。常用的降压启动方式有：串电阻(或电抗器)降压、Y-△降压、自耦变压器降压、延边三角形降压等。此节只介绍常用的 Y-△降压启动控制。

对于正常运行时定子绕组为"△接法"的三相鼠笼式异步电动机，可采用 Y -△降压启动的方式，即电动机启动时，将定子绕组先连接为 Y 形(此时每相绕组承受的电压为全压启动的 $1\sqrt{3}$，启动电流为全压启动时电流的 1/3，启动转矩为全压启动时的 1/3)；待电动机转速上升到一定值时，再将定子绕组转接为△形，使电动机在全压下运行。

Y-△降压启动方式，只适用于轻载或空载下的启动。

一、时间继电器控制的 Y-△降压启动

图 3-11 中，KM 1为电源接触器，KM 3为 Y 联结接触器，KM 2为△联结接触器。此图常用于功率为 4～13 kW 之间的三相鼠笼式电动机的控制。

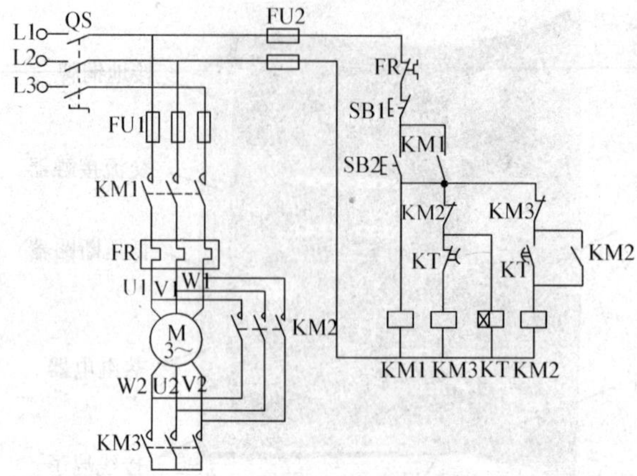

图 3-11　时间继电器控制的 Y-△降压启动控制线路

线路的工作原理分析如下：

1. Y 形降压启动：按下 SB2

- → KM1 线圈得电 → KM1 自锁触点闭合；KM1 主触点闭合
- → KM3 线圈得电 → KM3 常闭触点断开，联锁 KM2；KM3 主触点闭合
- KM1 主触点闭合、KM3 主触点闭合 → 电动机 Y 形降压启动
- → 时间继电器 KT 线圈得电（整定时间的延时后）→ KM3 线圈断电 → ①

①
- → KM3 的主触点断开 → 电动机定子绕组断开 Y 形联结
- → KM3 的辅助常闭触点复位（KT 的延时闭合常开触点闭合）→ 接触器 KM2 的线圈得电 → ②

②
- → KM2 常闭触点断开，联锁 KM3 和 KT 线圈
- → KM2 主触点闭合 → 电动机的定子绕组 Δ 接法全压运行

2. 停止：按下停止按钮 SB1，KM1、KM2 线圈断电，所有触点均复位，电动机停止运行。

二、Y-△降压启动控制线路的安装

1. 目的要求

掌握接触器控制的 Y-△降压启动控制线路的安装方法。

2. 工具、仪表及器材

（1）工具和仪表　螺丝刀、尖嘴钳、断线钳、剥线钳、MF47 型万用表等。

（2）器材　控制板一块，导线、走线槽若干，针形及叉形冷轧片等。

3. 安装步骤

（1）根据图 3-11 所示控制线路图配齐所用的电器元件，并检验元件质量。

（2）在控制板上安装电器元件和线槽，其固定位置可参照图 3-12，并贴上醒目的文字符号。

（3）进行线槽配线（板上配线的情况可先在图 3-12 中用电气接线图的形式绘制出来），压接导线前应在导线端部安装冷压接线头。

(4)连接控制板外部的导线。

(5)自检接线线路板。

(6)可靠连接电动机和电器元件的金属外壳的保护接地线。

(7)检查无误后通电试车。

注意:通电试车时应遵循开关操作顺序并安全操作。

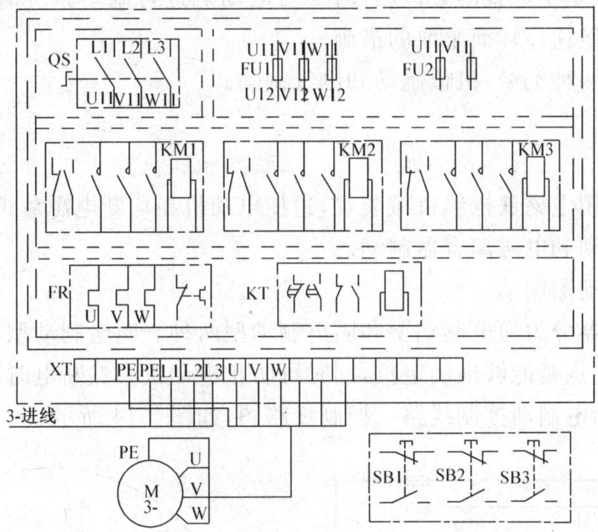

图 3-12　Y-△降压启动控制线路的电气安装接线图

三、成型 Y-△启动器

如图 3-13 所示为 QJX2 系列成型 Y-△启动器,适用于交流 50Hz(或 60Hz)、额定电压为 380V 时控制功率至 80kW 的三相鼠笼式异步电机,用于控制电机定子绕组由星形接法至三角形接法的换接启动、运行及停止。若配装相应规格的热继电器后,可实现对电动机的过载及断相保护。

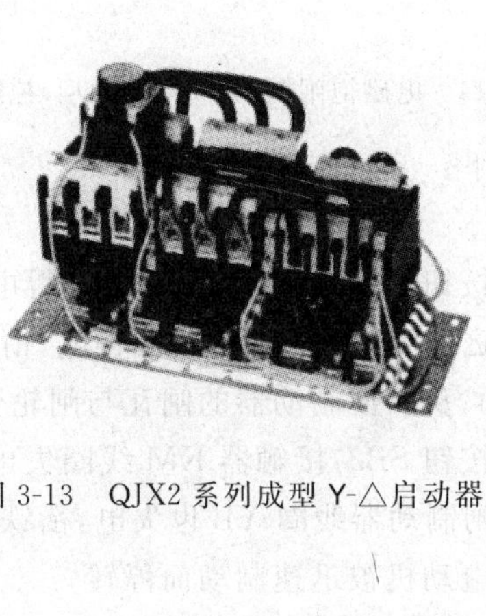

图 3-13　QJX2 系列成型 Y-△启动器

第四节　三相异步电动机的制动控制

电动机断开电源后，因惯性作用经过一段时间后才会完全停下来。对于某些生产机械的控制，这种情况是不适宜的，所以有时要对电动机进行制动。所谓制动，是指在切断电动机电源后使它迅速停转而采取的措施。

制动方式分为两种类型：机械制动和电气制动。

一、机械制动

机械制动是利用电磁铁操纵机械装置，迫使电动机在切断电源后迅速停转的方法，常用的有电磁抱闸制动和电磁离合器制动。

1. 电磁抱闸制动器制动

电磁抱闸制动器分为通电制动型和断电制动型两种。断电制动型制动器在起重机械上被广泛采用，其优点是能够准确定位，同时可防止电动机突然断电时重物的自行坠落。

(1)电磁抱闸断电制动控制线路　控制线路图，如图 3-14 所示。

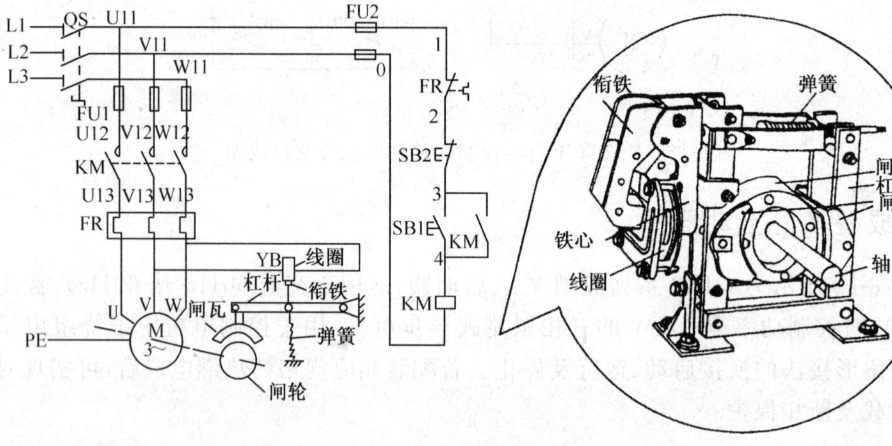

图 3-14　电磁抱闸制动(断电制动型)控制线路

线路的工作原理分析如下：

先合上电源开关 QS。

①启动运转。按下启动按钮 SBl，接触器 KM 线圈得电，其自锁触点和主触点闭合，电动机 M 接通电源，同时电磁抱闸制动器 YB 线圈得电，衔铁与铁心吸合，衔铁克服弹簧拉力，迫使制动杠杆向上移动，从而使制动器的闸瓦与闸轮分开，电动机正常运转。

②制动停转。按下停止按钮 SB2，接触器 KM 线圈失电，其自锁触点和主触点分断，电动机 M 失电，同时电磁抱闸制动器线圈 YB 也失电，衔铁与铁心分开，在弹簧拉力的作用下，闸瓦紧紧抱住闸轮，使电动机被迅速制动而停转。

当重物起吊到需要高度时，按下停止按钮，电动机和电磁抱闸制动器的线圈同时断电，闸瓦立即抱住闸轮，电动机立即制动停转，重物随之被准确定位。如果电动机在工作时，线路发生故障而突然断电时，电磁抱闸制动器同样会使电动机迅速制动停转，从而避免重物自行坠落。

因为电磁抱闸制动器线圈耗电时间与电动机通电时间一样长，所以这种制动方法并不经济；另外切断电源后，由于电磁抱闸制动器的制动作用，使手动调整工件就很困难。因此，对要求电动机制动后能调整工件位置的机床设备不能采用这种制动方法，可采用通电制动控制线路。

(2)电磁抱闸通电制动控制线路　此种通电制动与上述断电制动方法稍有不同。当电动机得电运转时，电磁抱闸制动器线圈断电，闸瓦与闸轮分开，无制动作用；当电动机失电需停转时，电磁抱闸制动器的线圈得电，使闸瓦紧紧抱住闸轮制动；当电动机处于停转常态时，电磁抱闸制动器线圈也无电，闸瓦与闸轮分开，这样操作人员可以用手扳动主轴调整工件、对刀等。

2. 电磁离合器制动

电磁离合器制动的原理和电磁抱闸制动器的制动原理类似。有的机床设备和电动葫芦的绳轮采用这种制动方法。断电制动型电磁离合器的结构，如图 3-15 所示。

(1)电磁离合器的结构　电磁铁的静铁心靠导向轴连接在电动葫芦本体上，动铁心与静摩擦片固定在一起，并只能做轴向移动而不能绕轴转动。动摩擦片通过连接法兰与绳轮轴(与电动机共轴)由键固定在一起，可随电动机一起转动。

(2)制动原理　电动机静止时，线圈无电，制动弹簧将静摩擦片紧紧地压在动摩擦片上，此时电动机通过轮轴被制动。当电动机通电运转时，线圈也同样得电，电磁铁的动铁心被静铁心吸合，使静摩擦片与动摩擦片分开，动摩擦片连同轮轴在电动机的带动下正常启动运转。当电动机切断电源时，线圈也同时失电，制动弹簧立即将静摩擦片连同动铁心推向转动着的动摩擦片，因弹簧张力迫使动、静摩擦片间产生较大的摩擦力，使电动机断电后立即受制动停转。

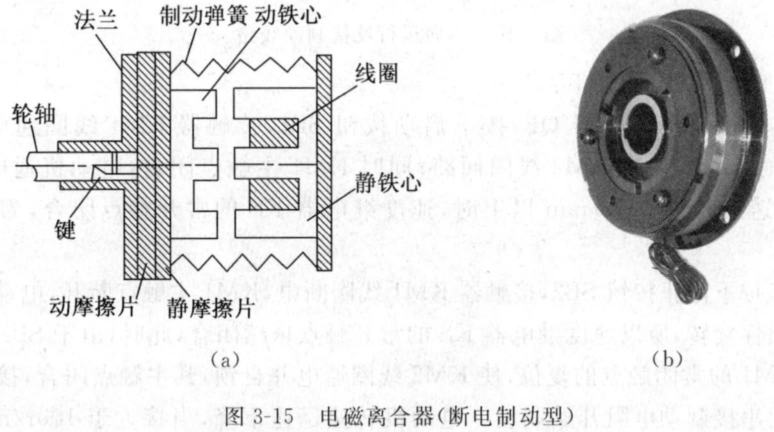

图 3-15　电磁离合器(断电制动型)

二、电气制动

电气制动是在电动机停转时利用电气原理产生一个与实际转动方向相反的转矩来迫

使电动机迅速停转的方法。电气制动的方法有反接制动、能耗制动、电容制动和发电制动等，本节主要介绍常用的反接制动和能耗制动。

1. 反接制动

反接制动是靠改变电动机定子绕组的电源相序来产生制动力矩，使电动机迅速停转的方法。反接制动是在电动机断电时，接入反相序电源，即交换电动机定子绕组任意两相电源线的接线顺序，以产生制动转矩使电机停转。

反接制动适用于 10kW 以下小容量电动机的制动，并且对 4.5kW 以上的电动机进行反接制动时，需在定子回路中串入限流电阻 R，以限制反接制动电流。通常使用速度继电器来完成对电动机转速变化的控制，并自动和及时切断电源。

如图 3-16 所示为单向反接制动控制线路，图中 KM1 为单向运转接触器，KM2 为反接制动接触器，KS 为速度继电器，R 为反接制动电阻。

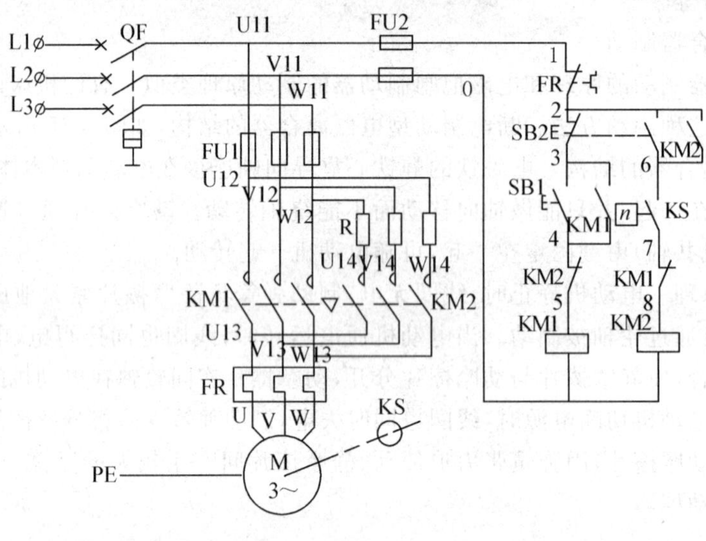

图 3-16　单向运行反接制动线路

线路的工作原理分析如下：

启动时，合上电源断路器 QF，按下启动按钮 SB1，接触器 KM1 线圈通电并自锁，KM1 常闭触点断开，切断 KM2 线圈回路；同时 KM1 主触点闭合，电动机通电后旋转。当电动机转速上升到 120r/min 以上时，速度继电器 KS 的常开触点闭合，为制动做好准备。

停车时，按下停止按钮 SB2，接触器 KM1 线圈断电，KM1 主触点断开，电动机断开电源，但依然惯性旋转，所以速度继电器 KS 的常开触点依然闭合，此时，由于 SB2 常开触点闭合以及 KM1 的常闭触点的复位，使 KM2 线圈通电并自锁，其主触点闭合，接入反向电源，定子绕组串接制动电阻开始制动。电动机转速迅速下降，当接近于 100r/min 时，KS 的常开触点复位，使 KM2 线圈断电，其主触点断开，电动机及时脱离电源迅速停车，制动结束。

反接制动具有制动快、制动转矩大等优点，同时也有制动电流冲击过大、适用范围小等缺点。

2.能耗制动

所谓能耗制动，是指在运行的电动机断电后，立刻给其定子绕组接入直流电源，以产生静止磁场，利用转子感应电流和静止磁场相互作用所产生的制动转矩对电动机制动的方法。

能耗制动比反接制动消耗的能量少，其制动电流比反接制动时要小得多，适用于电动机容量较大、要求制动平稳和频繁的场合，但能耗制动需要直流电源。

(1)单向能耗制动　如图 3-17 所示为时间继电器控制的单向能耗制动控制线路，KM1 为单向运行接触器，KM2 为能耗制动接触器，TC 为整流变压器，VC 为桥式整流器。

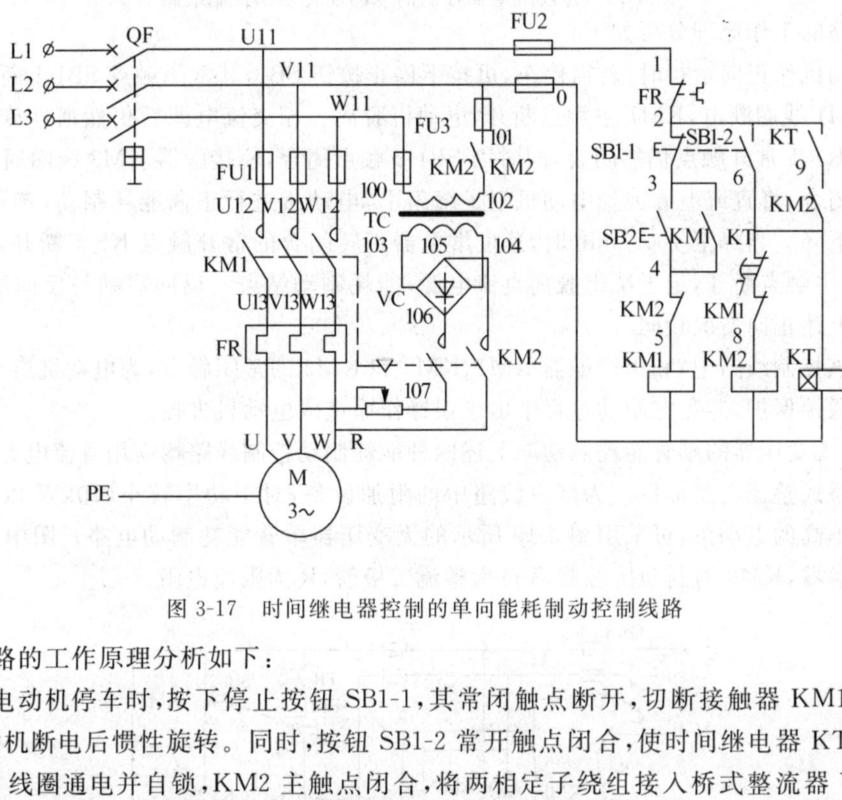

图 3-17　时间继电器控制的单向能耗制动控制线路

线路的工作原理分析如下：

当电动机停车时，按下停止按钮 SB1-1，其常闭触点断开，切断接触器 KM1 线圈电路，电动机断电后惯性旋转。同时，按钮 SB1-2 常开触点闭合，使时间继电器 KT 和接触器 KM2 线圈通电并自锁，KM2 主触点闭合，将两相定子绕组接入桥式整流器 VC 的电路，进行能耗制动。电动机转速迅速下降，当转速接近零时，时间继电器 KT 的整定时间到，其常闭触点断开是 KM2 和 KT 的线圈断电，制动过程结束。

(2)双向能耗制动　如图 3-18 所示，KM1、KM2 为双向运行接触器，KM3 为能耗制动接触器，KS 为速度继电器，T 为整流变压器，VC 为桥式整流器。

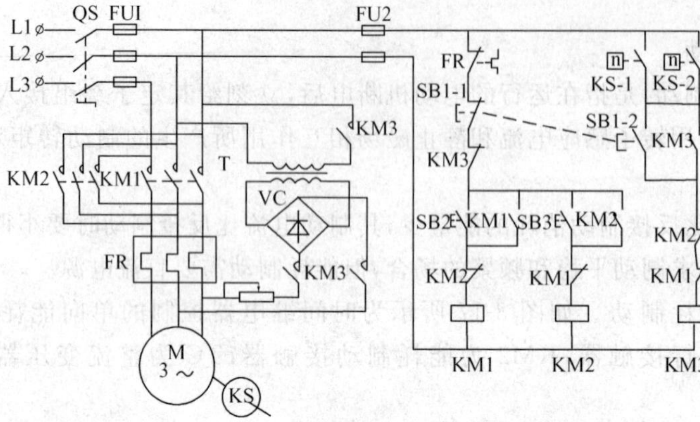

图 3-18 速度继电器控制的双向能耗制动控制线路

线路的工作原理分析如下：

电动机作正向运行时，若需停车，可按下停止按钮 SB1，其常闭触点 SB1-1 断开，使接触器 KM1 线圈断电，KM1 主触点断开，电动机脱离三相交流电源后仍然惯性旋转，速度继电器 KS-1 常开触点仍然闭合，同时因 SB1-2 触点闭合，使接触器 KM3 线圈通电，KM3 主触点闭合，将直流电源加到电动机定子绕组上，电动机进行正向能耗制动，转子正向转速迅速下降。当降至 100r/min 时，速度继电器正转闭合的常开触点 KS-1 断开，KM3 线圈断电，主触点断开，定子绕组脱离直流电源，能耗制动结束。反向启动与反向能耗制动过程和上述正向情况相同。

在该控制线路中，利用接触器 KM1、KM2 和 KM3 的常闭触点，为电动机启动和制动设置了联锁保护，避免在制动过程中由于误操作而造成电动机失控。

(3)无变压器的单管能耗制动　上述两种能耗制动控制线路均需用直流电源，由带变压器的桥式整流电路提供。为减少线路中的附加设备，对于功率较小(10kW 以下)且制动要求不高的电动机，可采用图 3-19 所示的无变压器单管能耗制动电路。图中 KM1 为运行接触器，KM2 为制动接触器，VD 为整流二极管，R 为限流电阻。

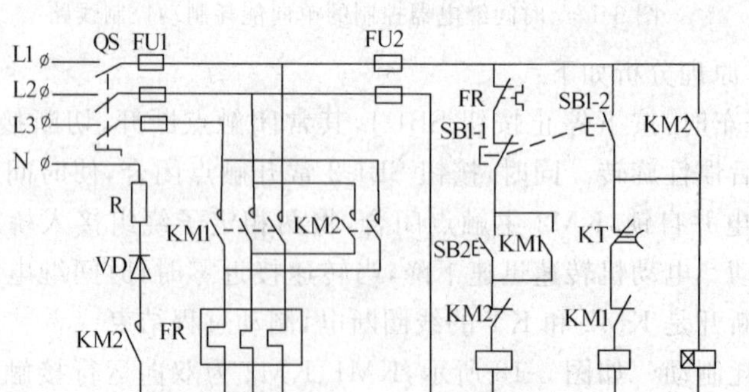

图 3-19 无变压器的单管能耗制动控制线路

线路的工作原理分析如下：

当电动机正常运行时，若按下停止按钮 SB1，其常闭触点 SB1-1 断开，KM1 线圈断电，KM1 主触点断开，电动机脱离三相交流电源后惯性旋转。常开触点 SB1-2 闭合，接触器 KM2 和时间继电器 KT 的线圈通电工作，KM2 主触点闭合，经 KM2 主触点接入无变压器的单管半波整流电路。两相交流电源经 KM2 主触点接到电动机两相定子绕组，并由另一相绕组经接触器 KM2 主触点、整流二极管 VD 和限流电阻 R 接到零线，构成整流回路。由于定子绕组上有直流电流通过，所以电动机进行能耗制动，当其转速接近零时，KT 延时整定时间到，KM2 和 KT 线圈相继断电，制动过程结束。

3. 反接制动

反接制动是靠改变电动机定子绕组的电源相序来产生制动力矩，使电动机迅速停转的方法。反接制动是在电动机断电时，接入反相序电源，即交换电动机定子绕组任意两相电源线的接线顺序，以产生制动转矩使电机停转。反接制动适用于 10kW 以下小容量电动机的制动，并且对 4.5kW 以上的电动机进行反接制动时，需在定子回路中串入限流电阻 R，以限制反接制动电流。通常使用速度继电器来完成对电动机转速变化的控制，并自动和及时切断电源。

(1)单向反接制动控制线路　图 3-20 中，KM1 为单向运转接触器，KM2 为反接制动接触器，KS 为速度继电器，R 为反接制动电阻。

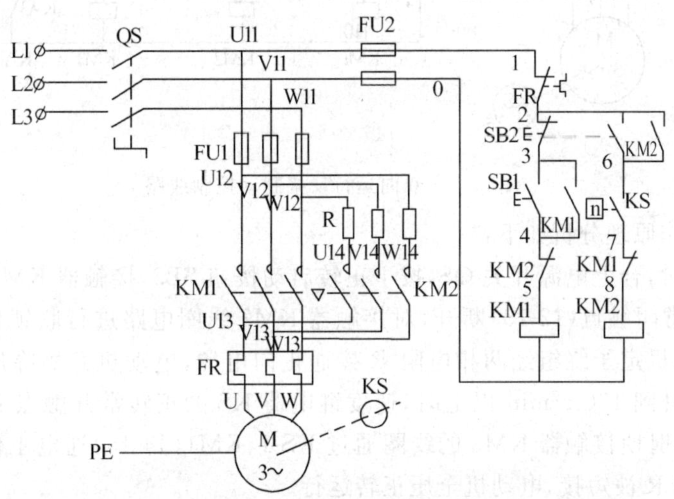

图 3-20　单向运行反接制动控制线路

线路的工作原理分析如下：

启动时，合上电源开关 QS，按下启动按钮 SB2，接触器 KM1 线圈通电并自锁，KM1 常闭触点断开，切断 KM2 线圈回路；同时 KM1 主触点闭合，电动机通电后旋转。当电动机转速上升到 120 r/min 以上时，速度继电器 KS 的常开触点闭合，为制动做好准备。

停车时，按下停止按钮 SB2，其常闭触点断开，使接触器 KM1 线圈断电，KM1 主触点断开，电动机断开三相交流电源惯性旋转，速度继电器 KS 的常开触点此时依然闭合，KM1 常闭触点复位的同时 SB2 常开触点闭合，使 KM2 线圈通电并自锁，其主触点闭合，接入反向电源，定子绕组串接制动电阻开始制动。当电动机转速迅速下降至接近于

100r/min时,KS 的常开触点复位,使 KM2 线圈断电,其主触点断开,电动机及时脱离反向电源迅速停车,反接制动过程结束。

注意:当操作按钮 SB1 时,应一按到底,否则反接制动无法实现。当电动机转速接近零时,需立即切断电源以防电动机反转。

(2)双向运行的反接制动控制线路　图 3-21 中,KM1、KM2 为双向运行接触器,KM3 为短接电阻的接触器,R 为反接制动电阻,速度继电器 KS-1 为正转闭合时的常开触点,KS-2 为反转闭合时的常开触点。

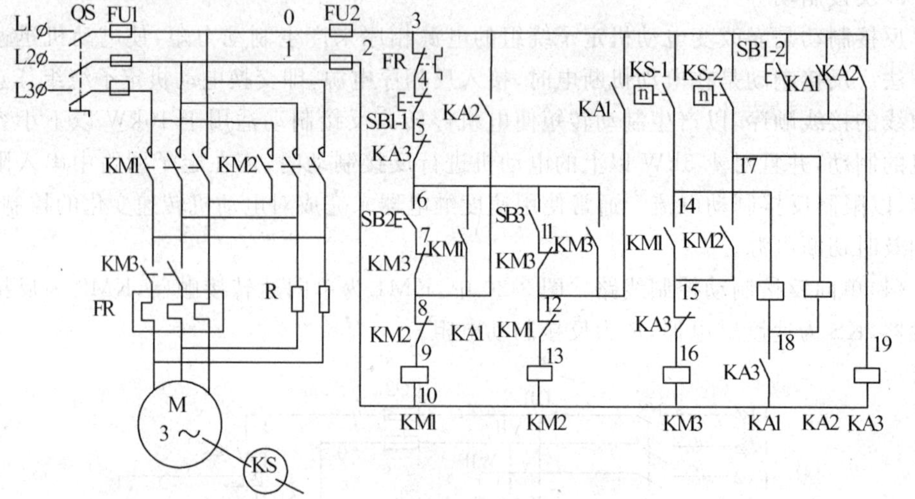

图 3-21　双向运行反接制动控制线路

线路的工作原理分析如下:

正转启动时,合上电源开关 QS,按下正转启动按钮 SB2,接触器 KM1 线圈通电并自锁,KM1 辅助常闭触点(12-13)断开,对接触器 KM2 线圈电路进行联锁保护;KM1 主触点闭合,使电动机定子绕组经两相电阻 R 接通正向电源,电动机开始降压正向启动。当电动机转速上升到 120 r/min 以上时,速度继电器 KS 的正转常开触点 KS-1 闭合,为制动做好准备,同时使接触器 KM3 的线圈通过 KS-1、KM1(14-15)通电工作,KM3 主触点闭合,于是电阻 R 被短接,电动机全压正转运行。

制动时,按下停止按钮 SB1-1,其常闭触点(4-5)断开,使接触器 KM1、KM3 线圈相继断电,KM1 主触点断开,电动机断开正向电源惯性旋转,速度继电器 KS-1 触点依然闭合;KM3 主触点断开,电动机定子绕组接入制动电阻 R。

此时,由于 SB1-2 常开触点(3-19)闭合使 KA3 线圈通电,KA3 常闭触点(15-16)断开,对 KM3 的线圈回路进行联锁保护,KA3 常闭触点(5-6)断开,对 KM1 和 KM2 的运行回路进行联锁保护;KA3 的常开触点(10-18)闭合,使 KA1 线圈通电,KA1 自锁触点(3-19)闭合,使 KA3 线圈通电持续通电;KA1 常开触点(3-12)闭合,使接触器 KM2 线圈通电,KM2 主触点闭合,电动机接入反向电源,定子绕组串接制动电阻开始制动。电动机转速迅速下降,当接近于 100 r/min 时,KS 的常开触点 KS-1 复位,使 KA1、KA3、KM2 线圈断电，其主触点断开，电动机断电迅速停车制动。

电动机的反向启动和停车反接制动过程与上述工作过程相同。反接制动具有制动快、制动转矩大等优点，同时也有制动电流冲击过大、适用范围小等缺点。

第五节　三相鼠笼式异步电动机的调速控制

由电机原理可知，三相笼型异步电动机的转速公式为：

$$n=\frac{60f(1-s)}{p} \tag{3-2}$$

式中：s——转差率；

f——电源频率；

p——定子绕组的磁极对数。

由式(3-2)可知，若改变异步电动机的转速可通过三种方法来实现：一是改变电源频率 f；二是改变转差率 s；三是改变磁极对数 p。本节介绍通过改变磁极对数来实现电动机调速的控制。

一、双速异步电动机定子绕组的连接

双速电动机定子绕组的接线方式，常用以下两种：一种是绕组 Y 接法改接为 YY 接法；另一种是△接法改接为 YY 接法，这两种方式都能使电动机的磁极对数减少一半。

如图 3-22 所示为△/YY 接法，图(a)为电动机定子绕组接成三角形，三相电源线分别接到接线端 U1、V1、W1，每相绕组的中点各接出的一个出线端 U2、V2、W2(三个出线端空着不接)，此时为低速运行；图(b)为电动机绕组 YY 连接，接线端 U1、V1、W1 连接，U2、V2、W2 分别接三相电源，此时电动机的转速接近于低速的两倍。

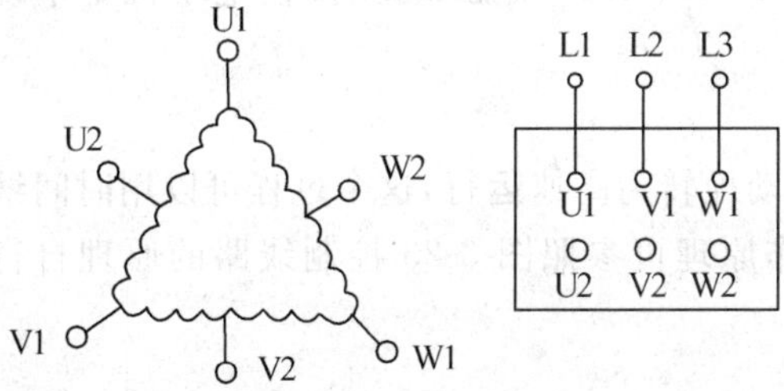

(a)低速△接法

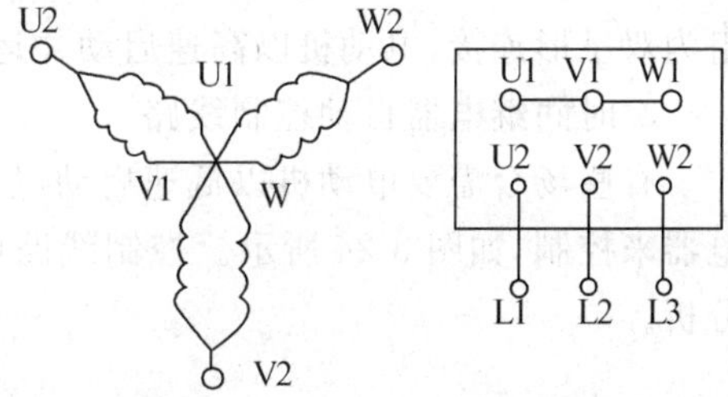

(b)高速 YY 接法

图 3-22　双速电动机定子绕组接线

二、双速异步电动机的控制线路

1. 按钮手动控制线路

图 3-23 中，KM1 为低速运行接触器，KM2 为高速运行接触器。

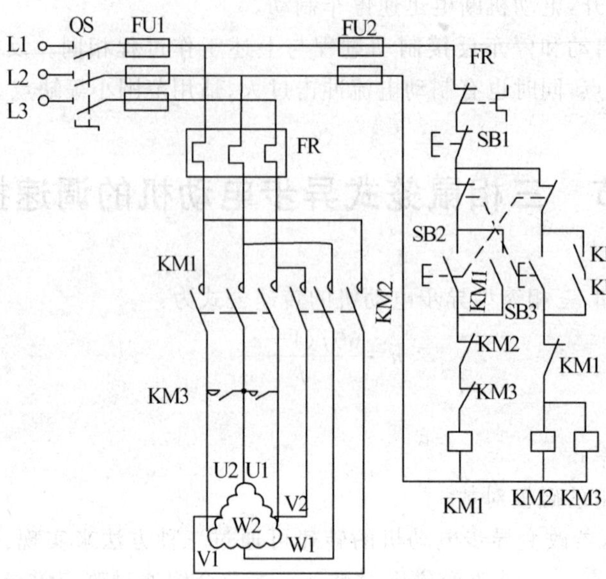

图 3-23 按钮控制双速异步电动机的控制线路

控制线路的工作原理分析如下：

合上电源开关 QS，按下低速按钮 SB2，接触器 KM1 线圈通电并自锁，KM1 辅助常闭触点断开，联锁接触器 KM2、KM3 线圈电路；KM1 主触点闭合，使电动机定子绕组为三角形连接，电动机以低速启动并运行。

如需换为高速运行，可按下高速按钮 SB3，其常闭触点断开，KM1 线圈断电，主触点断开，使电动机的定子绕组断开三角形连接，同时 KM1 辅助常闭触点复位闭合，为 KM2、KM3 线圈通电作准备。当 SB3 的常开触点闭合后，KM2、KM3 线圈通电，KM2、KM3 辅助常闭触点断开，联锁接触器 KM1 线圈电路；KM2、KM3 主触点闭合，使电动机定子绕组为双星形连接，电动机以高速启动并运行。

2. 时间继电器自动控制线路

有些场合需要电动机以低速启动，然后自动地转为高速运行，这个过程可以用时间继电器来控制，如图 3-24 所示。控制线路的工作原理可参照图 3-23 控制线路的原理自行分析。

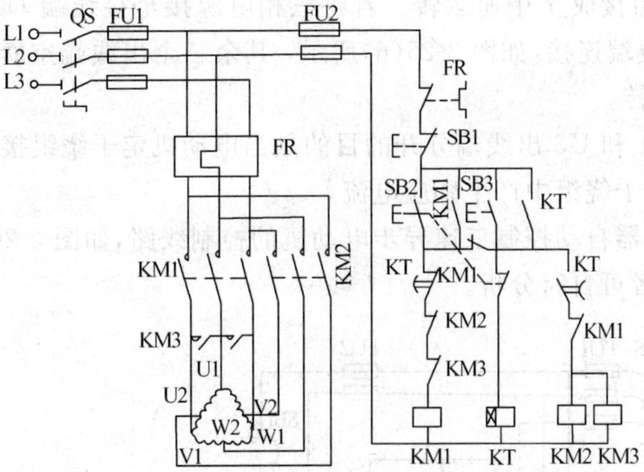

图 3-24　自动控制双速电动机的控制线路

三、三速异步电动机的控制线路

三速电动机定子绕组的接线如图 3-25 所示。图 3-25(a)中定子绕组有两套,即十个出线端,改变这十个出线端与电源的连接方式,就可得到三种不同的转速。要使电动机低速运行,只需将三相电源线接至接线端 U1、V1、W1,并将 W1 和 U3 出线端连接,如图 3-25(b)所示，其余六个出线端空着不接,电动机定子绕组接成△低速运转。

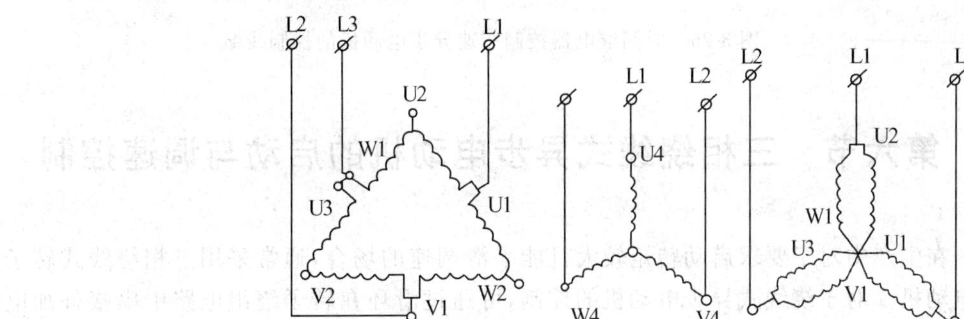

(a)两套绕组　(b)△接线(低速)　(c)Y 接线(中速)　(d)YY 接线(高速)

图 3-25　三速电动机定子绕组的接线

若将三相电源接至接线端 U4、V4、W4,如图 3-25(c)所示，其余七个出线端空着不接,电动机定子绕组接成 Y 中速运转。若将三相电源接至接线端 U2、V2、W2,而将 U1、V1、W1 和 U3 出线端连接,如图 3-25(d)所示,其余三个出线端空着不接,电动机定子绕组接为 YY 高速运转。

注意:图中 W1 和 U3 出线端分开的目的是当电动机定子绕组接为 Y 形中速运转时,不会在△接法的定子绕组中产生感应电流。

采用时间继电器自动控制三速异步电动机的控制线路,如图 3-26 所示。关于控制线路的工作原理,读者可自行分析。

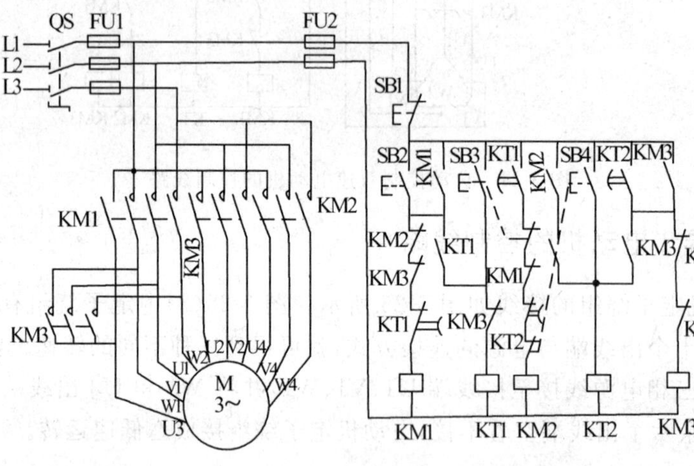

图 3-26 时间继电器控制三速异步电动机的控制线路

第六节 三相绕线式异步电动机的启动与调速控制

在生产中对于要求启动转矩较大且能平滑调速的场合,通常采用三相绕线式转子异步电动机。对于绕线式异步电动机的控制,可通过滑环在转子绕组电路中串接外加电阻或频敏变阻器,达到减小启动电流和提高启动转矩的目的。

按启动过程中转子串接装置的不同,绕线式异步电动机分为串电阻启动和串频敏变阻器启动两种方式。

一、转子绕组串电阻启动控制线路

串接在转子回路中的启动电阻,一般接成星形。启动时,启动电阻全部接入,启动过程中,启动电阻逐段被短接。短接电阻的方式有平衡短接法和不平衡短接法。凡用接触器控制时,采用平衡短接法,即将每相启动电阻对称等阻值短接。

1. 电流继电器控制的串电阻启动控制

在图 3-27 中,KM1、KM2 、KM3 为短接转子电阻接触器,R1、R2、R3 为转子外接电阻,KI1、KI2、KI3 为欠电流继电器。

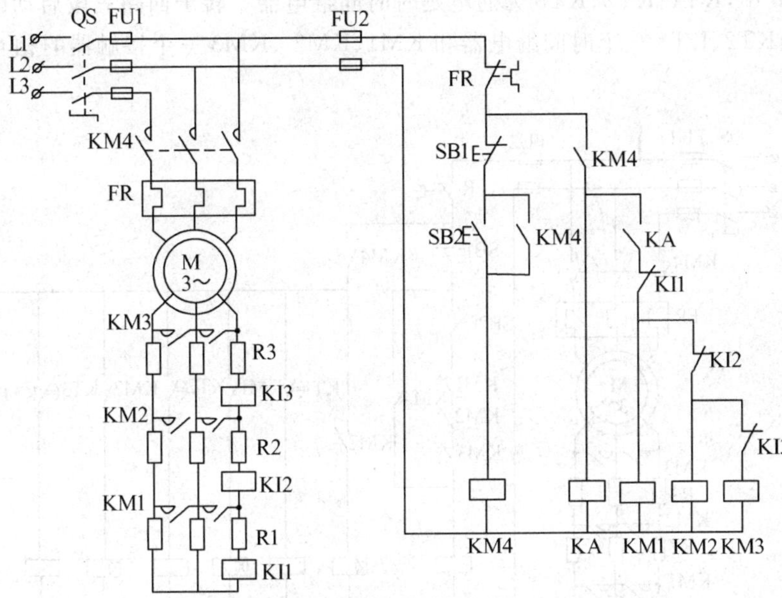

图 3-27　绕线式电动机串电阻启动控制线路(一)

控制线路的工作原理分析如下:

合上电源开关 QS,按下按钮 SB2,接触器 KM4 线圈通电并自锁,其主触点闭合,将三相电源接入电动机定子绕组,转子串入 R1、R2、R3 全部电阻启动;同时 KM4 辅助常开触点闭合,使中间继电器 KA 线圈通电,KA 常开触点全部闭合,为接触器 KM1、KM2、KM3 线圈的通电作准备。由于刚启动时电动机转速很小,转子绕组电流很大,三个电流继电器 KI1、KI2、KI3 吸合电流一样,故同时吸合动作,常闭触点同时断开,使 KM1、KM2、KM3 线圈均处于断电状态,保证所有转子电阻都串入转子电路,达到限制启动电流和提高启动转矩的目的。

在启动过程中,随着电动机转速的升高,启动电流逐渐减小,而三个电流继电器的释放电流不同,KI1 释放电流最大,KI2 次之,KI3 最小,所以,当启动电流减小到 KI1 释放电流值时,KI1 首先释放,其常闭触点复位闭合,使接触器 KM1 线圈通电,KM1 的主触点闭合,短接一段电阻 R1;由于电阻被短接,转子电流增加,启动转矩增大,致使转速又加快上升,这又使得转子电流下降,当降低到 KI2 的释放电流时,KI2 接着释放,其常闭触点复位闭合,使接触器 KM2 线圈通电,KM2 主触点闭合,短接第二段转子电阻 R2;随着电动机的转速不断增加,转子电流进一步减小,直至 KI3 释放,接触器 KM3 线圈通电,KM3 主触点闭合,短接第三段转子电阻 R3;至此,转子电阻全部被短接,电动机启动过程结束。

为保证电动机转子串入全部电阻启动,控制线路中设置了中间继电器 KA。当 KM4 线圈通电时,其常开触点闭合,使 KA 线圈通电,再使 KA 常开触点闭合,在这之前启动电流已到达电流继电器的吸合值并已动作,其常闭触点已将 KM1、KM2、KM3 线圈回路断开,确保转子电路串入,避免了电动机的直接启动。

2. 时间继电器控制的串电阻启动控制

图 3-28 中，KT1、KT2、KT3 为通电延时时间继电器。转子回路三段启动电阻的短接是靠 KT1、KT2、KT3 三个时间继电器和 KM1、KM2 、KM3 三个接触器的相互配合来完成的。

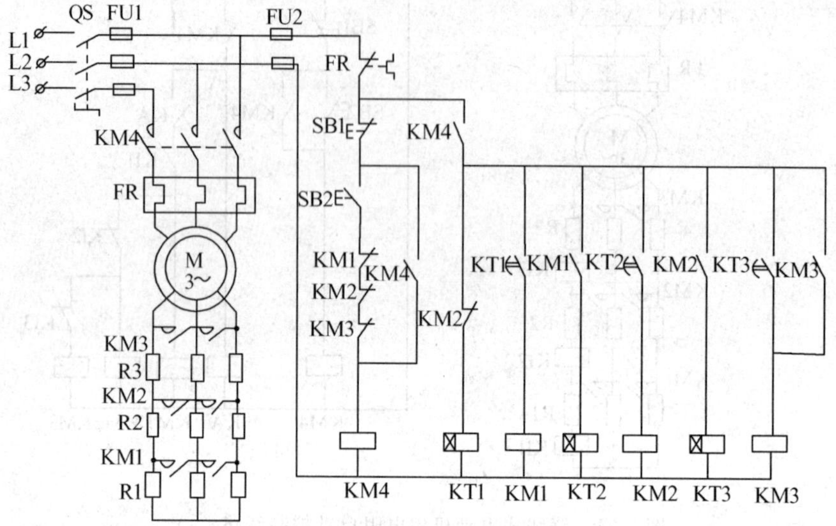

图 3-28 绕线式电动机串电阻启动控制线路(二)

控制线路的工作原理分析如下：

按下按钮 SB2 后，接触器 KM4 的通电并自锁，其主触头闭合，电动机接通电源；KM4 常开触头闭合，使时间继电器 KT1 线圈通电，但其触头未动作，因此电动机转子串全部电阻启动。经过整定时间延时后，KT1 的常开触头延时闭合，KM1 线圈通电，KM1 主触头闭合，电阻 R1 被短接；同时 KM1 的辅助常开触头闭合，使时间继电器 KT2 线圈通电，经过一段时间延时后，KT2 的常开触头闭合，KM2 线圈通电，KM2 主触头闭合，电阻 R2 被短接；同时 KM2 的辅助常开触头闭合，使时间继电器 KT3 线圈通电，经过一段时间延时后，KT3 的常开触头闭合，KT3 的常开触头闭合，KM3 线圈通电并自锁，KM3 主触头闭合，电阻 R3 被短接，KM3 辅助常闭触头断开，使 KT1、KM1、KT2、KM2、KT3 的线圈依次断电，至此所有电阻被短接，电动机启动结束，进入正常运行。

在电动机正常运行时，控制电路中仅有 KM3 和 KM4 长期通电状态，既有利于延长电器的使用寿命，还有利于节能。

二、转子绕组串频敏变阻器启动控制线路

采用转子绕组串电阻的启动方法，使用电器较多，控制线路复杂，启动电阻体积较大，特别是在启动过程中，启动电阻的逐段切除，使启动电流和启动转矩瞬间增大，导致机械冲击。为了改善电动机的启动性能，获取较理想的机械特性，简化控制电路及提高工作可靠性，绕线式异步电动机可以采取转子绕组串频敏变阻器的方法来启动。

1. 频敏变阻器

频敏变阻器是一种静止的、无触点的电磁元件，其电阻值随频率变化而变化。它由几

块 30～50mm 厚的铸铁板或钢板叠成的三柱式铁心，在铁心上分别装有线圈，三个线圈连接成星形联结，相当于三相电抗器，与电动机转子绕组相接，其常见外形，如图 3-29 所示。

(a)　　(b)

图 3-29　BP1 系列频敏变阻器

BP1 系列频敏变阻器适用于 50Hz、三相交流绕线型异步电动机的轻载及重载作启动限流器件使用。例如，水泵、空压机、轧钢机、空气压缩机等，其型号含义如下：

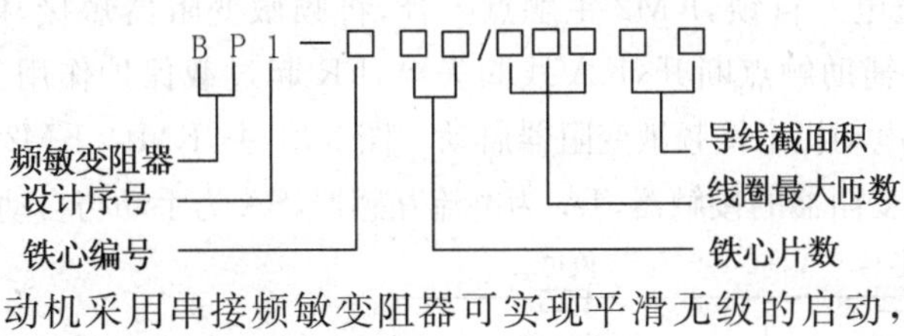

绕线式异步电动机采用串接频敏变阻器可实现平滑无级的启动，常用于较大容量电动机的启动控制中。

2. 转子串频敏变阻器启动控制线路

(1)单向运行电动机串接频敏变阻器启动　图 3-30 中，R_f 为频敏变阻器，KM1 为电源接触器，KM2 为短接频敏变阻器的接触器。

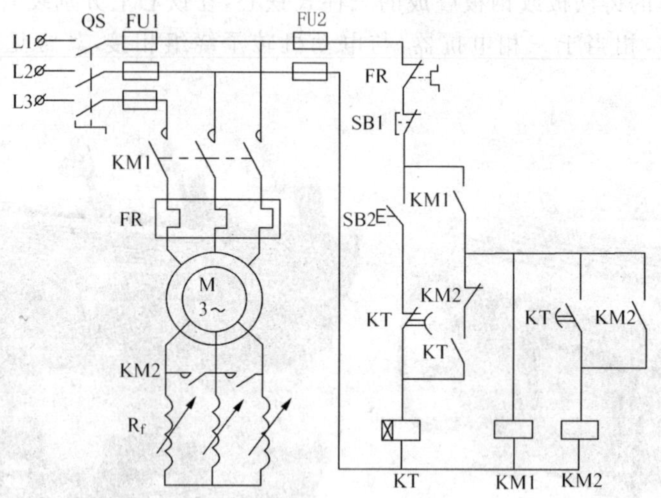

图 3-30　串接频敏变阻器启动控制线路(一)

控制线路的工作原理分析如下：

按下按钮 SB2,时间继电器 KT 线圈通电,KT 瞬时触点闭合,接触器 KM1 线圈通电,KM1 辅助常开触点闭合,使 KT、KM1 线圈持续通电,KM1 主触点闭合,电动机定子绕组接通电源,转子接入频敏变阻器启动。随着电动机的转速平稳上升,频敏变阻器的阻抗逐渐自动下降,当转速上升到接近稳定转速时,时间继电器的延时时间已到,触点动作,接触器 KM2 线圈通电并自锁,KM2 主触点闭合,将频敏变阻器短接,电动机进入正常运行状态。KM3 常闭辅助触点断开,KA 线圈失电,FR 起过载保护作用。

(2)正反向运行电动机串接频敏变阻器启动　图 3-31 中,KM1 、KM2 为正反转电源接触器,KM3 为短接频敏变阻器的接触器,TA 为电流互感器,SA 为手动与自动选择开关。

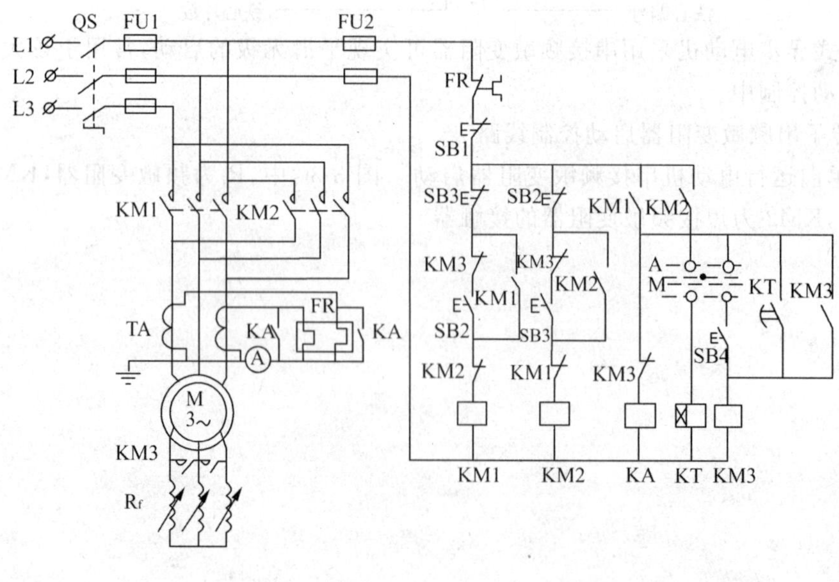

图 3-31　串接频敏变阻器启动控制线路(二)

控制线路的工作原理分析如下：

①自动控制。当进行电动机启动的自动控制时，将选择开关 SA 扳向 A 位置。合上电源开关 QS，按下启动按钮 SB2，接触器 KM1 线圈通电并自锁，KM1 主触头闭合，接通电动机定子绕组的正向电源，转子接入频敏变阻器后正向启动。与此同时，KM1 辅助常开触点闭合，使中间继电器 KA 和时间继电器 KT 线圈通电，KA 的常开触点闭合，短接热继电器 FR 的热元件。

随着电动机的转速平稳上升，频敏变阻器的阻抗逐渐自动下降，当转速上升到接近稳定转速时，时间继电器的延时时间已到，触点动作，接触器 KM3 线圈通电并自锁，KM3 主触点闭合，将频敏变阻器短接，电动机进入正常的正转运行。KM3 常闭辅助触点断开，KA 线圈失电。

反向启动控制与此相似，只是按下反向启动按钮 SB3，工作原理与上述过程相似。

②手动控制。当进行电动机启动的手动控制时，将选择开关 SA 扳向 M 位置。合上电源开关 QS，按下正向启动按钮 SB2，接触器 KM1 线圈通电并自锁，KM1 主触点闭合，接通电动机定子绕组的正向电源，转子接入频敏变阻器后正向启动。与此同时，KM1 辅助常开触点闭合，使中间继电器 KA 线圈通电，KA 的常开触点闭合，短接热继电器 FR 的热元件。电动机的转速平稳上升，频敏变阻器的阻抗逐渐自动下降，当转速上升到接近稳定转速时，按下手控按钮 SB4，接触器 KM3 线圈通电并自锁，KM3 主触点闭合，将频敏变阻器短接，电动机进入正常的正转运行。KM3 常闭辅助触点断开，KA 线圈失电，FR 起过载保护作用。

当进行手动控制电动机的启动时，时间继电器 KT 不起作用。电路中设置电流互感器 TA，目的是使用小容量的热继电器实现电路的过载保护。在电动机启动过程中，KA 线圈工作，其常开触点闭合，短接热继电器 FR 的热元件，可避免因启动时间过长而使热继电器误动作。

3. 频敏变阻器的调整

频敏变阻器每相绕组备有 4 个接线端头，其中 3 个接线端头与公共接线端头之间分别对应 100%、85%、71% 的匝数，出厂时线接在 85% 的匝数上。频敏变阻器上、下铁心由两面 4 个拉紧螺栓固定，上、下铁心的气隙大小可调，出厂时该气隙被调为零。在使用过程中，如果出现下列情况，可调整频敏变阻器的匝数或气隙。

①启动电流、启动转矩及电动机完成启动过程的时间的调整，均可通过换接抽头，改变匝数的方法来实现。如启动电流过小、启动转矩过小、完成启动时间过长时，可减少频敏变阻器的匝数。

②如果刚启动时，启动转矩过大，有机械冲击现象，而启动完毕后，稳定转速又偏低时，应将上、下铁心的气隙调大。具体方法是拧开铁心的拉紧螺栓，在上、下铁心间增加非磁性垫片。气隙的增大虽使启动电流有所增加，启动转矩稍有减小，但是启动完毕后电动机的转矩会增加，而且稳定运行时的转速也会得到相应的提高。

第七节　电气控制线路的设计方法

一、设计电气控制线路的基本原则和内容

设计工作的首要问题是树立正确的设计思想，树立工程实践的观点，使设计的产品经济、使用、可靠、先进、使用及维修方便。任何一台机械设备的结构形式和使用效能与其电气自动化程度有着十分密切的关系，因此电气控制设计必须与设备的机械设计相对应，这就要求电气设计人员必须对机械设备的机械结构、加工工艺有一定的了解，这样才能设计出符合要求的电气控制设备。

1.电气控制系统设计的基本内容

机械设备的控制系统绝大多数属于电力拖动控制系统，因此生产机械电气控制系统设计的基本内容有以下几个方面：

①确定电力拖动方案。

②设计生产机械电力拖动自动控制线路。

③选择拖动电机及电气元件，制定电器明细表。

④进行生产机械电力装备施工设计。

⑤编写生产机械电气控制系统的电气说明书与设计文件。

2.电力拖动方案确定的原则

对各类生产机械电气控制系统的设计，首要的是选择和确定合适的拖动方案。主要根据设备的工艺要求及结构来选用电动机的数量，然后根据各生产机械的调速要求来确定调速方案，同时，应当考虑电动机的调速特性与负载特性相适应，以求得电动机充分合理的应用。

(1)无电气调速要求的生产机械　在不需要电气调速和启动不频繁的场合，应首先考虑采用鼠笼式异步电动机。在负载静转矩很大的拖动装置中，可考虑采用绕线式异步电动机。对于负载很平稳、容量大、且起停次数很少时，则采用同步电动机更为合理，不仅可以充分发挥同步电动机效率高、功率因数高的优点，还可以调节励磁使它工作在过励情况下，提高电网的功率因数。

(2)要求电气调速的生产机械　应根据生产机械的调速要求(如调速范围、调速平滑性、机械特性硬度、转速调节级数及工作可靠性等)来选择拖动方案，在满足技术指标的前提下，进行经济比较。最后确定最佳拖动方案。

调速范围 $D=2\sim3$，调速级数 $\leqslant2\sim4$。一般采用改变磁极对数的双速或多速笼式异步电动机拖动。

调速范围 $D<3$，且不要求平滑调速时，采用绕线式转子感应电动机拖动。但只适用于短时负载和重复短时负载的场合。

调速范围 $D=3\sim10$，且要求平滑调速时，在容量不大的情况下，可采用带滑差离合器的异步电动机拖动系统。若需长期运转在低速时，也可考虑采用晶闸管直流拖动系统。

调速范围 $D=10\sim100$ 时，可采用直流拖动系统或交流调速系统。

三相异步电动机的调速，以前主要依靠改变定子绕组的极数和改变转子电路的电阻来实现。目前，变频调速和串级调速已得到广泛的应用。

(3)电动机调速性质的确定　电动机的调速性质应与生产机械的负载特性相适应。对于双速笼型异步电动机当定子绕组由 Δ 连接改为 YY 接法时，转速由低速转为高速，功率却变化不大，适用于恒功率传动；当定子绕组由 Y 连接改为 YY 接法时，电动机输出转矩不变，适用于恒转矩传动。对于直流他励电动机，改变电枢电压调速为恒转矩输出；而改变励磁调速为恒功率调速。

若采用不对应调速，即恒转矩负载采用恒功率调速或恒功率负载采用恒转矩调速，都讲使电动机额定功率增大 D 倍(D 为调速范围)，且部分转矩未得到充分利用。所以电动机调速性质是指电动机在整个调速范围内转矩、功率与转速的关系。究竟是容许恒功率输出还是恒转矩输出，在选择调整方法是，应尽可能使它与负载性质相同。

3.控制方案的确定原则

设备的电气控制方法很多，由继电器接触器的有触点控制，有无触点逻辑控制，有可编程序控制器控制、计算机控制等。总之，合理地确定控制方案，设计实现、简便、可靠、经济、适用的电力拖动控制系统的重要前提。

控制方案的确定，应遵循以下原则：

(1)控制方式与拖动需要相适应　控制方式并非越先进越好，而应该以经济效益为标准。控制逻辑简单、加工程序基本固定的生产机械设备，采用继电器接触器控制方式比较合理；对于经常改变加工程序或控制逻辑复杂的生产机械设备，则采用可编程序控制器较为合理。

(2)控制方式与通用化程度相适应　通用化是指生产机械加工不同对象的通用化程度，它与自动化是两个概念。对于某些加工一种或几种零件的专用机床，它的通用化程度很低，但它可以有较高的自动化程度，这种机床宜采用固定的控制电路；对于单件、小批量且可以加工形状复杂零件的通用机床，则采用数字程序控制，或采用可编程序控制器控制，因为他们可以根据不同的加工对象而设定不同的加工程序，因而有较好的通用性和灵活性。

(3)控制方式应最大限度满足工艺要求　根据加工工艺要求，控制线路应具有自动循环、半自动循环、手动调整、紧急快退、保护性联锁、信号指示和故障诊断等功能，以最大限度满足工艺要求。

(4)控制电路的电源应当可靠　简单的控制电路可直接用电网电源，元件较多、电路较复杂的控制装置，可将电网电压隔离降压，以降低故障率。对于自动化程度较高的生产设备可采用直流电源，这有助于节省安装空间，便于同无触点元件连接，元件动作平稳，操作维修也比较安全。

影响方案确定的因素很多，最后选定方案的技术水平和经济水平，取决于设计人员的设计经验和设计方案的灵活运用。

二、电气控制线路的设计方法

生产机械的电气控制系统是生产机械的重要组成部分，它对生产机械能否正确可靠地工作起着决定性的作用。因此，在设计电气控制线路前，应对生产机械的工作性能、基本结构、运动情况及加工工艺过程有充分的了解，特别要明确生产工艺对电气控制提出的要求，在此基础上，再来考虑控制方案，如控制方式、启动、反向、制动、调速灯控制，设置必要的保护与联锁，以保证满足生产机械的工艺要求。

在进行具体电路设计时，首先应设计主电路，然后设计控制电路，最后是信号电路及局部照明电路等。初步设计完成后，应当仔细检查，看线路是否符合设计要求，并尽可能使之完善和简化，最后选择所用电器的型号与规格。

1. 控制线路的设计要求

不同用途的电气控制线路，其控制要求有所不同，一般应满足以下要求：

①应能满足生产机械的工艺要求，能按照工艺的顺序准确而可靠地工作。

②线路结构力求简单，尽量选用常用的且经过实际考验过的线路。

③操作、调整和检修方便。

④具有各种必要的保护装置和联锁环节，即使在误操作时也不会发生重大事故。

⑤工作稳定，安全可靠，符合使用环境条件。

2. 控制线路的设计方法

电气控制线路的设计方法有两种，一种是经验设计法，另一种是逻辑设计法。

经验设计法，它是根据生产工艺的要求，按照电动机的控制方法，采用典型环节线路直接进行设计，先设计出各个独立的控制电路，然后根据设备的工艺要求决定各部分电路的联锁或联系。这种方法比较简单，但是对于比较复杂的线路，设计人员必须具有丰富的工作经验，需绘制大量的线路图，并经多次修改后才能得到符合要求的控制线路。

逻辑设计法，采用逻辑代数进行设计，按此方法设计的线路结构合理，可节省所用元件的数量。

3. 设计控制线路时应注意的问题

设计具体线路时，为了使线路设计得简单且准确可靠，应注意以下几个问题：

(1)尽量减少连接导线　设计控制电路时，应考虑各元器件的实际位置，尽可能减少配线时的连接导线。如图 3-32(a)所示电路是不合理的。因为按钮一般是安装在操作台上的，而接触器是安装在电气柜内的，这样接线就需要由电气柜内二次引出连接线到操作台上，所以一般都将启动按钮与停止按钮直接连接，这样就可以减少一次引出线，如图 3-32(b)所示为合理的连接。

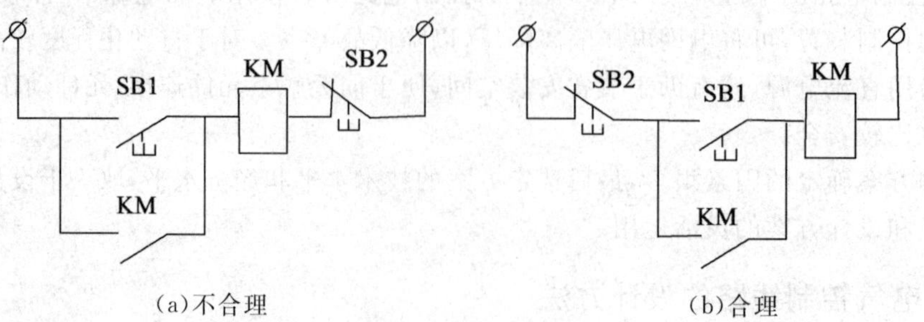

图 3-32　控制电路图

(2)正确连接电器的线圈　电压线圈通常不能串联使用,如图 3-33(a)所示为不正确的连接。由于他们的阻抗不尽相同,造成两个线圈上的电压分配不等。即使是两个同型号线圈,外加电压是他们的额定电压之和,也不允许这样连接,因为电器动作总有先后,当有一个接触器先动作时,其线圈阻抗增大,该线圈上的电压降增大,使另一个接触器不能吸合,严重时将使线圈烧毁。

电感量相差悬殊的两个电器线圈,也不要并联连接。图 3-33(b)中直流电磁铁 YA 与继电器 KA 并联,在接通电源时可正常工作,但在断开电源时,由于电磁铁线圈的电感比继电器线圈的电感大得多,所以断电时,继电器很快释放,但电磁铁线圈产生的自感电动势可能时继电器又吸合一段时间,从而造成继电器的误动作。解决的方法是可以各用一个接触器的触点来控制,如图 3-33(c)所示。

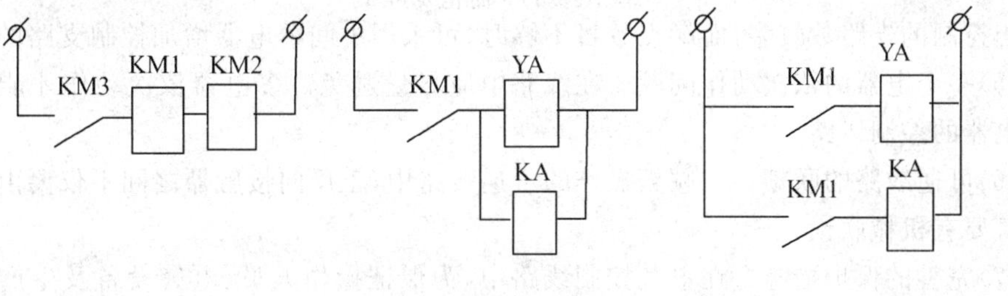

图 3-33　电磁线圈连接图

(3)控制线路中应避免出现寄生电路　寄生电路是线路动作过程中意外接通的电路。图 3-34 中所示为 HL 和热保护的正反向电路。正常工作时,能完成正反向启动、停止和信号指示。当热继电器 FR 动作时,线路就出现了寄生电路如图中虚线所示,使正向接触器 KM1 不能有效释放,起不了保护作用;反转时亦然。

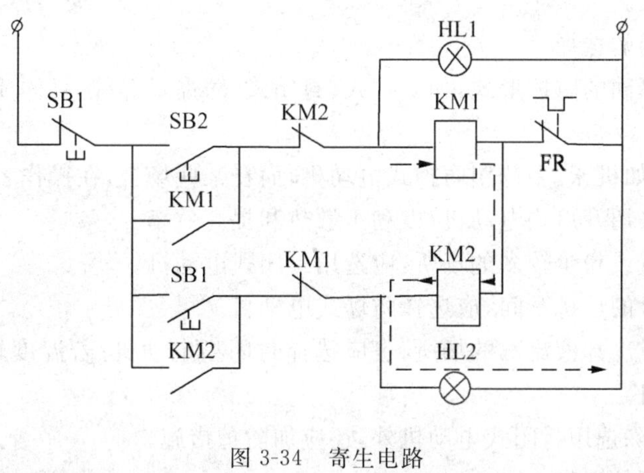

图 3-34　寄生电路

(4)尽可能减少电器数量、采用标准件和相同型号的电器　尽量减少不必要的触点以简化线路,提高线路可靠性。如将图 3-35(a)中线路改成图 3-35(b)所示的线路后,可减少一个触点。

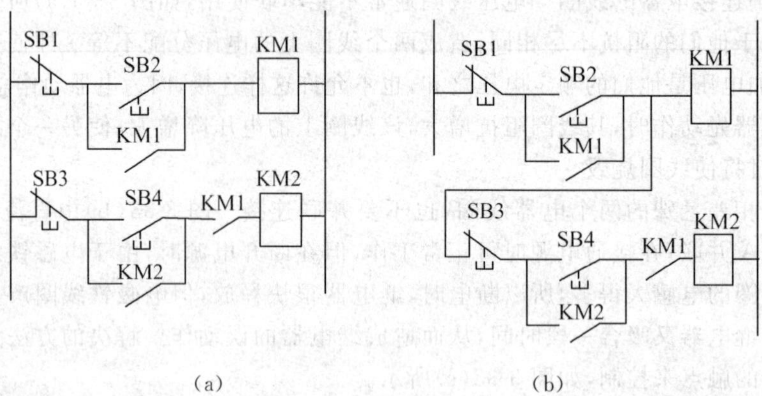

图 3-35 简化线路

当控制的支路数较多，而触点数目不够时，可采用中间继电器增加控制支路的数量。

(5)多个电器的依次动作问题 在线路中应尽量避免许多电器依次动作才能接通另一个电器的控制线路。

(6)可逆线路的联锁 在频繁操作的可逆线路中，正反向接触器之间不仅要由电气联锁而且要有机械联锁。

(7)完善的保护措施 在电气控制线路中，为保证操作人员、电气设备及生产机械的安全，一定要有完善的保护措施。常用的保护环节有漏电流、短路、过载、过流、过压、失压等保护环节。有时还应设有合闸、断开、事故、安全等必需的指示信号。

三、电气控制线路中设计中的电动机选择

电动机是生产机械电力拖动系统的拖动元件，选择电动机的原则是：经济、合理、安全。选择电动机的指标是结构形式、类型、转速、额定电压和功率。正确的选择电动机，对设备性能影响很大。

1. 电动机结构的选择

电动机具有不同的防护形式，如防护式、封闭式、防爆式等等，具体要根据电动机的工作条件来选择：

①现代设备，如机床，多选用防护式电动机，而在某些场合，在操作者和设备安全有保证的条件下也可采用开启式电动机，以利于散热和提高效率。

②在污染严重或粉尘较多的场所，应选用封闭式电动机。

③有爆炸危险的厂房车间，应选择防爆式电动机。

④比较潮湿或冷却液流散的场所，也应选择封闭型电动机；若温度较高的时，应考虑选用湿热型电动机。

⑤露天作业，除选用封闭式电动机外，还应加防护措施。

2. 电动机类型的选择

选择电动机类型的依据是在安全经济的条件下，适应设备工作特性的要求：

①由于笼型异步电动机造价低，使用维修方便，所以对速度无特殊要求的设备应首先选择笼型异步电动机。

②要求有调速性能的设备,可选用直流电动机,当然也可以采用交流调速装置而选用交流电动机,但要考虑其经济性。

③对要求速度变化级数较少的场合,可选用多速异步电动机。

④对要求调速范围较宽的设备,除考虑直流拖动外,还应考虑是否需要机械变速和电气调速结合使用。

3. 电动机转速的选择

对于额定功率相同的电动机,额定转速愈高,电动机体积、重量和成本就愈小。因此,在条件允许的情况下,应尽可能选用高速电动机,但要根据设备对转速的要求,综合考虑电动机转速和机械传动两方面的多种因素来确定电动机额定转速,一般要考虑以下几个方面:

①低速运转的设备,宜选用一适当的转速为参考转速,以该转速选择电动机并与减速机构联合传动。

②对中高速运转的设备,可选用适当速度的电动机直接拖动。

③对要求调速的设备,应注意电动机转速与设备要求的最高转速相适应,使得调速范围留有余地。

④对经常启动、制动及反转的设备,如冶金及起重设备,其电动机的转速不宜选得过高,电动机的转动惯量应越小越好。

4. 电动机额定电压的选择

交流电动机的额定电压应与供电电网电压一致。中小型异步电动机额定电压为220/380V(Δ/Y连接)及380/600 V(Δ/Y连接)两种,后者可用Y-Δ启动;当电动机功率较大时,可选用相应电压,如3kV、6kV、10kV的高压电动机。

直流电动机的额定电压也要与电源电压相一致。当直流电动机单独由直流发电机供电时,额定电压常为220V及110V;大功率直流电动机可提高到600~800V,甚至1kV。

5. 电动机功率的选择

选择电动机功率的依据是负载功率。功率选得过大,设备投资大将造成浪费,同时,由于电动机欠载运行,使之效率和功率因数(对于交流电动机)降低,运行费用也会提高;相反,功率选的过低,电动机过载运行,使之寿命降低。

调查统计类比法是在不断总结经验的基础上,选择电动机容量的一种实用的方法。公式如下:

(1)普通车床主拖动电动机的功率

$$P=36.5D^{1.54} \tag{3-3}$$

式中:P——主拖动电动机功率(kW);

D——工件最大直径(m)。

(2)立式车床主拖动电动机的功率

$$P=20D^{0.88} \tag{3-4}$$

式中:P——主拖动电动机功率(kW);

D——工件最大直径(m)。

(3)摇臂钻床主拖动电动机的功率

$$P=0.0646D^{1.19} \tag{3-5}$$

式中：P——主拖动电动机功率(kW)；

D——最大钻孔直径(mm)。

(4)卧式镗床主拖动电动机功率

$$P=0.04D^{1.7} \tag{3-6}$$

式中：P——主拖动电动机功率(kW)；

D——镗杆直径(mm)。

主拖动和进给拖动用一台电动机的场合，按主拖动电动机的功率计算。对于采用单独的进给拖动电动机，由于其不仅拖动进给运动外，还拖动工作台的快速移动，应按快速移动所需的功率来选择。快速移动所需的功率，一般按经验公式来选择，可查阅相关资料。

习 题

3-1 什么是电气原理图？绘制电气原理图有哪些基本原则？

3-2 什么是电器元件布置图？绘制电器元件布置图有哪些原则？

3-3 怎样识读电气原理图？

3-4 怎样实现电动机的正反转控制？比较一下常用正反转控制线路各有哪些特点？

3-5 什么叫做降压启动？降压启动有哪几种方法？

3-6 简述鼠笼式异步电动机几种电气制动方式的优、缺点和适用场合？

3-7 设计并画出某种机床运行的控制线路图，设计要求如下：

(1)如习题3-7图所示，按下启动按钮后，刀架由原始位置前进，当碰到位置开关SQ1时返回(刀架返回是依靠机械改变的)；当返回到原位碰到开关位置SQ2时刀架停止。

(2)刀架应能在前进或后退途中任意位置都能停止或再次启动。

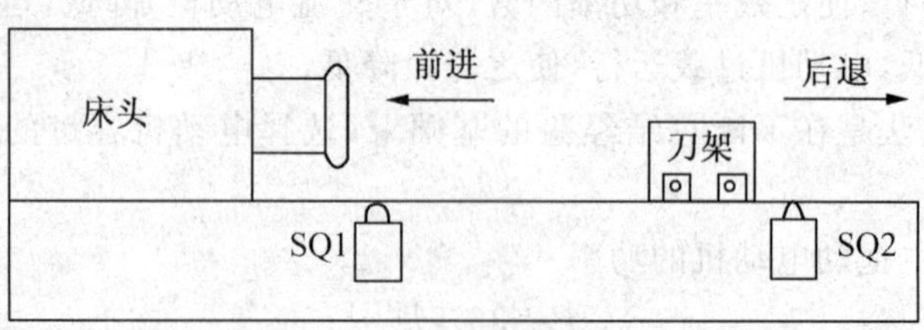

习题3-7图

3-8 作图：设计一台绕线式转子异步电动机的控制线路。要求如下：

(1)电动机单方向旋转。

(2)按启动按钮后，经1s后切除第一段转子电阻R1，经2s后切除第二段转子电阻R2，经3s后切除第三段转子电阻R3。

(3)运行时只允许切除R3的接触器工作，其余时间继电器断电。

(4)具有过载、短路及零压保护环节。

3-9　三相鼠笼式异步电动机的调速方法有哪几种?

3-10　如何对三相绕线式异步电动机进行启动和调速控制?

3-11　机械设备电气控制系统设计的基本内容有哪些?

3-12　设计电动机控制线路时应注意的问题有哪些?

第四章　一般机械设备的电气控制线路

第一节　机械加工设备的分类

金属切削机床按控制方式的不同可将机床分为通用机床和数控机床两大类型。

一、通用机床的分类

机床的分类方法较多，最基本的是按机床的加工方法、所用刀具及用途进行分类。根据国家制定的机床型号编制方法（GB/T15375-1994），机床共分为 11 类，在每一类机床中，按工艺特点、布局型式、结构性能等不同又分成 10 组，每组又分成 10 个系。每类机床的代号用其名称的汉语拼音的第一个大写字母表示（见表 4-1），组和系的代号用数字 0～9 表示。

表 4-1　　机床的类别及分类代号

类别	车床	钻床	镗床	磨床			齿轮加工机床	螺纹加工机床	铣床	刨插床	拉床	锯床	其他机床
代号	C	Z	T	M	2M	3M	Y	S	X	B	L	G	Q
参考读音	车	钻	镗	磨	2 磨	3 磨	牙	丝	铣	刨	拉	割	其

除以上基本分类方法外，还可按机床的万能性、加工精度及自动化程度等进行分类。

按照机床的万能性可分为：

（1）通用机床　通用机床适用于单件小批量生产，可以加工一定尺寸范围内的各种类型零件并可完成多种工序，加工范围较广；但其传动与结构比较复杂，如卧式车床、万能铣床等。

（2）专门化机床　专门化机床的生产率比通用机床高，但使用范围比通用机床窄，只能加工一定尺寸范围内的某一类（或少数几类）零件，完成某一种（或少数几种）特定工序，如凸轮轴车床、精密丝杠车床等。

(3)专用机床 专用机床的生产率、自动化程度都比较高;但使用范围最窄,通常只能完成某一特定零件的特定工序,如汽车、拖拉机制造中大量使用的各种组合机床等。

按照机床的加工精度不同,可分为普通精度机床、精密机床及高精度机床。

按照机床的质量和尺寸不同,可分为仪表机床、中型机床、大型机床、重型机床(质量在30吨以上)及超重型机床(质量在100吨以上)。

按照机床的自动化程度,可分为手动、机动、半自动和自动机床。

二、数控机床的分类

数控机床是数字控制机床的简称。它是一种利用数控技术准确地按照事先安排的工艺流程,实现规定加工动作的金属切削机床。

目前数控机床的品种很多,通常可按下述几种原则进行分类。

1.按工艺用途分类

(1)一般数控机床 最普通的数控机床是数控钻床、车床、镗床、磨床及齿轮加工机床等。

(2)数控加工中心 数控加工中心是在一般数控机床上加装一个刀库(一般为20～120把刀具)和自动换刀装置,构成一种带自动换刀装置的数控机床。

(3)多坐标轴数控机床 对于形状复杂的工件,如螺旋桨、飞机发动机叶片曲面等工件,使用三坐标数控机床无法加工,于是出现了多坐标轴的数控机床,其特点是控制轴数较多,机床结构较复杂。

2.按控制方式分类

(1)开环控制数控机床 开环控制是指系统中没有检测装置,指令信号单方向传送,指令发出后,不再反馈回来的控制系统。

(2)闭环控制数控机床 采用闭环控制的数控机床,其数控装置不仅向伺服机构发出控制信号,使机床运动,而且还通过测量装置测出工作台的实际位移量,经反馈回路发出信号,送回数控装置与原数据指令值进行比较。用比较后的差值控制工作台作补充位移,直到差值消除为止。

(3)半闭环控制数控机床 半闭环控制系统不是直接测量机床工作台的位移量,而是间接测量伺服机构中执行元件(如进给传动小齿轮或滚珠丝杠)的转角,从而计算出工作台的位移量。再将计算值与原指令值进行比较,用比较后的差值进行控制,使机床作补充位移,直到差值消除为止。

三、通用机床的型号

通用机床的型号有基本部分和辅助部分组成。通用机床的型号主要表示机床类型、特性、组别、主参数及重大改进顺序等。

其基本部分包括分类代号,类代号,通用特性、结构特性代号,组代号,系代号,主参数或设计顺序号,主轴数或第二主参数,重大改进顺序号等;辅助部分包括其他特性代号,企业代号等。基本部分中的类别代号、组别代号、系别代号及主参数是通用机床型号中必须包含的内容。

1. 通用特性代号

通用特性代号具有统一的固定含义，它在各类机床的型号中表示的意义相同。

当某类型机床除有普通型外，还有表 4-2 所列的通用特性时，则在各类代号之后加通用特性代号予以区分。

表 4-2　机床通用特性及其代号

通用特性	高精度	精密	自动	半自动	数控	加工中心（自动换刀）	仿形	轻型	加重型	简式或经济型	柔性加工单元	数显	高速
代号	G	M	Z	B	K	H	F	Q	C	J	R	X	S
读音	高	密	自	半	控	换	仿	轻	重	简	柔	显	速

当在一个型号中需同时使用两至三个通用特性代号时，一般按重要程度排列顺序。通用特性代号按其相应的汉字字意读音。

2. 结构特性代号

对于主参数相同而结构、性能不同的机床，在型号中加结构特性代号予以区分。根据各类机床的具体情况，对某些结构特性代号，可以赋予一定含义。但结构特性代号与通用特性代号不同，它在型号中没有统一的含义，只是表示同类机床中机床结构与性能的不同。当型号中有通用特性代号时，结构特性代号应排在通用特性代号之后。结构特性代号用汉语拼音字母表示。如 CA6140 型卧式车床型号中的“A”为结构特性代号，表示 CA6140 型卧式车床在结构上有别于 C6140 型卧式车床。

为避免混淆，通用特性代号已用的字母和“I、O”两个字母不能用作结构特性代号。可用作结构特性代号的字母有：A、D、E、L、N、P、R、S、T、U、V、W、X、Y，当单个字母不够用时，可将两个字母组合起来使用，如 AD、AE……或 DA、EA……

第二节　电气线路故障的检查方法

当机械设备发生电气故障后，切忌盲目随便动手检修。首先，应向操作者了解故障发生前后的状况，再根据电气设备的工作原理来分析发生故障的原因。切忌未经故障调查通电试车和盲目动手检修。

一、一般电气故障的检修步骤

1. 检修前的故障调查

(1)问　一般询问的内容有：故障发生在开车前、开车后或是在运行中；是运行中自行停车，还是出现情况后由操作者停车的；发生故障时，设备工作在什么顺序，按动了哪个按钮，扳动了哪个开关；故障发生前后，设备有无异常现象（如响声、气味、冒烟或冒火等）；以前是否发生过类似的故障，是怎么处理的；故障发生前有无切削力过大和频繁启动、停止、制动等情况；有无经过保养检修或改动线路等。

(2)看　查看设备有无明显的外部损坏特征，例如，电动机、变压器、电磁铁线圈等有无过热冒烟；熔断器的熔丝是否熔断；其他电器元件有无发热、烧坏、断线；导线连接点有否松动；电动机的转速是否正常等。

(3)听　在线路还能运行和不损坏设备的前提下，可通电试车，细听电动机接触器和继电器等电器的声音是否正常，可以帮助寻找故障的部位。

(4)摸　电动机、机床控制变压器和电器元件的线圈发生故障时，温度明显升高，可切断电源后用手去感触。

2.电路故障分析

检修简单的电气控制线路时，对每个电器元件每根导线逐一进行检查，一般能很快找到故障点。但对于复杂的线路而言，往往有几十个电器元件，成百上千条连线，若采取逐一检查的方法，不仅需耗费大量的时间，而且也容易漏查。在这种情况下，可根据调查结果，参考该电气设备的电气原理图，对故障现象作具体分析，划出可疑范围，提高维修的针对性，就可以收到准而快的效果。

分析电路时应先从主电路入手，了解机械设备各运动部件和机构采用了几台电动机拖动，与每台电动机相关的电器元件有哪些，采用了何种控制，然后根据电动机主电路所用电路元件的文字符号、图区号及控制要求，找到相应的控制电路。在此基础上，结合故障现象和线路工作原理，进行认真的分析排查，即可迅速判定故障发生的可疑范围。当故障的可疑范围较大时，不必按部就班地逐级进行检查，这时可在故障范围的中间环节进行检查，来判断故障究竟是发生在哪一部分，从而缩小故障范围，提高检修速度。

初步判断故障产生的部位，逐步缩小故障范围，直至找到故障点并加以排除。分析故障时应有针对性，如接地故障一般先考虑电器柜外的电气装置，后考虑电器柜内的元件。断路和短路故障，应先考虑频繁动作的电器元件，后考虑其他元件。

3.断电检查电路

(1)外观检查　在确定了故障发生的可能范围后，首先对范围内的电器元件及连接导线进行外观检查。检查前先断开设备总电源，然后根据故障可能产生的部位，逐步检查。检查时应先检查电源线进线处有无损伤而引起电源接地、短路等现象，螺旋式熔断器的熔断指示色点是否脱落，热继电器是否动作；然后检查电器外部有无损坏，连接导线有无断路、松动，绝缘有否过热或烧焦，电器开关的动作机构受阻失灵等，都能明显地表明故障点所在。

(2)仪器检查法　经外观检查未发现故障点时，可根据故障现象，结合电气控制线路分析故障原因，利用常用的电工仪器、仪表进行测量，进一步确定故障点，常用的测量方法是电阻分段测量法。

4.通电检查电路

断电检查仍未找到故障时，可对电气设备通电检查。通电检查法是指机床和机械设备发生电气故障后，根据故障的性质，在条件允许的情况下，通电检查故障发生的部位和原因。

在通电检查时，要尽量使电动机和机械传动部分脱开，将控制器和转换开关置于零位，行程开关还原到正常位置，看有否缺相和电压、电流不平衡的现象。通电检查的顺序为：先检查控制电路，后检查主电路；先检查交流系统，后检查直流系统；先检查开关电路，后检查调整系统。也可断开所有开关，取下所有熔断器，然后按顺序逐一放入欲检查各部分电路的熔断器，合上开关，观察电器元件是否按要求动作，有否冒烟、熔断器熔断的现象，直至查到发生故障的部位。

在通电检查时，必须注意人身和设备的安全。要遵守安全操作规程，不得随意触动带电部分。通电检查多采用电压法或电流法。

二、一般电气故障的检修方法

1. 电笔检修法

用验电笔检修断路故障的方法如图 4-1 所示。检修时，用电笔依次测试图中 1、2、3、4、5、6、7 各点，并按下启动按钮 SB2，当电笔测量到哪一点不亮时即为断路处。

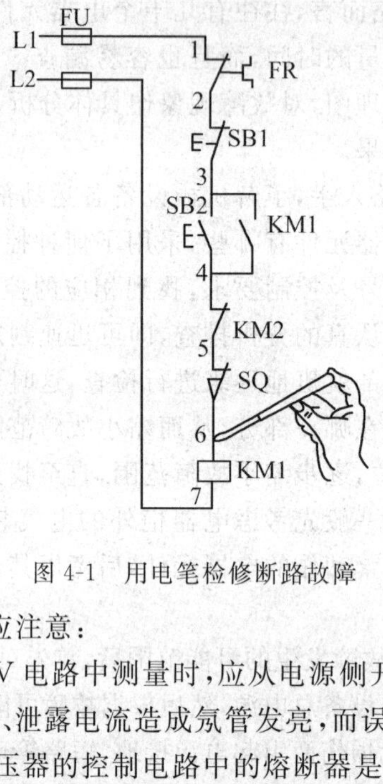

图 4-1　用电笔检修断路故障

用电笔测试断路故障时应注意：

(1)在有一端接地的 220V 电路中测量时，应从电源侧开始，依次测量，并注意观察电笔的亮度，防止由于外部电场、泄露电流造成氖管发亮，而误认为电路没有断路。

(2)当检查 380V 且有变压器的控制电路中的熔断器是否熔断时，防止由于电源通过另一相熔断器和变压器的一次侧绕组回到已熔断的熔断器的出线端，造成熔断器没有熔断的假象。

2. 万用表电压测量法

使用万用表电压测量法检查时，应将万用表挡位开关转到交流电压 500V。

(1)分阶测量法　电压的分阶测量法如图 4-2 所示。

检查时，首先用万用表测量 1 和 7 两点间的电压，若电路电压为 380V，说明电源电压正常。然后按住启动按钮 SB2 不松开，此时将黑表棒接到 7 号线上不动，红表棒按 2、3、4、5、6 标号依次测量，分别测量 7-2、7-3、7-4、7-5、7-6 各阶之间的电压。电路正常的情况下，各阶的电压值均为 380V，假如测到 7-6 无电压，则说明行程开关 SQ 的常闭触点(5-6)断路。

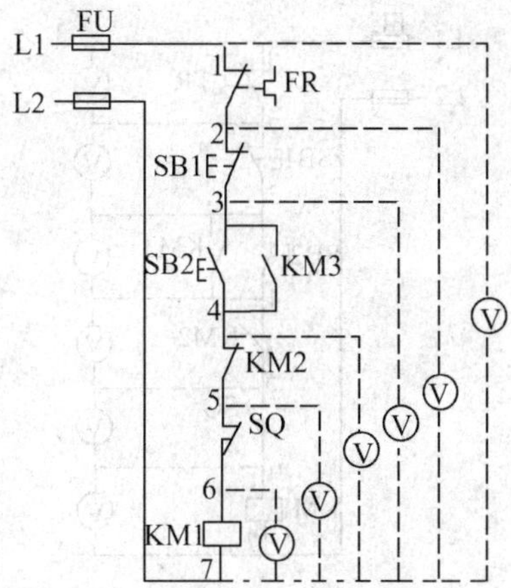

图 4-2　电压的分阶测量法

根据各阶电压值来检查故障的方法见表 4-3，此种测量方法像台阶一样，所以称为分阶测量法。

表 4-3　　分阶测量法检查故障原因

故障现象	测试状态	7-1	7-2	7-3	7-4	7-5	7-6	故障原因
按动 SB2，KM1 不吸合	按动 SB2 不松开	380V	380V	380V	380V	380V	0	SQ 常闭触点接触不良
		380V	380V	380V	380V	0	0	KM2 常闭触点接触不良
		380V	380V	380V	0	0	0	SB2 常开触点接触不良
		380V	380V	0	0	0	0	SB1 常闭触点接触不良
		380V	0	0	0	0	0	FR 常闭触点接触不良

(2)分段测量法　电压的分段测量法如图 4-3 所示。检查时先用万用表测试 1、7 两点之间，电压值为 380V，说明电源电压正常。

电压的分段测试法是将红、黑两根表棒逐段测量相邻两标点 1-2、2-3、3-4、4-5、5-6、6-7 间的电压。如电路正常，按 SB2 后，除 6-7 两点间的电压为 380V 外，其他任何相邻两点间的电压值均为零。

在按下启动按钮 SB2，接触器 KM1 不吸合，说明发生了断路故障，此时可用电压表逐段测试各相邻点间的电压。如测量到某相邻两点间的电压为 380V 时，说明这两点间有断路故障，根据各段电压值来检查故障的方法见表 4-4。

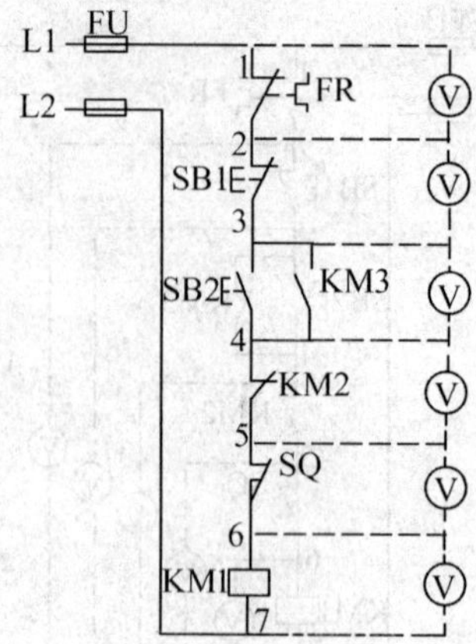

图 4-3　电压的分段测量法

表 4-4　　分段测量法检查故障原因

故障现象	测试状态	1-2	2-3	3-4	4-5	5-6	6-7	故障原因
按动 SB2，KM1 不吸合	按动 SB2 不松开	380V	0	0	0	0	0	FR 常闭触点接触不良
		0	380V	0	0	0	0	SB1 常闭触点接触不良
		0	0	380V	0	0	0	SB2 常开触点接触不良
		0	0	0	380V	0	0	KM2 常闭触点接触不良
		0	0	0	0	380V	0	SQ 常闭触点接触不良
		0	0	0	0	0	380	KM1 线圈断路

3. 万用表电阻测量法

(1)分阶测量法　电阻的分阶测量法如图 4-4 所示。按下启动按钮 SB2，接触器 KM1 不吸合，则该回路有断路故障。

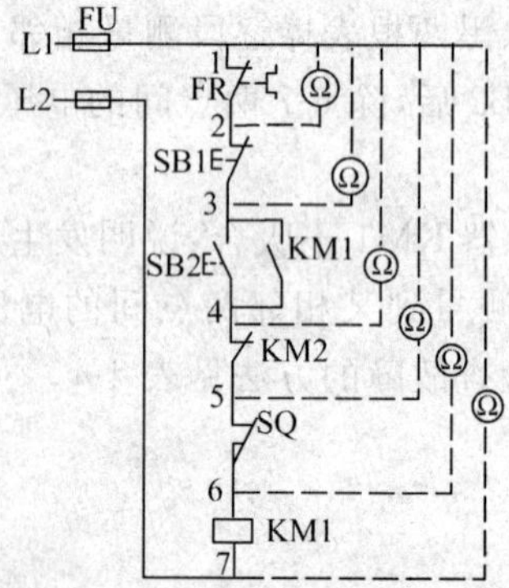

图 4-4　电阻的分阶测量法

用万用表的电阻挡检测前应先断开电源，然后按下 SB2 不放，先测量 1-7 两点间的电阻，如电阻值为无穷大，说明 1-7 之间的电路断路。然后分阶测量 1-2、1-3、1-4、1-5、1-6 各点间的电阻值，若电路正常，则该两点间的电阻值为“0”；当测量到某标号间的电阻值为无穷大，则说明表棒刚跨过的触点或连接导线断路。

(2)分段测量法　电阻的分段测量法如图 4-5 所示。

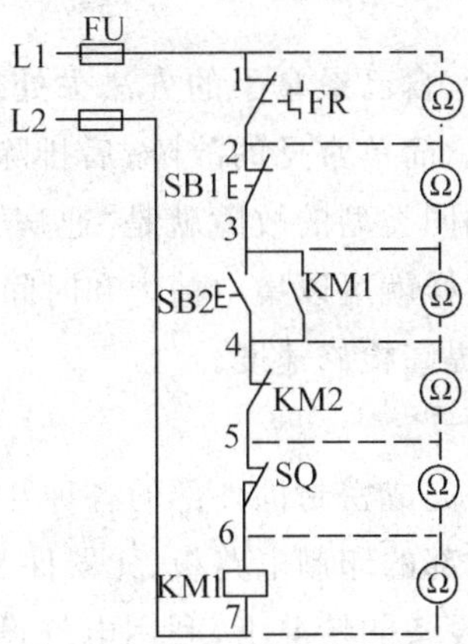

图 4-5　电阻的分段测量法

检查时先切断电源，按下启动按钮 SB2 然后依次逐段测量相邻两标号点 1-2、2-3、3-4、4-5、5-6 间的触点或连接导线断路。例如，当测得 2-3 两点间电阻为无穷大时，说明停止按钮 SB1 或连接 SB1 的导线断路。

电阻测量法的优点是安全，缺点是测得的电阻值不准确时，容易造成判断错误。为此应注意以下几点：

①用电阻测量法检查故障时一定要断开电源。

②如被测的电路与其他电路并联时，必须将该电路与其他电路断开，否则所测得的电阻值将不准确。

③测量高电阻值的电器元件时，把万用表的选择开关旋至合适的电阻挡。

注意：在用以上测量法检查故障点时，一定要保证各种测量工具和仪表完好，使用方法正确，尤其要注意防止感应电、回路电及其他并联电路的影响，以免产生误判断。

三、电气故障检修技巧

1. 熟悉电路原理，确定检修方案

当一台设备的电气系统发生故障时，不要急于动手拆卸，首先要了解该电气设备产生故障的现象、经过、范围、原因，熟悉该设备及电气系统的基本工作原理，分析各个具体电路，弄清电路中各级之间的相互联系以及信号在电路中的来龙去脉，结合实际经验，经过周密思考，确定一个科学的检修方案。

2. 先机损，后电路

机械设备多以电气—机械原理为基础，特别是机电一体化的先进设备，机械和电子在功能上有机配合,是一个整体的两个部分。往往机械部件出现故障,影响电气系统,许多电气部件的功能就不起作用。因此不要被表面现象迷惑,电气系统出现故障并不全部都是电气本身问题,有可能是机械部件发生故障所造成的。因此,先检修机械系统所产生的故障,再排除电气部分的故障,往往会收到事半功倍的效果。

3. 先简单,后复杂

检修故障要先用最简单易行、自己最拿手的方法去处理,再用复杂、精确的方法。排除故障时,先排除直观、显而易见、简单常见的故障;后排除难度较高、没有处理过的疑难故障。电气设备经常容易产生相同类型的故障就是"通病"。由于通病比较常见,积累的经验较丰富,因此可快速排除,这样就可以集中精力和时间排除比较少见、难度高、古怪的疑难杂症,简化步骤,缩小范围,提高检修速度。

4. 先外部调试,后内部处理

外部是指暴露在电气设备外完成密封件外部的各种开关、按钮、插口及指示灯。内部是指在电气设备外壳或密封件内部的印制电路板、元器件及各种连接导线。先外部调试,后内部处理,就是在不拆卸电气设备的情况下,利用电气设备面板上的开关、按钮等调试检查,缩小故障范围。首先,排除外部部件引起的故障,再检修机内的故障,尽量避免不必要的拆卸。

5. 先不通电测量,后通电测试

首先在不通电的情况下,对电气设备进行断电检修,排除短路故障;然后再在通电情况下,对设备进行带电检修。对许多发生故障的电气设备检修时,不能立即通电,否则会人为扩大故障范围,烧毁更多的元器件,造成不应有的损失。因此,在故障设备通电前,先进行电阻测量,采取必要的措施后,方能通电检修。

6. 先公用电路、后专用电路

任何电气系统的公用电路出故障,其能量、信息就无法传送、分配到各具体专用电路,专用电路的功能、性能就不起作用。如一个电气设备的电源出故障,整个系统就无法正常运转,向各种专用电路传递的能量、信息就不可能实现。因此,遵循先公用电路、后专用电路的顺序,就能快速、准确地排除电气设备的故障。

7. 总结经验、提高效率

任何一台有故障的电气设备检修完,应该把故障现象、原因、检修过程、技巧、心得记录在工作簿或专用记录本上。不断地学习各种新型电气设备的机电理论知识,熟悉其工作原理,积累维修经验,将自己的经验上升为理论。在理论指导下,具体故障具体分析,才能准确、迅速地排除故障。

第三节　CA6140 型车床电气控制线路的分析

普通车床是一种应用广泛的金属切削机床，能够车削外圆、内圆、螺纹、螺杆、端面以及车削定型表面等。

车床的结构形式很多，有卧式车床、立式车床、转塔车床、多刀半自动车床及数控车床等。不同的车床，其电气控制的复杂程度不同，普通车床只使用了一个或几个独立电力拖动控制线路的环节，复杂的车床则应用了变频技术和数控技术。

普通车床有两个主要的运动部分：一是卡盘或顶尖带动工件的旋转运动，这是车床主轴的运动，称为主运动；二是溜板带动刀架的直线快速运动，称为进给运动。车床工作时绝大部分功率消耗在主轴运动上，并通过光杠带动溜板箱进行慢速移动，使刀具进行自动切削。溜板箱的运动只消耗很小的功率。

此节以常用的 CA6140 型车床为例进行说明。该车床的型号意义如下：

C A 6 1 40

- C：类代号（车床类）
- A：结构特性代号
- 6：组代号（落地及卧式车床组）
- 1：系代号（卧式车床系）
- 40：主参数折算值（床身最大工件回转直径的 1/10）

CA6140 型车床的外形和结构如图 4-6 所示。

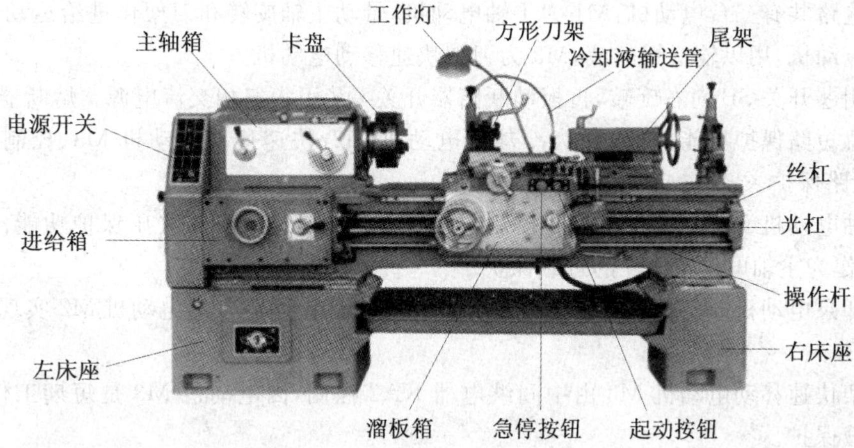

图 4-6　CA6140 型车床的外形和结构

一、CA6140 型车床电气控制线路分析

CA6140 型车床的电气控制线路如图 4-7 所示。

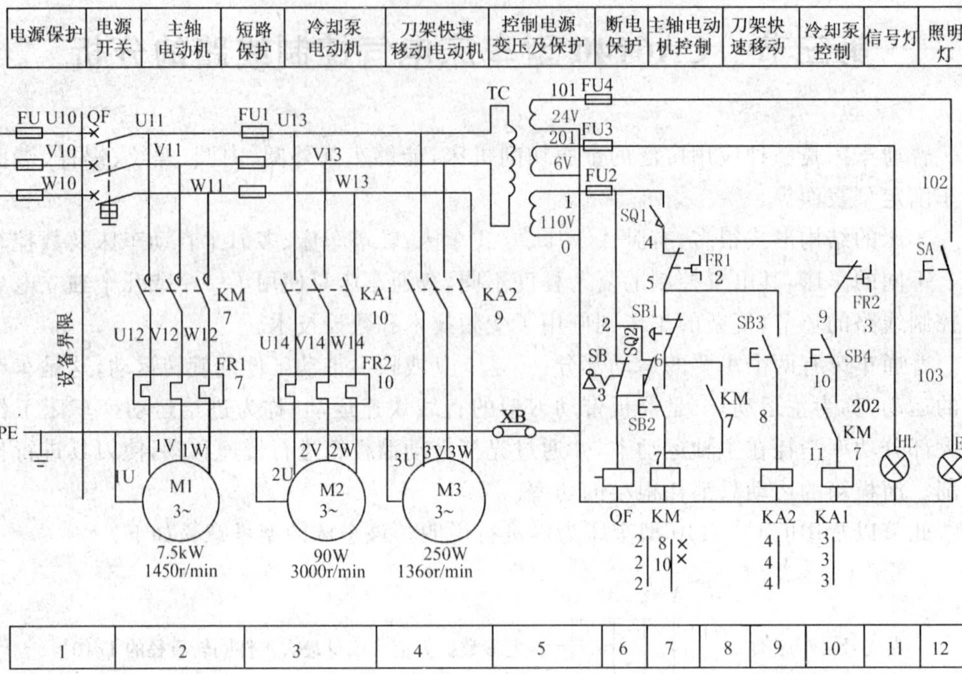

图 4-7　CA6140 型车床的电气控制线路

1. 主电路

主电路共有三台电动机：M1 为主轴电动机，带动主轴旋转和刀架作进给运动；M2 为冷却泵电动机，用以输送切削液；M3 为刀架快速移动电动机。

将钥匙开关 SB 向右旋转，再扳动断路器开关 QF 引入三相交流电源。熔断器 FU 具有线路总短路保护功能；FU1 作为冷却泵电动机 M2、快速移动电动机 M3、控制变压器 TC 的短路保护。

主轴电动机 M1 由接触器 KM 控制，接触器 KM 具有失压和欠压保护功能；热继电器 FR1 作为主轴电动机 M1 的过载保护。

冷却泵电动机 M2 由中间继电器 KA1 控制，热继电器 FR2 为电动机 M2 实现过载保护。

刀架快速移动电动机 M3 由中间继电器 KA2 控制，因电动机 M3 是短期工作的，故未设过载保护。

2. 控制电路

控制变压器 TC 二次侧输出 110V 电压作为控制电路的电源。

(1)主轴电动机 M1 的控制　按下启动按钮 SB2，接触器 KM 线圈获电吸合，KM 主触点闭合，主轴电动机 M1 启动。按下蘑菇形急停按钮 SB1，接触器 KM 线圈失电，电动机 M1 停转。

主轴的正反转是采用多片摩擦离合器实现的。

(2)冷却泵电动机 M2 的控制　只有当接触器 KM 获电吸合，主轴电动机 M1 启动后，合上旋钮开关 SB4，使中间继电器 KA1 线圈获电吸合，冷却泵电动机 M2 才能启动。当 M1 停止运行时，M2 自行停止。

(3)刀架快速移动电动机 M3 的控制　刀架快速移动电动机 M3 的启动是由安装在进给操纵手柄顶端的按钮 SB3 来控制，它与中间继电器 KA2 组成点动控制环节。将操纵手柄扳到所需的方向，按下按钮 SB3，中间继电器 KA2 获电吸合，电动机 M3 获电启动，刀架就向指定方向快速移动。

3. 照明电路与信号电路

控制变压器 TC 的二次侧分别输出 24V 和 6V 电压，作为机床照明灯和信号灯的电源。EL 为机床的低压照明灯，由开关 QS2 控制；HL 为电源的信号灯。

CA6140 型车床的电气元件明细见表 4-5。

表 4-5　CA6140 型车床的电气元件明细表

代号	名称	型号及规格	数量	用途
M1	主轴电动机	Y132M-4-B3、7.5kW、1450r/min	1	主传动用
M2	冷却泵电动机	AOB-25、90W、3000r/min	1	输送冷却液用
M3	快速移动电动机	AOS5634、250W、1360r/min	1	溜板快速移动用
FR1	热继电器	JR20-63L、15.4A	1	M1 的过载保护
FR2	热继电器	JR20-63L、0.32A	1	M2 的过载保护
KM	交流接触器	CJ20-20B、线圈电压 110V	1	控制 M1
KA1	中间继电器	JZ7-44、线圈电压 110V	1	控制 M2
KA2	中间继电器	JZ7-44、线圈电压 110V	1	控制 M3
SB1	按钮	LAY3-01ZS/1	1	停止 M1
SB2	按钮	LAY3-10/3.11	1	启动 M1
SB3	按钮	LA9	1	启动 M3
SB4	旋钮开关	LAY3-10X/2	1	控制 M2
SQ1、SQ2	位置开关	JWM6-11	2	断电保护
HL	信号灯	ZSD-0、6V	1	刻度照明
QF	断路器	AM2-40、20A	1	电源引入
TC	控制变压器	JBK2-100、380V/110V/24V/6V	1	变换电压

CA6140 型车床的电气接线图如图 4-8 所示。

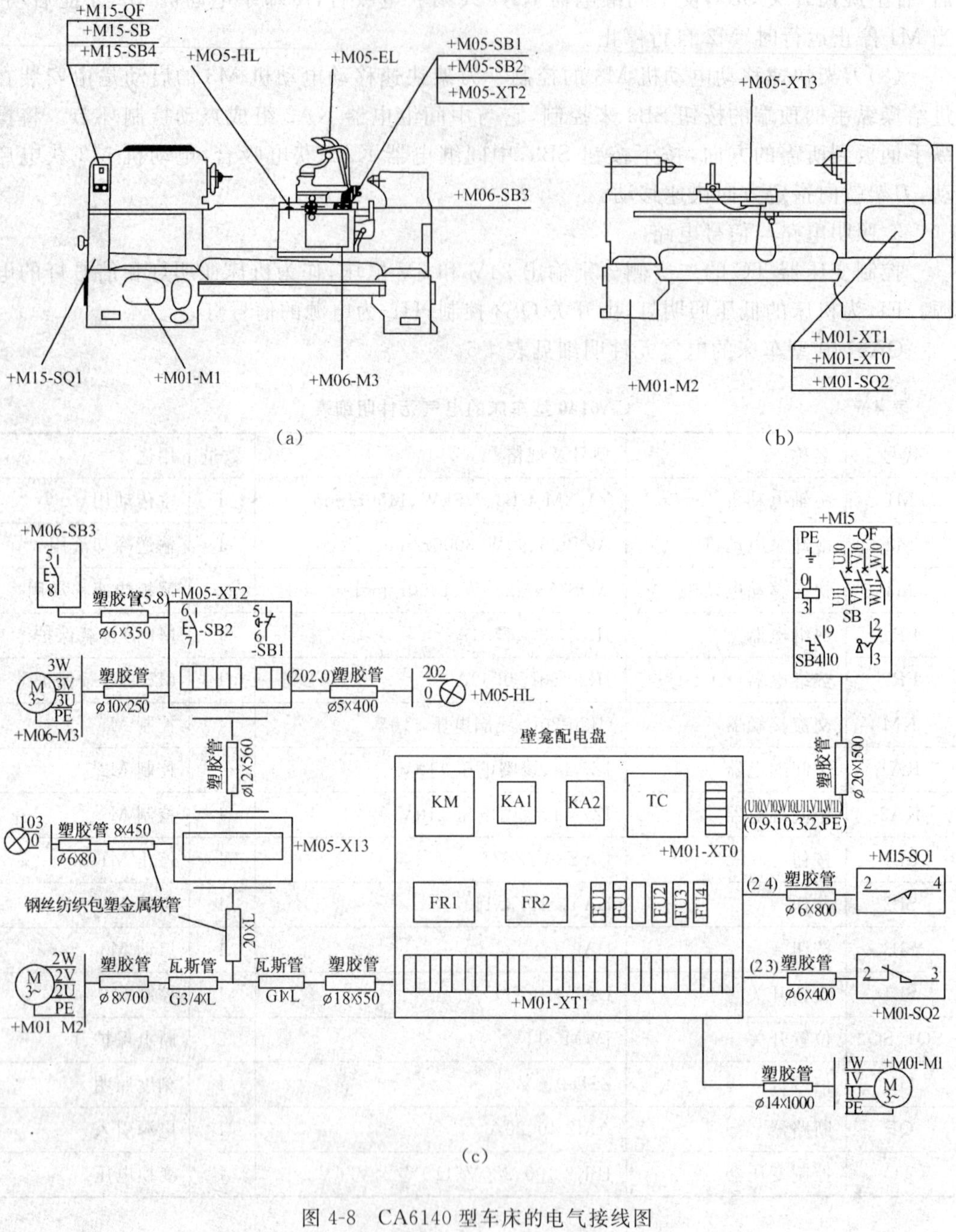

图 4-8　CA6140 型车床的电气接线图

二、CA6140 型车床常见电气故障的分析与检修

1. 主轴电动机 M1 不能启动

(1)按下启动按钮 SB2 后,接触器 KM 没吸合,主轴电动机 M1 不能启动　故障的原因应在控制电路中,可依次检查熔断器 FU2,热继电器 FR1 和 FR2 的常闭触点,停止按钮 SB1,启动按钮 SB2 和接触器 KM 的线圈是否断路。

（2）按下启动按钮 SB2 后，接触器 KM 吸合，但主轴电动机 M1 不能启动　故障的原因应在主电路中，可依次检查接触器 KM 的主触点，热继电器 FR1 的热元件接线端及三相电动机的接线端。

2. 主轴电动机 M1 不能停车

这类故障的原因多是接触器 KM 的铁心面上的油污使上下铁心不能释放或 KM 的主触点发生熔焊，或停止按钮 SB1 的常闭触点短路所致。

3. 刀架快速移动电动机 M3 不能启动

按点动按钮 SB3，中间继电器 KA2 没有吸合，则故障应在控制电路中，此时可用万用表进行分阶电压测量法依次检查热继电器 FR1 和 FR2 的常闭触点，停止按钮 SB1 的常闭触点，点动按钮及中间继电器 KA2 的线圈是否断路。

第四节　M7130 型平面磨床电气控制线路的分析

磨床是用磨料磨具（砂轮、砂带、油石、研磨剂等）为工具进行切削加工的机床，多是利用砂轮的周边或端面对工件的表面进行精密加工。磨床的种类很多，按用途和采用的工艺方法不同，可分为外圆磨床、内圆磨床、平面磨床、工具磨床、刀具刃具磨床、专门化磨床及研磨机等种类。

平面磨床是用来磨削加工各种零件平面的常用机床，其中 M7130 型平面磨床是使用较为普遍的一种，该磨床操作方便，磨削精度和光洁度较高，适于磨削精密零件和各种工具，并可作镜面磨削。该磨床的型号意义如下：

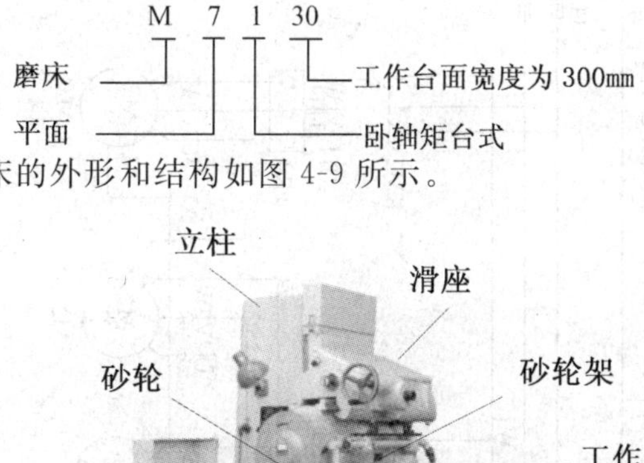

M7130 型平面磨床的外形和结构如图 4-9 所示。

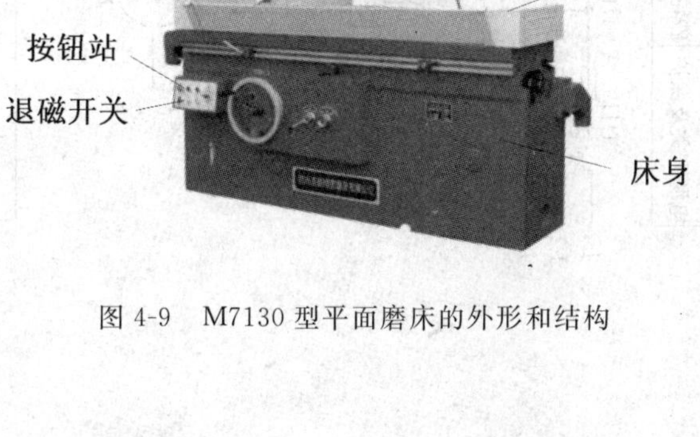

图 4-9　M7130 型平面磨床的外形和结构

M7130 型平面磨床的电气控制线路如图 4-10 所示。

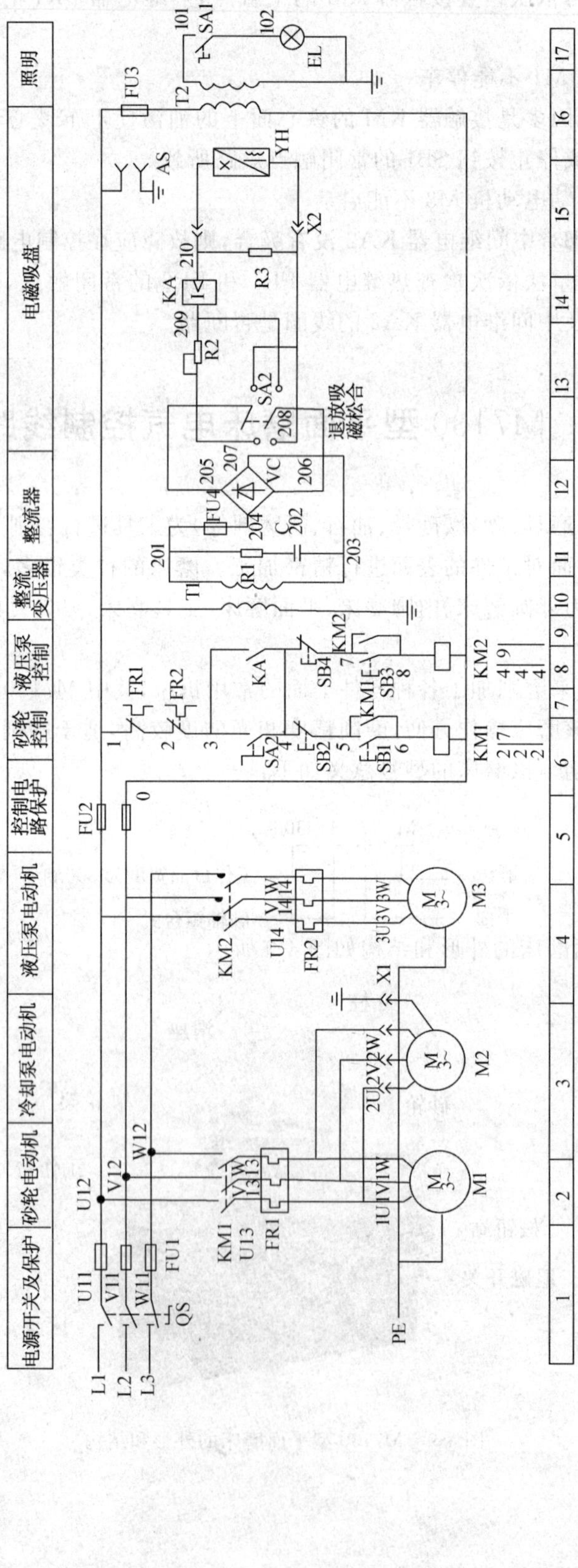

图4-10　M7130型平面磨床的电气控制线路

一、M7130 型平面磨床电气控制线路分析

M7130 型平面磨床的电气线路分为主电路、控制电路、电磁吸盘电路和照明电路四部分。

1. 主电路

QS1 为电源开关。主电路有三台电动机，M1 为砂轮电动机，M2 为冷却泵电动机，M3 为液压泵电动机，它们共用一组熔断器 FU1 作为短路保护。砂轮电动机 M1 用接触器 KM1 控制，用热继电器 FR1 进行过载保护；由于冷却泵箱和床身是分装的，所以冷却泵电动机 M2 通过接插器 X1 和砂轮电动机 M1 的电源线连接，并和 M1 在主电路实现顺序控制。冷却泵电动机的容量较小，没有单独设置过载保护，液压泵电动机 M3 由接触器 KM2 控制，由热继电器 FR2 进行过载保护。

2. 控制电路

控制电路采用交流 380V 电压供电，由熔断器 FU2 作为短路保护。

在电动机控制电路中，串接着转换开关 QS2 的常开触点（6 区）和欠电流继电器 KA 的常开触点（8 区），因此，三台电动机启动的必要条件是使 QS2 或 KA 的常开触点闭合。欠电流继电器 KA 的线圈串接在电磁吸盘 YH 的工作回路中，所以当电磁吸盘得电工作时，欠电流继电器 KA 线圈得电吸合，接通砂轮电动机 M1 和液压泵电动机 M3 的控制线路，这样就保证了加工工件被 YH 吸住的情况下，砂轮和工作台才能进行磨削加工，保证了安全。

砂轮电动机 M1 和液压泵电动机 M3 都采用了接触器自锁正转控制线路，SB1、SB3 分别是它们的启动按钮，SB2、SB4 分别是它们的停止按钮。

3. 电磁吸盘电路

电磁吸盘是用来固定加工工件的一种夹具。它与机械夹具相比较，具有夹紧迅速，操作快速简便，不损伤工件，一次能吸牢多个小工件，以及磨削中发热工件可自由伸缩、不会变形等优点。不足之处是只能吸住铁磁材料的工件，不能吸牢非磁性材料（如铜、铝等）工件。

电磁吸盘 YH 的结构如图 4-11 所示。它的外壳由钢制箱体和盖板组成。在箱体内部均匀排列的多个凸起的芯体上绕有线圈，盖板则用非磁性材料（如铅锡合金）隔离成若干钢条。当线圈通入直流电后，凸起的芯体和隔离的钢条均被磁化形成磁极。当工件放在电磁吸盘上，也将被磁化而产生与吸盘相异的磁极并被牢牢吸住。

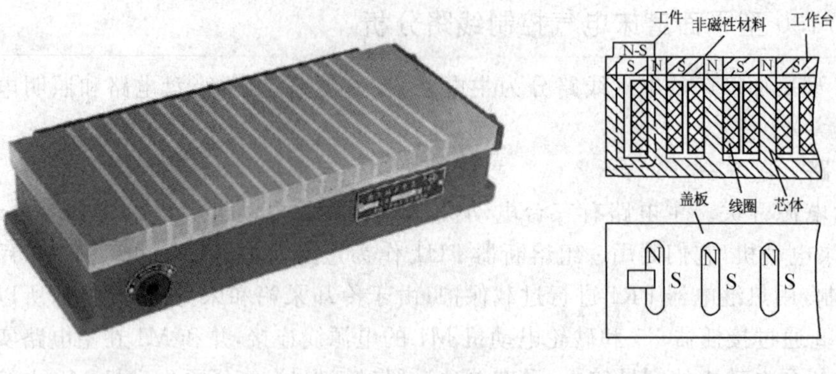

(a)　　(b)

图 4-11　电磁吸盘外形和结构示意图

电磁吸盘电路包括整流电路、控制电路和保护电路三部分。

整流变压器 T1 将 220V 的交流电压降为 145V，然后经桥式整流器 VC 后输出 110V 直流电压。

QS2 是电磁吸盘 YH 的转换控制开关(又称退磁开关)，有“吸合”、“放松”和“退磁”三个位置。当 QS2 扳至“吸合”位置时，触点(205-208)和(206-209)闭合，110V 直流电压接入电磁吸盘 YH，工件被牢牢吸住。此时，欠电流继电器 KA 线圈得电吸合，KA 的常开触点闭合，接通砂轮和液压泵电动机的控制线路。待工件加工完毕，先把 QS2 扳到“放松”位置，切断电磁吸盘 YH 的直流电源。此时由于工件具有剩磁而不能取下，因此，必须进行退磁。将 QS2 扳到“退磁”位置，这时，触点(205-207)和(206-208)闭合，电磁吸盘 YH 通入较小的(因串入了退磁电阻 R2)反向电流进行退磁。退磁结束，将 QS2 扳回到“放松”位置，即可将工件取下。

如果有些工件不易退磁时，可将附件退磁器的插头插入插座 XS，使工件在交变磁场的作用下进行退磁。

若将工件夹在工作台上，而不需要电磁吸盘时，则应将电磁吸盘 YH 的 X2 插头从插座上拔下，同时将转换开关 QS2 扳到“退磁”位置，这时，接在控制电路中 QS2 的常开触点(3-4)闭合，接通电动机的控制线路。

电磁吸盘的保护电路是由放电电阻 R3 和欠电流继电器 KA 组成。电阻 R3 是电磁吸盘的放电电阻。因为电磁吸盘的自感电动势很大，当电磁吸盘从“吸合”状态转变为“放松”状态的瞬间，线圈两端将产生很大的自感电动势，易使线圈或其他电器由于过电压而损坏。电阻 R3 的作用是在电磁吸盘断电瞬间给线圈提供放电通路，吸收线圈释放的磁场能量。欠电流继电器 KA 用以防止电磁吸盘断电时工件脱出发生事故。

电阻 R1 与电容器 C 的作用是防止电磁吸盘回路交流侧的过电压。熔断器 FU4 为电磁吸盘提供短路保护。

4. 照明电路

照明变压器 T2 将 380V 的交流电压降为 36V 的安全电压供给照明电路。EL 为照明灯，一端接地，另一端由开关 SA 控制。熔断器 FU3 作照明电路的短路保护。

M7130 型平面磨床的电器位置如图 4-12 所示。

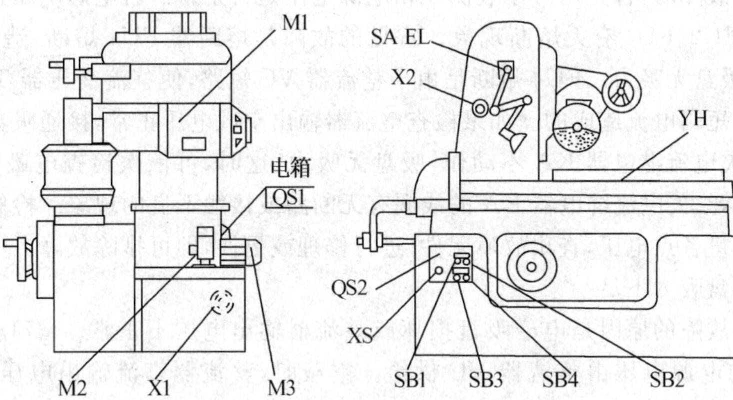

图 4-12　M7130 型平面磨床的电器位置图

二、M7130 型平面磨床常见电气故障的分析与检修

1. 三台电动机都不能启动

造成电动机都不能启动的原因是欠电流继电器 KA 的常开触点和转换开关 QS2 的触点(3-4)接触不良、接线松脱或有油垢,使电动机的控制电路处于断电状态。检修故障时,应将转换开关 QS2 扳至“吸合”位置,检查欠电流继电器 KA 的常开触点(3-4)的接通情况,不通时修理或更换元件便可排除故障。否则,应将转换开关 QS2 扳至“退磁”位置,拔掉电磁吸盘插头,检查 QS2 的触点(3-4)的通断情况,不通则修理或更换转换开关。

若 KA 和 QS2 的触点(3-4)无故障,电动机仍不能启动,可检查热继电器 FR1、FR2 的常闭触点是否动作或接触不良。

2. 砂轮电动机的热继电器 FR1 经常脱扣

砂轮电动机 M1 为装入式电动机,它的前轴承是铜瓦,易磨损。磨损后易发生堵转现象,使电流增大,导致热继电器脱扣。若是这种情况,应修理或更换轴瓦。另外,砂轮进刀量太大,电动机超负载运行,造成电动机堵转,电流急剧上升,热继电器脱扣。因此,工作中应选择合适的进刀量,防止电动机超载运行。除以上原因之外,更换后的热继电器规格选得太小或没有调整好整定电流,使电动机还未达到额定负载时,热继电器就已经脱扣。因此,应注意热继电器必须按其被保护电动机的额定电流进行选择和调整。

3. 冷却泵电动机烧坏

造成这种故障的原因有以下几种:一是切削液进入电动机内部,造成匝间或绕组间短路,使电流增大;二是反复修理冷却泵电动机后,使电动机端盖轴向间隙增大,造成转子在定子内不同心,工作时电流增大,电动机长时间过载运行;三是冷却泵被杂物塞住引起电动机堵转,电流急剧上升。由于该磨床的砂轮电动机与冷却泵电动机共用一个热继电器 FR1,而且两者容量相差太大,当发生以上故障时,电流增大不足以使热继电器 FR1 脱扣,从而造成冷却泵电动机烧坏。若给冷却泵电动机加装热继电器,就可以避免发生这种故障。

4. 电磁吸盘无吸力

出现这种故障时，首先用万用表测三相电源电压是否正常。若电源电压正常，再检查熔断器 FU1、FU2、FU4 有无熔断现象。常见的故障是熔断器 FU4 熔断，造成电磁吸盘电路断开，使吸盘无吸力。FU4 熔断是由于整流器 VC 短路，使整流变压器 T1 二次侧绕组流过很大的短路电流造成的。如果检查整流器输出空载电压正常，接通吸盘后，输出电压下降不大，欠电流继电器 KA 不动作，吸盘无吸力，这时，可依次检查电磁吸盘 YH 的线圈、插接器 X2、欠电流继电器 KA 的线圈有无断路或接触不良的现象。检修故障时，可使用万用表测量各点电压，查出故障元件，进行修理或更换，即可排除故障。

5. 电磁吸盘吸力不足

引起这种故障的原因是电磁吸盘损坏或整流器输出电压不正常。M7130 型平面磨床电磁吸盘的电源电压由整流器 VC 供给。空载时，整流器直流输出电压应为 130～140V，负载时不应低于 110V。若整流器空载输出电压正常，带负载时电压远低于 110V，则表明电磁吸盘线圈已短路，短路点多发生在线圈各绕组间的引线接头处。这是由于吸盘密封不好，切削液流入，引起绝缘损坏，造成线圈短路。若短路严重，过大的电流会使整流元件和整流变压器烧坏。出现这种故障，必须更换电磁吸盘线圈，并且要处理好线圈绝缘，安装时要完全密封好。

若电磁吸盘电源电压不正常，多是因为整流元件短路或断路造成的。应检查整流器 VC 的交流侧电压及直流侧电压。若交流侧电压正常，直流输出电压不正常，则表明整流器发生元件短路或断路故障。如某一桥臂的整流二极管发生断路，将使整流电压降到额定电压的一半；若相邻的两个二极管都断路，则输出电压为零。整流元件损坏的原因可能是元件过热或过电压造成的。如由于整流二极管热容量很小，在整流过载时，元件温度急剧上升，烧坏二极管；当放电电阻 R3 损坏或接线断路时，由于电磁吸盘线圈电感很大，在断开瞬间产生过电压将整流元件击穿。排除此类故障时，可用万用表测量整流器的输出及输入电压，判断出故障部位，查出故障元件，进行更换或修理即可。

6. 电磁吸盘退磁不好，工件取下困难

电磁吸盘退磁不好的故障原因：一是退磁电路断路，根本没有退磁，应检查转换开关 QS2 接触是否良好，退磁电阻 R2 是否损坏；二是退磁电压过高，应调整电阻 R2，使退磁电压调至 5～10V；三是退磁时间太长或太短，对于不同材料的工件，所需的退磁时间不同，注意掌握好退磁时间。

第五节　Z3050 型摇臂钻床电气控制线路的分析

钻床是一种用途广泛的孔加工机床。它主要用于钻削精度要求不太高的孔，另外还可以用来扩孔、铰孔、镗孔以及攻螺纹等。

钻床的结构形式很多，有台式钻床、立式钻床、深孔钻床及多轴钻床等。摇臂钻床是一种立式钻床，它适用于单件或批量生产中带有多孔的大型零件的孔加工。现以常用的 Z3050 型钻床为例进行说明。该钻床的型号意义如下：

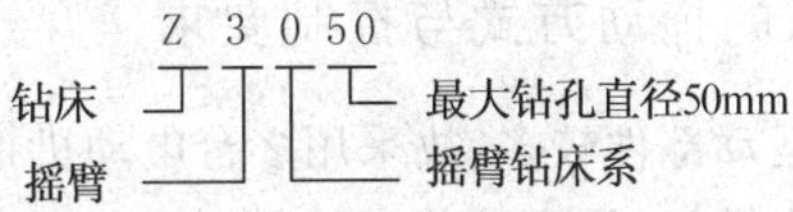

一、Z3050 型摇臂钻床的结构和运动形式

Z3050 型摇臂钻床主要由底座、内立柱、外立柱、摇臂、主轴箱、工作台等部分组成。内立柱固定在底座上，在它外面套着空心的外立柱，外立柱可绕着不动的内立柱回转 360°。摇臂一端的套筒部分与外立柱滑动配合，借助于丝杠，摇臂可沿着外立柱上下移动，但两者不能作相对转动，因此，摇臂与外立柱一起相对内立柱作回转运动。机床的外形和结构如图 4-13 所示。

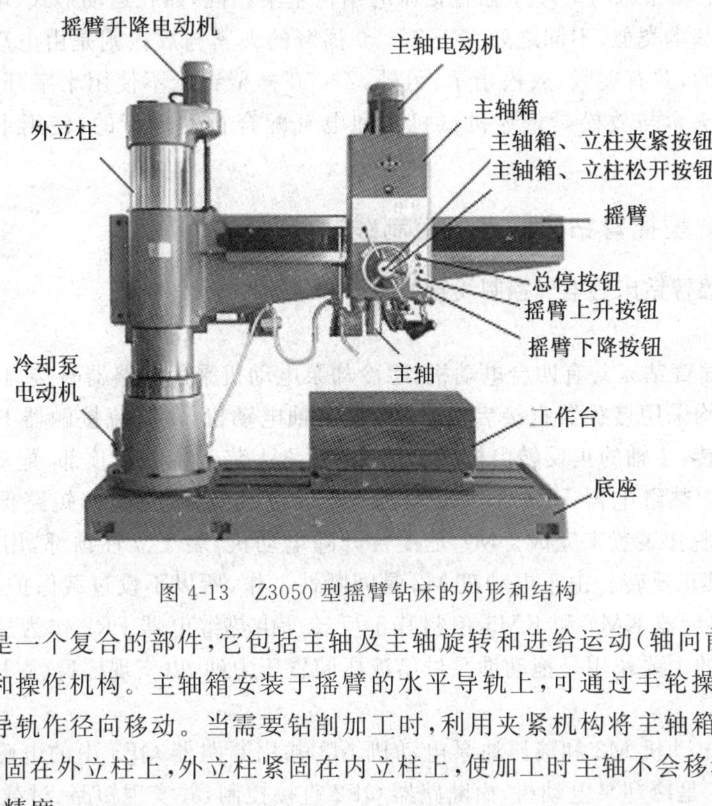

图 4-13　Z3050 型摇臂钻床的外形和结构

主轴箱是一个复合的部件，它包括主轴及主轴旋转和进给运动(轴向前进移动)的全部传动变速和操作机构。主轴箱安装于摇臂的水平导轨上，可通过手轮操作使它沿着摇臂上的水平导轨作径向移动。当需要钻削加工时，利用夹紧机构将主轴箱紧固在摇臂导轨上，摇臂紧固在外立柱上，外立柱紧固在内立柱上，使加工时主轴不会移动、刀具不会振动，保证加工精度。

根据工件高度的不同，摇臂借助于丝杠可带动主轴箱沿着外立柱升降。在升降之前，摇臂自动松开；当达到升降所需位置后，摇臂又自动夹紧在立柱上。摇臂连同外立柱绕内立柱的回转运动依靠人力推动进行，但回转前必须先将外立柱松开。主轴箱沿着摇臂上导轨的水平移动也是手动的，移动前也必须先将主轴箱松开。

摇臂钻床的主运动是主轴带动钻头的旋转运动；进给运动是钻头的上下运动；辅助运动是指主轴箱沿着摇臂水平移动、摇臂沿着外立柱上下移动以及摇臂连同外立柱一起相对于内立柱的回转运动。

二、Z3050 型摇臂钻床的拖动方式与控制要求

1. 由于摇臂钻床的相对运动部件较多，故采用多台电动机拖动，以简化传动装置。主轴电动机 M2 承担钻削及进给任务，只要求单向旋转。主轴的正反转通过摩擦离合器来实现，主轴钻速和进刀量用变速机构调节。

2. 摇臂的夹紧放松、立柱本身的夹紧放松、主轴箱的夹紧放松都是由电动机 M3 配合液压装置自动进行的。

3. 摇臂的升降是由电动机 M2 来完成的，摇臂的升降要求有限位保护。

4. 钻削加工时，需要对刀具及工件进行冷却，由冷却泵电动机 M4 输送冷却液。

5. 为了安全，本机床设有“开门断电”功能。

Z3050 型摇臂钻床与 Z35 型摇臂钻床的结构基本相同，而在运动形式、电气控制特点及控制要求也基本类似，不同之处在于 Z3050 摇臂的夹紧与放松则是由电动机配合液压装置自动完成的，并有夹紧、放松指示；另外，Z3050 摇臂钻床不使用十字开关进行操作。而 Z35 摇臂的夹紧与放松是依靠机械机构和电气配合自动进行的，使用十字开关进行操作。

三、Z3050 型摇臂钻床的电气控制线路分析

Z3050 型摇臂钻床的电气控制线路如图 4-14 所示。

1. 主电路

Z3050 型摇臂钻床共有四台电动机，除冷却泵电动机采用断路器直接启动外，其余三台异步电动机均采用接触器直接启动。M1 是主轴电动机，由交流接触器 KM1 控制，只要求单方向旋转，主轴的正反转由机械手柄操作。M1 装于主轴箱顶部，拖动主轴及进给传动系统运转。热继电器 FR1 作为电动机 M1 的过载及断相保护，短路保护由断路器 QF1 中的电磁脱扣装置来完成。M2 是摇臂升降电动机，装于立柱顶部，用接触器 KM2 和 KM3 控制其正反转。由于电动机 M2 是间断性工作，所以不设过载保护。M3 是液压泵电动机，用接触器 KM4 和 KM5 控制其正反转。由热继电器 FR2 作为过载及断相保护。该电动机的主要作用是拖动油泵供给液压装置压力油，以实现摇臂、立柱以及主轴箱的松开和夹紧。

摇臂升降电动机 M2 和液压油泵电动机 M3 共用断路器 QF3 中的电磁脱扣器作为短路保护。M4 是冷却泵电动机，由断路器 QF2 直接控制，并实现短路、过载及断相保护。

电源配电盘在立柱前下部。冷却泵电动机 M4 装于靠近立柱的底座上，升降电动机 M2 装于立柱顶部，其余电气设备置于主轴箱或摇臂上。由于 Z3050 型钻床内、外立柱间未装设汇流环，故在使用时，请勿沿一个方向连续旋转摇臂，以免发生事故。

主电路电源电压为交流 380V，由断路器 QFl 作为电源引入开关。

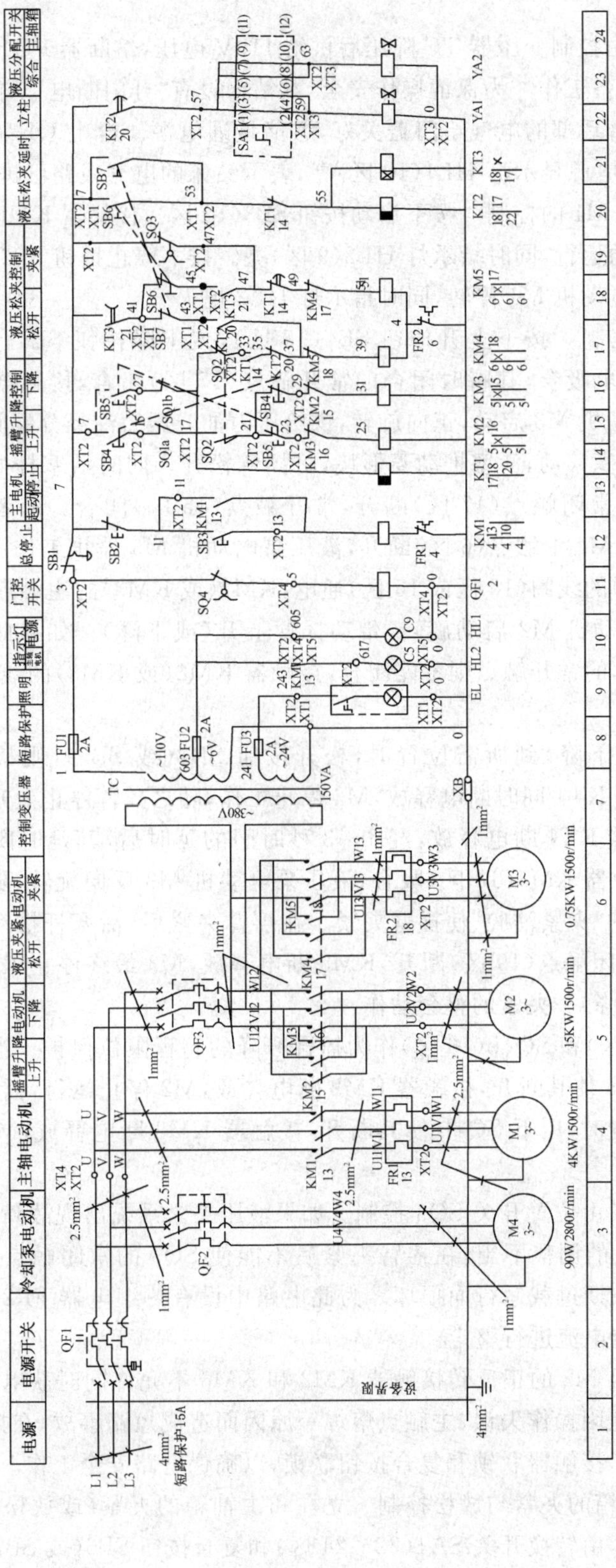

图4-14　Z3050型摇臂钻床的电气控制线路

2. 控制电路

控制电路电源由控制变压器 TC 降压后供给 110V 电压，熔断器 FU1 作为短路保护。

(1)开车前的准备工作　为保证操作安全，本钻床设有“开门断电”功能。所以开车前应将立柱下部及摇臂后部的电气箱门盖关好，方能接通电源。合上 QF3(5 区)及总电源开关 QF1(2 区)，则电源显示灯 HL1(10 区)亮，表示钻床的电气线路已进入带电状态。

(2)主轴电动机 M1 的控制　按下启动按钮 SB3(12 区)，接触器 KMl 吸合并自锁，使主轴电动机 M1 启动运行，同时指示灯 HL2(9 区)亮。按下停止按钮 SB2(12 区)，接触器 KM1 释放，使主轴电动机 M1 停转，同时指示灯 HL2 熄灭。

(3)摇臂升降控制　按下上升按钮 SB4(15 区)(或下降按钮 SB5)，则时间继电器 KT1 线圈(14 区)通电吸合，其瞬时闭合的常开触点(17 区)闭合，接触器 KM4 线圈(17 区)通电，液压泵电动机 M3 启动，正向旋转，供给压力油。压力油经分配阀体进入摇臂的“松开油腔”，推动活塞移动，活塞推动菱形块，将摇臂松开。同时活塞杆通过弹簧片压下位置开关 SQ2，使其常闭触点(17 区)断开，常开触点(15 区)闭合。前者切断了接触器 KM4 的线圈电路，KM4 主触点(6 区)断开，液压泵电动机 M3 停止工作。后者使交流接触器 KM2(或 KM3)的线圈(15 区或 16 区)通电，KM2(或 KM3)的主触点(5 区)接通 M2 的电源，摇臂升降电动机 M2 启动旋转，带动摇臂上升(或下降)。如果此时摇臂尚未松开，则位置开关 SQ2 的常开触点则不能闭合，接触器 KM2(或 KM3)的线圈无电，摇臂就不能上升(或下降)。

当摇臂上升(或下降)到所需位置时，松开按钮 SB4(或 SB5)，则接触器 KM2(或 KM3)和时间继电器 KT1 同时断电释放，M2 停止工作，随之摇臂停止上升(或下降)。

由于时间继电器 KT1 断电释放，经 1～3 秒时间的延时后，其延时闭合的常闭触点(18 区)闭合，使接触器 KM5(18 区)吸合，液压泵电动机 M3 反向旋转，随之泵内压力油经分配阀进入摇臂的“夹紧油腔”使摇臂夹紧。在摇臂夹紧后，活塞杆推动弹簧片压下的位置开关 SQ3，其常闭触点(19 区)断开，KM5 断电释放，M3 最终停止工作，完成了摇臂的松开—上升(或下降)—夹紧的整套动作。

开关 SQ1a(15 区)和 SQ1b(16 区)作为摇臂升降的超程限位保护。当摇臂上升到极限位置时，压下 SQ1a 使其断开，接触器 KM2 断电释放，M2 停止运行，摇臂停止上升；当摇臂下降到极限位置时，压下 SQ1b 使其断开，接触器 KM3 断电释放，M2 停止运行，摇臂停止下降。

摇臂的自动夹紧由位置开关 SQ3 控制。如果液压夹紧系统出现故障，不能自动夹紧摇臂，或者由于 SQ3 的调整不当，在摇臂夹紧后不能使 SQ3 的常闭触点断开，都会使液压泵电动机 M3 因长期过载运行而损坏。为此电路中设有热继电器 FR2，其整定值应根据电动机 M3 的额定电流进行整定。

摇臂升降电动机 M2 的正反转接触器 KM2 和 KM3 不允许同时获电工作，以防止电源相间短路。为避免因操作失误、主触点熔焊等原因而造成短路事故，在摇臂上升和下降的控制电路中采用了接触器联锁和复合按钮联锁，以确保电路安全工作。

(4)立柱和主轴箱的夹紧与放松控制　立柱和主轴箱的夹紧(或放松)既可以同时进行，也可以单独进行，由转换开关 SA1(22～24 区)和复合按钮 SB6(或 SB7)(20 或 21 区)

进行控制。SA1 有三个位置，扳到中间位置时，立柱和主轴箱的夹紧（或放松）同时进行；扳到左边位置时，立柱夹紧（或放松）；扳到右边位置时，主轴箱夹紧（或放松）。复合按钮 SB6 是松开控制按钮，SB7 是夹紧控制按钮。

①立柱和主轴箱同时松开、夹紧。将转换开关 SA1 拨到中间位置，然后按下 SB6，时间继电器 KT2、KT3 线圈（20、21 区）同时得电。KT2 的延时断开常开触点（22 区）瞬时闭合，电磁阀 YA1、YA2 得电吸合。而 KT3 延时闭合的常开触点（17 区）经 1～3 秒延时闭合，使接触器 KM4 获电吸合，液压泵电动机 M3 正转，压力油进入立柱和主轴箱的松开油腔，使立柱和主轴箱同时松开。

松开 SB6，时间继电器 KT2 和 KT3 的线圈断电释放，KT3 延时闭合的常开触点（17 区）瞬时分断，接触器 KM4 断电释放，液压泵电动机 M3 停转。KT2 延时分断的常开触点（22 区）经 1～3 秒后分断，电磁阀 YA1、YA2 线圈断电释放，立柱和主轴箱同时松开的操作结束。

立柱和主轴箱同时夹紧的工作原理与松开相似，只要按下 SB7，使接触器 KM5 得电吸合，液压泵电动机 M3 反转即可。

②立柱和主轴箱单独松开、夹紧。如果希望单独控制主轴箱，可将转换开关 SA1 扳到右侧位置。按下松开按钮 SB6（或夹紧按钮 SB7），时间继电器 KT2 和 KT3 的线圈同时得电，这时只有电磁阀 YA2 单独通电吸合，从而实现主轴箱的单独松开（或夹紧）。

松开复合按钮 SB6（或 SB7），时间继电器 KT2 和 KT3 的线圈断电释放，KT3 的通电延时闭合的常开触点瞬时断开，接触器 KM4（或 KM5）的线圈断电释放，液压泵电动机 M3 停转。经 1～3 秒的延时后 KT2 延时分断的常开触点（22 区）分断，电磁阀 YA2 的线圈断电释放，主轴箱松开（或夹紧）的操作结束。

同理，把转换开关 SA1 扳到左侧，则使立柱单独松开或夹紧。因为立柱和主轴箱的松开与夹紧是短时间的调整工作，所以采用点动控制。

(5)冷却泵电动机 M4 的控制　扳动断路器 QF2，就可以接通或切断电源，操纵冷却泵电动机 M4 的工作或停止。

3. 照明、指示电路

照明、指示电路的电源也由控制变压器 TC 降压后提供 24V、6V 的电压，由熔断器 FU3、FU2 作短路保护，EL 是照明灯，HLl 是电源指示灯，HL2 是主轴指示灯。

Z3050 型摇臂钻床的电器元件明细见表 4-6。

表 4-6　　Z3050 型摇臂钻床的电器元件明细表

代号	名称	型号	规格	数量	用途
M1	主轴电动机	Y112M-4	4kW、1400r/min	1	驱动主轴及进给
M2	摇臂升降电动机	Y90L-4	1.5 kW、1400r/min	1	驱动摇臂升降
M3	液压油泵电动机	Y802-4	0.75kW、1390r/min	1	驱动液压系统
M4	冷却泵电动机	AOB-25	90W、2800r/min	1	驱动冷却泵
KM1	交流接触器	CJ10-20B	线圈电压 110V	1	控制主轴电动机

续表

KM2～KM5	交流接触器	CJ10-10B	线圈电压 110V	4	控制 M2、M3 正反转
FU1、FU2	熔断器	BZ-001A	2A	3	控制、指示、照明电路的短路保护
KT1、KT2	时间继电器	JJSK2-4	线圈电压 110V	2	
KT3	时间继电器	JJSl42-2	线圈电压 110V	1	
FR1	热继电器	JR0-20/3D	6.8～11 A	1	M1 过载保护
FR2	热继电器	JR0-20/3D	1.5～2.4A	1	M3 过载保护
QF1	低压断路器	DZ5-20/330FSH	10A	1	总电源开关
QF2	低压断路器	D25-20/330H	0.3～0.45A	1	M4 控制开关
QF3	低压断路器	DZ5-20/330H	6.5 A	1	M2、M3 电源开关
YA1、YA2	交流电磁铁	MFJl-3	线圈电压 110V	2	液压分配
TC	控制变压器	BK-150	380/110、24、6V	1	控制、指示、照明电路供电
SB1	按钮	lAY3-11ZS/1	红色	1	总停止开关
SB2	按钮	lAY3-11	1		主轴电动机停止
SB3	按钮	lAY3-11D	绿色	1	主轴电动机启动
SB4	按钮 LAY3-1l	1	摇臂上升		
SB5	按钮	LAY3-11		1	摇臂下降
SB6	按钮	lAY3-11		1	松开控制
SB7	按钮	IAY3-11		1	夹紧控制
SQ1	组合开关	HZ4-22		1	摇臂升、降限位
SQ2、SQ3	位置开关	LX5-1l		2	摇臂松、紧限位
SQ4	门控开关	JWM6-11		1	门控
SA1	万能转换开关	LW6-2/8071		1	液压分配开关
HL1	信号灯	XD1	6V、白色	1	电源指示
HL2	指示灯	XD1	6V	1	主轴指示
EL	钻床工作灯	JC-25	400W、24V	1	钻床照明

四、Z3050 型摇臂钻床常见电气故障的分析与检修

在检修摇臂钻床时，应特别注意正确控制摇臂升降电动机的电源相序，如果电源相序不对，操作时，电动机旋转方向改变，则使 SQ1a(或 SQ1b)开关失去保护作用。

Z3050 型摇臂钻床电气控制的特殊环节是摇臂升降、立柱和主轴箱的夹紧与松开。其工作过程是由电气、机械以及液压系统的紧密配合实现的，因此在维修中不仅要注意电

气部分能否正常工作，而且也要注意它与机械和液压部分的协调关系。

1.各台电动机均不能启动

当发现该机床的所有电动机都不能正常启动时，一般可以断定故障发生在电气线路的公用部分。可按下面步骤来检查：

(1)在电气箱内检查从汇流环 YG 引入电气箱的三相电源是否正常，如发现三相电源有缺相或其他故障现象，则应在立柱下端配电盘处，检查引入机床电源断路器 QF1 处的电源是否正常，并查看汇流环 YG 的接触点是否良好。

(2)检查熔断器 FU1 的熔体是否熔断。

(3)控制变压器 TC 的一、二次侧绕组的电压是否正常，如一次侧绕组的电压不正常，则应检查变压器的接线有否松动；如果一次侧绕组组两端的电压正常，而二次侧绕组电压不正常，则应检查变压器输出 110V 端绕组是否断路或短路。

如果上述检查都正常，则可依次检查热继电器 FR1、FR2 的常闭触点；SB1、SB2 的常闭触点；线圈连接线的接触是否良好，有无断路故障等。

2.主轴电动机 M1 的故障

(1)主轴电动机 M1 不能启动　若接触器 KM1 已获电吸合，但主轴电动机 M1 仍不能启动旋转。可检查接触器 KM1 的三副主触点接触是否正常，连接电动机的导线有否脱落或松动。若接触器 KM1 不动作，则首先检查熔断器 FU1 的熔体是否熔断，然后检查热继电器 FR1 是否动作，其常闭触点的接触是否良好，接触器 KM1 的线圈接线头有否松脱；有时由于供电电压过低，使接触器 KM1 不能吸合。

(2)主轴电动机 M1 不能停止　若按下 SB2 按钮时，主轴电动机 M1 仍不能停转，故障多半是由于接触器 KM1 的主触点发生熔焊所造成的，此时应立即断开低压断路器 QF1，才能使电动机 M1 停转，已熔焊的主触点需要更换和处理；同时必须找出发生触点熔焊的原因，彻底排除故障后才能重新启动电动机。

3.摇臂升降运动的故障

Z3050 型摇臂钻床的升降运动是借助电气、机械传动的紧密配合来实现的。因此，在检修时既要注意电气控制部分，又要注意机械部分的协调。

(1)摇臂升降电动机 M2 的某个方向不能启动　电动机 M2 只有一个方向能正常运转，这一故障，一般是出在该故障方向的控制线路或供给电动机 M2 电源的接触器上。例如电动机 M2 带动摇臂上升方向有故障时，接触器 KM2 不吸合，此时可依次检查位置开关 SQ1a 的常闭触点、SQ2 触点、接触器 KM3 的联锁触点以及接触器 KM2 的线圈和连接导线等有否断路故障；如接触器 KM2 能动作吸合，则应检查其主触点的接触是否良好。

(2)摇臂不能升降　由摇臂升降过程可知，升降电动机 M2 旋转，带动摇臂升降，其条件是使摇臂从立柱上完全松开后，活塞杆压合位置开关 SQ2。所以发生故障时，应首先检查位置开关 SQ2 是否动作，如果 SQ2 不动作，常见故障是 SQ2 的安装位置移动或已损坏。这样，摇臂虽已放松，但活塞杆压不上 SQ2，摇臂就不能升降。有时，液压系统发生故障，使摇臂放松不够，也会压不上 SQ2，使摇臂不能运动。由此可见，SQ2 的位置非常重要，排除故障时，应配合机械、液压调整好后紧固。

另外，电动机 M3 电源相序接反时，按上升按钮 SB4（或下降按钮 SB5），M3 反转，使摇臂夹紧，压不上 SQ2，摇臂也就不能升降。所以，在钻床大修或安装后，一定要检查电源相序。

(3)摇臂升降后，摇臂夹不紧　由摇臂夹紧的动作过程可知，夹紧动作的结束是由位置开关 SQ3 来完成的，如果 SQ3 动作过早，将导致 M3 尚未充分夹紧就停转。常见的故障原因是 SQ3 安装位置不合适、固定螺丝松动造成 SQ3 移位，使 SQ3 在摇臂夹紧动作未完成时就被压上，切断了 KM5 回路，使 M3 停转。

排除故障时，首先判断是液压系统的故障（如活塞杆阀芯卡死或油路堵塞造成的夹紧力不够），还是电气系统故障。对电气方面的故障，应重新调整 SQ3 的动作距离，固定好螺钉即可。

(4)立柱、主轴箱不能夹紧或松开　立柱、主轴箱不能夹紧或松开的可能原因是油路堵塞、接触器 KM4 或 KM5 不能吸合所致。出现故障时，应检查按钮 SB6、SB7 接线情况是否良好。若接触器 KM4 或 KM5 能吸合，M3 能运转，可排除电气方面的故障，则应请液压、机械修理人员检修油路，以确定是否是油路故障。

(5)摇臂上升或下降限位保护开关失灵　组合开关 SQ1 的失灵分两种情况：一是组合开关 SQ1 损坏，SQ1 触点不能因开关动作而闭合或接触不良使线路断开，由此使摇臂不能上升或下降；二是组合开关 SQ1 不能动作，触点熔焊，使线路始终处于接通状态，当摇臂上升或下降到极限位置后，摇臂升降电动机 M2 发生堵转，这时应立即松开 SB4 或 SB5。根据上述情况进行分析，找出故障原因，更换或修理失灵的组合开关 SQ1 即可。

(6)按下 SB6 立柱、主轴箱能夹紧，但释放后就松开　由于立柱、主轴箱的夹紧和松开机构都采用机械菱形块结构，所以这种故障多为机械原因造成的。可能是菱形块和承压块的角度方向装错，或者距离不合适，也可能因夹紧力调得太大或夹紧液压系统压力不够导致菱形块立不起来，可找机械维修工检修。

第六节　X6132 型万能铣床电气控制线路的分析

铣床是用于加工零件的平面、斜面、沟槽、成型面等的加工机床，它的种类很多，一般是按布局形式和适用范围加以区分，主要有升降台式铣床（包括卧式、立式、万能式等）、工作台不升降铣床、工具铣床、龙门铣床、仿形铣床、单柱铣床及专门化铣床等。铣床在金属切削机床中使用数量仅次于车床，在机械行业的机床设备中占有较大的比重。

万能铣床是一种通用的多用途机床，它可以用圆柱铣刀、圆片铣刀、角度铣刀、成型铣刀及端面铣刀等刀具对各种零件进行平面、斜面、螺旋面及成型表面的加工，还可以加装万能铣头、分度头和圆工作台等机床附件来扩大加工范围。X6132A 型万能升降台铣床是目前广泛应用的机械设备。该铣床的型号意义如下：

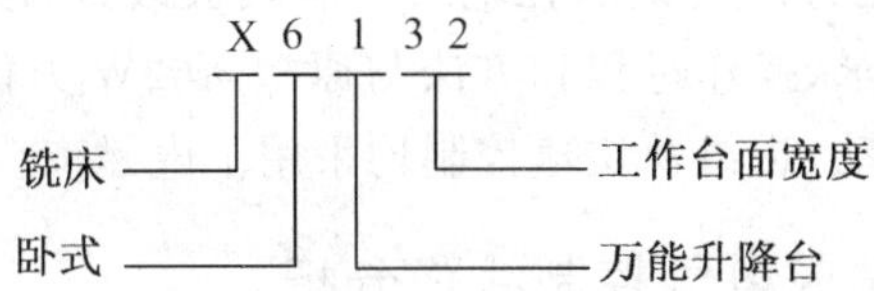

一、X6132 型万能铣床的结构和运动形式

X6132 型万能铣床主要由底座、床身、工作台、悬梁、刀杆支架、溜板和升降台等部分组成。其外形和结构如图 4-15 所示。箱式床身固定在底座上，它是机床的主体部分，用来安装和连接机床的其他部件，床身内装有主轴的传动机构和变速操纵机构。床身的顶部有水平导轨，装有带一个或两个刀杆支架的悬梁，刀杆支架用来支撑铣刀心轴的一端，心轴的另一端固定在主轴上，并由主轴带动旋转。悬梁可沿水平导轨移动，以便调整铣刀的位置。床身的前侧面装有垂直导轨，升降台可沿导轨上下移动。在升降台上面的水平导轨上，装有可在平行于主轴轴线方向移动（横向移动，即前后移动）的溜板，溜板上部有可以转动的回转台。工作台装在回转台的导轨上，可以做垂直于轴线方向的移动（纵向移动，即左右移动），工作台上有固定工件的 T 形槽。因此，固定于工作台上的工件可做上下、左右及前后三个方向的移动，便于工作调整和加工时进给方向的选择。

此外，溜板可绕垂直轴线左右旋转 45°，因此工作台还能在倾斜方向进给，以加工螺旋槽。该铣床还可以安装圆工作台以扩大铣削范围。

X6132 型万能铣床有三种运动，即主运动、进给运动和辅助运动。主轴带动铣刀的运动称为主运动；加工中工作台带动工件的移动或圆工作台的旋转运动称为进给运动：而工作台带着工件在三个方向的快速移动属于辅助运动。不管是卧式铣床，还是立式铣床，在结构上大体相同，差别在于铣头的放置方向不同、刀具的形状不同，而工作台的进给方式、主轴变速的原理等都是一样，电气控制线路也大致相同。

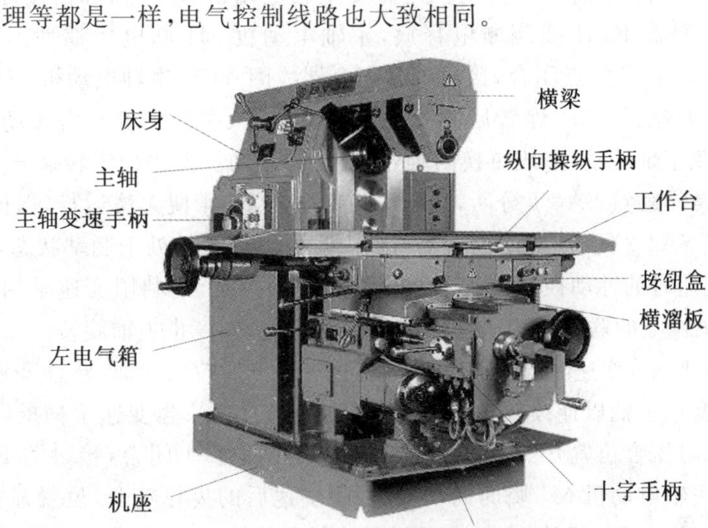

图 4-15　X6132 型万能铣床的外形和结构

近年来，X6132 型万能升降台铣床在电气上有较大改进，改进后的 X6132 铣床电气控制系统的安装与连接要求、操作过程和方法与原型 X62W 万能铣床相同。而原有的主轴制动改成了电磁离合制动，进给及快速控制均采用了电磁离合器实现。

二、X6132 型万能铣床电气控制线路分析

X6132 型万能铣床的电气控制线路如图 4-16 所示。

1. 主电路

主电路中共有三台电动机。M1 是主轴电动机，M2 是冷却泵电动机，M3 是工作台进给电动机。

对 M1 的要求是通过转换开关 SA2 与接触器 KM1 来进行正、反转控制，具有瞬时冲动和制动控制，并通过机械机构进行变速。对 M3 的要求是能进行正、反转控制及快慢速控制和限位控制，并通过机械机构使工作台能进行上下、左右、前后 6 个方向的改变。对 M2 只进行正转控制。

2. 控制电路

(1)主轴电动机 M1 的控制　控制线路中 SB5 为启动按钮，SB1 和 SB2 是两地控制的停止按钮，方便操作。KM1 是主轴电动机 M1 的启动接触器，YC3 是主轴制动用的电磁离合器。SQ6 是主轴变速冲动位置开关。主轴电动机是通过弹性联轴器和变速机构的齿轮传动链来传动的，可使主轴获得 18 级不同的转速(30～1500r/min)。

①主轴电动机 M1 的启动。启动前先合上电源开关 SA1，再把主轴换向转换开关 SA2 扳到主轴所需要的旋转方向(顺铣或逆铣)，然后按下启动按钮 SB5(8 区)，接触器 KM1 的线圈获电吸合，KM1 主触点闭合，主轴电动机 M1 启动。同时接触器 KM1 的辅助常开触点(9 区)闭合，为工作台进给电路提供了电源。

②主轴电动机 M1 的停车制动。当需要主轴电动机 M1 停转时，按停止按钮 SB1-2(或 SB2-2)，接触器 KM1 线圈断电释放，主轴电动机 M1 断电后惯性运转。由于按钮 SB1-3(或 SB2-3)常开触点闭合，接通电磁离合器线圈 YC3，主轴电动机 M1 制动停转。

③主轴换刀控制。M1 停转后并不处于制动状态，主轴仍可自由转动。在主轴更换铣刀时，为避免主轴转动，造成更换困难，应将主轴制动。方法是将转换开关 SA4 扳向换刀位置，这时常闭触点 SA4-1 分断，切断了控制电路，铣床便无法运行，保证了人身安全；同时常开触点 SA4-2 闭合，电磁离合器 YC3 线圈得电，主轴处于制动状态，以方便换刀。

④主轴变速时的冲动控制。主轴变速时的冲动控制，是利用变速手柄与冲动位置开关 SQ6 通过机械上的联动机构进行控制的。变速前，先停止主轴旋转。

如图 4-17 所示，变速时，先把变速手柄向下压，然后拉到前面，转动变速盘，选择所需的转速，再把变速手柄以连续较快的速度推回原来的位置；当变速手柄推向原来位置时，其联动机构瞬时压合位置开关 SQ6，使 SQ6-2 断开，SQ6-1 闭合，接触器 KM1 线圈瞬时获电吸合，使主轴电动机 M1 瞬时启动，以利于变速后的齿轮啮合，位置开关 SQ6 即刻复原，接触器 KM1 又断电释放，主轴电动机 M1 断电停转，主轴的变速冲动操作结束。

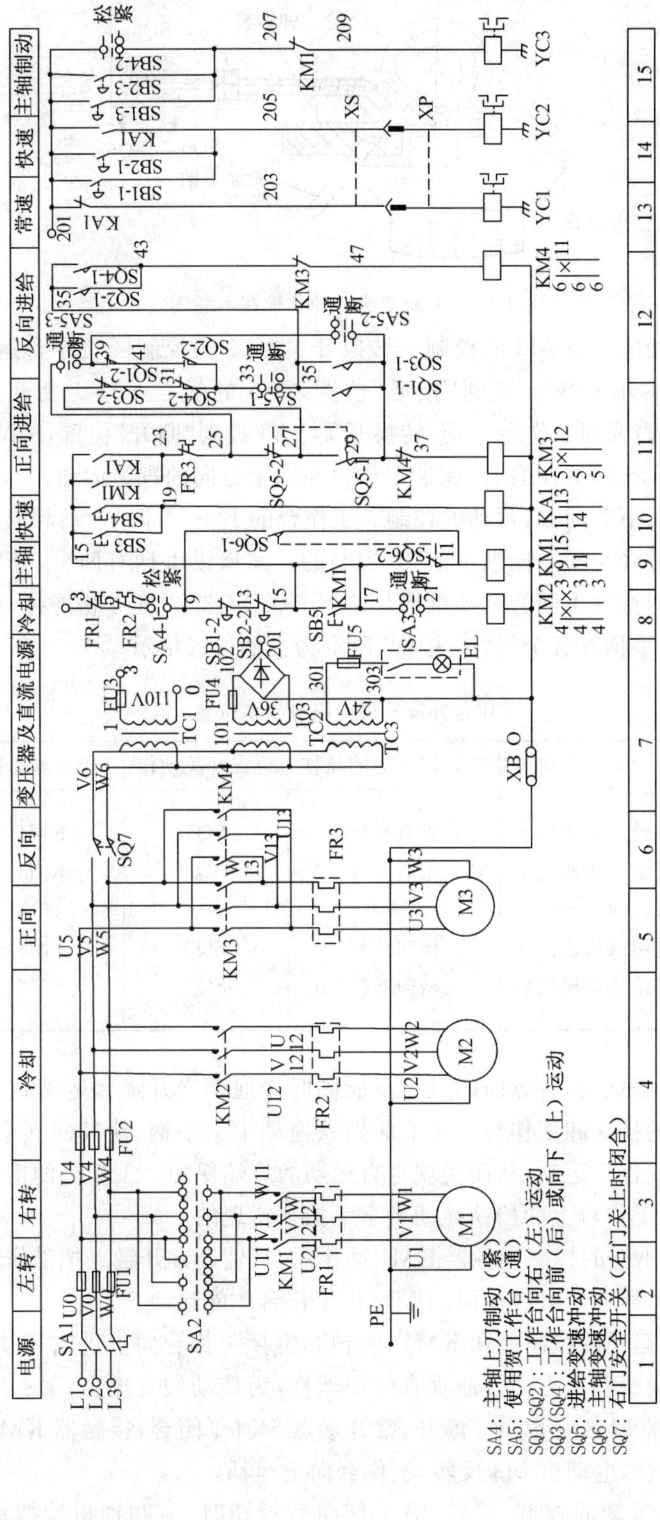

图4-16　X6132型万能铣床的电气控制线路

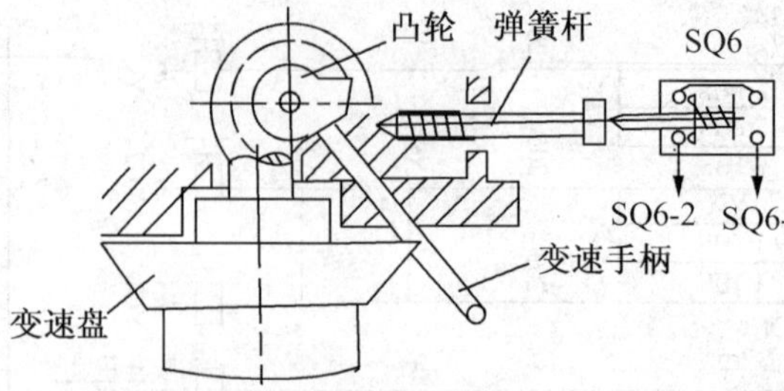

图 4-17　主轴变速的冲动控制示意图

(2)工作台进给电动机 M3 的控制　转换开关 SA5 是控制圆工作台运动的，当需要圆工作台运动，转换开关 SA5 扳到"接通"位置，SA5 的触点 SA5-1 断开，SA5-2 闭合，SA5-3 断开。在不需要圆工作台运动，转换开关 SA5 扳到"断开"位置，SA5 的触点 SA5-1 闭合，SA5-2 断开，SA5-3 闭合，以保证工作台在六个方向的进给运动。

①工作台的上、下和前、后运动的控制。工作台的上下(升降)运动和前后(横向)运动完全是由"工作台升降与横向操纵手柄"来控制的。此操纵手柄有两个，分别装在工作台的左侧前方和后方，操纵手柄的联动机构与位置开关 SQ3 和 SQ4 相连接，位置开关装在工作台的左侧。此手柄有五个位置，表 4-7 所示为手柄位置指示。

表 4-7　　　　工作台升降及横向操纵手柄位置

手柄位置	工作台运动方向	离合器接通的丝杠	位置开关动作	接触器动作	电动机运转
向上	向上进给或快速向上	垂直丝杠	SQ4	KM4	M3 反转
向下	向下进给或快速向下	垂直丝杠	SQ3	KM3	M3 正转
中间	升降或横向进给停止	—	—	—	—
向前	向前进给或快速向前	横向丝杠	SQ3	KM3	M3 正转
向后	向后进给或快速向后	横向丝杠	SQ4	KM4	M3 反转

此五个位置是联锁的，各方向的进给不能同时接通。当升降台运动到上限或下限位置时，床身导轨旁的挡铁和工作台底座上的挡铁撞动十字手柄，使其回到中间位置，位置开关动作，升降台便停止运动，从而实现垂直运动的终端保护。工作台的横向运动的终端保护也是利用装在工作台上的挡铁撞动十字手柄来实现的。

当主轴电动机 M1 的控制接触器 KM1 动作后，其辅助常开触点把工作台进给运动控制电路的电源接通，所以只有在 KM1 闭合后，工作台才能运动。

a. 工作台向上运动的控制。在 KM1 闭合后，需要工作台向上进给运动时，将手柄扳至向上位置，其联动机构一方面接通垂直传动丝杠，为传动做好准备；另一方面它使位置开关 SQ4 运动，其常闭触点 SQ4-2 断开，常开触点 SQ4-1 闭合，接触器 KM4 线圈获电吸合，KM4 主触点闭合，电动机 M3 反转，工作台向上运动。

b. 工作台向后运动的控制。当操纵手柄向后扳动时，由联锁机构拨动垂直传动丝杠，使它脱开而停止转动，同时将横向传动丝杠接通进行传动，使工作台向后运动。工作台向后运动也由 SQ4 和 KM4 控制，其电气工作原理同向上运动。

c. 工作台向下运动的控制。当操纵手柄向下扳时，其联动机构一方面使垂直传动丝杠接通，为垂直丝杠的传动做准备；另一方面压合位置开关 SQ3，使其常闭触点 SQ3-2 断开，常开触点 SQ3-1 闭合，接触器 KM3 线圈获电吸合，KM3 主触点闭合，电动机 M3 正转，工作台向下运动。

d. 工作台向前运动的控制。工作台向前运动也由位置开关 SQ3 及接触器 KM3 控制，其电气控制原理与工作台向下运动相同，只是将手柄向前扳时，通过机械联锁机构，将垂直丝杠脱开，而将横向传动丝杠接通，使工作台向前运动。

②工作台左右(纵向)运动的控制。工作台左右运动同样是用工作台进给电动机 M3 来传动的，由工作台纵向操纵手柄来控制。此手柄也是复式的，一个安装在工作台底座的顶面中央部位，另一个安装在工作底座的左下方。手柄有三个位置：向右、向左、中间位置。当手柄扳到向右或向左运动方向时，手柄的联动机构压下位置开关 SQ1 或 SQ2，使接触器 KM3 或 KM4 动作来控制电动机 M3 的正、反转。如手柄扳到中间位置时，纵向传动丝杠的离合器脱开，位置开关 SQ1-1 或 SQ2-1 断开，电动机 M3 断电，工作台停止运动。

工作台左右运动的行程可通过调整安装工作台两端的挡铁位置来控制，当工作台纵向运动到极限位置时，挡铁撞动纵向操纵手柄，使它回到中间位置，工作台停止运动，从而实现纵向运动的终端保护。

③工作台进给变速时的冲动控制。在改变工作台进给速度时，为了使齿轮易于啮合，也需要进给电动机 M3 瞬时冲动一下。变速时先将蘑菇形手柄向外拉出并转动手柄，转盘也跟着转动，把所需进给速度的标尺数字对准箭头，然后再把蘑菇形手柄用力向外拉到极限位置并随即退回原位；就在把蘑菇形手柄用力向外拉到极限位置瞬间，其连杆机构瞬时压合位置开关 SQ5，使 SQ5-2(11 区)断开、SQ5-1(11 区)闭合，接触器 KM3 线圈获电吸合，进给电动机 M3 正转，因为瞬时接通，故进给电动机 M3 也只是瞬时接通而瞬时冲动一下，从而保证变速齿轮易于啮合。当手柄推回原位后，位置开关 SQ5 复位，接触器 KM3 线圈断电释放，进给电动机 M3 瞬时冲动结束。

④工作台的快速移动控制。工作台的快速移动也是由进给电动机 M3 来拖动的，在纵向、横向和垂直六个方向上都是可以实现快速移动控制。

动作过程如下：先将主轴电动机 M1 启动，将进给操纵手柄扳到需要的位置，工作台按照选定的速度和方向作进给移动时，再按下快速移动按钮 SB3(或 SB4)，使继电器 KA1 线圈获电吸合，KA1 常闭触点(13 区)分断，电磁离合器 YC1 失电，将齿轮传动链与进给丝杠分离；KA1 两对常开触点闭合，一对触点(14 区)使电磁离合器 YC2 得电，将电动机 M3 与进给丝杠直接搭合；另一对触点(11 区)使接触器 KM3 或 KM4 得电动作，电动机 M3 得电正转或反转，带动工作台按选定方向作快速移动。当松开快速移动按钮 SB3(或 SB4)时，快速移动停止。

(3)冷却泵电动机 M2 的控制　在主轴电动机 M1 启动后，将转换开关 SA3 闭合，冷却泵电动机 M2 启动，从而将冷却液输送到机床切削部分。

3. 照明电路

机床照明电路有变压器 TC3 供给 24V 安全电压，并由工作灯开关控制。

三、X6132 型万能铣床常见电气故障的分析与检修

1. 主轴电动机 M1 不能启动

这种故障分析和前面有关的机床故障分析类似，首先检查各开关是否处于正常工作位置；然后检查三相电源、熔断器、热继电器的常闭触点、两地启动停止按钮以及接触器 KM1 的情况，看有无电器损坏、接线脱落、接触不良、线圈断路等现象。另外，还应检查主轴变速冲动开关 SQ6，因为，由于开关位置移动甚至撞坏，或常闭触点 SQ6-2 接触不良而引起线路的故障也较常见。

2. 工作台各个方向都不能进给

铣床工作台的进给运动是通过进给电动机 M3 的正反转配合机械传动来实现的。若各个方向都不能进给，多是因为进给电动机 M3 不能启动所引起的。检修故障时，首先检查圆工作台的控制开关 SA5 是否在“断开”位置。若没问题，接着检查控制主轴电动机的接触器 KM1 是否已吸合动作。因为只有接触器 KMl 吸合后，控制进给电动机 M3 的接触器 KM3、KM4 才能得电。如果接触器 KM1 不能得电，则表明控制回路电源有故障，可检测控制变压器 TC 一次侧、二次侧线圈和电源电压是否正常，熔断器是否熔断。

待电压正常，接触器 KM1 吸合，主轴旋转后，若各个方向仍无进给运动，可扳动进给手柄至各个运动方向，观察其相关的接触器是否吸合。若吸合，则表明故障发生在主回路和进给电动机上，常见的故障有接触器主触点接触不良、主触点脱落、机械卡死、电动机接线脱落和电动机绕组断路等。除此以外，由于经常扳动操作手柄，开关受到冲击，使位置开关 SQ1、SQ2、SQ3、SQ4 的位置发生变动或被撞坏，使线路处于断开状态。变速冲动开关 SQ5-2 在复位时不能闭合接通或接触不良，也会使工作台没有进给。

3. 工作台能向左、右进给，不能向前、后、上、下进给

铣床控制工作台各个方向的开关是相互联锁的，使之只有一个方向的运动。因此这种故障的原因可能是控制左右进给的位置开关 SQ1 或 SQ2 由于经常被压合，使螺钉松动、开关移位、触点接触不良、开关机构卡住等，使线路断开或开关不能复位闭合，电路 39-41 或 41-33 断开。这样当操作工作台向前、后、上、下运动时，位置开关 SQ3-2 或 SQ4-2 也被压开，切断了进给接触器 KM3 、KM4 的通路，造成工作台只能左、右运动，而不能前、后、上、下运动。

检修故障时，用万用表欧姆挡测量 SQ1-2 或 SQ2-2 的接触导通情况，查找故障部位，修理或更换元件后，就可排除故障。注意在测量 SQ1-2 或 SQ2-2 的接通情况时，应操纵前后上下进给手柄，使 SQ3-2 或 SQ4-2 断开，否则会误认为 SQ1-2 或 SQ1-2 接触良好。

4. 工作台能向前、后、上、下进给，不能向左、右进给

出现这种故障的原因及排除方法可参照上例说明进行分析，不过故障元件可能是位置开关的常闭触点 SQ3-2 或 SQ4-2。

5. 变速时不能冲动控制

这种故障多数是由于冲动位置开关 SQ5 或 SQ6 经常受到频繁冲击，使开关位置改变，甚至开关底座被撞坏或接触不良，使线路断开，从而造成主轴电动机 M1 或进给电动

机 M3 不能瞬时点动。出现这种故障时，修理或更换开关，并调整好开关的动作距离，即可恢复冲动控制。

6.工作台不能快速移动，主轴制动失灵

这种故障往往是电磁离合器工作不正常所致。首先应检查接线有无松脱，整流变压器、熔断器 FU4 的工作是否正常，整流器中的 4 个整流二极管是否损坏。若有二极管损坏，将导致输出直流电压偏低、吸力不够。其次，电磁离合器线圈是用环氧树脂黏合在电磁离合器的套筒内，散热条件差，易发热而烧毁。另外，由于离合器的动摩擦片和静摩擦片经常摩擦，因此它们是易损件，检修时也不可忽视这些问题。

第七节　15/3 吨桥式起重机电气控制线路的分析

桥式起重机是一种用来起吊和放下重物使重物在短距离内水平移动的起重机械，一般俗称吊车、行车或天车等，常见的有 5、10 吨单钩起重机及 15/3、20/5 吨等双钩起重机。现以常用的 15/3 吨交流桥式起重机为例进行说明。

一、15/3 吨交流桥式起重机的结构和运动形式

15/3 吨交流桥式起重机由主钩(15 吨)、副钩(3 吨)、大车和小车四部分组成。其外形和结构如图 4-18 所示。

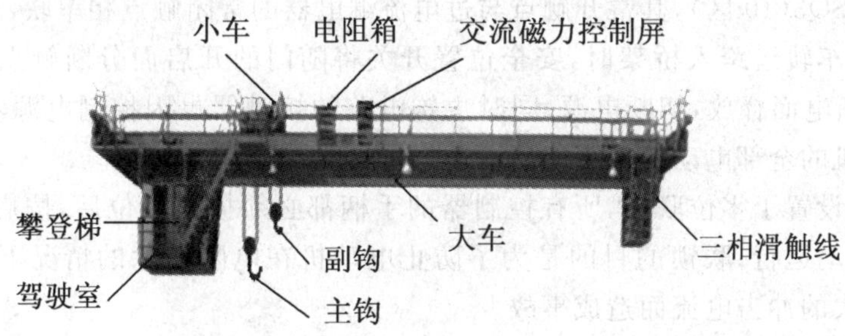

图 4-18　15/3 吨桥式起重机的外形和结构

大车的轨道敷设在沿车间两侧的柱子上，大车可在轨道上沿车间纵向移动；大车上有小轨道，供小车横向移动；主钩和副钩都在小车上。交流起重机的电源为 380V。由于起重机工作时是经常移动的，因此要采用可移动的电源线供电，一种是采用软电缆供电，软电缆可随大、小车的移动而伸缩，这仅适用于小型起重机；而常用的方法是采用滑触线和电刷供电。电源由三根主滑触线通过电刷引入起重机驾驶室内的保护控制盘上，三根主滑触线是沿着平行于大车轨道的方向敷设在车间厂方的一侧。提升机构、小车上的电动机，交流电磁制动器的电源是由架设在大车上的辅助滑触线来供给的；转子电阻也是通过辅助滑触线与电动机连接的。滑触线通常用圆钢、角钢、V 型钢或工字钢轨制成。

二、15/3 吨桥式起重机的电气控制线路分析

15/3 吨交流桥式起重机的电气控制线路如图 4-19 所示。

1. 电气设备及保护装置

15/3 吨交流桥式起重机大车两侧的主动轮分别由两台规格相同的电动机 M3 和 M4 拖动，用一台凸轮控制器 QM3 控制，两台电动机的定子绕组并联在同一电源上；YB3 和 YB4 为交流电磁制动器；位置开关 SQ5 和 SQ6 作为大车前后两个方向的终端保护。

主钩提升由一台电动机 M5 拖动，用一台主令控制器 SA 和一台 CK6 磁力控制屏控制，YB5 和 YB6 为交流电磁制动器，提升限位开关为 SQ9(19 区)。

副钩提升用一台电动机 M1 拖动，由一台凸轮控制器 QM1 来控制，YB1 为交流电磁制动器，SQ4 为副钩提升的限位开关(9 区)。

总电源由低压断路器 QF1 控制，整个起重机电路和各控制电路均用熔断器作为短路保护，起重机的导轨应当可靠地接零。在起重机上，每台电动机均由各自的过电流继电器作为分路过载保护，过电流继电器是双线圈式的，其中任一线圈的电流超过允许值时，都能使继电器动作，打开动断(常闭)触点，切断电动机电源；过电流继电器的整定值一般整定在被保护的电动机额定电流的 2.25～2.5 倍，总电流过载保护的过电流继电器 K1 是串接在公用线的一相中，它的线圈中电流将是流过所有电动机定子电流的和，它的整定值不应超过全部电动机额定电流总和的 1.5 倍。

为了保障维修人员的安全，在驾驶室舱口门盖及横梁栏杆门上分别装有安全位置开关 SQ1、SQ2、SQ3(10 区)，其常开触点与过电流继电器的常闭触点相串联，若有人由驾驶室舱口或从大车轨道跨入桥架时，安全位置开关将随门的开启而分断触点，使主接触器 KM1 因线圈断电而释放，切断电源；同时主钩电路的接触器也因控制电源断电而全部释放，这样起重机的全部电动机都不能启动运行，保证了人身的安全。

起重机还设置了零位联锁，所有控制器的手柄都必须扳回零位后，按启动按钮 SB1，起重机才能启动运行；联锁的目的是为了防止电动机在电阻切除的情况下直接启动，否则，会产生很大的冲击电流而造成事故。

在驾驶室的保护控制盘上，安装有一个单刀紧急开关 SA2(10 区)，其串联在主接触器 KM1 的线圈电路中，通常是合上的；当发生紧急情况时，驾驶员可立即拉开此开关，切断电源以防事故扩大。

电源总开关、熔断器、主接触器 KM1 以及过电流继电器都安装在保护控制盘上；保护控制盘、凸轮控制器及主令控制器均安装在驾驶室内，便于司机操纵；电动机转子的串联电阻及磁力控制屏则安装在大车桥架上。

供给起重机的三相交流电源(380V)由集电器从滑触线(导电轨)引接到驾驶室的保护控制盘上，再从保护控制盘引出两相电源送至凸轮控制器、主令控制器、磁力控制屏及各台电机。另外一相称为电源的公用相，直接从保护控制盘接到各电动机的定子绕组接线端上。

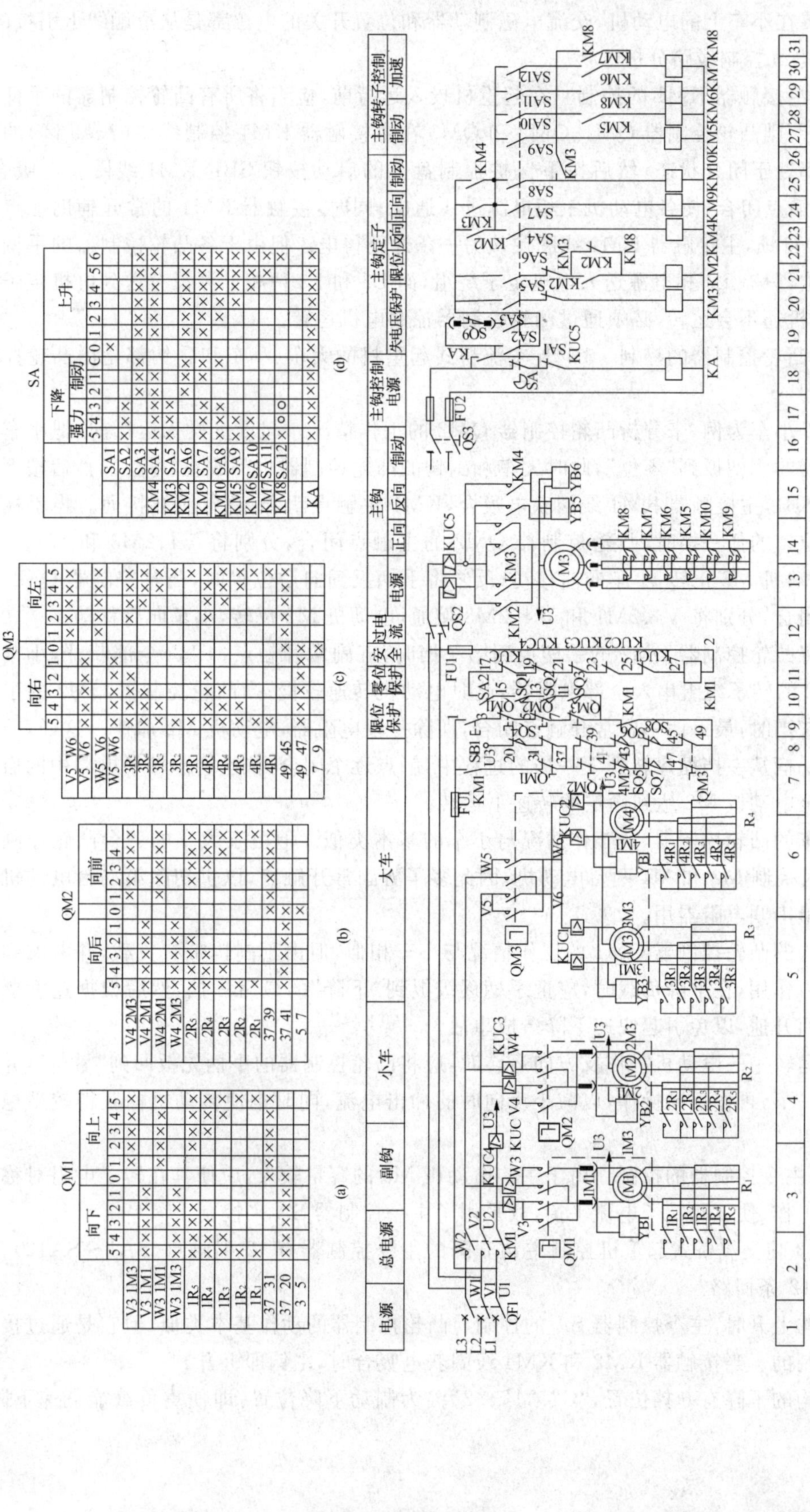

图4-19　15/3t桥式起重机的电气控制线路

安装在小车上的电动机、交流电磁制动器和位置开关的电源都是从滑触线上引接的。

2. 电气控制线路分析

(1)主接触器KM1的控制　在起重机投入运行前，应当将所有凸轮控制器的手柄扳到"零位"，则凸轮控制器QM1、QM2和QM3在主接触器KM1控制线路(7～9区)的常闭触点都处于闭合状态，然后按下保护控制盘上的启动按钮SB1，KM1线圈获电吸合，KM1主触点闭合，使各电动机三相电源进线通电；同时，接触器KM1的常开辅助触点闭合(7区)自锁，主接触器KM1线圈便从另一条通路得电。但由于各凸轮控制器的手柄都扳在零位，只有L1相电源送入电机定子绕组，而L2和L3两相电源没有送到电机定子绕组，故电机还不会运转，必须通过凸轮控制器控制电机运转。

(2)凸轮控制器的控制　15/3t交流桥式起重机的大车、小车和副钩都是由凸轮控制器控制的。

现以小车为例，来分析凸轮控制器QM2的工作情况。起重机投入运行前，把小车凸轮控制器的手柄扳到"零位"，此时大车和副钩的凸轮控制器也都放在"零位"，然后按下启动按钮SB1，主接触器KM1线圈获电吸合，KM1主触点闭合，总电源被接通。当手柄扳到向前位置的任一挡时，凸轮控制器QM2的主触点闭合，分别将V4、2M3和W4、2M1接通，电动机M2正转，小车向前移动；反之将手柄扳到向后位置时，凸轮控制器QM2的主触点闭合，分别将V4、2M1和W4、2M3接通，电动机M2反转，小车向后移动。

当将凸轮控制器QM2的手柄扳到第一挡时，五副常开触点(4区)全部断开，小车电动机M2的转子绕组串入全部电阻器，此时电动机转速较慢；当凸轮控制器QM2的手柄扳到第二挡时，最下面一副常开触点闭合，切除一段电阻器，电动机M2加速。这样，凸轮控制器手柄从一挡循序转到下一挡的过程中，触点逐个闭合，依次切除转子电路中的启动电阻器至电动机M2达到额定的转速下运转。

大车的凸轮控制器，其工作情况与小车的基本类似。但由于大车的一台凸轮控制器QM同时控制M3和M4两台电动机，因此多了五副常开触点，以供切除第二台电动机的转子绕组串联电阻器用。

副钩的凸轮控制器QM1的工作情况与小车相似，但由于副钩带有负载，并考虑到负载的重力作用，在下降负载时，应把手柄逐级扳到"下降"的最后一挡，然后根据速度要求逐级退回升速，以免引起快速下降造成事故。

当运转中的电动机需作反方向运转时，应将凸轮控制器的手柄先扳回到"零位"，并略微停顿一下，再作反向操作，以减小反向时的冲击电流，同时也使传动机构获得较平稳的反向过程。

(3)主令控制器的控制　由于主钩电动机M5的容量较大，应使其在转子电阻对称的情况下工作，使三相转子电流平衡，故采用了主令控制器SA来控制。

15/3吨交流桥式起重机控制主钩升降的主令控制器有12副触点(SA1～SA12)，可以控制12条回路。

主钩上升时，主令控制器SA的控制与凸轮控制器的动作基本类似，但它是通过接触器来控制的。当接触器KM2和KM4线圈获电吸合时，主钩即上升。

主钩的下降有6挡位置，"C"、"1"、"2"挡为制动下降位置，即使重负载能低速下降，形成反接制动状态;"3"、"4"、"5"挡为强力下降位置,主要用作轻负载快速下降。下面分析主令控制器的工作情况。

先合上电源开关QS3,并将主令控制器SA的手柄扳到"C"位置,触点SA1闭合,欠电压继电器KA因线圈获电(18区)而吸合,其常开触点闭合(19区)自锁,为主钩电动机M5工作做好准备。

①扳到制动下降"C"时。主令控制器SA的SA3、SA6、SA7、SA8闭合,位置开关SQ9也闭合,接触器KM2、KM9、KM10因线圈获电而动作。由于触点SA4分断,故制动接触器KM4线圈未获电,制动器的抱闸未松开。尽管上升接触器KM2已获电而动作,电动机M5已获电并产生了提升方向的转矩,但在制动器的抱闸和载重的重力作用下,迫使点动机M5不能启动旋转。此时,转子电路接入四段启动电阻器,为启动作准备。

②扳到制动下降"1"时。当主令控制器SA的触点SA3、SA4、SA6、SA7闭合时,制动接触器KM4线圈获电吸合,电磁制动器YB5、YB6的抱闸松开;同时接触器KM2、KM9线圈获电吸合。由于触点SA8断开,使接触器KM10因线圈断电而释放,转子电路接入五段电阻器,同时使电动机M5产生的提升方向的电磁转矩减小;若此时载重足够大,则在负载重力的作用下,电动机开始作反向(重物下降)运转,电磁转矩成为反接制动转矩,重负载低速下降。

③扳到制动下降"2"时。当主令控制器SA的触点SA3、SA4、SA6闭合时,SA7断开,接触器KM9断电释放,此时转子电阻器全部被接入,使电动机向提升方向的转矩进一步减小,重负载下降速度比"1"位置的增加。这样可以根据重负载情况选择第二挡位置或第三挡位置,作为重负载合适的下降速度。

④扳到强力下降"3"时。当主令控制器SA的触点SA2、SA4、SA5、SA7、SA8闭合时,SA3断开,把上升位置开关SQ9从控制回路中切除;SA6断开,上升接触器KM2因线圈断电而释放;SA5闭合,下降接触器KM3因线圈获电而动作;SA7、SA8闭合,接触器KM9、KM10因线圈获电而吸合,使转子电路中有四段电阻器,制动接触器KM4通过KM2的常开触点(23区)闭合自锁。若保证在接触器KM2与KM3的切换过程中保持通电松闸,就不会产生机械冲击。这时,轻负载在电动机M5反转矩(下降方向)的作用下开始强力下降。轻负载在电动机转矩作用下下降,称为强力下降。

⑤扳到强力下降"4"时。当主令控制器SA的触点SA2、SA4、SA5、SA7、SA8、SA9、SA10、SA11、SA12闭合时,接触器KM5因线圈获电而吸合,KM5常开触点(28区)闭合,接触器KM6、KM7、KM8因线圈先后获电而吸合,使它们的常开触点依次闭合,电阻器被逐级切除,从而避免过大的冲击电流。最后电动机M5以最高速度运转,负载加速下降,在这个位置上,下降较重负载时,负载转矩大于电磁转矩,转子转速大于同步转速,电动机成为发电制动状态。

如果要取得较低的下降速度。就需要把主令控制器扳回到制动下降"1"、"2"进行反接制动下降。为了避免在转换过程中可能发生过高的下降速度,因此用KM8的常开触点(31区)自锁;同时,为了不影响提升的调速,在联锁电路中再串一副KM3的常开触点(26区)。如果没有以上的联锁装置,则当手柄扳向零位回转时,如要下降中停下,或要求低速下降时,若操作人员不小心把手柄停留在位置"3"或"4"上,那么下降速度就要增加,不仅会产生冲击电流，且可能发生事故。

在磁力控制屏电路中，串接在接触器KM2线圈电路中的KM8常闭触点(22区)与接触器KM2的常开触点(21区)并联，只有在接触器KM8线圈断电的情况下，接触器KM2线圈才能获电并自锁，这就保证了只有在转子电路中保持一定的附加电阻器的前提下才能进行反接制动，以防止反接制动时造成过大的冲击电流。

三、15/3吨桥式起重机常见电气故障的分析与检修

1. 合上低压断路器QF1并按下按钮SB1后，主接触器KM1不吸合

(1)线路无电压　可用万用表测试低压断路器QF1进线端电压是否正常，并查清原因，予以清除。

(2)熔断器FU1熔断　更换熔断器FU1的熔体。

(3)紧急开关SA2或安全位置开关SQ1、SQ2、SQ3未合上　只要合上紧急开关SA2或安全位置开关SQ1、SQ2、SQ3即可。

(4)主接触器KM1线圈断路　可更换接触器KM1线圈。

(5)凸轮控制器没在“零位”，则触点QM1、QM2、QM3断开　应将所有凸轮控制器的手柄扳到“零位”。

2. 合上低压熔断器QF1并按下按钮SB1后，主接触器KM1吸合，但过电流继电器动作

这种故障的原因一般是凸轮控制器电路接地。检修时可将保护配电盘上凸轮控制器的导线都断开，然后再将三个凸轮控制器逐个接上，根据过电流继电器的动作确定接地的凸轮控制器，并用兆欧表找出接地点。

3. 当电源接通并合上凸轮控制器后，电动机不转动

(1)凸轮控制器的接触指与铜片未接触　应检查凸轮控制器的控制指与铜片，并使其接触良好。

(2)集电器发生故障　检查集电器并使其接触良好。

(3)电动机定子绕组或转子绕组断路　可依次检查电动机定子绕组的接线端、定子绕组和转子绕组，并修复。

4. 当电源接通并合上凸轮控制器后，电动机启动运转，但不能发出额定功率，且转速降低

(1)线路电压下降　检查线路电压下降的原因并修复。

(2)制动器未完全松开　检查并调整制动器。

(3)转子电路中串接的启动电阻器完全切除　检查凸轮控制器中串接启动电阻器的接线端接触是否良好，并调整接触端。

(4)凸轮控制器机械卡阻　检查并排除机械卡阻。

5. 凸轮控制器的手柄在工作时卡住，转不动或转不到位

(1)凸轮控制器的接触指落到铜片下面　重新安装并调整控制器的接触指。

(2)定位机构发生故障　应检修控制器的固定销。

6. 凸轮控制器在工作时接触指与铜片冒火甚至烧坏

(1)控制器的接触指与铜片接触不良　应调整控制器的接触指与铜片的压力。

(2)控制器过载　减轻负载或调为较大容量的凸轮控制器。

7. 制动电磁铁响声较大

(1)制动电磁铁过载　应减轻负载或调整弹簧压力。

(2)铁心极面有油污　应清除油污。

8. 制动电磁铁线圈过热

(1)电磁铁线圈电压与线路电压不符　应更换电磁铁线圈，如三相电磁铁，可将三角形连接改成星形连接。

(2)电磁铁的牵引力过载　应调整弹簧压力或重锤位置。

(3)在工作位置上，电磁铁的可动部分与静止部分有间隙　可调整电磁铁的机械部分，减小间隙。

(4)制动器的工作条件与线圈数据不符　可更换符合工作条件的线圈。

(5)电磁铁铁心歪斜或机械卡阻　应清除机械卡阻物并调整铁心位置。

习　题

4-1　检修机械设备前的故障调查有哪些内容？

4-2　简述一般电气故障的检修步骤。

4-3　CA6140 型车床的电气控制有哪些电力拖动方式？

4-4　CA6140 型车床通电后主轴电动机 M1 不能启动，试分析原因。

4-5　平面磨床中使用电磁吸盘来固定工件有何特点？

4-6　M7130 型平面磨床电磁吸盘吸力不足会造成什么后果？吸力不足的原因有哪些？

4-7　Z3050 型摇臂钻床的结构有哪几部分组成？机床的电气控制有何要求？

4-8　如何保证 Z3050 型摇臂钻床摇臂的上升或下降不超出允许的极限位置？

4-9　根据 Z3050 型摇臂钻床电气控制线路图，分析摇臂下降的电气控制过程。

4-10　X6132 型万能铣床的结构有哪几部分组成？机床的运动形式是怎样的？

4-11　X6132 型万能铣床的电气控制线路具有哪些电气联锁措施？

4-12　X6132 型万能铣床的主轴有哪些电气控制要求？

4-13　15/3 吨桥式起重机的结构有哪几部分组成？各部分的运动形式是怎样的？

4-14　15/3 吨桥式起重机在启动前，对各控制手柄的位置有何要求？

第五章　可编程序控制器的应用技术

第一节　概　述

一、可编程序控制器的产生与发展

1968 年美国 GM(通用汽车)公司为满足汽车生产工艺快速更新换代的要求，提出了一种取代传统继电器控制系统的新型控制装置。第二年，美国数字设备公司(DEC)研制出了世界上第一台基于集成电路和电子技术的控制装置，并在 GM 公司的汽车生产线上首次应用成功。由于这种控制装置采用分立电子元件和小规模集成电路，指令系统简单，一般只具有简单的逻辑运算功能，因此人们把这种控制装置称为“可编程序逻辑控制器”(Programmable Logic Controller)，简称 PLC。

从 20 世纪 80 年代至 90 年代末，是可编程控制器发展较快的时期，可编程序控制器逐渐进入过程控制领域，其控制功能不断扩大，已经不仅限于简单的逻辑控制，因此，美国电气制造商协会将“可编程序逻辑控制器”更名为“可编程序控制器”(Programmable Controller)，简称 PC。为了与个人电脑(简称 PC，Personal Computer)区别，现在仍然把可编程序控制器称为 PLC。

可编程序控制器主要经历了三个阶段：第一阶段的“可编程序逻辑控制器”只能进行逻辑开关量控制、定时、计数；第二阶段的“可编程序控制器”可以进行模拟量控制、数据处理、PID 控制以及数据通信；第三阶段的“可编程计算机控制器”则实现了集计算机技术、通信技术和自动控制技术的一体化。

现在市场上使用较多的可编程序控制器品牌和系列有美国 AB 公司的 PLC-5 系列、PLC-3 系列；GE(通用电气)公司的 GE-Ⅰ、GE-Ⅲ、GE-Ⅴ系列；日本欧姆龙公司 C 系列；三菱公司 FX 系列；松下 FP 系列以及德国西门子公司的产品。我国现有的生产厂家有中科院自动化研究所、联想、上海香岛、苏州机床、广州南洋等。

二、可编程序控制器的特点

可编程序控制器的种类虽然多种多样，但是在现代工业自动化生产中它们有着许多共同的特点。

1.抗干扰能力强,可靠性高

工业生产对电气控制系统的可靠性要求是非常高的。可编程序控制器由于采用了现代大规模集成电路技术,它的工作可靠程度是使用机械触点的继电器无法比拟的。此外,为了保证可编程序控制器能够适应恶劣的工作环境,它在硬件和软件的设计与制造过程中均采取了一些抗干扰的措施。

(1)可编程序控制器一般都采用光电耦合器来传递信号,有效抑制了外部电路与可编程序控制器内部之间的电磁干扰。

(2)主机的输入、输出电路采用独立电源供电,避免了电源之间的干扰。

(3)在可编程序控制器的电源和输入、输出电路中设置多种滤波电路,避免了高频信号的干扰。

(4)可编程序控制器内部设置联锁、故障检测和诊断电路,出现问题时可及时发出警报信息,保证其工作安全性。

(5)在应用程序中,技术人员还可以编入外围器件的故障自诊断程序,使可编程序控制器以外的电路及设备也获得故障自诊断保护,在软件方面提高了可靠性。

(6)可编程序控制器采用密封、防尘、抗震的外壳封装,可以适应在恶劣的环境下工作。

2.功能完善,适应性强

目前的可编程序控制器已经标准化、系列化和模块化,不仅具有逻辑运算、定时、计数、顺序控制等功能,还具有 A/D、D/A 转换、算术运算及数据处理、通信联网和生产过程监控等功能。它能根据实际需要,方便灵活的组装成大小各异、功能不一的控制系统:可以控制一台单机、一条生产线,也可以控制一组机器、多条生产线;可以进行现场控制,也可以实现远程控制。

3.编程语言易学易用

作为通用工业控制装置,可编程序控制器的编程语言简单易学,梯形图语言的图形符号、表达方式与继电器电路图相当接近,使不懂计算机原理和汇编语言的技术人员也能容易掌握。

4.调试、使用、维修方便

可编程序控制器用软件编程代替传统控制装置的硬件接线,大大减少了控制设备的外部接线,使控制系统设计及建造周期大大缩短。它的模块化结构,使得系统构成十分灵活。可编程序控制器的故障率很低,一旦发生故障可以依靠系统的自诊断能力和指示灯的状态迅速查明原因,排除故障。

5.易于实现机电一体化

由于小型的可编程序控制器体积小,很容易装入机械内部,因此是实现机电一体化的理想控制设备。

三、可编程序控制器的分类及应用领域

1. 根据结构形式分类

(1)整体式　整体式结构的可编程序控制器是将中央处理器、电源部件、输入、输出接口电路集中配置在一起，使其结构紧凑，体积小，质量轻，价格低，容易装配在控制设备的内部。小型的可编程序控制器常采用这种结构，一般还配有许多专用的特殊功能模块，如位置控制模块、数据输入模块等，使其功能得到扩展，适用于工业化生产中的单机控制。

(2)模块式　这种结构的可编程序控制器将各部分以单独的模块分开设置，如中央处理器模块、电源模块、输入、输出模块等。使用时，将各模块直接插入机架底板上的插座内即可。模块式可编程序控制器配置灵活、装配方便、维修简单、易于功能扩充，可根据控制要求配置不同的模块，构成不同的控制系统。一般大、中型可编程序控制器采用这种结构。

(3)分散式　所谓分散式结构是将可编程序控制器的中央处理器、电源部件和存储器放置在控制室内，输入、输出接口模块分散在各工作站，由通信接口进行通信连接，中央处理器集中指挥。

2. 根据输入、输出(I/O)点数分类

(1)小型机　I/O 点数在 256 点以下的可编程序控制器称为小型机。小型机一般只具有简单的逻辑运算、定时、计数等功能，其特点是体积小、价格低，适用于单机控制和开发机电一体化产品。

(2)中型机　I/O 点数在 256～1024 点之间的可编程序控制器称为中型机。它除了具备逻辑运算功能外，还可以控制模拟量的输入、输出，进行算术运算和数据处理等。中型机的功能强，配置灵活，适用于连续生产过程控制和模拟量控制，如温度、压力、流量、速度、位置等。

(3)大型机　I/O 点数在 1024 点以上的称为大型机。大型机一般功能更加完善，可以模拟调节、监视、记录、联网通信，实现远程控制。在用于大规模过程控制中，可以构成分布式控制系统或整个工厂的自动化网络。

3. 根据用途和应用场合分类

目前，可编程序控制器在国内外已广泛应用于钢铁、石油、化工、电力、建材、机械制造、汽车、轻纺、交通运输、环保及文化娱乐等各个行业，根据使用情况大致可归纳为以下几类：

(1)开关量的逻辑控制　可编程序控制器取代传统的继电器电路，实现逻辑控制、顺序控制，既可用于单台设备的控制，也可用于多机群控及自动化流水线。如注塑机、印刷机、订书机械、组合机床、磨床、包装生产线、电镀流水线等。

(2)模拟量控制　在工业生产过程当中，有许多连续变化的量，如温度、压力、流量、液位和速度等都是模拟量。为了使可编程控制器处理模拟量，必须实现模拟量(Analog)和数字量(Digital)之间转换，即 A/D 转换和 D/A 转换。

(3)运动控制　可编程序控制器一般使用专用的运动控制模块实现圆周运动或直线运动的控制。如可驱动步进电机或伺服电机的单轴或多轴位置控制模块。可编程序控制器运动控制功能，广泛用于各种机械、机床、机器人、电梯等场合。

(4)过程控制 过程控制是指对温度、压力、流量等模拟量的闭环控制。可编程序控制器支持编制各种控制算法程序,完成闭环控制。过程控制在冶金、化工、热处理、锅炉控制等场合有非常广泛的应用。

(5)数据处理 可编程序控制器具有各种数学运算、数据传送、数据转换、排序、查表、位操作等功能,可以完成数据的采集、分析及处理。这些数据可以与存储器中的参考值比较,完成一定的控制操作,也可以利用通信功能传送到其他的智能装置或将它们打印制表。数据处理一般用于大型控制系统,如无人控制的柔性制造系统;也可用于过程控制系统,如造纸、冶金、食品工业中的一些大型控制系统。

(6)通信联网 通信包括可编程序控制器之间的通信及与其他智能设备之间的通信。随着计算机控制和工厂自动化网络的发展,生产厂商非常重视联网通信功能,纷纷推出各自的网络系统,目前生产的可编程序控制器都具有通信接口,通信十分方便。

第二节 可编程序控制器系统组成及工作原理

一、PLC 系统组成

可编程序控制器种类繁多,产品型号各有不同,但基本结构和工作原理基本相同。下面以小型机为例,结合图 5-1 介绍可编程序控制器的系统组成。

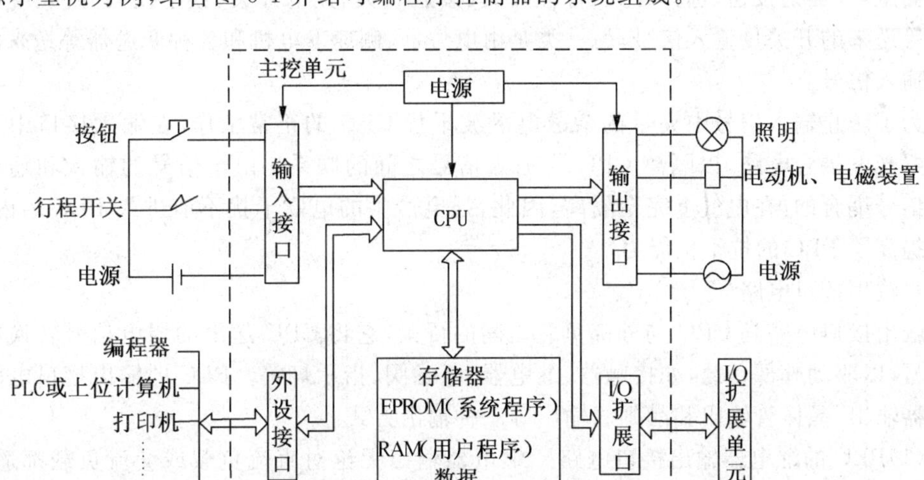

图 5-1 可编程序控制器的系统组成

1. 中央处理器(CPU)

中央处理器是可编程序控制器的核心部件,起着运算和控制作用,一般由控制电路、运算器和寄存器组成。CPU 的控制电路控制 CPU 工作,由它读取指令、解释指令及执行指令。运算器用于进行数字或逻辑运算,在控制器指挥下工作。寄存器参与运算,并存储运算的中间结果,它同样是在控制器指挥下工作的。CPU 速度和内存容量是可编程序控制器的重要参数,它们决定着可编程序控制器的工作速度,I/O 数量及软件容量等,同时决定了可编程序控制器控制规模。

可编程序控制器常用的 CPU 有通用微处理器、单片机和位片式微处理器。随着大规模集成电路的发展,采用单片机作为 CPU 的越来越多,利用单片机实现可编程序控制器功能的新方法对于旧设备自动化改造与利用、机床自动控制以及小型自控系统都有着一定的参考价值和广阔的应用前景。

2. 存储器

存储器是具有记忆功能的半导体电路。存储器包括系统程序存储器和用户程序存储器。所谓系统程序,是指控制和完成可编程序控制器各种功能的程序,这些程序是由可编程序控制器的制造厂家用微机的指令系统编写的,并固化到只读存储器(ROM)中。所谓用户程序,就是使用者根据工程现场的生产过程和工艺要求编写的控制程序。用户程序由使用者通过编程器输入到可编程序控制器的读写存储器(RAM)中,允许修改,由用户启动运行。

常用的存储器类型有 CMOS RAM、EPROM、EEPROM 等。

3. 输入接口电路

输入接口电路是输入设备与 CPU 之间的桥梁,用来接收和采集输入信号,并将接收和采集到的输入信号转换成 CPU 能够接受的信号。输入接口接受和采集的输入信号有两种类型:一类是按钮、选择开关、行程开关、接近开关、光电开关、数字拨码开关、继电器触点等送来的开关量输入信号;另一类是由电位器、测速发电机和各种变送器等送来的模拟量输入信号。

为了防止输入信号中夹带的杂散电磁波干扰 CPU 的正常工作,在输入接口中一般都设置光电耦合电路,以隔离 CPU 与输入信号之间的联系。由于信号的输入和输出是靠光信号耦合的,在电气上完全隔离,因此,强电产生的电磁干扰不能进入 PLC 的内部,大大提高了 PLC 的抗干扰能力。

4. 输出接口电路

输出接口电路是 CPU 与外部负载之间的桥梁,它将 CPU 送出的弱电信号转换成强电信号,以驱动外部负载,如接触器、继电器、电磁阀、指示灯等。PLC 的输出接口电路有继电器输出、晶体管输出和晶闸管输出等三种输出方式。

(1)PLC 的继电器输出接口电路　继电器输出无论对直流负载或交流负载都适用,负载电流可达 2A。但其机械触点寿命短,转换频率低,响应速度慢,触点断开时会产生电弧,容易产生干扰。

(2)PLC 的晶体管输出接口电路　晶体管输出是无触点输出,故使用寿命长,且可靠性高,响应速度快,可以高速通断,能满足一些直流负载的特殊要求。但晶体管输出的电流较小,约为 0.5A。若外接负载工作电流较大时,需增加固态继电器驱动。

(3)PLC 的晶闸管输出接口电路　晶闸管输出仅适用于交流负载,由于晶闸管输出也是无触点输出,故使用寿命长,响应速度快,但输出电流较小,约为 0.3A。若外接负载工作电流较大时,需增加大功率晶闸管驱动。

5. 电源部件

电源用于为可编程序控制器各模块的集成电路提供工作电源，如中央处理器、存储器和I/O接口电路工作时用的直流电源。可编程序控制器的电源部件有很好的稳压措施，有些还可以向外提供24V直流稳压电源。另外，为防止内部程序和数据因外部电源故障而丢失，可编程序控制器还带有锂电池作为后备电源。

二、PLC工作原理

1. PLC等效电路

可编程序控制器控制系统的等效电路可分用户输入设备、输入电路、内部控制电路、输出电路和用户输出设备等五部分，等效电路如图5-2所示。

(1)用户输入设备　用户输入设备包括常用的按钮、行程开关、限位开关、继电器触点和各类传感器等，其作用就是将各种外部控制信号送入可编程序控制器的输入电路。

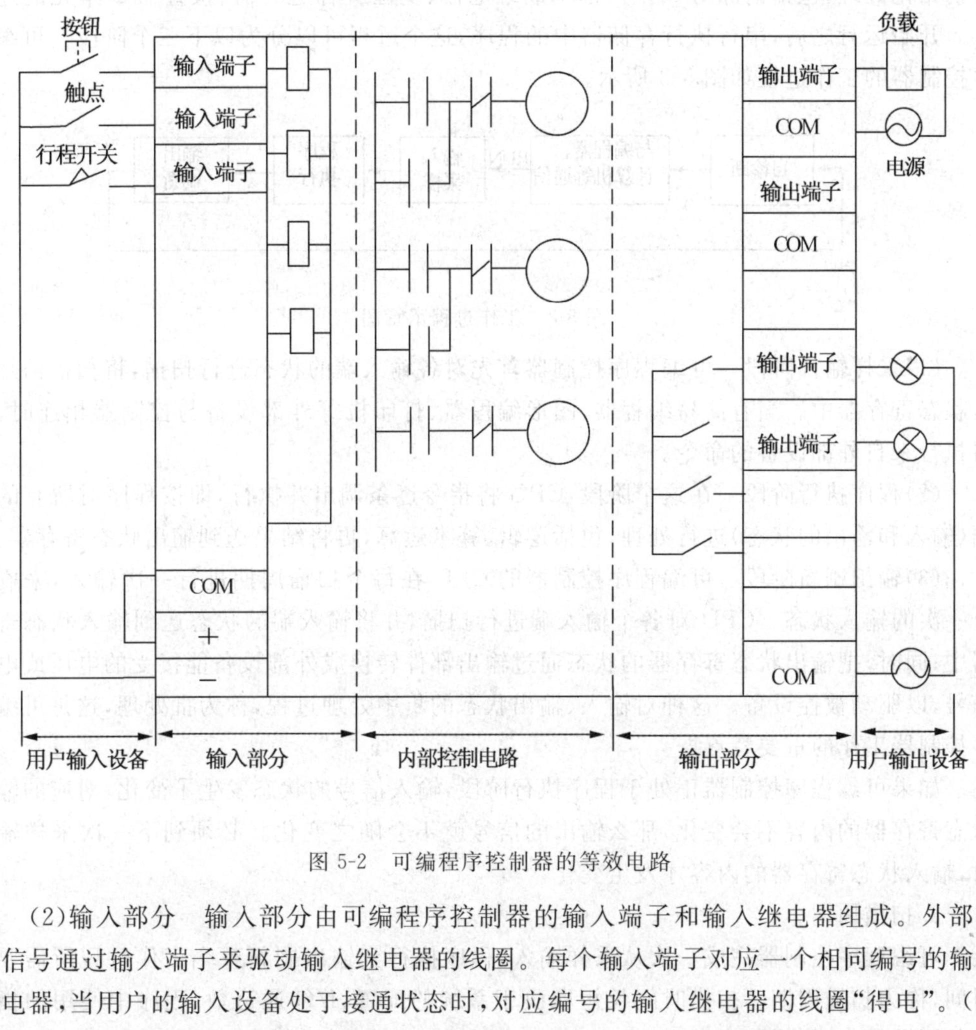

图5-2　可编程序控制器的等效电路

(2)输入部分　输入部分由可编程序控制器的输入端子和输入继电器组成。外部输入信号通过输入端子来驱动输入继电器的线圈。每个输入端子对应一个相同编号的输入继电器，当用户的输入设备处于接通状态时，对应编号的输入继电器的线圈“得电”。(由于可编程序控制器的继电器为“软继电器”，因此这里的“电”指的是概念电流)

输入部分的电源可以用可编程序控制器内部的直流电源,也可以用独立的交流电源供电。

(3)内部控制电路　内部控制电路是由用户程序形成的用“软继电器”代替硬继电器的控制逻辑。它的作用是对输入、输出信号的状态进行运算、处理和判断,然后得到相应的输出。一般控制逻辑用梯形图表示,它在形式上类似于继电器控制原理图,我们将在下面的内容中详细介绍。

(4)输出部分　输出部分由可编程序控制器的输出继电器的外部动合触点和输出端子组成,其作用是驱动外部负载。每个输出继电器除了内部控制电路提供的触点外,还为输出电路提供一个与输出端子相连的实际常开触点。驱动外部负载的电源由外部交流电源提供。

(5)用户输出设备　用户输出设备是用户根据控制需要使用的实际负载,常用的如继电器的线圈、指示灯、电磁阀等。

2.工作过程

可编程序控制器一般采用循环扫描的工作方式。当可编程序控制器加电后,首先进行初始化处理,包括清除 I/O 及内部辅助继电器、复位所有定时器、检查 I/O 单元的连接等。开始运行之后,串行执行存储器中的程序,这个过程可以分为以下三个阶段。可编程序控制器的工作过程如图 5-3 所示。

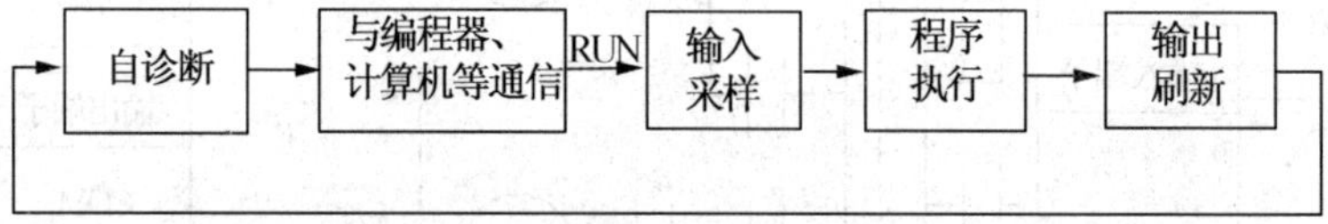

图 5-3　工作过程示意图

(1)采样输入阶段　可编程序控制器首先对各输入端的状态进行扫描,将扫描信号输入状态寄存器中。当有简易编程器、图形编程器、打印机等外部设备与控制器相连时,都将执行来自外部设备的命令。

(2)程序执行阶段　在这个阶段,CPU 将指令逐条调出并执行,即按程序对所有的数据(输入和输出的状态)进行处理,包括逻辑、算术运算,再将结果送到输出状态寄存器。

(3)输出刷新阶段　可编程序控制器的 CPU 在每个扫描周期进行一次输入,来刷新上一次的输入状态。CPU 对各个输入端进行扫描,并将输入端的状态送到输入状态寄存器中;同时,把输出状态寄存器的状态通过输出部件转换成外部设备能接受的电压或电流信号,以驱动被控设备。这种对输入、输出状态的集中处理过程,称为批处理,这是可编程序控制器工作的重要特点。

如果可编程序控制器正处于程序执行阶段,输入信号的状态发生了变化,对应的输入状态寄存器的内容不会变化,那么输出的信号就不会随之变化。必须到下一次采样输入时,输入状态寄存器的内容才发生变化。

3.扫描周期

可编程序控制器完成一次从采样输入、程序执行到输出刷新整个工作过程所需要的时间,称为扫描周期。扫描时间长短取决于系统的配置、I/O 通道数、程序中使用的指令及外围设备的连接等。

三、PLC 编程语言

可编程序控制器是专为工业自动控制开发的装置，其主要使用对象是许多电气技术人员。考虑到他们传统习惯和掌握能力，为利于推广普及，通常可编程序控制器不采用计算机的编程语言，而采用梯形图语言、助记符语言。除此之外，还可以使用逻辑功能图、布尔代数语言、流程图语言等。有些 PLC 还可使用 BASIC、PASCAL、C 等高级语言。其中梯形图语言和助记符语言使用较多，以下我们详细介绍。

1. 梯形图编程语言

梯形图是一种图形编程语言，它将可编程序控制器内部的各种编程元件和各种具有特定功能的命令用专用图形符号定义，并按控制要求将有关图形符号按一定规律连接起来，构成描述输入、输出之间控制关系的图形，这种图形称为梯形图。这些符号沿用继电器的触点(或称接点)、线圈以及串、并联等术语和图形符号，同时也增加了一些特殊功能符号。梯形图语言比较形象、直观，易于接受，是目前应用最多的一种编程语言，如图 5-4 所示。

梯形图与继电器接触器线路图在形式上相似，两种图形所表述的思想是一致的，但具体表述方式及基本内涵是有区别的。

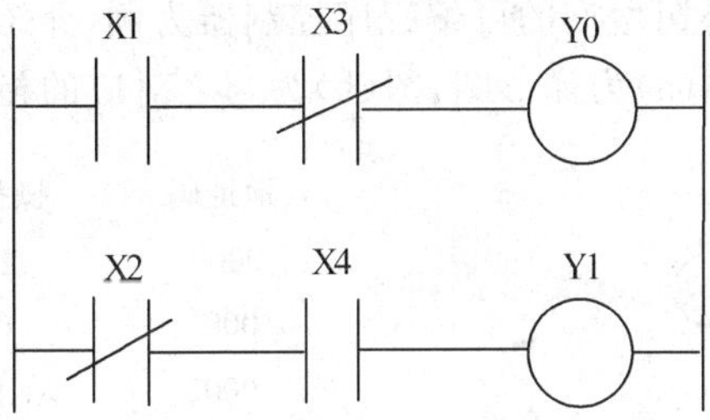

图 5-4　梯形图

在编写梯形图时需要注意以下问题：

(1)电气符号　电气控制线路图中的电气符号代表的是一个实际的物理器件，如继电器、接触器的线圈或触点等，图中的连线是“硬接线”，线路图两端有外接电源，连线中有真实的物理电流。而梯形图中的符号表示的并不是一个实际电路，而是一个控制程序。图中的继电器线圈以及触点实际是存储器中的一个位(Bit)，因此，称为“软继电器”。当某编号位的状态为“1”或“ON”时，带动相应的触点动作，即常开触点闭合，常闭触点断开；当某编号位的状态为“0”或“OFF”时，表示该继电器线圈断电，其常开、常闭触点保持原状态，即常开触点恢复断开，常闭触点恢复闭合。梯形图两端没有实际电源，因此连线上并没有物理电流流过，所以我们在描述控制过程时说的“电”指的全部是“概念”电流。

(2)线圈　电气控制线路图中继电器线圈包括时间继电器线圈、中间继电器线圈及接触器的线圈等。而梯形图中的继电器线圈是广义的，除了有输出继电器线圈、内部继电器线圈，还有定时器、计数器以及各种运算等，这些继电器我们统称为内部“软继电器”(各种品牌的内部软继电器将在后面的内容中详细介绍)，这些软继电器实际是根据具体的功能要求，由一些集成电路块组成。

(3)触点　电气控制线路图中继电器触点数量是有限的，长期使用有可能出现接触不良。梯形图中继电器的触点对应的是存储器的存储单元，在整个程序运行中是对某个信息的读取，可以多次重复使用。因此，可认为可编程序控制器内部的“软继电器”有无数个常闭或常开触点供用户使用，没有使用寿命的限制，无需用复杂的程序结构来减少触点的使用次数。

(4)工作方式　电气控制线路图是并行工作方式，也就是按同时执行方式工作，一旦形成电流通路可能有多条支路同时动作。梯形图是串行工作方式，按梯形图先后顺序即自左至右，自上而下的顺序执行，并循环扫描，不存在几条并列支路电器同时动作因素。如果内部软继电器状态改变时，其许多触点只有被扫描到的触点才会动作。这种串行工作方式可以在梯形图设计时减少许多有约束关系的联锁电路，使电路设计简化。

2.指令语句表编程语言

指令语句表编程语言是可编程序控制器的命令语句表达式，它类似于计算机的汇编语言。每条语句由地址码、操作码(即指令)和操作数(器件编号或数据)组成，其中地址码可以省略不写。编程时，一般先根据控制要求设计梯形图语言，然后转换成助记符语言，通过编程器逐条输入到可编程序控制器的存储器中。不同品牌、不同型号的可编程序控制器，其助记符语言也是不同的，但原理基本相近。

下面是以OMRON公司生产的可编程序控制器为例，介绍一个电动机起停控制的编程语言。如图5-5所示，图(a)为梯形图，图(b)为与之对应的指令语句表。

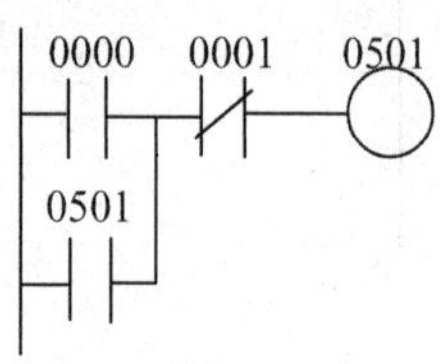

(a)梯形图

地址码	操作码	操作数
0000	LD	0000
0001	OR	0501
0002	AND-NOT	0001
0003	OUT	0501

(b)指令语句表

图5-5　电动机起停控制的编程语言

3.顺序功能图编程语言

顺序功能图编程语言是一种位于其他编程语言之上的图形语言，用来编制顺序控制程序。该语言提供了一种组织程序的图形方法，根据它可以方便地画出顺序控制梯形图程序，也可以在顺序功能图中嵌套别的语言进行编程。步、转移条件和动作是顺序功能图中的三种主要元件，如图5-6所示。

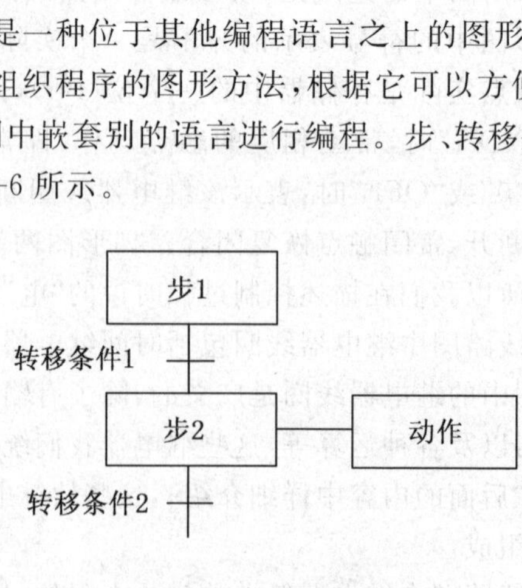

图5-6　顺序功能图

第三节　三菱 FX 系列可编程序控制器

三菱公司是日本生产可编程序控制器的主要厂家之一。先后推出了 F、FX、Q 等系列 PLC，FX_{2N}系列 PLC 是一种叠装式配置的微型 PLC，在 FX 系列中功能最强、速度最快。

下面以 FX_{2N}系列 PLC 为例介绍其构成、内部软元件、编程指令及编程方法。其外形结构如图 5-7 所示。

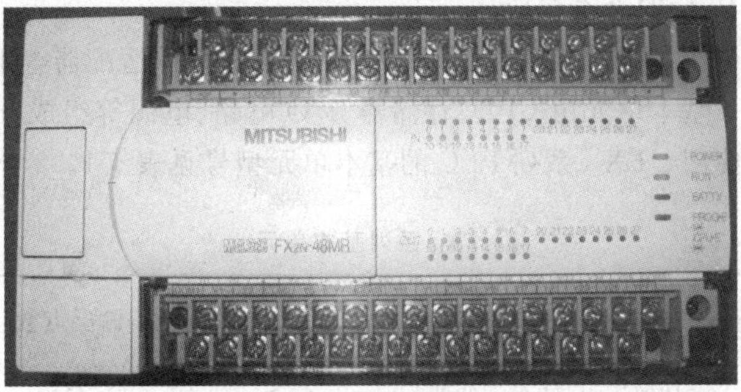

图 5-7　FX_{2N}系列 PLC 外形结构图

一、FX_{2N}系列 PLC 的型号表示及构成

1. FX_{2N}系列 PLC 的型号

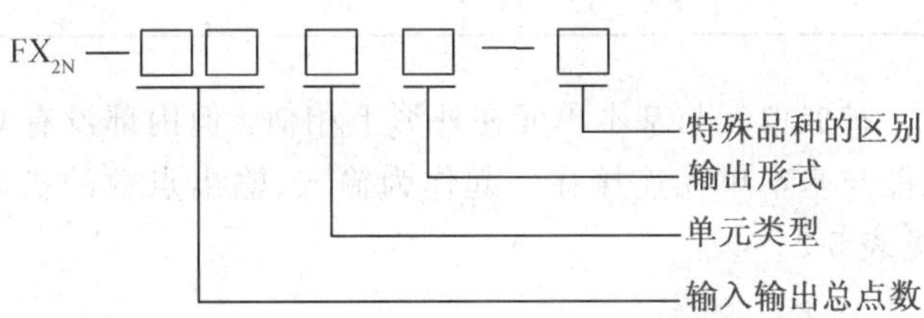

输入输出总点数：4～128 点。

单元类型：M——基本单元；

E——输入输出混合扩展单元；

EX——输入专用扩展单元；

EY——输出专用扩展单元。

输出形式：R——继电器输出；

T——晶体管输出；

S——双向可控硅输出。

特殊品种的区别：D——DC(直流)电源，DC 输出；

AI——AC(交流)电源，AC 输入(AC100～120V)或 AC 输出模块；

H——大电流输出扩展模块(1A/1 点)；

V——立式端子排的扩展模块；

C——接插口输入输出方式；

F——输入滤波时间常数为 1ms 的扩展模块；

L——TTL 输入扩展模块；

S——独立端子(无公共端)扩展模块。

若特殊品种缺省，通常指 AC 电源、DC 输入、横式端子排，其中继电器输出：2A/1 点；晶体管输出：0.5A/1 点；晶闸管输出：0.3A/1 点。

例如：型号为 FX_{2N}-40MR-D 的 PLC 属于 FX_{2N} 系列，有 40 个输入输出点，为基本单元，继电器式输出，使用 DC24V 电源。

2. FX_{2N} 系列 PLC 的基本构成

FX_{2N} 系列 PLC 由基本单元、扩展单元、扩展模块和特殊适配器等组成。

(1)基本单元　基本单元由 CPU、存储器、I/O 电路、电源等组成，已构成一个完整的控制系统，可单独使用。FX_{2N} 系列 PLC 的基本单元型号见表 5-1。

表 5-1　　FX_{2N} 系列基本单元

型号			输入点数	输出点数	扩展模块可用点数
继电器输出	可控硅输出	晶体管输出			
FX_{2N}-16MR	FX_{2N}-16MS	FX_{2N}-16MT	8	8	24～32
FX_{2N}-32MR	FX_{2N}-32MS	FX_{2N}-32MT	16	16	24～32
FX_{2N}-48MR	FX_{2N}-48MS	FX_{2N}-48MT	24	24	48～64
FX_{2N}-64MR	FX_{2N}-64MS	FX_{2N}-64MT	32	32	48～64
FX_{2N}-80MR	FX_{2N}-80MS	FX_{2N}-80MT	40	40	48～64
FX_{2N}-128MR	—	FX_{2N}-128MT	64	64	48～64

(2)扩展单元　扩展单元与基本单元在外形上相似，但内部没有 CPU、存储器，所以不能单独使用，只能与基本单元连接在一起作为输入、输出点数的扩充。FX2 系列 PLC 的扩展单元型号见表 5-2。

表 5-2　　FX_{2N} 系列扩展单元

型　号			输入点数	输出点数	扩展模块可用点数
继电器输出	可控硅输出	晶体管输出			
FX_{2N}-32ER	FX_{2N}-32ES	FX_{2N}-32ET	16	16	24～32
FX_{2N}-48ER	—	FX_{2N}-48ET	24	24	48～64

(3)扩展模块　扩展模块以 8 为单位扩充输入、输出点数。也可只扩充输入点数或只扩充输出点数，从而改变输入、输出的点数比率。与扩展单元不同，扩展模块内部既没有 CPU、存储器，也没有电源，必须由基本单元或扩展单元供给。

(4)特殊适配器　特殊适配器是 PLC 特殊功能单元与基本单元连接的桥梁。FX2 系列 PLC 有许多专用的特殊功能单元，如模拟量 I/O 单元、高速计数单元、位置控制单元、数据输入输出单元等。有的特殊功能单元需要通过特殊适配器与基本单元连接。

3. FX_{2N}系列 PLC 的外部接线

(1)输入回路的连接　FX_{2N}系列 PLC 输入回路的连接如图 5-8 所示。输入回路的连接是 COM(公共)端通过具体的输入设备(如按钮、行程开关、继电器触点、传感器等),连接到对应的输入点 X 上,通过输入点将外部信号传送到 PLC 内部。当某个输入设备的状态发生变化时,对应输入点 X 的状态就随之变化,这样 PLC 可随时检测到这些外部信号的变化。

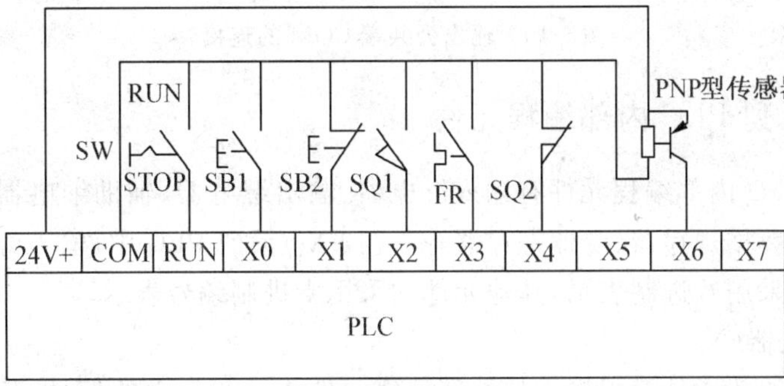

图 5-8　PLC 输入回路连接示意图

(2)输出回路的连接　输出回路就是 PLC 的负载回路,FX_{2N}系列 PLC 输出回路的连接如图 5-9 所示。PLC 提供输出端子,通过输出端子将负载和负载电源连接成一个回路,这样,负载的状态就由输出端子对应的输出继电器进行控制,输出继电器的常开触点闭合负载即可得电。

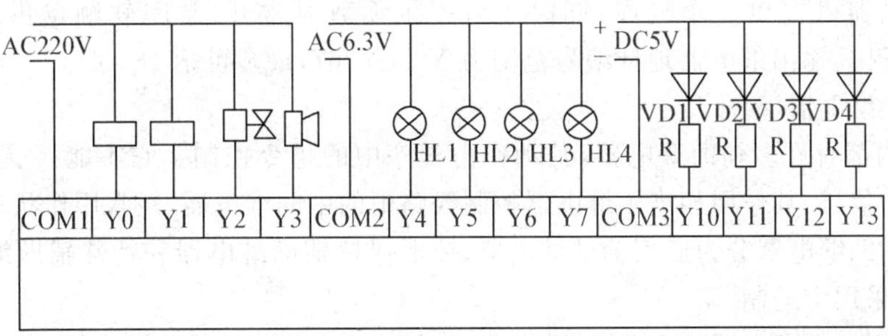

图 5-9　PLC 输出回路连接示意图

一般情况下,每一路输出应有两个输出端子。为了减少输出端子的个数,以减小 PLC 的体积,在 PLC 内部将每路输出其中的一个输出端子采用公共端连接,即将几路输出的一端连接到一起,形成公共端 COM。FX_{2N}系列 PLC 采用四路输出共用一个公共端 COM,如图 5-10 所示。这样,接在同一个公共端上的各路负载必须使用同一个电源,在使用时要特别注意这一点,否则将导致负载不能正常工作。

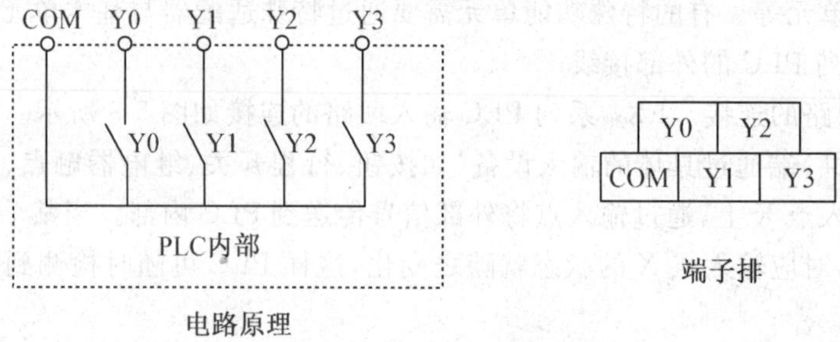

图 5-10 输出公共端 COM 的连接

二、FX_{2N}系列 PLC 内部编程元件

FX_{2N}系列 PLC 内部编程元件有输入继电器、输出继电器、辅助继电器、状态继电器、定时器、计数器、数据寄存器、变址寄存器等。在 FX_{2N}系列 PLC 中，输入继电器和输出继电器的地址编号采用八进制表示，其他元件均采用十进制编号表示。

1. 输入继电器(X)

输入继电器的功能是专门接受从外部敏感元件或开关发来的信号，其状态由外部控制现场的信号驱动，不受程序的控制。每一个输入继电器可提供无数对常开、常闭软触点，供编程时使用。输入继电器用 X 来表示，其编号采用八进制。FX_{2N}系列 PLC 输入继电器地址编号范围为 X0～X267，最多可达 184 点。

2. 输出继电器(Y)

输出继电器的功能是将输出信号传递给外部负载，其动作由程序中的指令控制。每个输出继电器可提供一个线圈，同时还可提供无数对常开、常闭软触点供编程使用。FX_{2N}系列 PLC 输出继电器地址编号范围为 Y0～Y267，最多可达 184 点。

3. 辅助继电器(M)

PLC 内部有许多辅助继电器，其动作由程序中的指令控制。它不能接受外部信号，也不能输出信号，其作用相当于继电器控制线路中的中间继电器，经常用作状态暂存移位运算等。辅助继电器分为通用辅助继电器、掉电保持辅助继电器和特殊辅助继电器三大类，其编号采用十进制。

(1)通用辅助继电器　在 FX_{2N}系列 PLC 中通用辅助继电器的编号是 M0～M499，共 500 点，每个通用辅助继电器包括一个线圈和若干常开、常闭触点。PLC 在运行中若发生停电，通用辅助继电器将全部处于复位状态，通电后再运行时，除去 PLC 运行时就接通的以外，其他仍处于复位状态。

(2)掉电保持辅助继电器　在生产中，某些控制系统要求保持断电前的状态，掉电保持辅助继电器由于有 PLC 内部的锂电池作为后备电源，具有掉电保持功能，就能够用于这种场合。掉电保持辅助继电器的编号是 M500～M1023，共 524 点，每个通用辅助继电器包括一个线圈和若干常开、常闭触点。

(3)特殊辅助继电器　FX_{2N}系列 PLC 内部有 256 个特殊辅助继电器，其编号是 M8000～M8255。这些特殊辅助继电器各自都具有特定的功能，可以分成以下两大类。

1)只能利用其触点的特殊辅助继电器。这一类特殊辅助继电器线圈的通、断由 PLC 的系统程序控制,该类常用特殊辅助继电器的功能如下:

M8000——在 PLC 运行期间始终保持接通;

M8001——在 PLC 运行期间始终保持断开;

M8002——在 PLC 开始运行的第一个扫描周期接通,此后就一直断开;

M8011——周期为 0.01s 的时钟脉冲(5ms 通,5ms 断);

M8012——周期为 0.1s 的时钟脉冲(0.05s 通,0.05s 断);

M8013——周期为 1s 的时钟脉冲(0.5s 通,0.5s 断);

M8014——周期为 1min 的时钟脉冲(30s 通,30s 断)。

2)可驱动线圈的特殊辅助继电器。这一类特殊辅助继电器在用户驱动线圈后,PLC 将做一些特定动作,该类常用特殊辅助继电器的功能如下:

M8030——使 BATTLED(锂电池欠电压指示灯)熄灭;

M8033——PLC 停止运行时输出保持;

M8034——禁止全部输出;

M8039——定时扫描。

4. 状态元件(S)

状态元件 S 是编制步进顺控程序的重要元件。它与步进顺控指令 STL 组合使用。在 FX_{2N} 系列 PLC 中,共有 1000 个状态元件,其编号为 S0～S999,分为以下五种类型。

S0～S9:为初始状态元件,共 10 点;

S10～S19:为回零状态元件,共 10 点;

S20～S499:为通用型状态元件,共 480 点;

S500～S899:为掉电保持型状态元件,共 400 点;

S900～S999:为外部故障诊断及报警状态元件,共 100 点。

各状态元件可提供无数对常开、常闭触点。不用步进顺控指令时,状态元件 S 可作为辅助继电器在程序中使用。

5. 定时器(T)

定时器在 PLC 中的作用相当于继电器控制系统中的时间继电器,可用于定时操作。每个定时器都能提供无数对常开、常闭触点,供编程时使用。PLC 中的定时器是根据时钟脉冲累积计时的,时钟脉冲有 1ms、10ms、100ms 三挡,当所计时间到达设定值时定时器动作,其常开触点闭合,常闭触点断开。定时器可以用常数 K 作为设定值,也可以用数据寄存器 D 中的内容作为设定值。

根据定时器的工作方式不同,分为通用定时器和积算定时器。

(1)通用定时器　FX_{2N} 系列 PLC 内部共有 246 个通用定时器,其中编号为 T0～T199 的 200 个定时器的计时单位为 100ms,其时间设定值范围为 0.1～3276.7s;编号为 T200～T245 的 46 个定时器的计时单位为 10ms,其时间设定值范围为 0.01～327.67s 。

通用定时器线圈的控制线路只有一条,定时器工作与否都由该控制线路决定。当控制线路接通时,定时器线圈接通开始工作,根据设定的定时值计时。当定时时间到,定时器动作,其常开触点闭合,常闭触点断开。一旦控制线路断开或发生断电,定时器的线圈则断开，其所有触点全部复位。

如图 5-11 所示，当定时器线圈 T200 的驱动输入 X000 接通时，T200 的当前值计数器对 10 ms 的时钟脉冲进行累积计数，当前值与设定值 K123 相等时，定时器的输出接点动作，即输出触点是在驱动线圈后的 1.23 秒(10×123ms = 1.23s)时才动作，当 T200 触点吸合后，Y000 就有输出。当驱动输入 X000 断开或发生停电时，定时器就复位，输出触点也复位。

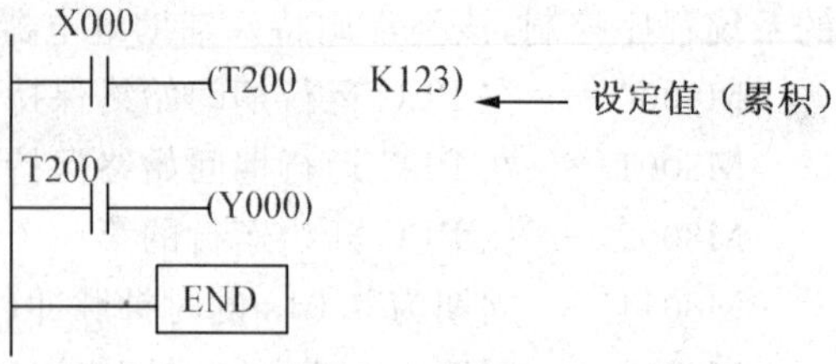

图 5-11 通用定时器应用

(2)积算定时器 FX_{2N}系列 PLC 内部共有 10 个积算定时器，其中编号为 T246～T249 的 4 个定时器的计时单位为 1ms，其时间设定值范围为 0.001～32.767s；编号为 T250～T255 的 6 个定时器的计时单位为 100ms，其时间设定值范围为 0.1～3276.7s。

积算定时器线圈的控制线路有两条：一条为计时控制线路，另一条为复位控制线路。当复位控制线路断开，计时控制线路接通时，定时器开始计时，当定时时间到，定时器动作，其常开触点闭合、常闭触点断开。当复位控制线路接通时，不论计时控制线路是处于接通状态还是处于断开状态，定时器计时当前值清零，定时器不会工作。若在计时中途其计数控制线路常开触点断开或 PLC 断电，计数当前值可保持不变。当其计数控制线路常开触点再次接通或 PLC 恢复供电时，计数从当前值开始继续进行。

如图 5-12 所示，定时器线圈 T250 的驱动输入 X001 接通时，T250 的当前值计数器对 100 ms 的时钟脉冲进行累积计数，当该值与设定值 K345 相等时，定时器的输出触点动作。在计数过程中，即使输入 X001 断开或系统停电时，当前值继续保持，X001 接通或复电时，计数继续进行，其累积时间为 34.5s(100 ms×345＝34.5s)时触点动作。当复位输入 X002 接通 ，定时器就复位，输出触点也复位。

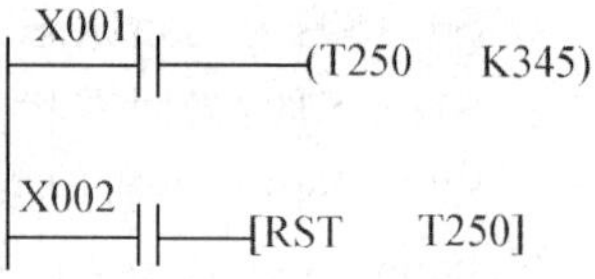

图 5-12 积算定时器应用

6. 计数器(C)

FX_{2N}系列 PLC 中有 235 个内部计数器和 21 个高速计数器，内部计数器是在执行扫描操作时对内部器件(如 X、Y、M、S、T 和 C)的信号进行计数的计数器，其接通时间和断开时间应比 PLC 的扫描时间稍长。

根据内部计数器的工作方式，内部计数器可分为 16 位加计数器和 32 位双向计数器。

(1)16 位加计数器 FX_{2N}系列 PLC 内部有 200 个 16 位加计数器，其中 C0～C99 为 100 个普通计数器，C100～199 为 100 个掉电保持计数器，计数设定值范围均为 1～32767。计数值的设定可直接用常数 K 或间接用数据寄存器 D 中的内容设定。

16 位加计数器线圈的控制线路有两条：一条为计数控制线路，另一条为复位控制线路。如图 5-13 所示，X001 是计数输入，每当 X001 接通一次，计数器当前值加 1，当前值加到 K3 时，计数器 C0 触点动作。

(2)32 位双向计数器　双向计数器就是既可设置为加计数又可设置为减计数的计数器，双向计数器也称可逆计数器。FX_{2N} 系列 PLC 内部有 35 个 32 位双向计数器，其中 C200～C219 为 20 个普通计数器，C220～C234 为 15 个掉电保持计数器，计数设定值范围均为 2147483648～ ＋2147483647。与 16 位加计数器的计数设定值不同，双向计数器的计数设定值允许为负数。

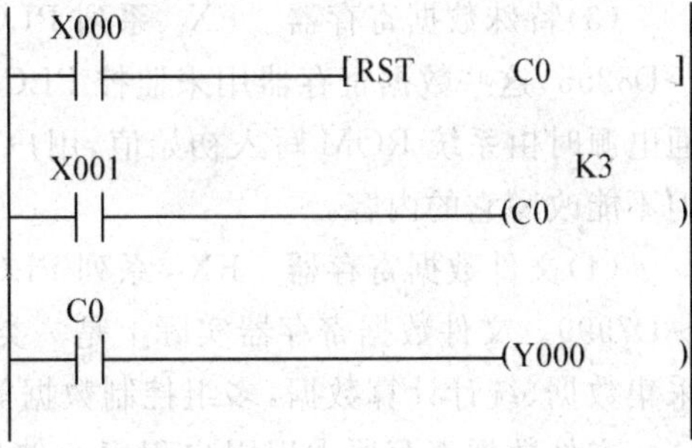

图 5-13　16 位加计数器应用

因为双向计数器有加计数和减计数两种工作方式，因此，除了有计数控制线路和复位控制线路以外，还必须有可逆控制线路。双向计数器的工作方式由特殊辅助继电器 M8200～M8234 来控制，特殊辅助继电器与计数器一一对应，例如：特殊辅助继电器 M8200 控制计数器 C200，当特殊辅助继电器 M8200 接通时，C200 为减计数器；当特殊辅助继电器 M8200 断开时，C200 为加计数器。计数值的设定可直接用常数 K 或间接用数据寄存器 D 中的内容设定。间接设定时，要用编号连在一起的两个数据寄存器。

计数器的设定值若为正数，则当计数当前值等于设定值时，计数器动作，其常开触点闭合，常闭触点断开；若计数器的设定值为负数，则只有当计数当前值从小于设定值变到等于设定值时，计数器才动作。如图 5-14 所示。

使用掉电保持计数器时，计数器的计数当前值和触点均保持断电时的状态。

(3)高速计数器　高速计数器 C235～C255 共用 PLC 的 8 个高速计数器输入端 X0～X7。这 21 个计数器均为 32 位加减计数器。其具体用法参见相关使用资料。

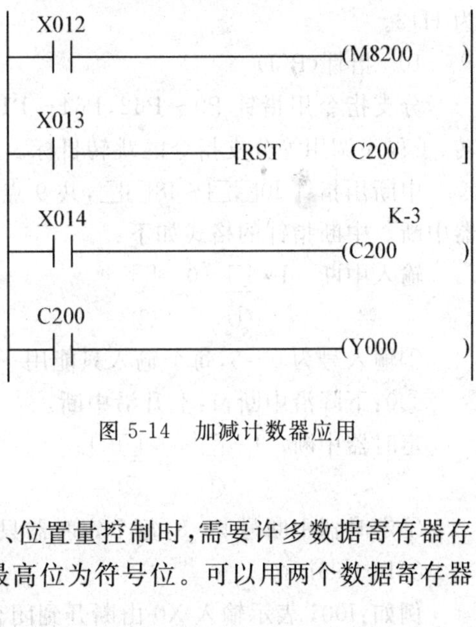

图 5-14　加减计数器应用

7. 数据寄存器(D)

PLC 在进行数据输入输出处理、模拟量控制、位置量控制时，需要许多数据寄存器存储数据和参数。每一个数据寄存器都是 16 位，最高位为符号位。可以用两个数据寄存器合并起来存放 32 位数据，最高位也是符号位。

数据寄存器可分为以下几种类型：

(1)通用数据寄存器　FX_{2N} 系列 PLC 内部有 200 个通用数据寄存器，编号为 D0～D199，这种数据寄存器的特点是，只要不写入其他数据，已写入的数据不会发生变化。当 PLC 停止工作时，数据全部清零。但是，当特殊辅助继电器 M8033 置 1 时，即使 PLC 停止工作，数据仍可保存。

(2)掉电保持数据寄存器　FX_{2N} 系列 PLC 内部有 7800 个掉电保持数据寄存器，编号为 D200～D7999，这种数据寄存器的特点是：不论电源接通与否，PLC 运行与否，只要不写入其他数据，已写入的数据不会丢失，也不会发生变化。

(3)特殊数据寄存器　FX_{2N}系列 PLC 内部有 256 个特殊数据寄存器，编号为 D8000～D8255，这些数据寄存器用来监控 PLC 中各种元件的运行方式。其中的内容在 PLC 接通电源时由系统 ROM 写入初始值，用户只能读取它的数据，从而了解 PLC 的故障原因，但不能改写它的内容。

(4)文件数据寄存器　FX_{2N}系列 PLC 内部有 7000 个文件数据寄存器，编号为 D1000～D7999。文件数据寄存器实际上是一类专用数据寄存器，用于存储大量的数据。例如：采集数据、统计计算数据，多组控制数据等。

文件数据寄存器占用用户程序存储器(RAM、EPROM 及 EEPROM)内的一个存储区，以 500 点为一个单位，在参数设置时，最多可设置 2000 点，用编程器可进行写入操作。

8. 变址寄存器(V/Z)

变址寄存器通常用于修改元件的地址编号。V 和 Z 都是 16 位的寄存器，可进行数据的读写。当进行 32 位操作时，可将 V 和 Z 合并使用，规定 Z 为低位。

9. 常数(K/H)

在 FX_{2N}系列 PLC 中，常数 K 和 H 也被视为编程元件，它在存储器中占有一定的空间。十进制常数用 K 表示，如 18 表示为 K18；十六进制常数用 H 表示，如 18 表示为 H12。

10. 指针(P/I)

分支指令用指针 P0～P62，P64～P127 共 127 点。指针作为标号，用来指定条件跳转、子程序调用等分支指令的跳转目标。

中断用指针 I0□□～I8□□，共 9 点。其中，I0～I5 用于输入中断，I6～I8 用于定时器中断。中断指针的格式如下：

输入中断　I　□　0　□
　　　　　　　①　　②

①输入号为 0～5，每个输入只能用一次。

②0：下降沿中断；1：上升沿中断。

定时器中断　I　□　□□
　　　　　　　　①　②

①定时器中断号 6～8，每个定时器只能用一次。

②10～99ms。

例如：I001 表示输入 X0 由断开到闭合时，执行标号为 I001 后面的中断程序；I750 表示每隔 50ms 就执行标号为 I750 后面的中断程序。

三、FX 系列 PLC 的基本指令

现在我们针对 FX_{2N}系列，逐条学习其指令的功能和使用方法。每条指令及其应用实例都以梯形图和语句表两种编程语言对照说明。

1. LD、LDI、OUT 指令

见表 5-3。

表 5-3　　**LD、LDI、OUT 指令**

符号名称	功　能	操作元件
LD 取	常开触点逻辑运算起始	X、Y、M、S、T、C
LDI 取反	常闭触点逻辑运算起始	X、Y、M、S、T、C
OUT 输出	线圈驱动	Y、M、S、T、C

(1)程序举例　如图 5-15 所示，当 X0 接通时，Y0 接通；当 X1 断开时，Y1 接通。

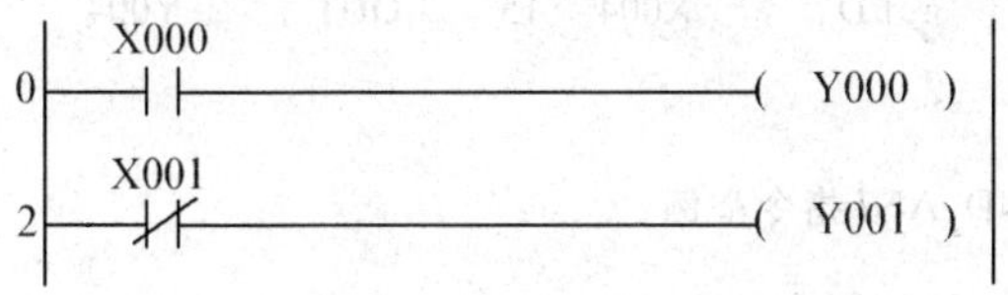

0	LD	X000
1	OUT	Y000
2	LDI	X001
3	OUT	Y001

图 5-15　LD、LDI、OUT 指令举例

(2)指令使用说明

①LD 和 LDI 指令用于将常开和常闭触点接到左母线上。

②LD 和 LDI 在电路块分支起点处也使用。

③OUT 指令是对输出继电器、辅助继电器、状态继电器、定时器、计数器的线圈驱动指令，不能用于驱动输入继电器，因为输入继电器的状态是由输入信号决定的。

④OUT 指令可作多次并联使用，如图 5-16 所示。

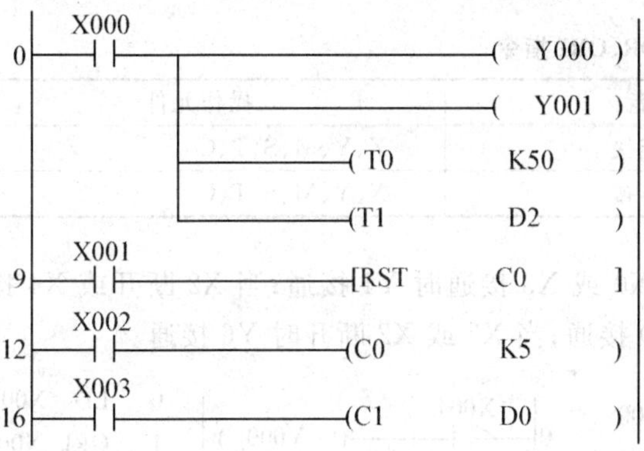

0	LD	X000	
1	OUT	Y000	
2	OUT	Y001	
3	OUT	T0	K50
6	OUT	T1	D2
9	LD	X001	
10	RST	C0	
12	LD	X002	
13	OUT	C0	K5
16	LD	X003	
17	OUT	C1	D0

图 5-16　OUT 指令并联使用举例

2. AND、ANI 指令

见表 5-4。

表 5-4　　**AND、ANI 指令**

符号名称	功　能	操作元件
AND 与	常开触点串联连接	X、Y、M、S、T、C
ANI 与非	常闭触点串联连接	X、Y、M、S、T、C

(1)程序举例　如图 5-17 所示，当 X0 接通，X2 接通时 Y0 接通；X1 断开，X3 接通时 Y2 接通；常开 X4 接通，X5 断开时 Y3 接通；X6 断开，X7 断开，同时达到 2.5 秒时间，T1 接通，Y4 接通。

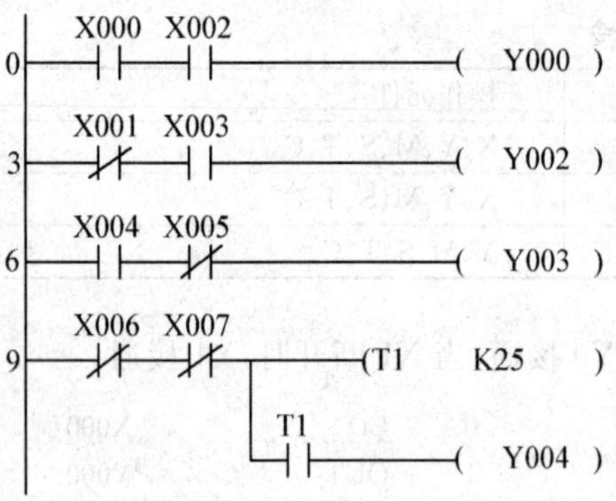

0	LD	X000	7	ANI	X005
1	AND	X002	8	OUT	Y003
2	OUT	Y000	9	LDI	X006
3	LDI	X001	10	ANI	X007
4	AND	X003	11	OUT	T1　K25
5	OUT	Y002	14	AND	T1
6	LD	X004	15	OUT	Y004

图 5-17　AND、ANI 指令举例

(2)指令说明

①AND、ANI 指令可进行 1 个触点的串联连接。串联触点的数量不受限制,可以连续使用。

②OUT 指令之后,通过触点对其他线圈使用 OUT 指令,称之为纵接输出。这种纵接输出如果顺序不错,可多次重复使用;如果顺序颠倒,就必须要用我们后面要学到的指令(MPS/MRD/MPP)。

3. OR、ORI 指令

见表 5-5。

表 5-5　　OR、ORI 指令

符号名称	功　能	操作元件
OR 或	常开触点并联连接	X、Y、M、S、T、C
ORI 或非	常闭触点并联连接	X、Y、M、S、T、C

(1)程序举例　如图 5-18 所示,当 X0 或 X3 接通时 Y1 接通;当 X2 断开或 X4 接通时 Y3 接通;当 X4 接通或 X1 断开时 Y0 接通;当 X3 或 X2 断开时 Y6 接通。

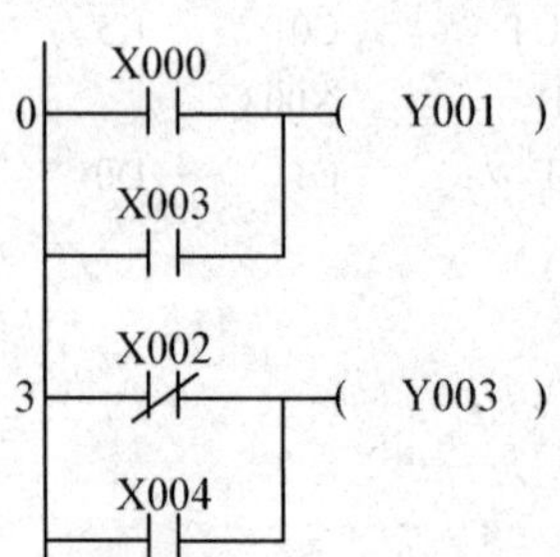

0	LD	X000
1	OR	X003
2	OUT	Y001
3	LDI	X002
4	OR	X004
5	OUT	Y003

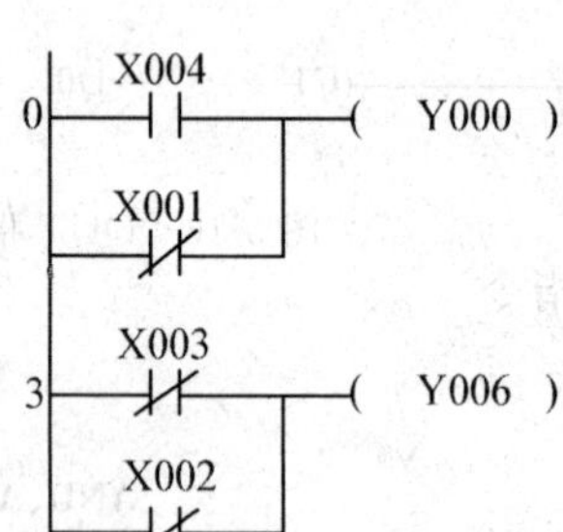

0	LD	X004
1	ORI	X001
2	OUT	Y000
3	LDI	X003
4	ORI	X002
5	OUT	Y006

图 5-18　OR、ORI 指令举例

(2)指令说明

①OR、ORI 指令用作 1 个触点的并联连接指令。

②OR、ORI 指令可以连续使用,并且不受使用次数的限制。

③OR、ORI 指令是从该指令的步开始,与前面的 LD、LDI 指令步进行并联连接。

④当继电器的常开触点或常闭触点与其他继电器的触点组成的混联电路块并联时,

也可以用这两个指令。

4. 串联电路块并联指令 ORB、并联电路块串联指令 ANB

见表 5-6。

表 5-6　ORB、ANB 指令

符号(名称)	功　能	操作元件
ORB(块或)	电路块并联连接	无
ANB(块与)	电路块串联连接	无

(1)应用举例　如图 5-19 所示,X0 与 X1、X2 与 X3、X4 与 X5 任一电路块接通,Y1 接通;X0 或 X1 接通,X2 与 X3 接通或 X4 接通,Y0 都可以接通。

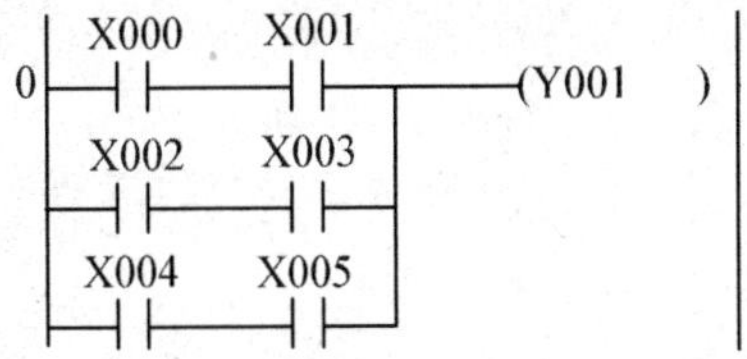


```
0   LD    X000    5   LD    X004
1   AND   X001    6   AND   X005
2   LD    X002    7   ORB
3   AND   X003    8   OUT   Y001
4   ORB
```

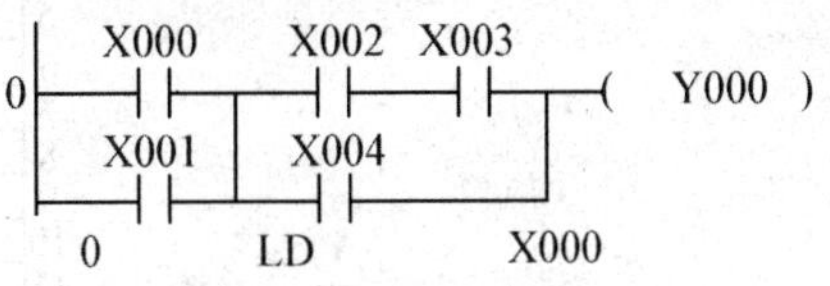


```
0   LD    X000
1   OR    X001
2   LD    X002
3   AND   X003
4   OR    X004
5   ANB
6   OUT   Y000
```

图 5-19　ORB、ANB 指令举例

(2)指令说明

①ORB、ANB 无操作软元件,它们只描述电路的串并联关系。

②将串联电路并联连接时,分支开始用 LD、LDI 指令,分支结束用 ORB 指令。

③有多个串联电路时,若对每个电路块使用 ORB 指令,则串联电路没有限制,如上举例程序。

④若多个并联电路块按顺序和前面的电路串联连接时,则 ANB 指令的使用次数没有限制。

⑤使用 ORB、ANB 指令编程时,也可以采取 ORB、ANB 指令连续使用的方法,如图 5-20 所示。但只能连续使用不超过 8 次,在此建议不使用此法。

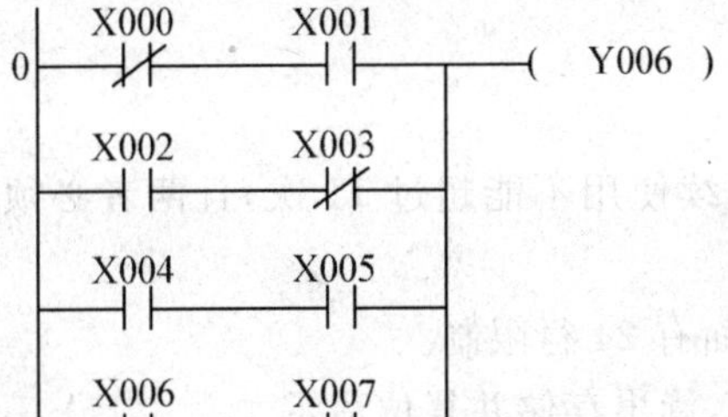


```
0   LDI   X000    7    AND   X007
1   AND   X001    8    ORB
2   LD    X002    9    ORB
3   ANI   X003    10   ORB
4   LD    X004    11   OUT   Y006
5   AND   X005
6   LD    X006
```

图 5-20　ORB 指令连续使用

5. 分支多重输出 MPS、MRD、MPP 指令

MPS 指令：将逻辑运算结果存入栈存储器，使用一次 MPS 就将此刻的运算结果送入堆栈的第一段，而将原来的第一层存储的数据移到堆栈的下一段。

MRD 指令：只用来读出堆栈最上段的数据，此时堆栈内的数据不移动。

MPP 指令：取出栈存储器结果并清除，各数据向上一段移动，最上段的数据被读出，同时这个数据就从堆栈中清除。

FX 的 PLC 有 11 个栈存储器，用来存放运算中间结果的存储区域称为堆栈存储器，如图 5-21 所示。

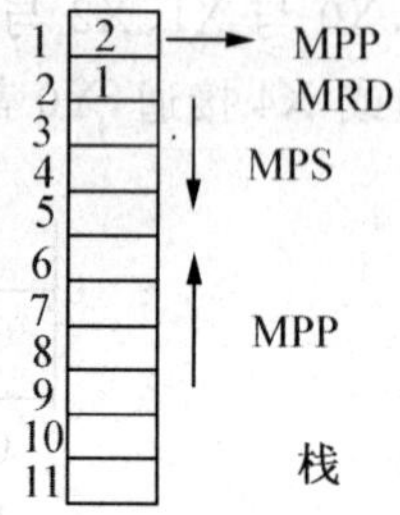

图 5-21　堆栈存储器

(1)程序举例　如图 5-22 所示，当公共条件 X0 闭合时，X1 闭合则 Y0 接通；X2 接通则 Y1 接通；Y2 接通；X3 接通则 Y3 接通。

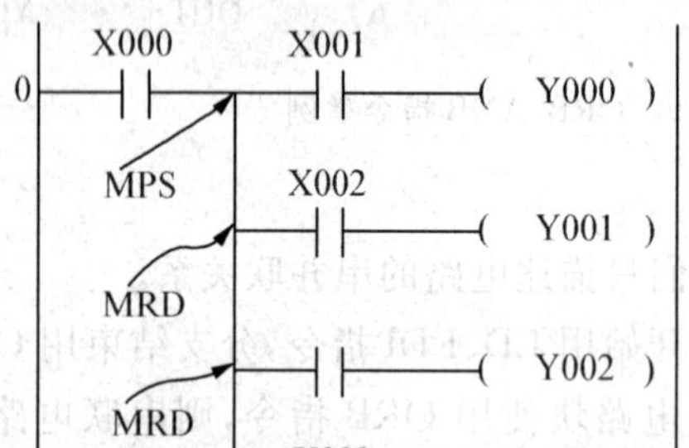

0	LD	X000
1	MPS	
2	AND	X001
3	OUT	Y000
4	MRD	
5	AND	X002
6	OUT	Y001
7	MRD	
8	OUT	Y002
9	MPP	
10	AND	X003
11	OUT	Y003

图 5-22　MPS、MRD、MPP 指令举例

(2)指令说明

①MPS、MRD、MPP 无操作软元件。

②MPS、MPP 指令可以重复使用，但是连续使用不能超过 11 次，且两者必须成对使用缺一不可，MRD 指令有时可以不用。

③MRD 指令可多次使用，但在打印等方面有 24 行限制。

④最终输出电路以 MPP 代替 MRD 指令，读出存储并复位清零。

⑤指令使用可以有多层堆栈。

图 5-23 是一层堆栈举例。

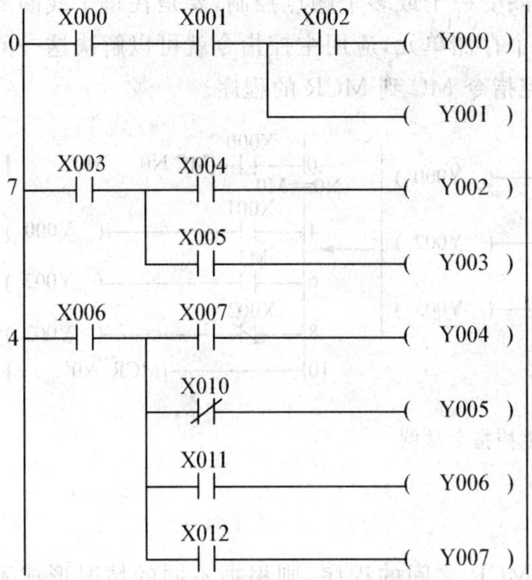

步	指令	元件	步	指令	元件
0	LD	X000	14	LD	X006
1	AND	X001	15	MPS	
2	MPS		16	AND	X007
3	AND	X002	17	OUT	Y004
4	OUT	Y000	18	MRD	
5	MPP		19	ANI	X010
6	OUT	Y001	20	OUT	Y005
7	LD	X003	21	MRD	
8	MPS		22	AND	X011
9	AND	X004	23	OUT	Y006
10	OUT	Y002	24	MPP	
11	MPP		25	AND	X012
12	AND	X005	26	OUT	Y007
13	OUT	Y003			

图 5-23　一层堆栈举例

图 5-24 是两层堆栈举例。

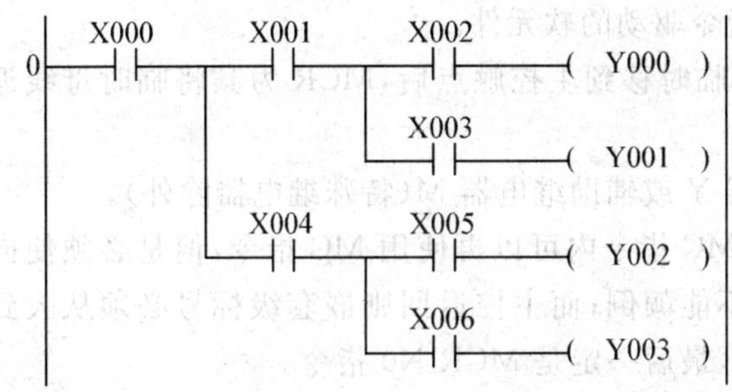

步	指令	元件	步	指令	元件
0	LD	X000	9	MPP	
1	MPS		10	AND	X004
2	AND	X001	11	MPS	
3	MPS		12	AND	X005
4	AND	X002	13	OUT	Y002
5	OUT	Y000	14	MPP	
6	MPP		15	AND	X006
7	AND	X003	16	OUT	Y003
8	OUT	Y001			

图 5-24　两层堆栈举例

图 5-25 是四层堆栈举例。

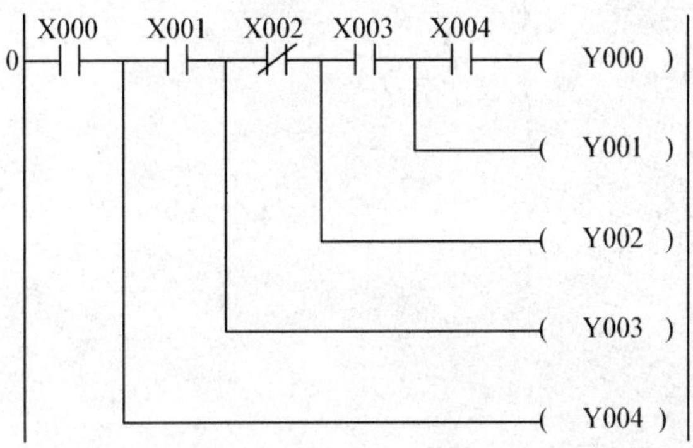

步	指令	元件	步	指令	元件
0	LD	X000	9	OUT	Y000
1	MPS		10	MPP	
2	AND	X001	11	OUT	Y001
3	MPS		12	MPP	
4	ANI	X002	13	OUT	Y002
5	MPS		14	MPP	
6	AND	X003	15	OUT	Y003
7	MPS		16	MPP	
8	AND	X004	17	OUT	Y004

图 5-25　四层堆栈举例

6. 主控指令 MC、MCR

在程序中常常会有这样的情况，多个线圈受一个或多个触点控制，要是在每个线圈的控制电路中都要串入同样的触点，将占用多个存储单元，应用主控指令就可以解决这一问题，如图 5-26 所示。当 X0 接通时，执行主控指令 MC 到 MCR 的程序。

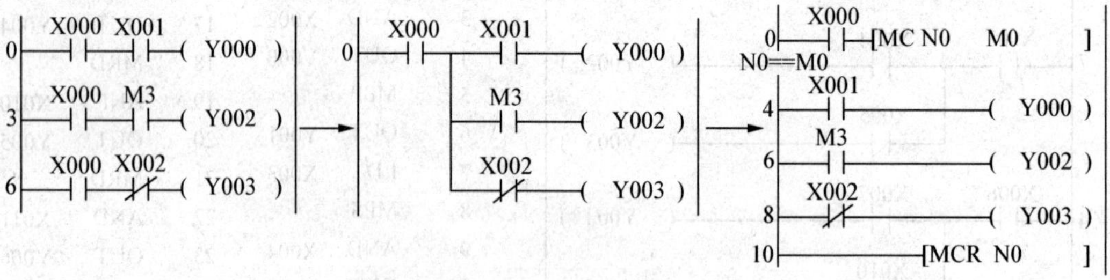

图 5-26　主控指令举例

指令说明：

①MC 指令的操作软元件 N、M。

②如果 X0 输入为断开状态，从 MC 到 MCR 之间的程序，则根据不同的情况形成不同的形式。

保持当前状态：积算定时器（T63）、计数器、SET/RST 指令驱动的软元件。

断开状态：非积算定时器、用 OUT 指令驱动的软元件。

③主控指令（MC）后，母线（LD、LDI）临时移到主控触点后，MCR 为其将临时母线返回原母线的位置的指令。

④MC 指令的操作元件可以是继电器 Y 或辅助继电器 M（特殊继电器除外）。

⑤MC/MCR 指令可以嵌套使用，即 MC 指令内可以再使用 MC 指令，但是必须使嵌套级编号从 N0 到 N7 按顺序增加，顺序不能颠倒；而主控返回则嵌套级标号必须从大到小，即按 N7 到 N0 的顺序返回，不能颠倒，最后一定是 MCR N0 指令。

嵌套举例一：如图 5-27 所示。

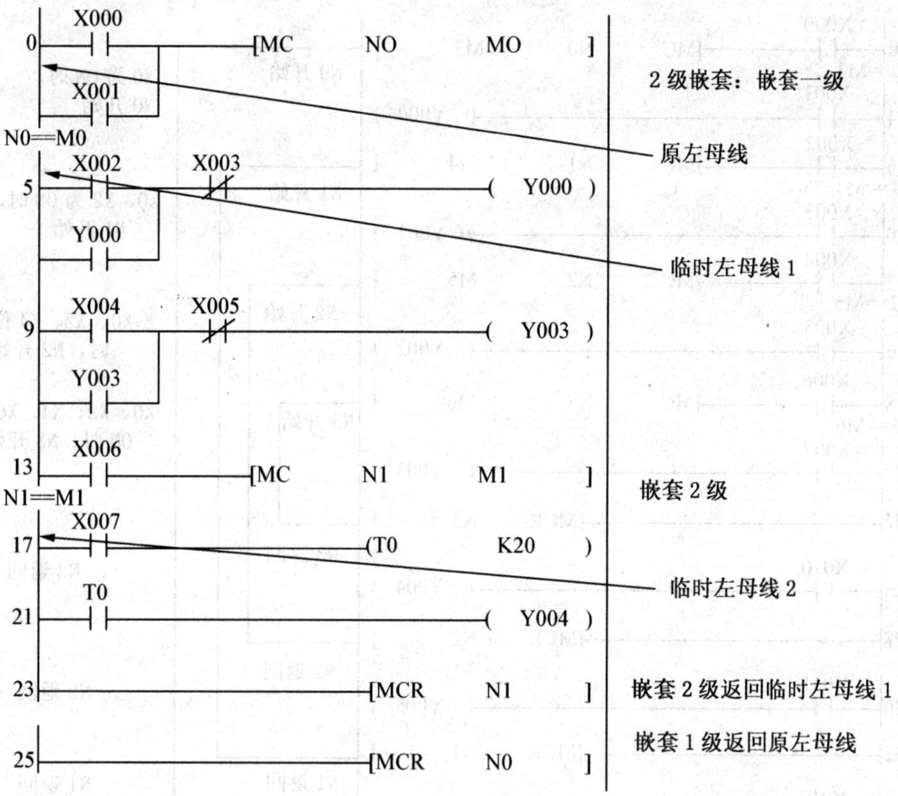

图 5-27　主控指令 2 级嵌套

嵌套举例二：如图 5-28 所示。

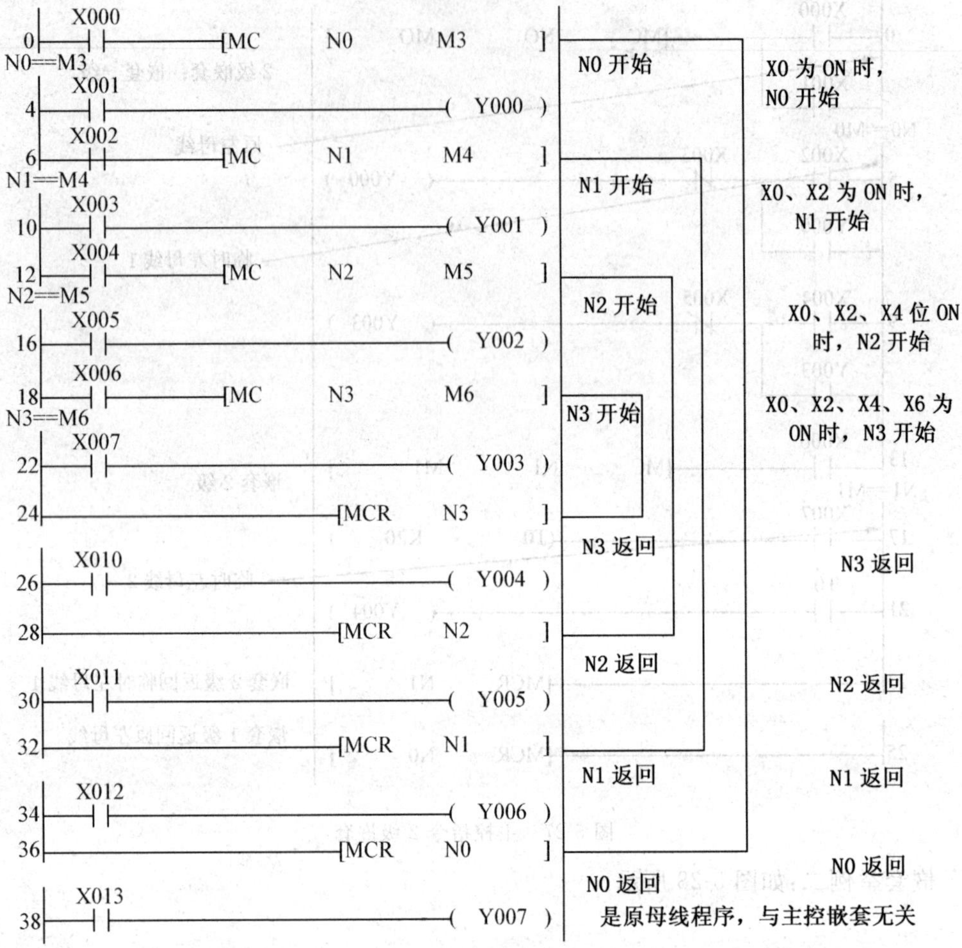

图 5-28　主控指令多级嵌套

7. 置 1 指令 SET、复 0 指令 RST

SET 指令称为置 1 指令：功能为驱动线圈输出，使动作保持，具有自锁功能。

RST 指令称为复 0 指令：功能为清除保持的动作，以及寄存器的清零。

(1)程序举例　如图 5-29 所示，当 X0 接通时，Y0 接通并自保持接通；当 X1 接通时，Y0 清除保持断开。

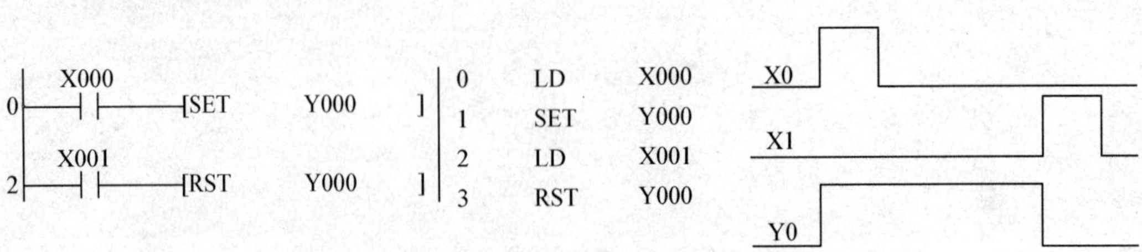

图 5-29　置位与复位指令举例

(2)指令说明

①用 SET 指令使软元件接通后,必须要用 RST 指令才能使其断开。

②对积算定时器 T、计数器 C、数据寄存器 D、变址寄存器 V 和 Z 的内容清零时,也可使用 RST 指令。

8. 脉冲输出指令 PLS、PLF

PLS 指令:上升沿微分脉冲指令,当检测到逻辑关系的结果为上升沿信号时,驱动的操作软元件产生一个脉冲宽度为一个扫描周期的脉冲信号。

PLF 指令:下降沿微分脉冲指令,当检测到逻辑关系的结果为下降沿信号时,驱动的操作软元件产生一个脉冲宽度为一个扫描周期的脉冲信号。

(1)程序举例 如图 5-30 所示,当检测到 X0 的上升沿时,PLS 的操作软元件 M0 产生一个扫描周期的脉冲,Y0 接通一个扫描周期;当检测到 X1 的下降沿时,PLF 的操作软元件 M1 产生一个扫描周期的脉冲,Y1 接通一个扫描周期。

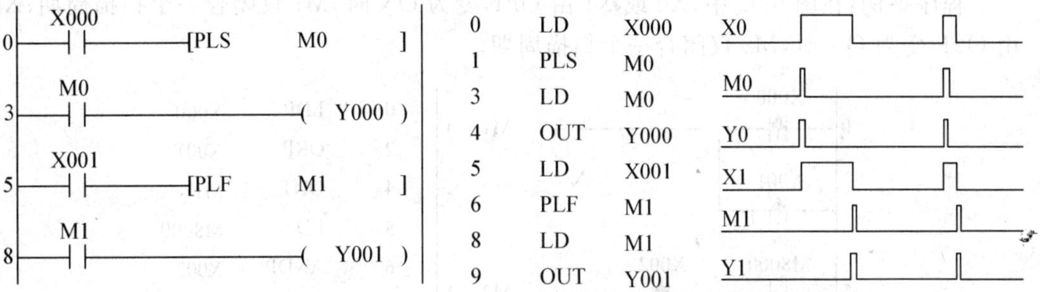

图 5-30 脉冲输出指令举例

(2)指令说明

①PLS 指令驱动的软元件只在逻辑输入结果由 OFF 到 ON 时动作一个扫描周期。

②PLF 指令驱动的软元件只在逻辑输入结果由 ON 到 OFF 时动作一个扫描周期。

③特殊辅助继电器不能作为 PLS、PLF 的操作软元件。

9. INV 取反指令

INV 指令是将即将执行 INV 指令之前的运算结果反转的指令,无操作软元件。

(1)程序举例 如图 5-31 所示,X0 接通,Y0 断开;X0 断开,Y0 接通。

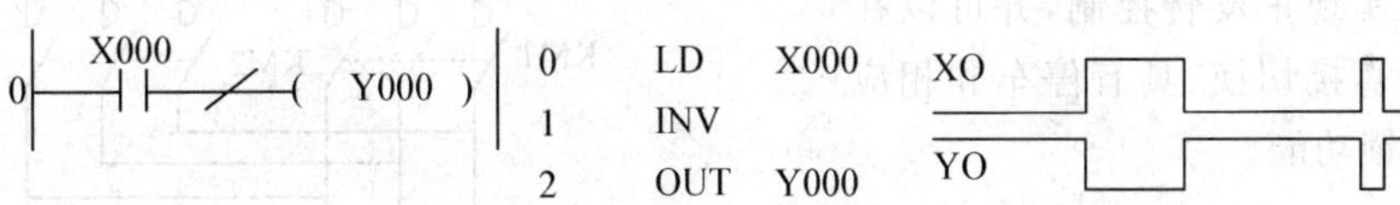

图 5-31 取反指令举例

(2)指令说明

①编写 INV 取反指令需要前面有输入量,INV 指令不能直接与母线相连接,也不能如 OR、ORI、ORP、ORF 单独并联使用。

②INV 指令只对其前的逻辑关系取反。

10. 空操作指令 NOP、结束指令 END

NOP 指令：称为空操作指令，无任何操作元件。

END 指令：称为结束指令，无操作元件。其功能是输出处理和返回到 0 步程序。END 以后的其余程序步不再执行，而直接进行输出处理。在调试期间，在各程序段插入 END 指令，可依次调试各程序段程序的动作功能，确认后再删除各 END 指令。

11. LDP、LDF、ANDP、ANDF、ORP、ORF 指令

LDP：上升沿检测运算开始（检测到信号的上升沿时闭合一个扫描周期）。

LDF：下降沿检测运算开始（检测到信号的下降沿时闭合一个扫描周期）。

ANDP：上升沿检测串联连接（检测到位软元件上升沿信号时闭合一个扫描周期）。

ANDF：下降沿检测串联连接（检测到位软元件下降沿信号时闭合一个扫描周期）。

ORP：脉冲上升沿检测并联连接（检测到位软元件上升沿信号时闭合一个扫描周期）。

ORF：脉冲下降沿检测并联连接（检测到位软元件下降沿信号时闭合一个扫描周期）。

上述 6 个指令的操作软元件都为 X、Y、M、S、T、C。

程序举例：在图 5-32 中，X0 或 X1 由 OFF 变为 ON 时，M1 仅闭合一个扫描周期；X2 由 OFF 变为 ON 时，M2 仅闭合一个扫描周期。

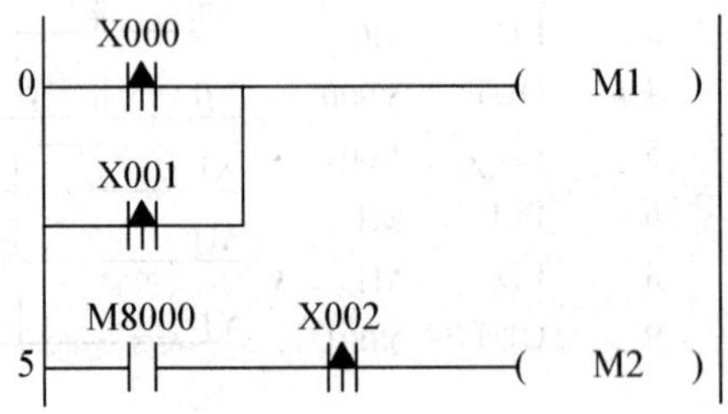

0	LDP	X000
2	ORP	X001
4	OUT	M1
5	LD	M8000
6	ANDP	X002
8	OUT	M2

图 5-32　脉冲指令举例

四、应用举例

1. 三相异步电动机的正反转控制电路

(1)控制要求　三相异步电动机正反转控制线路的主电路如图 5-33 所示。电动机可以实现正反转控制，并可以在正反转之间直接切换，具有停车和相应的保护及联锁功能。

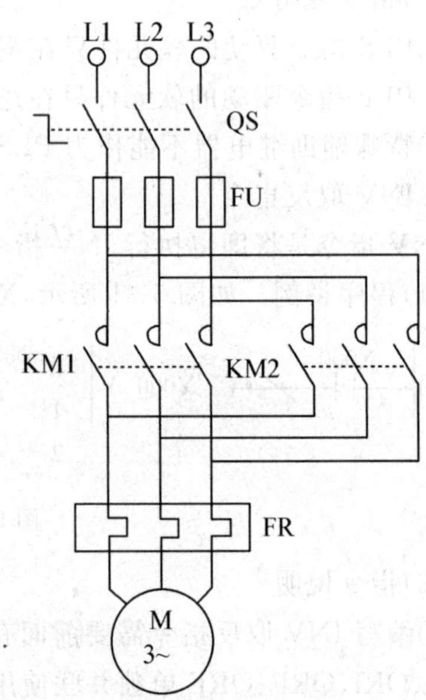

图 5-33　三相异步电动机正反转控制线路的主电路

(2)PLC 控制的输入/输出配置及接线　如图 5-34 所示,电动机在正反转切换时,由于接触器动作的滞后,可能会造成相同短路,所以在输出回路利用接触器的常闭触点采取了互锁措施。

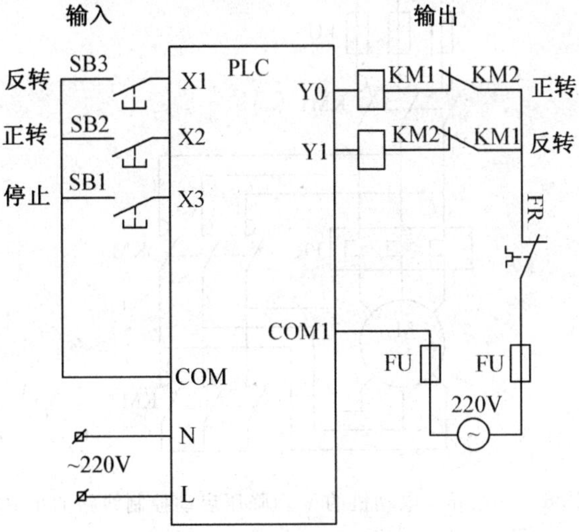

图 5-34　PLC I/O 接线图

(3)PLC 程序设计　如图 5-35 所示,类似继电接触控制,图中利用 PLC 输入继电器 X2 和 X1 的常闭触点,实现双重互锁,以防止反转换接时的相间短路。

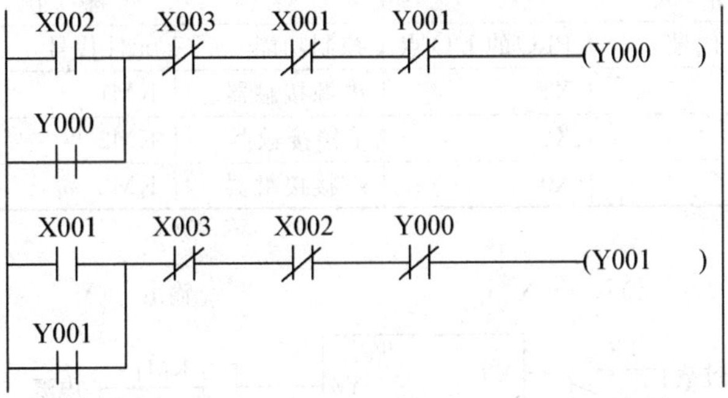

图 5-35　正反转电路梯形图程序

2. 三相异步电动机的 Y-△降压启动控制

(1)控制要求　本书前面章节介绍过三相异步电动机 Y-△降压启动控制线路,电动机启动时,将定子绕组接成 Y 形,降压启动;经过 3 秒延时启动完毕,将定子绕组换接成△形全压运行,其主电路如图 5-36 所示。

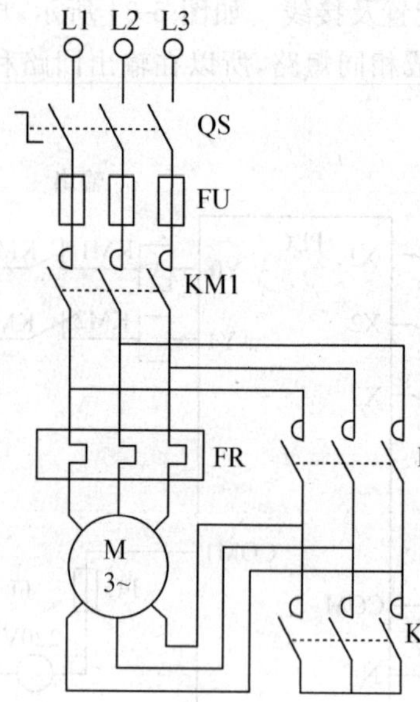

图 5-36　三相异步电动机的 Y-△降压启动控制线路的主电路

(2)I/O 分配及外部接线　综合分析控制要求后，输入输出口的分配见表 5-7，PLC 外部接线如图 5-37 所示。

表 5-7　I/O 分配表

输入			输出		
控制功能	元件代号	PLC 的 I/O 点	控制功能	元件代号	PLC 的 I/O 点
启动按钮	SB1	X1	电源接触器	KM1	Y0
停止按钮	SB2	X2	Y 接接触器	KM2	Y1
热继电器触点	FR	X0	△接接触器	KM3	Y2

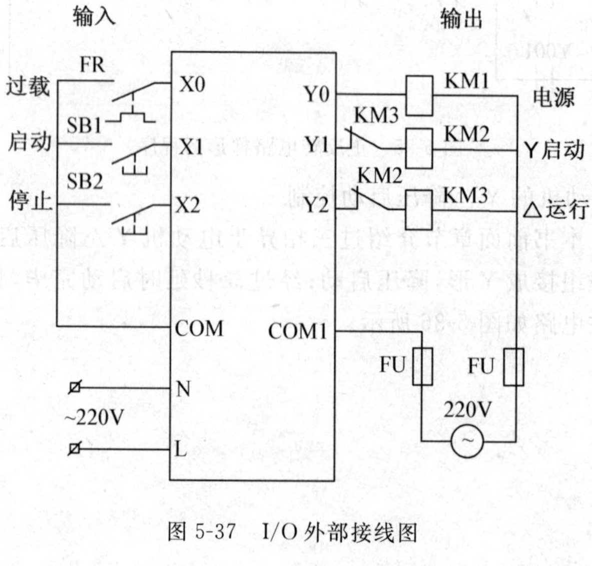

图 5-37　I/O 外部接线图

(3)PLC 梯形图程序设计

根据控制要求及 I/O 分配，设计梯形图程序如图 5-38 所示。

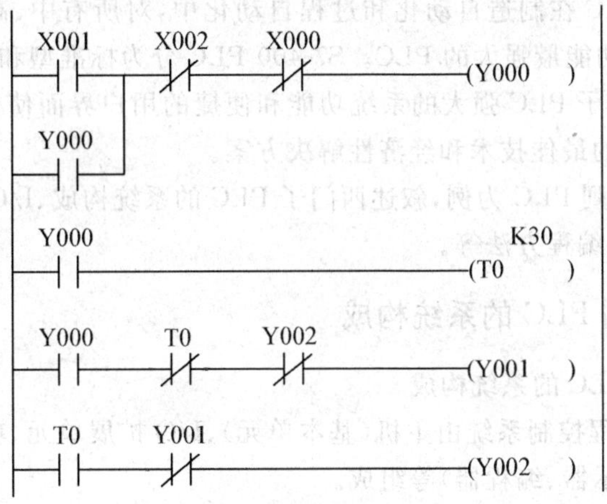

图 5-38　Y-△降压启动控制程序

为了防止 Y/△转换时发生短路事故，在梯形图程序中需要有联锁触点，并且在硬件接线中接触器 KM2 和 KM3 也要有联锁保护，如图 5-37 所示。

第四节　西门子系列可编程序控制器

西门子 S7 系列可编程控制器分为 S7-400、S7-300、S7-200 三个系列，分别为 S7 系列的大、中、小型可编程控制器系统。

S7-200 系列 PLC 是超小型化的 PLC，它适用于各行各业，各种场合中的自动检测、监测及控制等。S7-200 系列 PLC 的强大功能使其无论单机运行，或连成网络都能实现复杂的控制功能。S7-200 系列在集散自动化系统中充分发挥其强大功能。

S7-300 系列 PLC 是德国 SIEMENS 公司针对低性能要求设计的模块化中小型 PLC 系统，能满足中等性能要求的应用，各种单独的模块之间可进行广泛组合构成不同要求的系统。与 S7-200 PLC 比较，S7-300 PLC 采用模块化结构，具备高速(0.6～0.1μs)的指令运算速度；用浮点数运算比较有效地实现了更为复杂的算术运算；一个带标准用户接口的软件工具方便用户给所有模块进行参数赋值；方便的人机界面服务已经集成在 S7-300 操作系统内，人机对话的编程要求大大减少。它的抗干扰能力强，具有很高的工业环境适应性；具有高电磁兼容性和强抗振动、冲击性；模块化，无排风扇结构，易于实现分布；易于用户掌握等特点。使得 S7-300 成为各种从小规模到中等性能要求控制任务的方便又经济的解决方案。

S7-400 是用于中、高档性能范围的可编程序控制器。采用模块化无风扇的设计，可靠耐用，同时可以选用多种级别(功能逐步升级)的 CPU，并配有多种通用功能的模板，这使用户能根据需要组合成不同的专用系统，使用户能够构成最佳的解决方案，满足自动化的任务要求。同 S7-300 的区别主要是规模和性能上更强大，启动类型有冷启动（CRST）和热启动（WRST），还有一个外部的电池电源接口，当在线更换电池时可以向 RAM 提供后备电源。西门子 PLC 在制造自动化和过程自动化中，对所有中、高端的应用来说，SIMATIC S7-400 都是功能最强大的 PLC。S7-400 PLC 分为标准型和容错型（可配置成故障安全型）两种。西门子 PLC 强大的系统功能和便捷的用户界面使得 SIMATIC S7-400 成为各种自动化功能的最佳技术和经济性解决方案。

本节以 S7-200 系列 PLC 为例，叙述西门子 PLC 的系统构成、I/O 扩展、寻址方式、内部软元件、编程指令及编程方法等。

一、S7-200 系列 PLC 的系统构成

1. S7-200 系列 PLC 的系统构成

S7-200 小型可编程控制系统由主机（基本单元）、I/O 扩展单元、功能单元（模块）和外部设备（文本/图形显示器、编程器）等组成。

S7-200 系列可编程控制器有 CPU21X 系列，CPU22X 系列，其中 CPU22X 型可编程控制器提供了 4 个不同的基本型号，常见的有 CPU221，CPU222，CPU224 和 CPU226 四种基本型号。小型 PLC 中，CPU221 价格低廉能满足多种集成功能的需要。CPU 222 是 S7-200 家族中低成本的单元，通过可连接的扩展模块即可处理模拟量。CPU 224 具有更多的输入输出点及更大的存储器。CPU 226 和 226XM 是功能最强的单元，可完全满足一些中小型复杂控制系统的要求。

CPU 221 具有 6 个输入点和 4 个输出点；CPU 222 具有 8 个输入点和 6 个输出点；CPU 224 具有 14 个输入点和 10 个输出点；CPU226/226XM 具有 24 个输入点和 16 个输出点，见表 5-8。CPU22X 主机的输入点为 24V 直流双向光电耦合输入电路，输出有继电器和直流（MOS 型）两种类型。

表 5-8　　S7-200 系列 PLC 的基本配置

	CPU221 （6 入/4 出）	CPU222 （8 入/6 出）	CPU224 （14 入/10 出）	CPU226(XM) （24 入/16 出）
输入点地址	I0.0、I0.1、I0.2、I0.3、I0.4、I0.5	I0.0、I0.1、I0.2、I0.3、I0.4、I0.5、I0.6、I0.7	I0.0、I0.1、I0.2、I0.3、I0.4、I0.5、I0.6、I0.7 I1.0、I1.1、I10.2、I1.3、I1.4、I1.5	I0.0、I0.1、I0.2、I0.3、I0.4、I0.5、I0.6、I0.7 I1.0、I1.1、I1.2、I1.3、I1.4、I1.5、I1.6、I1.7 I2.0、I2.1、I2.2、I2.3、I2.4、I2.5、I2.6、I2.7

续表

输出点地址	Q0.0、Q0.1、Q0.2、Q0.3	Q0.0、Q0.1、Q0.2、Q0.3、Q0.4、Q0.5	Q0.0、Q0.1、Q0.2、Q0.3、Q0.4、Q0.5、Q0.6、Q0.7 Q1.0、Q1.1	Q0.0、Q0.1、Q0.2、Q0.3、Q0.4、Q0.5、Q0.6、Q0.7 Q1.0、Q1.1、Q1.2、Q1.3、Q1.4、Q1.5、Q1.6、Q1.7

2. S7-200 系列 PLC 的外形结构

以 CPU224 型 PLC 为例，CPU224 型 PLC 的主机包括工作方式开关，模拟电位器，I/O 扩展接口，工作状态指示和用户程序存储卡，I/O 接线端子排及发光指示等，外形结构如图 5-39 所示。主机箱体外部的 RS-485 通信接口，用以连接编程器(手持式或 PC 机)、文本/图形显示器、PLC 网络等外部设备。

图 5-39　S7-200 的主机外形结构图

CPU 224 外部电路接线如图 5-40 所示。输入电路采用了双向光电耦合器，24V DC 极性可任意选择，系统设置 1M 为输入端子(I0.0～I0.7)的公共端，2M 为(I1.0～I1.5)输入端子的公共端。Q0.0～Q0.4 共用 1M 和 1L 公共端，Q0.5～Q1.1 共用 2M 和 2L 公共端，在公共端上需要用户连接适当的电源，为 PLC 的负载服务。CPU224 的输出电路有晶体管输出电路和继电器输出两种供用户选用。

CPU224 PLC 有 6 个高速计数脉冲输入端(I0.0～I0.5)，最快的响应速度为 30KHz 用于捕捉比 CPU 扫描周期更快的脉冲信号。有 2 个高速脉冲输出端(Q0.0，Q0.1)，输出频率可达 20kHz，用于 PTO (高速脉冲束)和 PWM(宽度可变脉冲输出)高速脉冲输出。

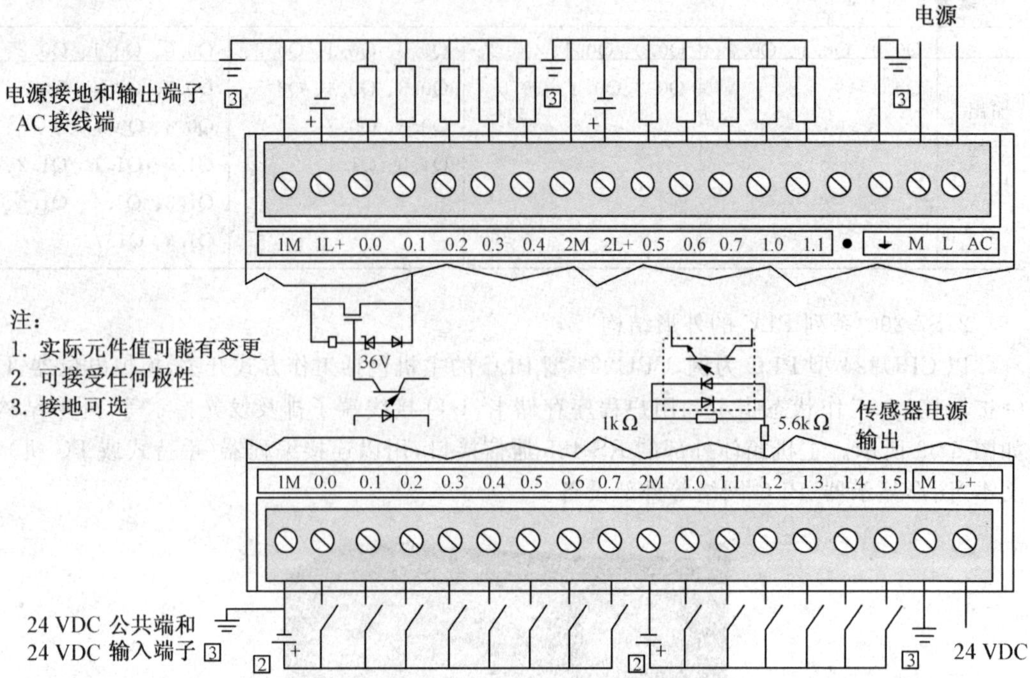

图 5-40　CPU 224 外部电路接线电路图

二、S7-200 系列 PLC 内部可编程元件

PLC 内部在数据存储区为每一种元件分配一个存储区域,并用字母作为区域标志符,同时表示元件的类型。如:数字量输入写入输入映像寄存器(区标志符为 I)。下面将介绍元件的编址方式,存储器的单位可以是位(bit)、字节(Byte)、字(Word)、双字(Double Word),那么编址方式也可以分为位、字节、字、双字编址。

(1)位编址　位编址的指定方式见表 5-9。

表 5-9　　**位编址**

I	0	•	0
标志域(输出 Q、输入 I)	字节地址	字节号和位号的分隔点	字节中位的编号(0～7)

(2)字节编址　字节编址的指定方式为:(区域标志符)B(字节号)。例如:IB0 表示由 I0.0～I0.7 这 8 位组成的字节。

(3)字编址　字编址的指定方式为:(区域标志符)W(起始字节号),且最高有效字节为起始字节。例如:VW0 表示由 VB0 和 VB1 这 2 字节组成的字。

(4)双字编址　双字编址的指定方式为:(区域标志符)D(起始字节号),且最高有效字节为起始字节。例如:VD0 表示由 VB0 到 VB3 这 4 字节组成的双字。

1. 输入映像寄存器(输入继电器 I)

输入继电器是 PLC 用来接收用户设备输入信号的接口。在用户编制的梯形图中只应出现"输入继电器"的触点,而不应出现"输入继电器"的线圈。S7-200 输入映像寄存器区域有 IB0～IB15 共 16 个字节的存储单元。系统对输入映像寄存器是以字节(8 位)为单位进行地址分配的。输入映像寄存器可以按位进行操作,每一位对应一个数字量的输入点。如 CPU224 的基本单元输入为 14 点,需占用 2×8=16 位,即占用 IB0 和 IB1 两个字节。而 I1.6、I1.7 因没有实际输入而未使用,用户程序中不可使用。但如果整个字节未使用如 IB3～IB15,则可作为内部标志位(M)使用。

输入继电器可采用位、字节、字或双字来存取。输入继电器位存取的地址编号范围为 I0.0～I15.7,共有 128 点。

2. 输出映像寄存器(输出继电器 Q)

输出继电器是用来将输出信号传送到负载的接口,用于驱动负载。输出继电器线圈的通断状态只能在程序内部用指令驱动。

S7-200 输出映像寄存器区域有 QB0～QB15 共 16 个字节的存储单元。系统对输出映像寄存器也是以字节(8 位)为单位进行地址分配的。输出映像寄存器可以按位进行操作,每一位对应一个数字量的输出点。如 CPU224 的基本单元输出为 10 点,需占用 2×8=16 位,即占用 QB0 和 QB1 两个字节。但未使用的位和字节均可在用户程序中作为内部标志位使用。

输出继电器可采用位,字节,字或双字来存取。输出继电器位存取的地址编号范围为 Q0.0～Q15.7。

以上介绍的两种软继电器都是和用户有联系的,因而是 PLC 与外部联系的窗口 。下面所介绍的则是与外部设备没有联系的内部软继电器。它们既不能用来接收用户信号,也不能用来驱动外部负载,只能用于编制程序,即线圈和接点都只能出现在梯形图中。

3. 变量存储器 V

变量存储器主要用于存储变量。可以存放数据运算的中间运算结果或设置参数,在进行数据处理时,变量存储器会被经常使用。变量存储器可以是位寻址,也可按字节、字、双字为单位寻址,其位存取的编号范围根据 CPU 的型号有所不同,CPU221/222 为 V0.0～V2047.7 共 2KB 存储容量,CPU224/226 为 V0.0～V5119.7 共 5kB 存储容量。

4. 内部标志位存储器(中间继电器 M)

内部标志位存储器,用来保存控制继电器的中间操作状态,其作用相当于继电器控制中的中间继电器,内部标志位存储器在 PLC 中没有输入/输出端与之对应,其线圈的通断状态只能在程序内部用指令驱动,其触点不能直接驱动外部负载,只能在程序内部驱动输出继电器的线圈,再用输出继电器的触点去驱动外部负载。

内部标志位存储器可采用位、字节、字或双字来存取。内部标志位存储器位存取的地址编号范围为 M0.0～M31.7 共 32 个字节。

5. 特殊标志位存储器 SM

PLC 中还有若干特殊标志位存储器，特殊标志位存储器位提供大量的状态和控制功能,用来在 CPU 和用户程序之间交换信息,特殊标志位存储器能以位、字节、字或双字来存取,CPU224 的 SM 的位地址编号范围为 SM0.0～SM179.7 共 180 个字节。其中 SM0.0～SM29.7 的 30 个字节为只读型区域。

常用的特殊存储器的用途如下：

SM0.0：运行监视。SM0.0 始终为“1”状态。当 PLC 运行时可以利用其触点驱动输出继电器，在外部显示程序是否处于运行状态。

SM0.1：初始化脉冲。每当 PLC 的程序开始运行时，SM0.1 线圈接通一个扫描周期，因此 SM0.1 的触点常用于调用初始化程序等。

SM0.3：开机进入 RUN 时，接通一个扫描周期，可用在启动操作之前，给设备提前预热。

SM0.4、SM0.5：占空比为 50%的时钟脉冲。当 PLC 处于运行状态时，SM0.4 产生周期为 1min 的时钟脉冲，SM0.5 产生周期为 1s 的时钟脉冲。若将时钟脉冲信号送入计数器作为计数信号，可起到定时器的作用。

其他特殊存储器的用途可查阅相关手册。

6. 局部变量存储器 L

局部变量存储器 L 用来存放局部变量，局部变量存储器 L 和变量存储器 V 十分相似，主要区别在于全局变量是全局有效，即同一个变量可以被任何程序(主程序、子程序和中断程序)访问。而局部变量只是局部有效，即变量只和特定的程序相关联。

S7-200 有 64 个字节的局部变量存储器，其中 60 个字节可以作为暂时存储器，或给子程序传递参数。后 4 个字节作为系统的保留字节。PLC 在运行时，根据需要动态地分配局部变量存储器，在执行主程序时，64 个字节的局部变量存储器分配给主程序，当调用子程序或出现中断时，局部变量存储器分配给子程序或中断程序。

局部存储器可以按位、字节、字、双字直接寻址，其位存取的地址编号范围为 L0.0～L63.7。

7. 定时器 T

PLC 所提供的定时器作用相当于继电器控制系统中的时间继电器。每个定时器可提供无数对常开和常闭触点供编程使用。其设定时间由程序设置。

每个定时器有一个 16 位的当前值寄存器，用于存储定时器累计的时基增量值(1～32767)，另有一个状态位表示定时器的状态。若当前值寄存器累计的时基增量值大于等于设定值时，定时器的状态位被置“1”，该定时器的常开触点闭合。

定时器的定时精度分别为 1ms 、10ms 和 100ms 三种，CPU222、CPU224 及 CPU226 的定时器地址编号范围为 T0～T225，它们分辨率、定时范围并不相同，用户应根据所用 CPU 型号及时基，正确选用定时器的编号。

8. 计数器 C

计数器用于累计计数输入端接收到的由断开到接通的脉冲个数。计数器可提供无数对常开和常闭触点供编程使用，其设定值由程序赋予。

计数器的结构与定时器基本相同，每个计数器有一个 16 位的当前值寄存器用于存储计数器累计的脉冲数，另有一个状态位表示计数器的状态，若当前值寄存器累计的脉冲数大于等于设定值时，计数器的状态位被置“1”，该计数器的常开触点闭合。计数器的地址编号范围为 C0～C255。

9. 高速计数器 HC

一般计数器的计数频率受扫描周期的影响，不能太高。而高速计数器可用来累计比CPU的扫描速度更快的事件。高速计数器的当前值是一个双字长(32位)的整数，且为只读值。

高速计数器的地址编号范围根据CPU的型号有所不同，CPU221/222各有4个高速计数器，CPU224/226各有6个高速计数器，编号为HC0～HC5。

10. 累加器AC

累加器是用来暂存数据的寄存器，它可以用来存放运算数据、中间数据和结果。CPU提供了4个32位的累加器，其地址编号为AC0～AC3。累加器的可用长度为32位，可采用字节、字、双字的存取方式，按字节、字只能存取累加器的低8位或低16位，双字可以存取累加器全部的32位。

11. 顺序控制继电器S(状态元件)

顺序控制继电器是使用步进顺序控制指令编程时的重要状态元件，通常与步进指令一起使用以实现顺序功能流程图的编程。

顺序控制继电器的地址编号范围为S0.0～S31.7。

12. 模拟量输入/输出映像寄存器(AI/AQ)

S7-200的模拟量输入电路是将外部输入的模拟量信号转换成1个字长的数字量存入模拟量输入映像寄存器区域，区域标志符为AI。

模拟量输出电路是将模拟量输出映像寄存器区域的1个字长(16位)数值转换为模拟电流或电压输出，区域标志符为AQ。

在PLC内的数字量字长为16位，即两个字节，故其地址均以偶数表示，如AIW0、AIW2……；AQW0、AQW2……。

对模拟量输入/输出是以2个字(W)为单位分配地址，每路模拟量输入/输出占用1个字(2个字节)。如有3路模拟量输入，需分配4个字(AIW0、AIW2、AIW4、AIW6)，其中没有被使用的字AIW6，不可被占用或分配给后续模块。如果有1路模拟量输出，需分配2个字(AQW0、AQW2)，其中没有被使用的字AQW2，不可被占用或分配给后续模块。

模拟量输入/输出的地址编号范围根据CPU的型号的不同有所不同，CPU222为AIW0～AIW30/AQW0～AQW30；CPU224/226为AIW0～AIW62/AQW0～AQW62。

三、西门子S7-200可编程序控制器指令系统

1. 基本位逻辑指令

位操作指令是PLC常用的基本指令，梯形图指令有触点和线圈两大类，触点又分常开触点和常闭触点两种形式；语句表指令有与、或以及输出等逻辑关系，位操作指令能够实现基本的位逻辑运算和控制。

(1)逻辑取(装载)及线圈驱动指令　见表5-10。

表 5-10　　　　逻辑取(装载)及线圈驱动指令

<table>
<tr><th>指令</th><th>操作数</th><th>指令功能</th><th>梯形图</th><th>指令表</th><th>使用说明</th></tr>
<tr><td>LD</td><td rowspan="2">I、Q、M、SM、T、C、V、S</td><td>常开触点逻辑运算的开始。对应梯形图则为在左侧母线或线路分支点处初始装载一个常开触点</td><td rowspan="2">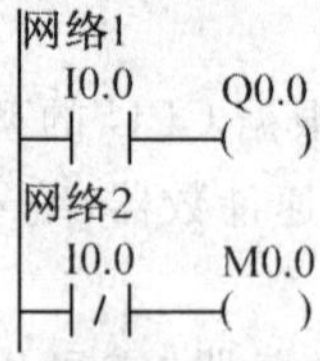
</td><td rowspan="2">网络 1
LD　I0.0
=　Q0.0
网络 2
LDN　I0.0
=　M0.0</td><td rowspan="3">LD 、LDN 指令用于与输入公共母线(输入母线)相连的接点，也可与 OLD、ALD 指令配合使用于分支回路的开头。“=”可以并联使用任意次，但不能串联。输出端不带负载时，控制线圈应尽量使用 M 或其他，而不用 Q</td></tr>
<tr><td>LDN</td><td>常闭触点逻辑运算的开始(即对操作数的状态取反)，对应梯形图则为在左侧母线或线路分支点处初始装载一个常闭触点</td></tr>
<tr><td>=</td><td>Q、M、SM、T、C、V、S</td><td>输出指令，对应梯形图则为线圈驱动。对同一元件只能使用一次</td><td></td><td></td></tr>
</table>

(2)触点串并联指令　见表 5-11。

表 5-11　　　　触点串并联指令

<table>
<tr><th>指令</th><th>操作数</th><th>指令功能</th><th>梯形图</th><th>指令表</th><th>使用说明</th></tr>
<tr><td>A</td><td rowspan="4">I、Q、M、SM、T、C、V、S</td><td>与操作，在梯形图中表示串联连接单个常开触点</td><td rowspan="4">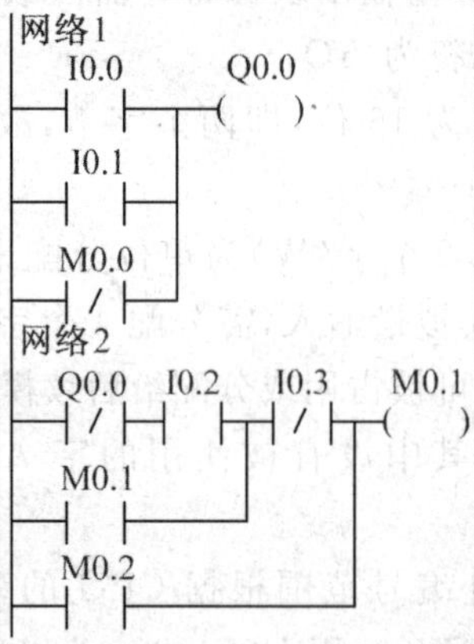
</td><td rowspan="4">网络 1
LD　I0.0
O　I0.1
ON　M0.0
=　Q0.0
网络 2
LDN　Q0.0
A　I0.2
O　M0.1
AN　I0.3
O　M0.2
=　M0.1</td><td rowspan="2">A、AN 是单个触点串联连接指令，可连续使用。若要串联多个接点组合回路时，必须使用 ALD 指令。若按正确次序编程(即输入:左重右轻、上重下轻；输出:上轻下重)，可以反复使用=指令</td></tr>
<tr><td>AN</td><td>与非操作，在梯形图中表示串联连接单个常闭触点</td></tr>
<tr><td>O</td><td>或操作，在梯形图中表示并联连接一个常开触点</td><td rowspan="2">O/ON 指令可作为并联一个触点指令，紧接在 LD/LDN 指令之后用，即对其前面的 LD/LDN 指令所规定的触点并联一个触点，可以连续使用。若要并联连接两个以上触点的串联回路时，须采用 OLD 指令</td></tr>
<tr><td>ON</td><td>或非操作，在梯形图中表示并联连接一个常闭触点</td></tr>
</table>

(3)电路块的串并联指令　见表 5-12。

表 5-12　电路块的串并联指令

指令	操作数	指令功能	梯形图	指令表	使用说明
ALD	无	块"与"操作,用于串联连接多个并联电路组成的电路块	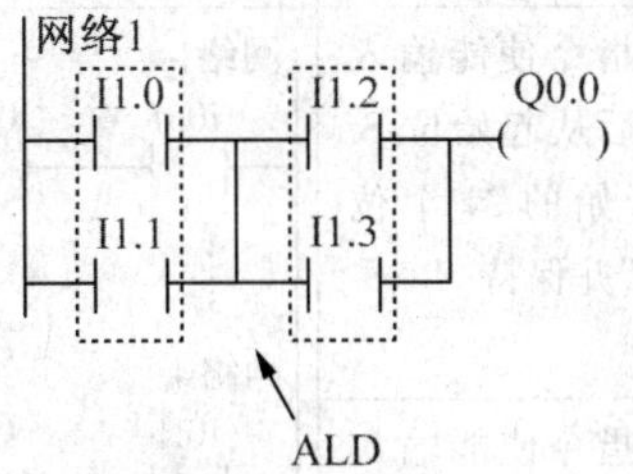	LD　I1.0 O　I1.1 LD　I1.2 O　I1.3 ALD =　Q0.0	可以顺次使用ALD指令串联多个并联电路块,支路数量没有限制
OLD	无	块"或"操作,用于并联连接多个串联电路组成的电路块	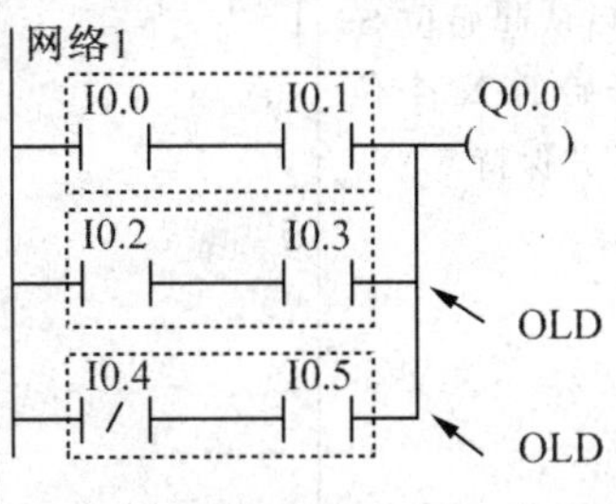	LD　I0.0 A　I0.1 LD　I0.2 A　I0.3 OLD LDN　I0.4 A　I0.5 OLD =　Q0.0	可以顺次使用OLD指令并联多个串联电路块,支路数量没有限制

(4)逻辑堆栈指令　S7-200 系列采用模拟栈的结构,用于保存逻辑运算结果及断点的地址,称为逻辑堆栈。S7-200 系列 PLC 中有一个 9 层的堆栈。在此讨论断点保护功能的堆栈操作。堆栈操作指令用于处理线路的分支点。在编制控制程序时,经常遇到多个分支电路同时受一个或一组触点控制的情况,若采用前述指令不容易编写程序,用堆栈操作指令则可方便的将梯形图转换为语句表。见表 5-13。

表 5-13　逻辑堆栈指令

指令	操作数	指令功能	梯形图	指令表	使用说明
LPS	无	入栈指令把栈顶值复制后压入堆栈,栈中原来数据依次下移一层,栈底值压出丢失	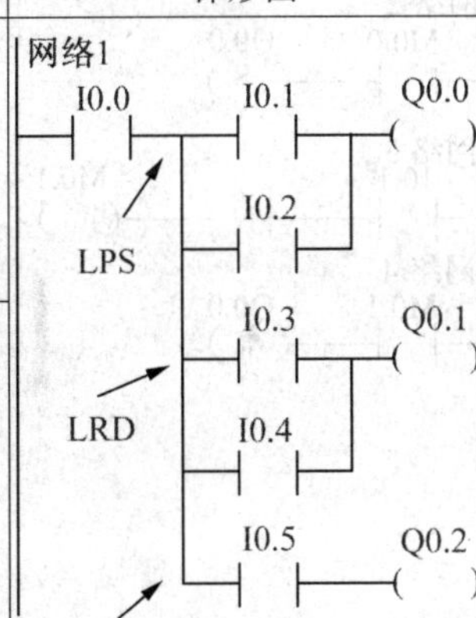	LD　I0.0 LPS LD　I0.1 O　I0.2 ALD =　Q0.0 LRD LD　I0.3 O　I0.4 ALD =　Q0.1 LPP A　I0.5 =　Q0.2	为保证程序地址指针不发生错误,入栈指令 LPS 和出栈指令 LPP 必须成对使用,最后一次读栈操作应使用出栈指令 LPP 逻辑堆栈指令可以嵌套使用,最多为 9 层
LRD	无	读栈指令把逻辑堆栈第二层的值复制到栈顶,2～9 层数据不变,堆栈没有压入和弹出。但原栈顶的值丢失			
LPP	无	出栈指令把堆栈弹出一级,原第二级的值变为新的栈顶值,原栈顶数据从栈内丢失			

(5)置位/复位指令　见表 5-14。

表 5-14　　置位/复位指令

指令	操作数	指令功能	梯形图	指令表	使用说明
S	SN:VB，IB，QB，MB，SMB，SB，LB，AC，常量，* VD，* AC，* LD 取值范围为:0～255 数据类型为:字节 S-bit:I，Q，M，SM，T，C，V，S，L 数据类型为:布尔	置位指令使能输入有效后从起始位 S-bit 开始的 N 个位置“1”并保持	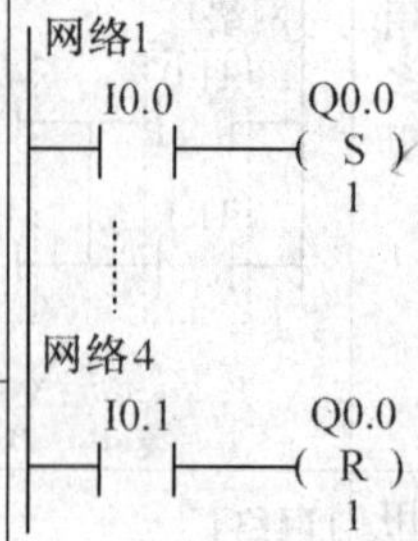	网络 1 LD I0.0 S Q0.0,1 网络 4 LD I0.1 R Q0.0,1	对同一元件(同一寄存器的位)可以多次使用 S/R指令(与“=”指令不同) 由于是扫描工作方式，当置位、复位指令同时有效时，写在后面的指令具有优先权。 置位复位指令通常成对使用，也可以单独使用或与指令盒配合使用
R		复位指令使能输入有效后从起始位 S-bit 开始的 N 个位清“0”并保持			

(6)脉冲生成指令　见表 5-15。

表 5-15　　脉冲生成指令

指令	操作数	指令功能	梯形图	指令表	使用说明
EU	无	在 EU 指令前的逻辑运算结果有一个上升沿时(由 OFF → ON)产生一个宽度为一个扫描周期的脉冲，驱动后面的输出线圈	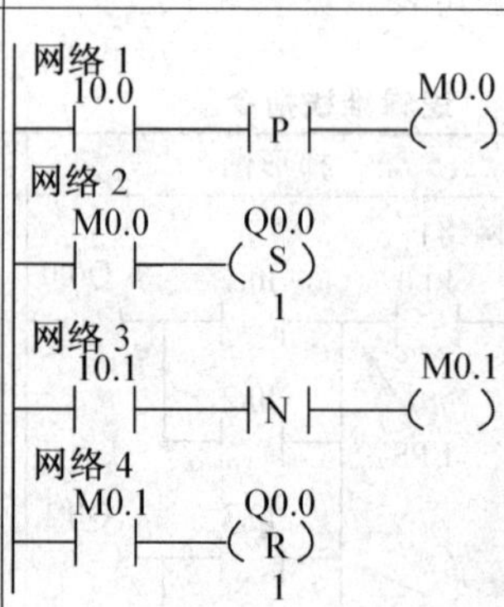	网络 1 LD I0.0 EU = M0.0 网络 2 LD M0.0 S Q0.0,1 网络 3 LD I0.1 ED = M0.1 网络 4 LD M0.1 R Q0.0,1	EU、ED 指令只在输入信号变化时有效，其输出信号的脉冲宽度为一个机器扫描周期 对开机时就为接通状态的输入条件，EU 指令不执行
ED	无	在 ED 指令前有一个下降沿时产生一个宽度为一个扫描周期的脉冲，驱动其后线圈			

表 5-15 所示程序及运行结果分析如下：

I0.0 的上升沿，经触点(EU)产生一个扫描周期的时钟脉冲，驱动输出线圈 M0.0 导通一个扫描周期，M0.0 的常开触点闭合一个扫描周期，使输出线圈 Q0.0 置位为 1，并保持。

I0.0 的下降沿，经触点(ED)产生一个扫描周期的时钟脉冲，驱动输出线圈 M0.1 导通一个扫描周期，M0.1 的常开触点闭合一个扫描周期，使输出线圈 Q0.0 复位为 0，并保持。时序分析如图 5-41 所示。

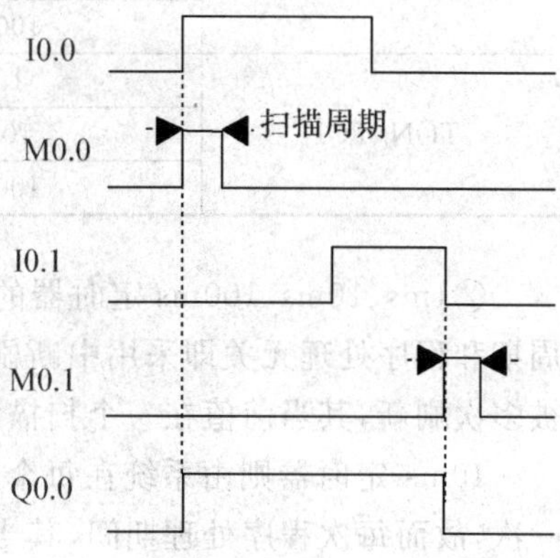

图 5-41　EU/ED 指令时序分析

2. 定时器指令

S7-200 系列 PLC 的定时器是对内部时钟累计时间增量计时的。每个定时器均有一个 16 位的当前值寄存器用以存放当前值(16 位符号整数)；一个 16 位的预置值寄存器用以存放时间的设定值；还有一位状态位，反映其触点的状态。

(1)工作方式　S7-200 系列 PLC 定时器按工作方式分三大类定时器。其指令格式见表 5-16。

表 5-16　定时器的指令格式

LAD	STL	说明
???? IN TON ????-PT	TON T××，PT	TON——通电延时定时器 TONR——记忆型通电延时定时器 TOF——断电延时型定时器 IN 是使能输入端，指令盒上方输入定时器的编号(T××)，范围为 T0-T255；PT 是预置值输入端，最大预置值为 32767；PT 的数据类型：INT PT 操作数有：IW，QW，MW，SMW，T，C，VW，SW，AC，常数
???? IN TONR ????-PT	TONR T××，PT	
???? IN TOF ????-PT	TOF T××，PT	

(2)时基　按时基脉冲分，则有 1ms、10ms、100ms 三种定时器。不同的时基标准，定时精度、定时范围和定时器刷新的方式不同。

①定时精度和定时范围：定时器使能输入有效后，当前值 PT 对 PLC 内部的时基脉冲增 1 计数，当计数值大于或等于定时器的预置值后，状态位置 1。其中，最小计时单位为时基脉冲的宽度，又为定时精度；从定时器输入有效，到状态位输出有效，经过的时间为定时时间，即：定时时间＝预置值×时基。当前值寄存器为 16bit，最大计数值为 32767，由此，可推算不同分辨率的定时器的设定时间范围。CPU 22X 系列 PLC 的 256 个定时器分属 TON (TOF)和 TONR 工作方式，以及 3 种时基标准，见表 5-17。可见时基越大，定时时间越长，但精度越差。

表 5-17　　定时器的类型

工作方式	时基(ms)	最大定时范围(s)	定时器号
TONR	1	32.767	T0,T64
	10	327.67	T1～T4,T65～T68
	100	3276.7	T5～T31,T69～T95
TON/TOF	1	32.767	T32,T96
	10	327.67	T33～T36,T97～T100
	100	3276.7	T37～T63,T101～T255

②1ms、10ms、100ms 定时器的刷新方式不同：1ms 定时器每隔 1ms 刷新一次与扫描周期和程序处理无关即采用中断刷新方式。因此当扫描周期较长时，在一个周期内可能被多次刷新，其当前值在一个扫描周期内不一定保持一致。

10ms 定时器则由系统在每个扫描周期开始自动刷新。由于每个扫描周期内只刷新一次，故而每次程序处理期间，其当前值为常数。

100ms 定时器则在该定时器指令执行时刷新。下一条执行的指令，即可使用刷新后的结果，非常符合正常的思路，使用方便可靠。但应当注意，如果该定时器的指令不是每个周期都执行，定时器就不能及时刷新，可能导致出错。

(3)定时器指令工作原理　下面我们将从原理应用等方面分别叙述通电延时型，有记忆的通电延时型，断电延时型三种定时器的使用方法。

①通电延时定时器(TON)指令工作原理：程序及时序分析，如图 5-42 所示。当 I0.0 接通时即使能端(IN)输入有效时，驱动 T37 开始计时，当前值从 0 开始递增，计时到设定值 PT 时，T37 状态位置 1，其常开触点 T37 接通，驱动 Q0.0 输出，其后当前值仍增加，但不影响状态位。当前值的最大值为 32767。当 I0.0 分断时，使能端无效时，T37 复位，当前值清 0，状态位也清 0，即回复原始状态。若 I0.0 接通时间未到设定值就断开，T37 则立即复位，Q0.0 不会有输出。

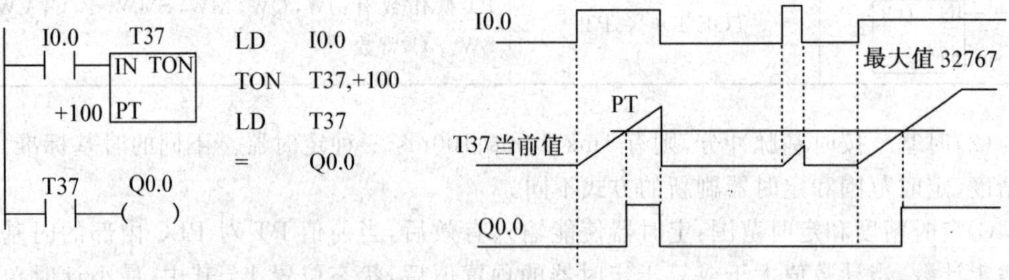

图 5-42　通电延时定时器工作原理分析

②记忆型通电延时定时器(TONR)指令工作原理：使能端(IN)输入有效时(接通)，定时器开始计时，当前值递增，当前值大于或等于预置值(PT)时，输出状态位置 1。使能端输入无效(断开)时，当前值保持(记忆)，使能端(IN)再次接通有效时，在原记忆值的基础上递增计时。

注意：TONR 记忆型通电延时型定时器采用线圈复位指令 R 进行复位操作，当复位线圈有效时，定时器当前位清零，输出状态位置 0。

程序分析，如图 5-43 所示。如 T3，当输入 IN 为 1 时，定时器计时；当 IN 为 0 时，其当前值保持并不复位。下次 IN 再为 1 时，T3 当前值从原保持值开始往上加，将当前值与设定值 PT 比较，当前值大于等于设定值时，T3 状态位置 1，驱动 Q0.0 有输出，以后即使 IN 再为 0，也不会使 T3 复位，要使 T3 复位，必须使用复位指令。

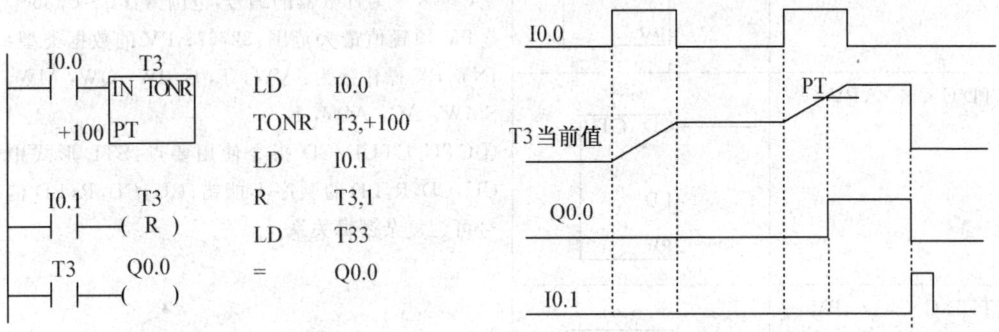

图 5-43　TONR 记忆型通电延时型定时器工作原理分析

③断电延时型定时器（TOF）指令工作原理：断电延时型定时器用来在输入断开，延时一段时间后，才断开输出。使能端（IN）输入有效时，定时器输出状态位立即置 1，当前值复位为 0。使能端（IN）断开时，定时器开始计时，当前值从 0 递增，当前值达到预置值时，定时器状态位复位为 0，并停止计时，当前值保持。

如果输入断开的时间，小于预定时间，定时器仍保持接通。IN 再接通时，定时器当前值仍设为 0。断电延时定时器的应用程序及时序分析如图 5-44 所示。

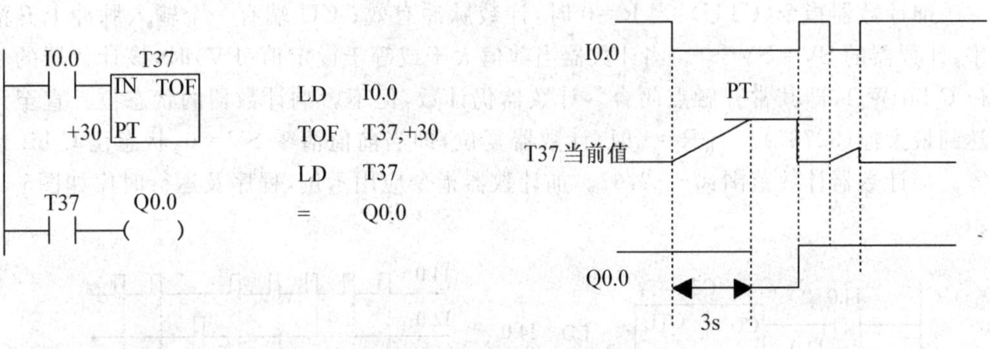

图 5-44　TOF 断电延时定时器的工作原理

3. 计数器指令

计数器利用输入脉冲上升沿累计脉冲个数。结构主要由一个 16 位的预置值寄存器、一个 16 位的当前值寄存器和一位状态位组成。当前值寄存器用以累计脉冲个数，计数器当前值大于或等于预置值时，状态位置 1。

S7-200 系列 PLC 有三类计数器：CTU（加计数器），CTUD（加/减计数器），CTD（减计数器）。

(1)计数器指令格式　见表 5-18。

表 5-18　　计数器的指令格式

STL	LAD	说　明
CTU C×××,PV	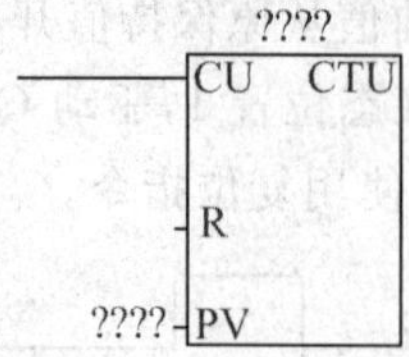	①梯形图指令符号中:CU 为加计数脉冲输入端;CD为减计数脉冲输入端;R 为加计数复位端;LD为减计数复位端;PV 为预置值 ②C×××为计数器的编号,范围为:C0～C255 ③PV 预置值最大范围:32767;PV 的数据类型:INT;PV 操作数为:VW,T,C,IW,QW,MW,SMW,AC,AIW,K ④CTU/CTUD/CD 指令使用要点:STL 形式中CU,CD,R,LD 的顺序不能错;CU,CD,R,LD 信号可为复杂逻辑关系
CTD C×××,PV	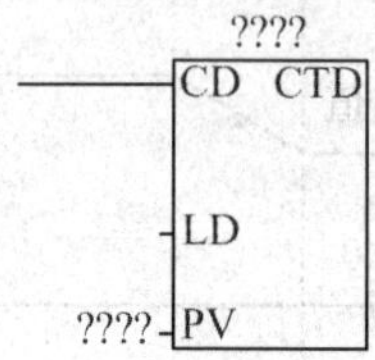	
CTUD C×××,PV	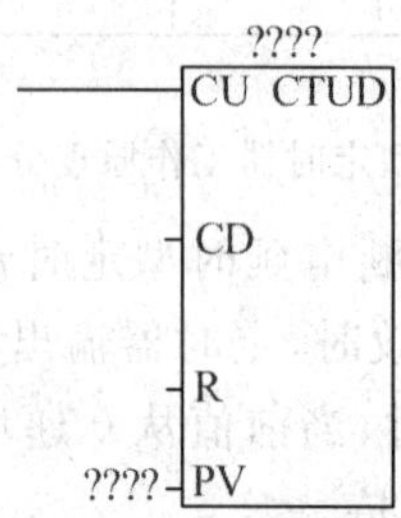	

(2) 计数器工作原理分析

①加计数器指令(CTU):当 R=0 时,计数脉冲有效;CU 端有一个输入脉冲上升沿到来,计数器的 SV=SV+1。当计数器当前值大于或等于设定值(PV)时,该计数器的状态位 C-bit 置 1,即其常开触点闭合。计数器仍计数,但不影响计数器的状态位。直至计数达到最大值(32767)。当 R=1 时,计数器复位,即当前值清零 SV=0,状态位 C-bit 也清零。加计数器计数范围:0～32767。加计数器指令应用示例,程序及运行时序如图5-45所示。

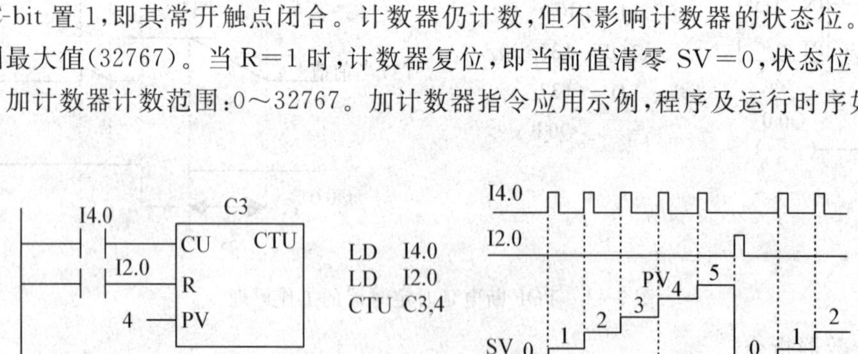

图 5-45　加计数器应用示例

② 减计数指令(CTD):LD=1 时,其计数器的设定值 PV 被装入计数器的当前值寄存器,此时 SV=PV,计数器状态位 Cn 复位(置 0)。当 LD=0 时,即计数脉冲有效时,计数器开始计数。CD 端有一个输入脉冲上升沿到来,计数器的当前值从设定值开始递减

计数 SV =SV-1。当当前值 SV=0 时,计数器状态位 Cn 置位(置 1),并停止计数。减计数器指令应用示例,程序及运行时序如图 5-46 所示。

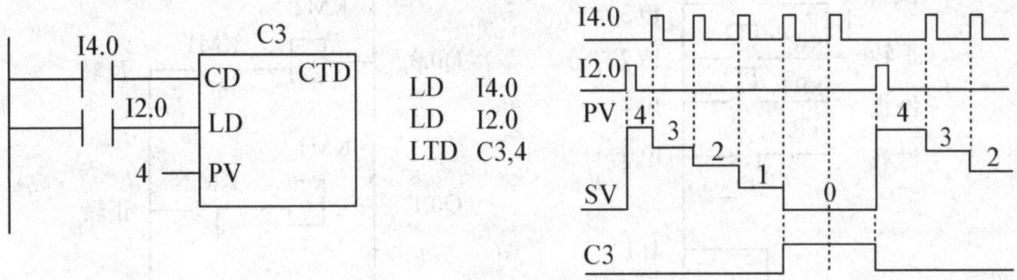

图 5-46　减计数器应用示例

③加/减计数指令(CTUD):R=1 时,计数器复位,即当前值清零 SV=0,Cn 状态为 0。

R=0 时,计数器开始计数:当 CU 端有一个输入脉冲上升沿到来,计数器的当前值 SV=SV+1。当 SV≥PV 时,Cn 状态置 1,CU 端再有脉冲到来时,SV 继续累加,直到 SV=32767 时,停止计数。当 CD 端有一个输入脉冲上升沿到来,计数器的 SV=SV-1。当 SV<PV 时,Cn 状态为 0,CD 端再有脉冲到来时,计数器的当前值仍不断地递减。加减计数器指令应用示例,程序及运行时序如图 5-47 所示。

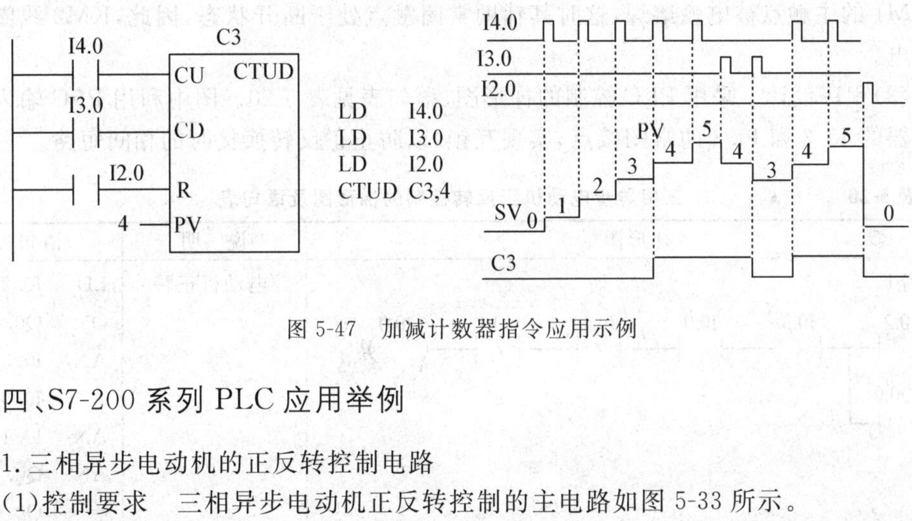

图 5-47　加减计数器指令应用示例

四、S7-200 系列 PLC 应用举例

1. 三相异步电动机的正反转控制电路

(1)控制要求　三相异步电动机正反转控制的主电路如图 5-33 所示。

(2)I/O 分配及外部接线　PLC 控制的输入输出配置见表 5-19,PLC 控制的外部接线图如图 5-48 所示。

表 5-19　I/O 分配

输入		输出	
过载保护	I0.0	电动机正转	Q0.1
停止按钮	I0.1	电动机反转	Q0.0
正转按钮	I0.2		
反转按钮	I0.3		

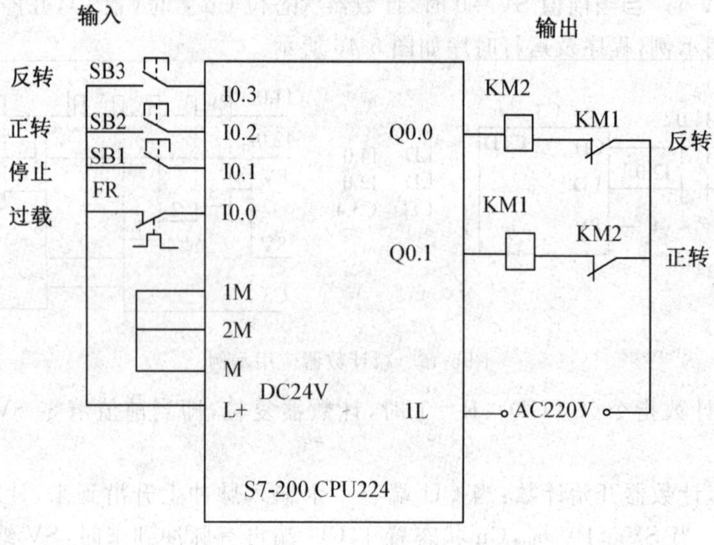

图 5-48　输入输出配置及外部接线图

电动机在正反转切换时，为了防止其线圈断电后主触点仍然是接通情况的出现，应在可编程控制器的外部设置由 KM1 和 KM2 的常闭触点组成的硬件互锁电路（图 5-48），假设 KM1 的主触点被电弧熔焊，这时其辅助常闭触点处于断开状态，因此，KM2 线圈不可能得电。

（3）程序设计　采用 PLC 控制的梯形图、语句表见表 5-20。图中利用 PLC 输入映像寄存器的 I0.2 和 I0.3 的常闭接点，实现互锁，以防止正反转换接时的相间短路。

表 5-20　三相异步电动机正反转控制的梯形图及语句表

梯形图	说　明	语句表
网络1 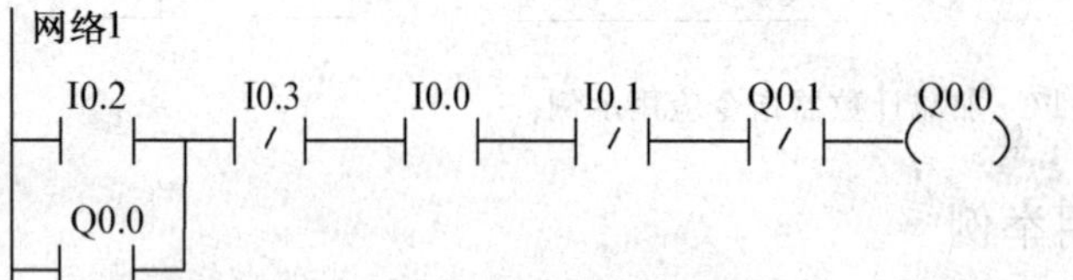	//电动机正转	LD　I0.2 O　Q0.0 AN　I0.3 A　I0.0 AN　I0.1 AN　Q0.1 =　Q0.0
网络 2 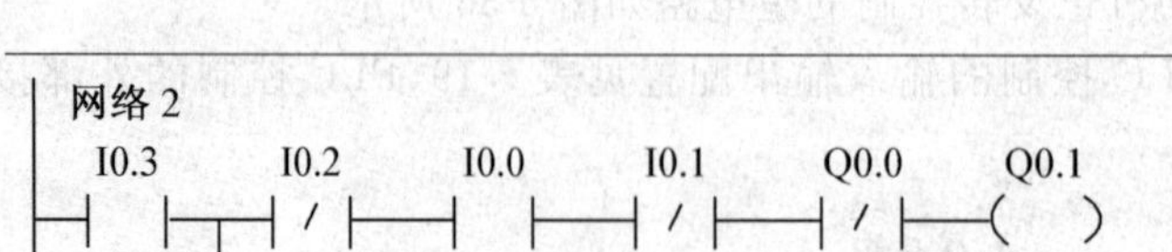	//电动机反转	LD　I0.3 O　Q0.1 AN　I0.2 A　I0.0 AN　I0.1 AN　Q0.0 =　Q0.1

2. 三相异步电动机的Y-△降压启动控制

(1)控制要求 电动机启动时，将定子绕组接成Y形，降压启动；经过3秒延时启动完毕，将定子绕组换接成△形全压运行。

(2)I/O分配及外部接线 PLC控制的输入输出配置见表5-21。

表 5-21 **I/O 分配**

输入		输出	
停止按钮	I0.0	电动机正转 KM1	Q0.0
正转按钮	I0.1	电动机反转 KM2	Q0.1
反转按钮	I0.2	△接运行 KM3	Q0.2
		Y接启动 KM4	Q0.3

PLC控制的外部接线图如图5-49所示。电动机在正反转和Y接△接切换时，为了防止三相电源短路事故的出现，应在可编程控制器的外部设置由KM1、KM2和KM3、KM4的常闭触点组成的硬件互锁电路。

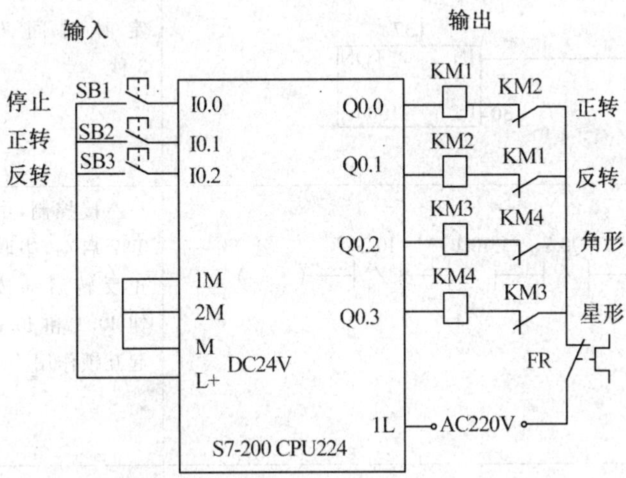

图 5-49 电动机 Y-△启动 PLC 控制的外部接线图

(3)程序设计 采用PLC控制的梯形图及语句表，见表5-22。表中利用Q0.0和Q0.1的常闭接点，实现互锁，以防止正反转换接时的相间短路。Y启动到△运行，经过定时器T37实现转换，Q0.2和Q0.3实现互锁。

表 5-22 三相异步电动机的 Y-△降压启动梯形图及语句表

梯形图	说 明	语句表
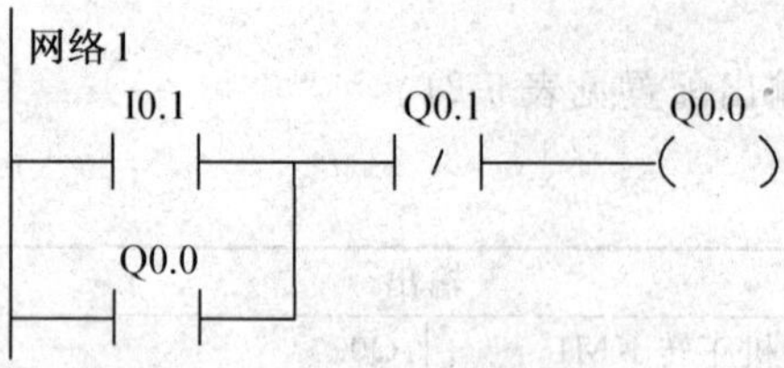	//正转控制	网络 1 LD I0.1 O Q0.0 AN Q0.1 = Q0.0
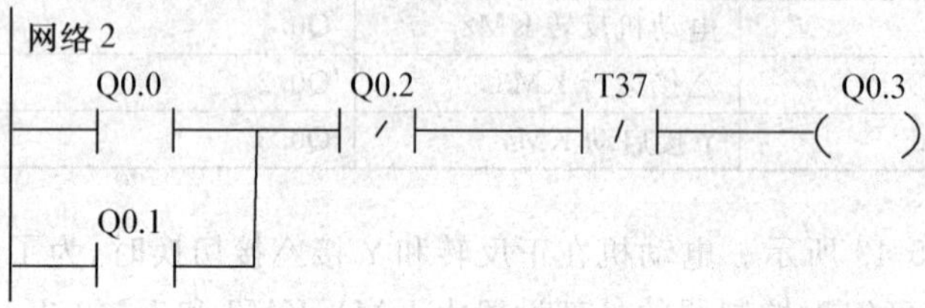	//Y 接控制，时间由定时器 T37 控制	网络 2 LD Q0.0 O Q0.1 AN Q0.2 AN T37 = Q0.3
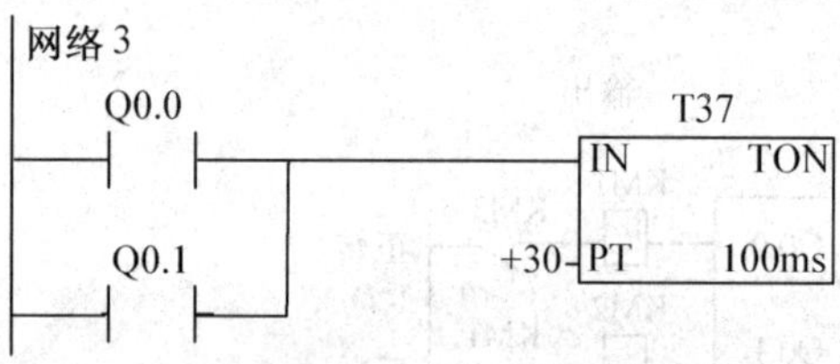	//定时器 T37 定时时间为 3 秒	网络 3 LD Q0.0 O Q0.1 TON T37，+30
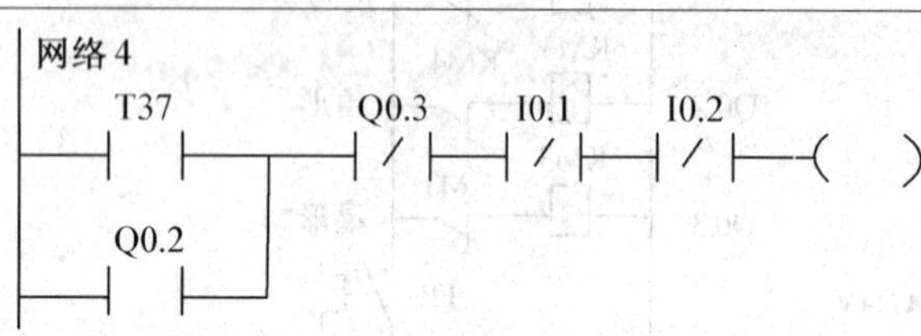	//△接控制，由 T37 启动，串联正反转启动按钮 I0.1 和 I0.2 起互锁作用	网络 4 LD T37 O Q0.2 AN Q0.3 AN I0.1 AN I0.2 = Q0.2
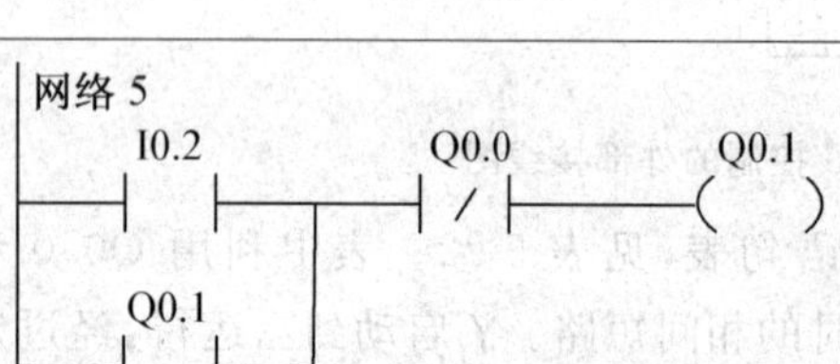	//反转控制	网络 5 LD I0.2 O Q0.1 AN Q0.0 = Q0.1
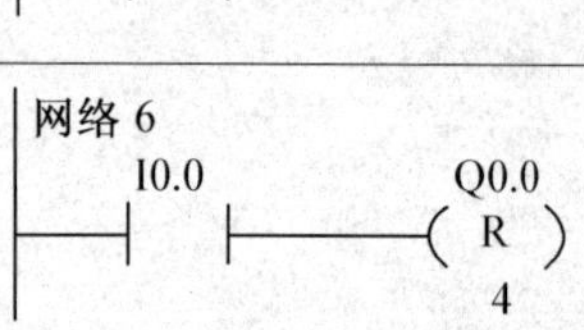	//停止，由复位指令完成，按下 I0.0 后复位 Q0.0、Q0.1、Q0.2、Q0.3	网络 6 LD I0.0 R Q0.0，4

第五节　欧姆龙 C 系列可编程序控制器

日本 OMRON（立石）公司是专业生产低压电器元件及控制设备的厂家，该公司生产的 C 系列可编程序控制器以其良好的性价比广泛应用于机械加工、材料处理、食品加工及过程控制等领域。OMRON 的 C 系列 P 型可编程序控制器分为微型、小型、中型和大型四大类。本节利用 OMRON 的 C 系列将学生引入 PLC 领域。

一、OMRON 的 C 系列 PLC 系统组成

OMRON 的 C 系列 PLC 主要分为微型机 CPM1A、CPM2A，小型机 CP1L、CP1H、CJ1M、J1H，中型机 CS 系列等。C 系列除主机外，同时配有输入/输出（I/O）扩展、模拟量处理等模块，具有结构合理，功能强等特点。

1. 基本单元

P 型机的基本单元主要包括：中央处理器（CPU）、存储器（RAM/ROM）、主机输入/输出（I/O）接口、高频计数端子，以及与编程器、EPROM 写入器等外围设备相连的接口、与 I/O 扩展单元相连的扩展口等。图 5-50 所示为 C 系列 P 型可编程序控制器基本单元外形结构图。

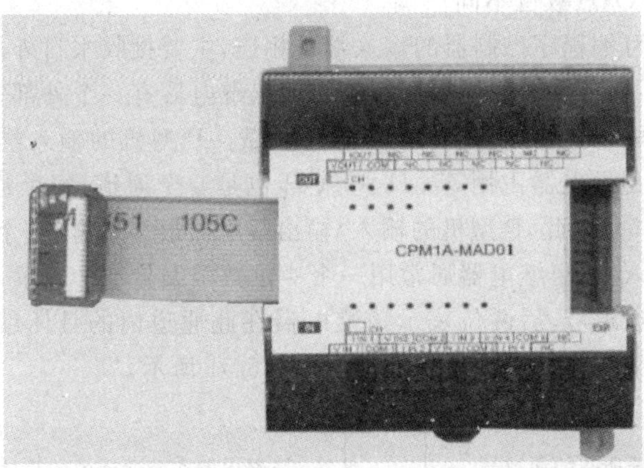

图 5-50　C 系列可编程序控制器外形结构图

2. 扩展单元

扩展单元上设有与基本单元或输入/输出（I/O）链接单元相连的接口及扩展 I/O 接口，用以扩展可编程序控制器的输入/输出（I/O）点数。

二、内部软继电器

用户数据区按继电器的类型分为七大类，即输入/输出（I/O）继电器区、内部辅助继电器区、特殊继电器区、暂存继电器区、保持继电器区、定时器/计数器区和数据存储区。对各区的访问采用通道的概念，将各个区划分为若干个连续的通道，用标识符及 1～2 个

数字组成通道号来标识各区的各个通道，每个通道包含 16 个继电器(二进制位)。有些区可按继电器(位)寻址，在通道号后面再加二位数字 00～15 组成继电器编号(位号)来标识各通道中的位。数据区通道号分配见表 5-23 所示。

表 5-23　　数据区通道号分配表

继电器名称	标识符	通道号
输入/输出(I/O)继电器	—	00～09
内部辅助继电器	AR	10～17
特殊继电器	SR	18～19
暂存继电器	TR	0～8
保持继电器	HR	0～9
定时/计数器	TIM/CNT	00～47
数据存储器	DM	00～63

1. 输入/输出(I/O)继电器区

输入/输出(I/O)继电器区实际上是外部输入/输出设备状态的映像区，可编程序控制器通过输入/输出(I/O)继电器区中的各个位与外部物理元件或设备建立联系，每个通道中的每个位都可以映像一个外部输入/输出端子的状态。输入/输出(I/O)继电器区中直接控制输入信号和输出设备的那些位称为输入/输出(I/O)点，不同型号和配置的系统，其输入/输出(I/O)点数也不同。

输入继电器与可编程序控制器的输入端子相连，主要接收来自外部开关的信号，它只能由外部信号驱动，而不能被程序指令驱动。输出继电器有一个外部输出的常开触点，按程序的执行结果被驱动，用来传递信号到外部负载。P 型机的输入继电器占用 00CH～04CH 5 个通道，输出继电器占用 05CH～09CH 也是 5 个通道，每个通道有 16 个继电器(位)，编号为 00～15。因此，P 型机的输入/输出继电器最多各有 80 个。

一个具体的输入/输出继电器通常用一个 4 位数字编号唯一表示，前两位数字表示某继电器所在通道的通道号，后两位表示该继电器在此通道内的具体编号，如 0005、0102、0503、0607 等。输入/输出(I/O)继电器编号如图 5-51 所示。

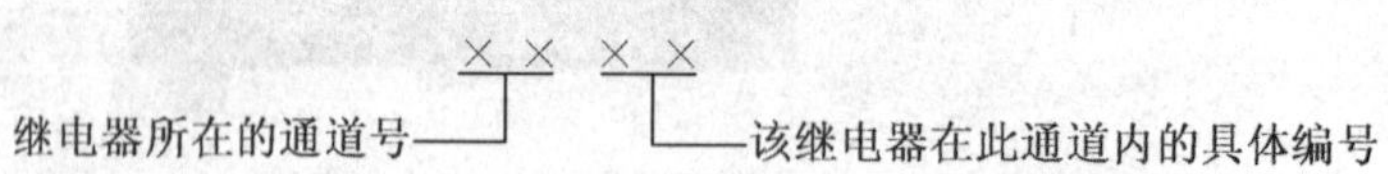

图 5-51　输入/输出(I/O)继电器编号

2. 内部辅助继电器区(AR)

内部辅助继电器实际上是一些存储单元，它能够作为继电器使用，但不能直接控制外部负载，相当于中间继电器的作用。P 型机的内部辅助继电器占用 9 个通道，通道号为 10CH～18CH，其中 18CH 只使用前半个通道(即低 8 位)，位号为 1800～1807，因此，P 型机的内部辅助继电器共有 136 个。内部辅助继电器在用户程序中可任意使用，但它不能直接接收外部输入信号，也不能直接控制外部负载。

3. 特殊继电器区(SR)

特殊继电器也称内部专用继电器，主要用于监视可编程序控制器的工作状态，产生时钟脉冲等。特殊继电器占用 18CH 的后半通道（高 8 位）和 19CH 的前半通道（低 8 位），编号为 1808～1907，共有 16 个。这些继电器的状态一般由系统程序自动写入，用户只能读取其状态。

各特殊继电器的功能如下：

（1）1808 继电器　用于电池电压低或失效时报警。电池电压正常时，1808 为常“OFF”状态，当电池电压不足时，继电器 1808 变为“ON”状态。

（2）1809 继电器　用于扫描周期超过 100ms 时报警。P 型机的扫描时间应该不大于 100ms，当扫描周期在 100～130ms 时，继电器 1809 变为“ON”状态，这时 CPU 仍能工作，但超过 130ms 时，CPU 就停止工作。

（3）1815 继电器　第一次扫描标志。系统开始运行时，继电器 1815“ON”一个扫描周期，作初始化处理，然后变为“OFF”状态。在可编程序控制器加电时，可用它来复位。

（4）1900～1902 继电器　用于产生时钟脉冲，作为时钟脉冲标志。继电器 1900、1901、1902 分别每隔 0.1s、0.2s、1s 产生一次计数脉冲，继电器的“ON”时间为脉冲周期的一半。

（5）1903～1907 继电器　用于算术运算标志。

4. 暂存继电器区

暂存继电器区（TR）用于存储程序分支点的数据，适用于那些输出有许多分支点，但 IL 和 ILC 指令又不能用的情况。P 型机只包含 8 个暂存继电器（位），其编号范围为 TR0～TR7。

5. 保持继电器区

保持继电器（HR）用于各种数据的存储和操作，当系统工作方式改变或掉电时，保持继电器内的数据保持不变，P 型机共有 160 个保持继电器，分为 10 个通道，编号为 HR0～HR9，每个通道有 16 个保持继电器（位）。

一个保持继电器编号是由通道号加两位继电器号组成，如 HR005、HR301 等。保持继电器编号如图 5-52 所示。

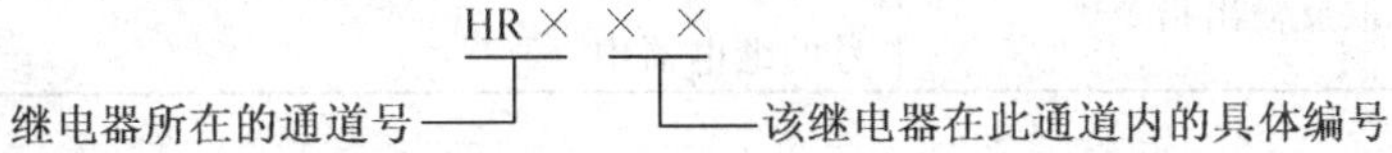

图 5-52　保持继电器编号

6. 定时/计数器区

定时器用于定时控制，当定时器线圈变为“ON”状态时，其寄存器的内容从设定值开始减 1，直至减为 0 时，定时器接通，相应的触点动作。定时器分为普通定时器（TIM）和高速定时器（TIMH）两大类，编号为 00～47 共 48 个。

计数器用于记录脉冲数，分为单向计数器和可逆（双向）计数器。单向计数器（CNT）为减计数器，开始时计数器的内容为设定值，计数脉冲输入一次，计数器内容减 1，直到减为 0 时，计时器线圈输出。可逆（双向）计数器（CNTR）也称加/减计数器，当每送入一次加计数信号时，计数器的内容加 1，直至加到设定值后，再送入加计数信号使计数器产生进位，计数器输出；而当送入减计数信号时，计数器内容从设定值开始减 1，直到减为 0

时，再送入减计数信号使计数器产生借位，计时器线圈输出。计数器的编号为 00～47，也是 48 个。

由于定时器和计数器在同一个区，因此在一段程序内，如果一个号(00～47)用作定时器，就不能再用作计数器。例如，同一段程序中使用了 TIM10 定时器，就不能再使用相同编号的 CNT10 计数器了。当电源掉电时，定时器被复位，而计数器不被复位。

7. 数据存储区

数据存储器(DM)用来存储程序数据，如数据、表格、中间运算结果等。数据存储区只能以通道方式访问，P 型机的数据存储器共有 64 个，编号范围为 DM00～DM63。掉电时，数据存储区保持掉电前的状态。

三、OMRON 的 C 系列指令系统

C 系列 P 型机具有比较丰富的指令系统，按功能可以分为基本指令和功能指令两大类。基本指令是直接对输入/输出点操作的指令。功能指令是指进行数据处理、运算和程序控制等操作的指令。

1. 基本逻辑指令　见表 5-24。

表 5-24　　基本指令

指令	功能	使用说明
LD	起始(装载)指令	用于一段程序的开始，表示左母线与一个常开触点连接
LD-NOT	起始(装载)指令	用于一段程序的开始，表示左母线与一个常闭触点连接
AND	与运算指令	串联一个常开触点
AND-NOT	与非运算指令	串联一个常闭触点
OR	或运算指令	并联一个常开触点
OR-NOT	或非运算指令	并联一个常闭触点
OUT	输出(线圈驱动)指令	将结果寄存器内的运算结果写入(输出)到指定编号的继电器中
OUT-NOT	取反输出指令	将结果寄存器内的运算结果取反后，写入(输出)到指定编号的继电器中

指令应用举例见表 5-25。

表 5-25　　基本指令应用

梯形图	语句表		
	地址	指令	
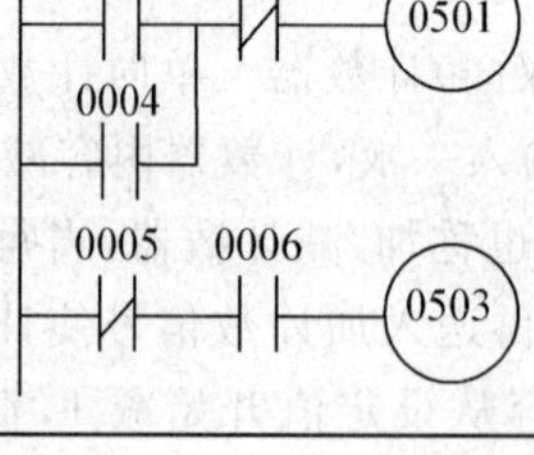	0000	LD	0002
	0001	OR	0004
	0002	AND-NOT	0003
	0003	OUT	0501
	0004	LD-NOT	0005
	0005	AND	0006
	0006	OUT	0503

程序说明：

当0002端子或0004端子处于接通“ON”状态，同时0003端子处于断开状态时，输出继电器0501接通。

当0005端子处于断开状态，同时0006端子处于接通状态时，输出继电器0503接通。

2. AND-LD、OR-LD指令

AND-LD：并联逻辑块串联指令，实现两个逻辑块的“与”运算。

OR-LD：串联逻辑块并联指令，实现两个逻辑块的“或”运算。

指令应用见表5-26。

表5-26　　AND-LD、OR-LD指令应用

梯形图	语句表		
	地址	指令	
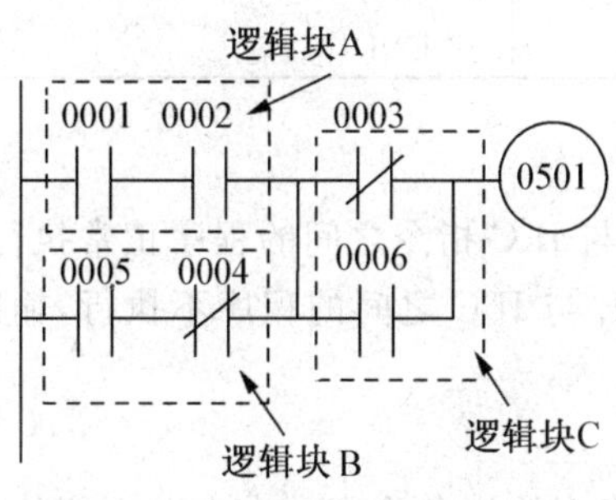	0000	LD	0001
	0001	AND	0002
	0002	LD	0005
	0003	AND-NOT	0004
	0004	OR-LD	串联逻辑块A与串联逻辑块B并联
	0005	LD-NOT	0003
	0006	OR	0006
	0007	AND-LD	并联逻辑块C与前面的逻辑块串联
	0008	OUT	0501

程序说明：

当逻辑块A与逻辑块B至少有一个为“ON”状态，同时逻辑块C也为“ON”状态时，输出继电器0501接通。

3. END指令

用于控制用户主程序结束。

4. IL、ILC指令

IL：互锁(分支)指令。

ILC：清除互锁(分支结束)指令。

IL和ILC指令总是成对使用，分别位于一段分支程序的开始和结尾处。如果IL指令的输入条件不满足(即IL前的位为“OFF”状态)时，则不执行IL与ILC之间的程序；若果IL指令的输入条件满足(即IL前的位为“ON”状态)时，程序顺序执行，相当于程序中没有IL和ILC指令。IL和ILC指令不允许嵌套使用，如IL-IL-ILC-ILC。

指令应用见表5-27。

表 5-27　　　　**IL、ILC 指令应用**

梯形图

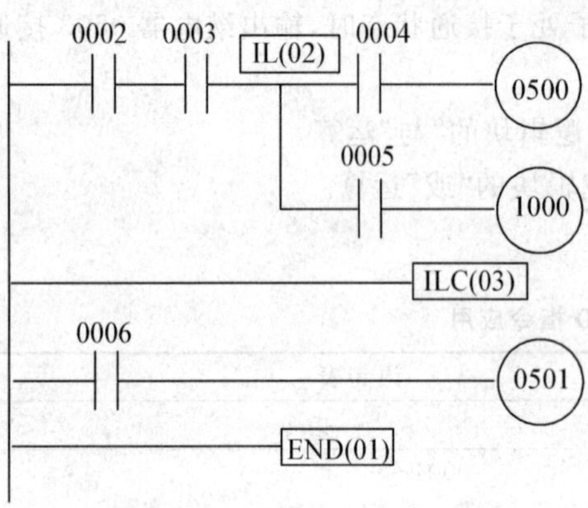

地址	指令	
0000	LD	0002
0001	AND	0003
0002	IL(02)	
0003	LD	0004
0004	OUT	0500
0005	LD	0005
0006	OUT	1000
0007	ILC(03)	
0008	LD	0006
0009	OUT	0501
0010	END(01)	

程序说明：

当触点 0002 和 0003 均为闭合（“ON”状态）时，IL 与 ILC 指令之间的程序正常执行；当触点 0002 和 0003 其中一个断开（“OFF”状态）时，IL 与 ILC 之间的程序不执行，输出继电器 0500 和内部辅助继电器 1000 均为“OFF”状态。

5. TR 指令

TR：暂存指令，相当于暂存继电器，用于电路中的多个输出分支点。在电路不能使用 IL、ILC 指令时，使用该指令。TR 指令可以多次使用，但不能重复编号，由于 P 型机中共有 8 个暂存继电器，因此同一段程序中最多只能使用 8 次 TR 指令。

TR 指令不是独立的编程指令，必须与 LD 或 OUT 等基本指令配合使用。指令应用见表 5-28。

表 5-28　　　　**TR 指令应用**

梯形图

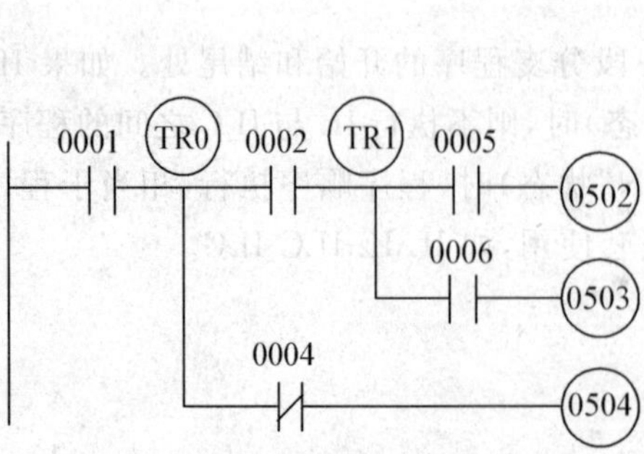

地址	指令	
0000	LD	0001
0001	OUT	TR0
0002	AND	0002
0003	OUT	TR1
0004	AND	0005
0005	OUT	0502
0006	LD	TR1
0007	AND	0006
0008	OUT	0503
0009	LD	TR0
0010	AND-NOT	0004
0011	OUT	0504

程序说明：

暂存继电器 TR0 中存放触点 0001 的状态，输出继电器 0504 的状态由 TR0 和触点 0004 共同决定；

暂存继电器 TR1 中存放触点 0001 串联 0002 后的状态，所以输出继电器 0502 的状态由 TR0、TR1 和触点 0005 共同决定，输出继电器 0503 的状态由 TR0、TR1 和触点 0006 共同决定。

6. JMP、JME 指令

JMP：跳转指令。

JME：跳转结束指令。

JMP 和 JME 指令也像 IL、ILC 指令一样配合使用，其功能是根据当时的条件来决定是执行 JMP、JME 指令之间的程序（此时，JMP 前的条件为“ON”状态）还是跳过它们之间的程序（此时，JMP 前的条件为“OFF”状态）。

JMP 和 JME 指令允许嵌套，如 JMP-JMP-JME-JME，但是在同一段程序中最多嵌套 8 重。多个 JMP 指令可以与一个 JME 指令配合使用，如 JMP-JMP-JME，在程序输入时可能会提示出错，但不影响程序的正常执行。指令应用见表 5-29。

表 5-29　　JMP、JME 指令应用

梯形图

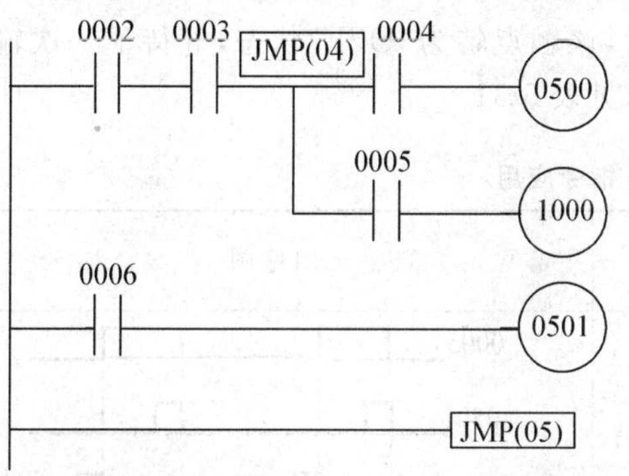

语句表		
地址	指令	
0000	LD	0002
0001	AND	0003
0002	JMP(04)	
0003	LD	0004
0004	OUT	0500
0005	LD	0005
0006	OUT	1000
0007	LD	0006
0008	OUT	0501
0009	JME(05)	

程序说明：

当触点 0002 和 0003 都闭合（“ON 状态”）时，JMP 与 JME 指令不起作用，它们之间的程序正常执行；当触点 0002 和 0003 其中一个断开（“OFF 状态”）时，JMP 与 JME 之间的程序不执行，此时所有继电器 0500、1000、0501 的线圈都保持原有状态。

7. KEEP 指令

KEEP(11)锁存指令，相当于一个锁存继电器。KEEP 指令可以使其指定的继电器保持“ON”或“OFF”状态，直到它的两个输入端之一使其置位或复位。当置位输入端为“ON”状态，同时复位输入端为“OFF”状态时，使输出接通（即“ON”状态）并保持，而当复位输入端变为“ON”状态，则停止输出。可见复位输入端比置位输入端的优先权高。指令应用见表5-30。其中S为置位输入端，R为复位输入端。

表5-30　　KEEP指令应用

梯形图	语句表		时序图
	地址	指令	
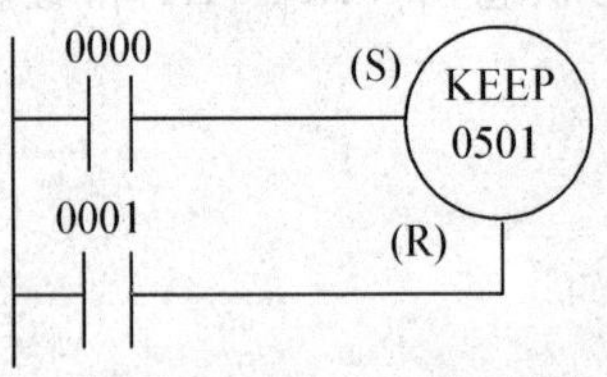	0000 0001 0002	LD　0002 LD　0003 KEEP　0501	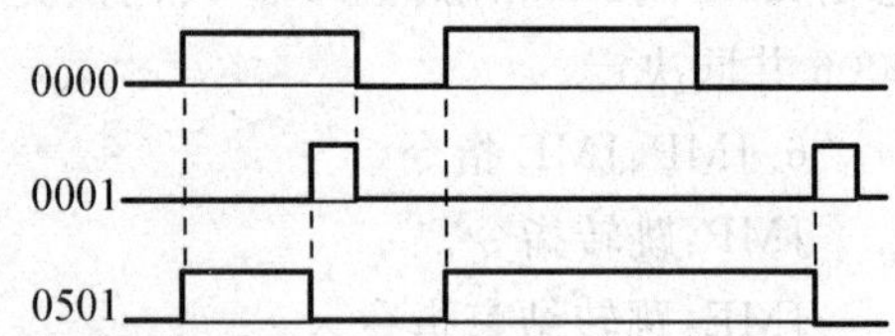

程序说明：

在编写KEEP指令时，先编置位输入端，再编复位输入端。

当置位输入端触点0000闭合，同时复位输入端触点0001断开时，KEEP指令指定的输出继电器0501接通并保持；而当触点0001闭合时，则输出继电器0501停止输出。

8. DIFU、DIFD指令

DIFU(13)上沿微分指令。当检测到输入信号的上升沿时，相应编号的继电器保持一个扫描周期的“ON”状态。一个扫描周期过后，该触点转为“OFF”状态，等待下一次输入信号变为上升沿时继电器再输出。

DIFD(14)下沿微分指令。当检测到输入信号的下降沿时，相应编号的继电器保持一个扫描周期的“ON”状态。一个扫描周期过后，该触点转为“OFF”状态，等待下一次输入信号变为下降沿时继电器再输出。指令应用，见表5-31。

表5-31　　DIFU、DIFD指令应用

梯形图	语句表		时序图
	地址	指令	
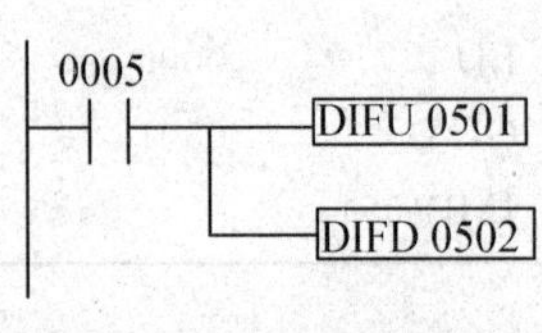	0000 0001 0002	LD　0005 DIFU　0501 DIFD　0501	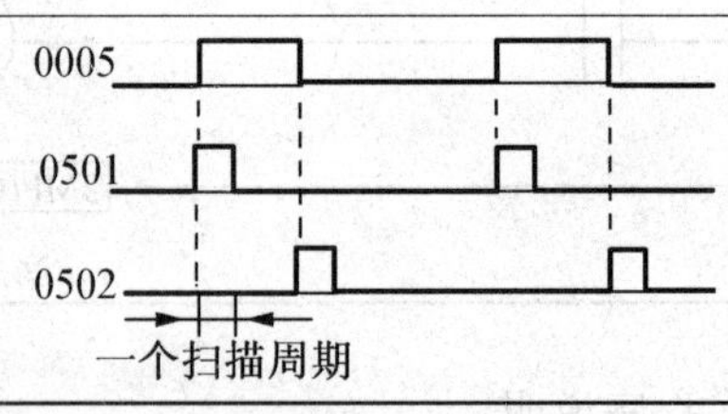

程序说明：

当检测到触点0005闭合时的上升沿(由“ON”状态变为“OFF”状态)时，输出继电器0501 ON一个扫描周期；触点0005断开时的下降沿(由“OFF”状态变为“ON”状态)时，输出继电器0502“ON”一个扫描周期。

9. TIM、TIMH指令

TIM：低速定时器指令，实现导通延时操作。当定时器的输入变为“ON”状态时，定时器开始定时，从时间设定值开始不断减1，到达设定时间后，当前值变为0，定时器接通；当定时器的输入为“OFF”状态或电源断电时，定时器复位，当前值恢复为初始设定值。

定时器指令的书写格式为：

TIM n(0＜n≤47,n 为定时器编号)

＃t (0≤t≤9999,t 为定时时间设定值,单位定时精度为 0.1s)

定时器的实际定时时间＝定时时间设定值×单位定时精度。因此,低速定时器的实际设定时间为 999.9s。

TIMH:高速定时指令。它与 TIM 指令的区别在于单位定时精度,TIMH 指令的单位定时精度为 0.01s,所以,高速定时器的实际定时时间为 99.99s。指令应用见表 5-32。

表 5-32　　TIM 指令应用

梯形图	语句表		时序图
	地址	指令	
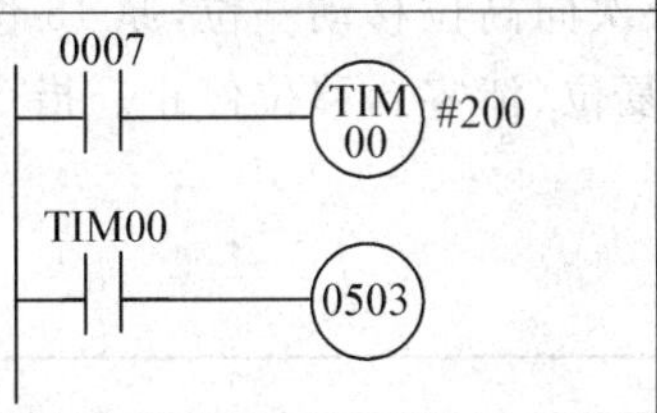	0000 0001 0002 0003 0004	LD 0007 TIM 00 ＃0200 LD TIM00 OUT 0503	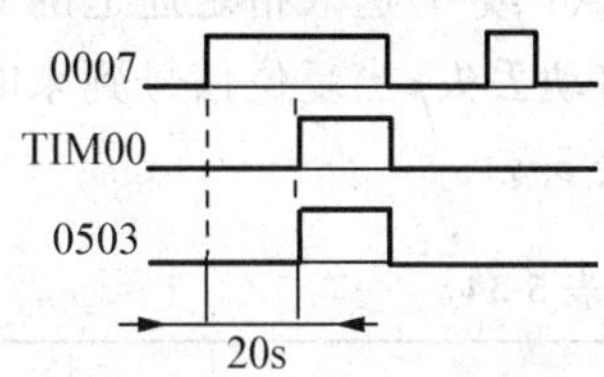

程序说明：

当触点 0007 闭合后,经过 20s 延时,定时器 TIM00 的触点闭合,此时,输出继电器 0503 接通。

10. CNT 指令

CNT 单向(减)计数器指令。当计数脉冲输入端信号每从“OFF”变为“ON”状态一次,同时复位输入端为“OFF”状态时,计数器减 1,直到计数器当前值减为 0 时,计数器线圈接通(“ON”状态),相应的触点动作;一旦复位输入端变为“ON”状态,计数器随之变为“OFF”状态,当前值恢复到初始设定值;当计数脉冲和复位脉冲同时输入时,复位输入端优先。当电源断电时,计数器保持当前值不变。

计数器指令的书写格式为：

CNT N(0＜N≤47,N 为计数器编号)

＃M(0≤M≤9999,M 为计数设定值)

指令应用见表 5-33。其中 CP 为计数脉冲输入端,R 为置位脉冲输入端。

表 5-33　　CNT 指令应用

梯形图	语句表		时序图
	地址	指令	
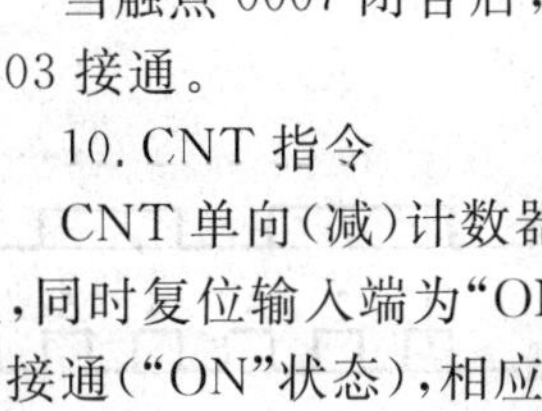	0000 0001 0002 0003 0004 0005	LD 0002 LD 0003 CNT 10 ＃0003 LD CNT10 OUT 0500	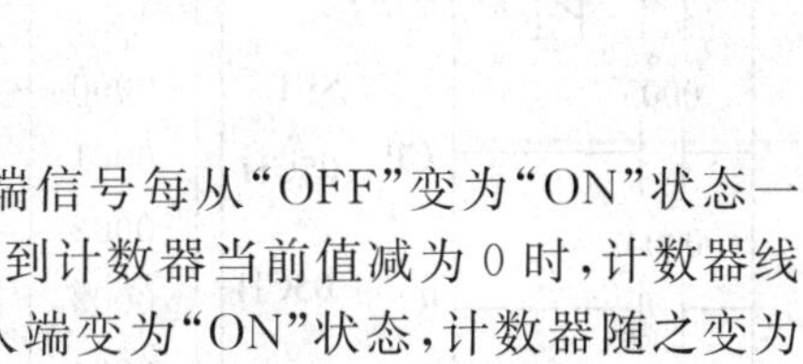

程序说明：

计数器的编程顺序是先编写计数脉冲输入端，再编写复位脉冲输入端，最后编写计数指令。

当检测到计数脉冲输入端信号 0002 的第 3 次上升沿到来时，计数器触点 CNT10 闭合，此时，输出继电器 0500 接通；当复位脉冲信号输入时（即触点 0003 闭合），计数器复位，并清零；若要使计数器恢复计数，则需将复位信号切断（即触点 0003 断开）。

11. SFT 指令

SFT：位移位指令。目的是将一个指定通道的 16 位数据按位移位，也可以把几个通道联起来一起移位。移位寄存器有数据输入、移位脉冲输入和复位脉冲输入三个端子，当移位脉冲输入端每输入一次信号（即由“OFF”状态变为“ON”状态），数据输入端将此时的状态（1 或 0）送入指定通道的 00 位，指定通道的内容依次向高位移动一位，原 15 位的内容自动丢失；当复位信号到来时，参与移位的内容全部复位（清零），移位停止。指令应用见表 5-34。

表 5-34　　　　SFT 指令应用

<table>
<tr><th rowspan="2">梯形图</th><th colspan="3">语句表</th><th rowspan="2">时序图</th></tr>
<tr><th>地址</th><th colspan="2">指令</th></tr>
<tr><td rowspan="6">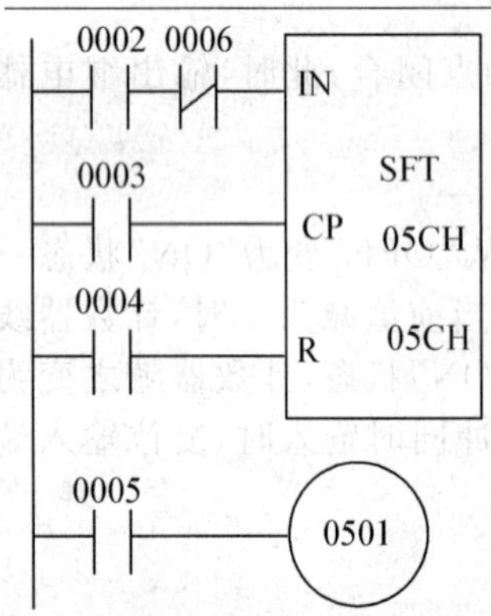
</td><td>0000</td><td>LD</td><td>0002</td><td rowspan="6">例：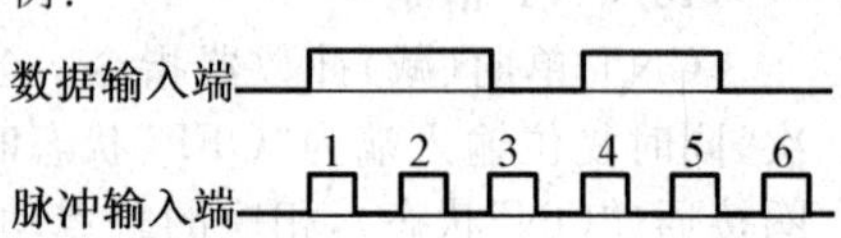
</td></tr>
<tr><td>0001</td><td>AND-NOT</td><td>0006</td></tr>
<tr><td>0002</td><td>LD</td><td>0003</td></tr>
<tr><td>0003</td><td>LD</td><td>0004</td></tr>
<tr><td>0004</td><td>SFT</td><td>05</td></tr>
<tr><td>0005</td><td></td><td>05</td></tr>
</table>

程序说明：

当触点 0003 第一次闭合，且复位输入端的触点 0004 处于断开状态时，移位寄存器将此时数据输入端的状态（例图中为“1”）送入 05 通道的 00 位，05 通道的原内容依次向高位移动一位，原 15 位的“1”自动丢失。每当移位输入端 0003 送入一次移位脉冲，05 通道的内容移位一次，不再赘述。当复位输入端的触点 0004 闭合时，移位停止，05 通道的内容全部清零，05CH 移位结果见表 5-35。

表 5-35 **05CH 移位结果**

位址	15	14	13	12	11	10	09	08	07	06	05	04	03	02	01	00
原内容	1	0	1	0	1	0	1	0	1	0	1	0	1	0	1	0
第 1 次移位后	0	1	0	1	0	1	0	1	0	1	0	1	0	1	0	1
第 2 次移位后	1	0	1	0	1	0	1	0	1	0	1	0	1	0	1	1
……	原 15 位的内容丢失						……									
第 6 次移位后	1	0	1	0	1	0	1	0	1	0	1	1	0	1	1	0
触点 0004 闭合	0	0	0	0	0	0	0	0	0	0	0	0	0	0	0	0

四、应用举例

1. 三相异步电动机的正、反转控制

(1)控制要求 用 OMRON C 系列 P 型可编程序控制器对三相异步电动机正、反转进行控制。

(2)输入/输出分配表见表 5-36。

表 5-36 **输入/输出分配表**

输入		输出	
元件符号	端子编号	元件符号	端子编号
正转按钮 SB1	0000	正转接触器 KM1	0501
反转按钮 SB2	0001	反转接触器 KM2	0502
停止按钮 SB3	0002		

(3)梯形图设计如图 5-53 所示。

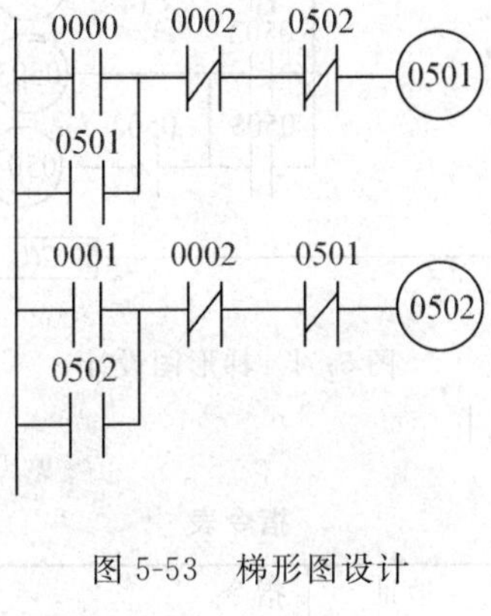

图 5-53 梯形图设计

(4)编写指令程序见表 5-37。

表 5-37　　指令表

地址	操作码	操作数	地址	操作码	操作数
0000	LD	0000	0005	LD	0001
0001	OR	0501	0006	OR	0502
0002	AND-NOT	0002	0007	AND-NOT	0002
0003	AND-NOT	0502	0008	AND-NOT	0501
0004	OUT	0501	0009	OUT	0502

2. 三相异步电动机的 Y-△启动控制

(1)控制要求　用 OMRON C 系列 P 型可编程序控制器对三相异步电动机的 Y-△启动进行控制。其主电路见图 5-36。

(2)输入/输出分配　见表 5-38。

表 5-38　　输入/输出分配表

输入		输出	
元件符号	端子编号	元件符号	端子编号
启动按钮 SB1	0005	Y 接触器 KM1	0502
停止按钮 SB2	0006	电源接触器 KM2	0503
		△接触器 KM3	0504

(3)梯形图设计　如图 5-54 所示。

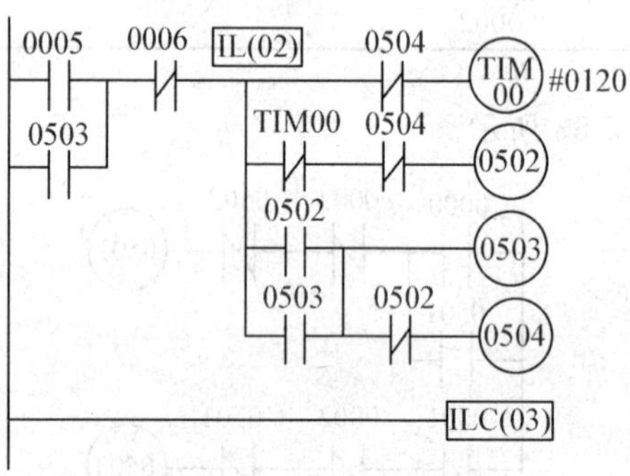

图 5-54　梯形图设计

(4)编写程序　见表 5-39。

表 5-39　　指令表

地址	指令		地址	指令		地址	指令	
0000	LD	0005	0006		＃0120	0012	OUT	0503
0001	OR	0503	0007	LD-NOT	TIM00	0013	AND-NOT	0502
0002	AND-NOT	0006	0008	AND-NOT	0504	0014	OUT	0504
0003	IL(02)		0009	OUT	0502	0015	ILC(03)	
0004	LD-NOT	0504	0010	LD	0502			
0005	TIM	00	0011	OR	0503			

第六节 松下 FP 系列可编程序控制器

FP 系列可编程序控制器是日本松下电工株式会社生产的小型可编程序控制器,它有许多规格,如 FP0、FP1、FP2、FP-e 、FP∑、FPM 等。其中 FP1 系列具有体积小、重量轻,功能齐全,编程简单,价格便宜等优点,因而在工业控制中应用十分广泛。

一、松下 FP 系列可编程序控制器系统组成

FP1 系列可编程序控制器所有型号的硬件结构、指令系统、性能指标和编程方法基本相同。

FP1 系列机产品型号以 C 字母开头代表主控单元(又称主机),以 E 字母开头代表扩展单元,后面跟的数字代表输入/输出(I/O)点数。主控单元有 C14,C16,C24,C40,C56,C72 等六种。图 5-55 为松下 FP1-C24 型可编程序控制器的主控单元面板图。

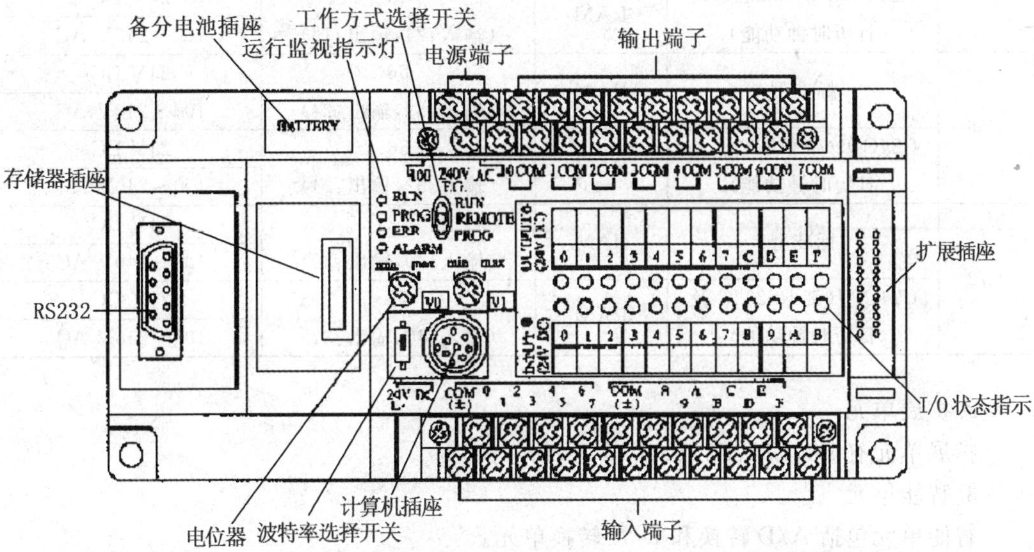

图 5-55 FP1-C24 可编程序控制器主控单元面板图

1. 控制单元

控制单元设有输入/输出端子,电源端子,与编程器、计算机等外部设备相连的接口,以及与 I/O 扩展单元及智能单元连接的扩展接口等。

不同型号的 I/O 点数见表 5-40。

表 5-40　　FP1 系列各机型规格表

<table>
<tr><th>系　列</th><th>形　式</th><th>内藏式存储器</th><th>I/O 点数</th><th>工作电压</th></tr>
<tr><td rowspan="2">C14</td><td rowspan="2">标准型</td><td rowspan="2">EEPROM</td><td>14
(输入:8,输出:6)</td><td>24V DC</td></tr>
<tr><td>16
(输入:8,输出:8)</td><td>100～240V AC</td></tr>
<tr><td rowspan="2">C16</td><td rowspan="2">标准型</td><td rowspan="2">EEPROM</td><td rowspan="2">24
(输入:16,输出:8)</td><td>24V DC</td></tr>
<tr><td>100～240V AC</td></tr>
<tr><td rowspan="4">C24</td><td rowspan="2">标准型</td><td rowspan="2">RAM</td><td rowspan="2">24
(输入:16,输出:8)</td><td>24V DC</td></tr>
<tr><td>100～240V AC</td></tr>
<tr><td rowspan="2">C24C 型(带 RS232C 及日历时钟功能)</td><td rowspan="2">RAM</td><td rowspan="2">24
(输入:16,输出:8)</td><td>24V DC</td></tr>
<tr><td>100～240V AC</td></tr>
<tr><td rowspan="4">C40</td><td rowspan="2">标准型</td><td rowspan="2">RAM</td><td rowspan="2">40
(输入:24,输出:16)</td><td>24V DC</td></tr>
<tr><td>100～240V AC</td></tr>
<tr><td rowspan="2">C24C 型(带 RS232C 及日历时钟功能)</td><td rowspan="2">RAM</td><td rowspan="2">40
(输入:24,输出:16)</td><td>24V DC</td></tr>
<tr><td>100～240V AC</td></tr>
<tr><td rowspan="4">C56</td><td rowspan="2">标准型</td><td rowspan="2">RAM</td><td rowspan="2">56
(输入:32,输出:24)</td><td>24V DC</td></tr>
<tr><td>100～240V AC</td></tr>
<tr><td rowspan="2">C24C 型(带 RS232C 及日历时钟功能)</td><td rowspan="2">RAM</td><td rowspan="2">56
(输入:32,输出:24)</td><td>24V DC</td></tr>
<tr><td>100～240V AC</td></tr>
<tr><td rowspan="4">C72</td><td rowspan="2">标准型</td><td rowspan="2">RAM</td><td rowspan="2">72
(输入:40,输出:32)</td><td>24V DC</td></tr>
<tr><td>100～240V AC</td></tr>
<tr><td rowspan="2">C24C 型(带 RS232C 及日历时钟功能)</td><td rowspan="2">RAM</td><td rowspan="2">72
(输入:40,输出:32)</td><td>24V DC</td></tr>
<tr><td>100～240V AC</td></tr>
</table>

2. 扩展单元

扩展单元有 E8、E16、E24、E40 等系列。

3. 智能单元

智能单元包括 A/D 转换和 D/A 转换单元。

4. 链接单元

FP1 系列的链接单元主要是指 I/O LINK 单元。

二、松下 FP 系列可编程序控制器内部软继电器

FP1 系列各种内部软继电器的功能说明见表 5-41。

表 5-41　　FP1 系列内部软继电器功能说明表

<table>
<tr><th>名　称</th><th>符　号</th><th>功　能</th></tr>
<tr><td>输入继电器</td><td>X</td><td rowspan="2">将外设发出的信号送入 PLC</td></tr>
<tr><td>“字”输入继电器</td><td>WX</td></tr>
</table>

续表

输出继电器	Y	输出 PLC 程序执行结果并使外部设备动作
“字”输出继电器	WY	
内部继电器	R	R 只能在 PLC 内部使用
特殊继电器		
内部“字”继电器	WR	
特殊“字”继电器		
定时器	T	定时器指令定时时间到，其相同编号的触点动作
计数器	C	计数器指令计数完毕，其相同编号的触点动作
定时器/计数器设定值寄存器	SV	设定值存储区的地址对应于定时器/计数器指令的编码
定时器/计数器经过值寄存器	EV	经过值存储区的地址对应于定时器/计数器指令的编码
通用数据存寄存器	DT	用来存储 PLC 处理的数据，每个寄存器由 1 个字节组成
特殊数据寄存器		特殊用途的存储区

说明：

①表中寄存器均为 16 位，其中 X、WX、Y、WY 为输入/输出(I/O)区继电器，可以直接和输入/输出端子传递信号，X、Y 是按“位”寻址，而 WX、WY 是按“字”寻址。

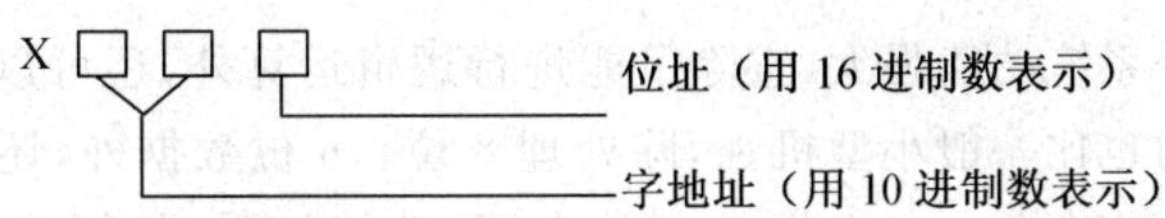

例如：X126 表示编号为 X126 的输入继电器，即 WX12 寄存器中的第 6 号位。

WX12：

F	E	D	C	B	A	9	8	7	6	5	4	3	2	1	0

X12F　　　　　　　　X126　　　　　　　　X120

②FP1 系列小型机的 I/O 地址分配见表 5-42。

表 5-42　　I/O 地址分配一览表

系统部件	型　号	输入编号	输出编号
主控单元	C16	X0～X7	Y0～Y7
	C24	X0～XF	Y0～Y7
	C40	X0～XF	Y0～YF
		X10～X17	
扩展单元	E8(入)	X30～X37	—
	E8(入/出)	X30～X33	Y30～Y33
	E8(出)	—	Y30～Y37
	E16	X30～X37	Y30～Y37
	E24	X30～X3F	Y30～Y37
	E40	X30～X47	Y30～Y3F

续表

扩展单元	E8(入)	X50～X57	—
	E8(入/出)	X50～X53	Y50～Y53
	E8(出)	—	Y50～Y57
	E16	X50～X57	Y50～Y57
	E24	X50～X5F	Y50～Y57
	E40	X50～X67	Y50～Y5F
I/O链接单元		X70～X7F(WX7)	Y70～Y7F(WY7)
		X80～X8F(WX8)	Y80～Y8F(WY8)
A/D单元	CH0	X90～X9F(WX9)	
	CH1	X100～X10F(WX10)	
	CH2	X110～X11F(WX11)	
	CH3	X120～X12F(WX12)	
D/A单元0	CH0		Y90～Y9F(WY9)
	CH1		Y100～Y10F(WY10)
D/A单元1	CH0		Y110～Y11F(WY11)
	CH1		Y120～Y12F(WY12)

三、松下FP系列可编程序控制器指令系统

FP1系列的指令系统功能强大，它除了能进行逻辑运算外，还可以进行加、减、乘、除运算。数据处理能力也比一般小型机强，除处理8位、16位数据外，还可以处理32位数据，并能进行多种数制转换。由于指令非常丰富、功能较强，给用户带来了极大方便。FP1系列的指令较多，分为基本指令(80条)和高级指令(111条)两大类。在此我们只介绍部分常用的基本指令。

1. 基本逻辑指令

见表5-43。

表5-43　　基本逻辑指令

指令	功　能	使用说明
ST	起始(装载)指令	左母线与一个常开触点连接，表示一个逻辑运算的开始
ST/	起始(装载)指令	左母线与一个常闭触点连接，表示一个逻辑运算的开始
AN	与运算指令	串联一个常开触点
AN/	与非运算指令	串联一个常闭触点
OR	或运算指令	并联一个常开触点
OR/	或非运算指令	并联一个常闭触点
OT	输出(线圈驱动)指令	将结果寄存器内的运算结果写入(输出)到指定编号的继电器中
/	取反指令	将该指令处的运算结果取反

指令应用见表5-44。

表 5-44　　基本逻辑指令应用

梯形图	语句表	
	地址	指令
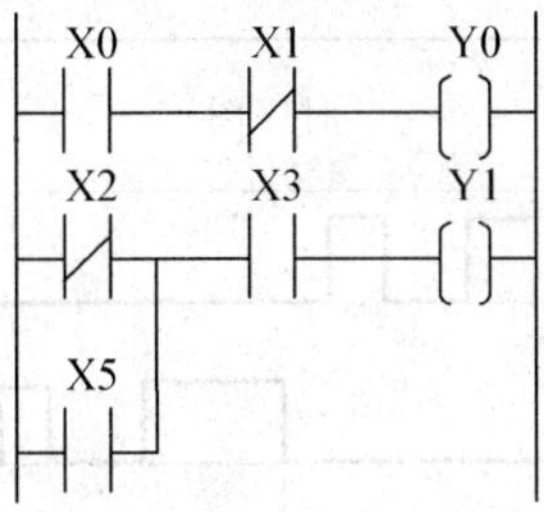	0	ST　X0
	1	AN/　X1
	2	OT　Y0
	3	ST/　X2
	4	OR　X5
	5	AN　X3
	6	OT　Y1

程序说明：

当常开触点 X0 闭合，常闭触点 X1 断开时，输出继电器 Y0 接通；当常闭触点 X2 闭合或常开触点 X5 闭合，同时常开触点 X3 闭合时，输出继电器 Y1 接通。

2. ANS、ORS 指令

ANS：逻辑块之间的串联，实现逻辑块的"与"运算。

ORS：逻辑块之间的并联，实现逻辑块的"或"运算。

指令应用见表 5-45。

表 5-45　　ANS、ORS 指令应用

梯形图	语句表	
	地址	指令
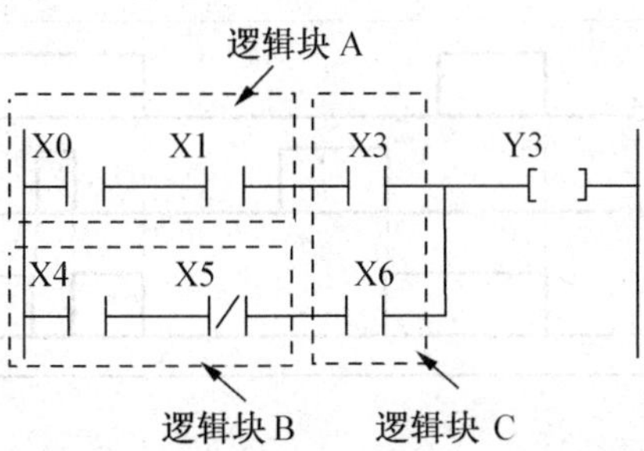	0	ST　X0
	1	AN　X1
	2	ST　X4
	3	AN/　X5
	4	ORS　　逻辑块 A 与逻辑块 B 并联
	5	ST　X3
	6	OR　X6
	7	ANS　　逻辑块 C 与前面的逻辑块串联
	8	OT　Y3

程序说明：

当触点 X0、X1 闭合，逻辑块 A 为"ON"状态；当触点 X4 闭合并且 X5 断，逻辑块 B 为"ON"状态；当触点 X3、X6 至少有一个闭合时，逻辑块 C 为"ON"状态；逻辑块 C 与逻辑块 A 或逻辑块 B 同时为"ON"状态时，输出继电器 Y3 接通。

3. SET、RST 指令

SET：置位（或置 1）指令，保持触点（位）为接通状态，即"ON"状态。不管触发信号如何变化，输出接通并保持。

RST：复位（或置 0）指令，保持触点（位）为断开状态，即"OFF"状态。不管触发信号如何变化，输出断开并保持。

指令应用见表5-46。

表5-46　　SET、RST指令应用

梯形图	语句表		时序图
	地址	指令	
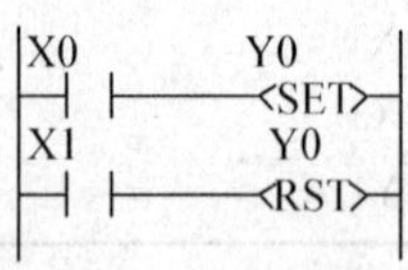	0 1 2 3	ST　X0 SET　Y0 ST　X1 RST　Y01	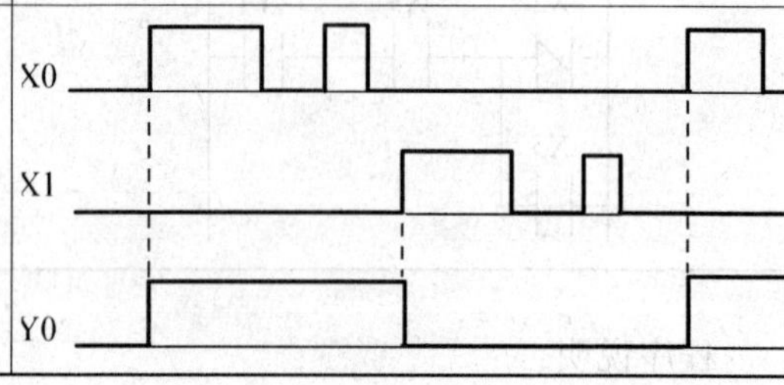

程序说明：

当触点X0闭合时，执行SET指令，Y0接通并保持；当触点X1闭合时，执行RST指令，Y0断开并保持。

4. KP指令

KP：保持指令。当置位输入为“ON”状态时，使输出接通（即“ON”状态）并保持。指令应用见表5-47。

表5-47　　KP指令应用

梯形图	语句表		时序图
	地址	指令	
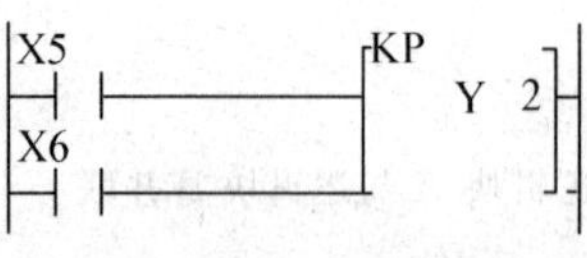	0 1 2	ST　X5 ST　X6 KP　Y2	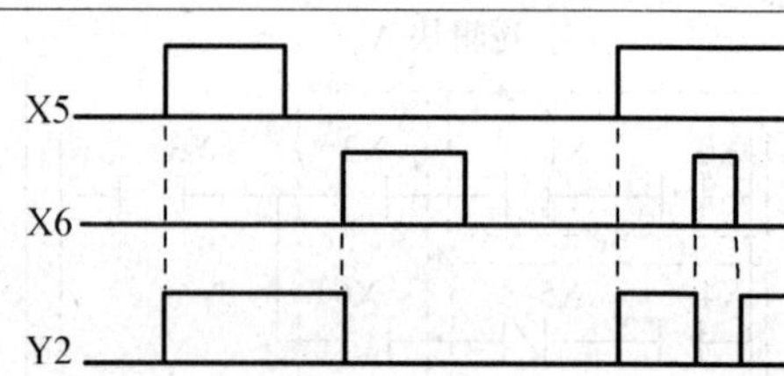

程序说明：

当触点X5闭合时，输出继电器Y2接通并保持；当触点X6闭合时，输出继电器Y2断开。

5. DF、DF/指令

DF：上沿微分指令，当检测到输入脉冲信号的上升沿时，相应编号的继电器保持一个扫描周期的“ON”状态。一个扫描周期过后转为“OFF”状态，等待下一次输入脉冲信号变为上升沿时继电器再输出。

DF/：下沿微分指令，当检测到输入脉冲信号的下降沿时，相应编号的继电器保持一个扫描周期的“ON”状态。一个扫描周期过后转为“OFF”状态，等待下一次输入脉冲信号变为下降沿时继电器再输出。

指令应用见表 5-48。

表 5-48　DF、DF/指令应用

<table>
<tr><th rowspan="2">梯形图</th><th colspan="2">语句表</th><th rowspan="2">时序图</th></tr>
<tr><th>地址</th><th>指令</th></tr>
<tr><td rowspan="5">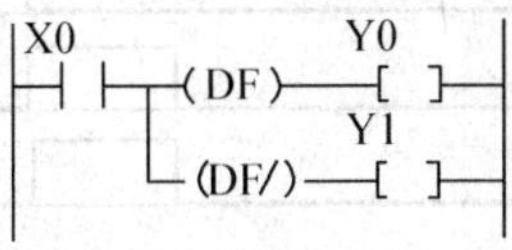</td><td>0</td><td>ST　X0</td><td rowspan="5">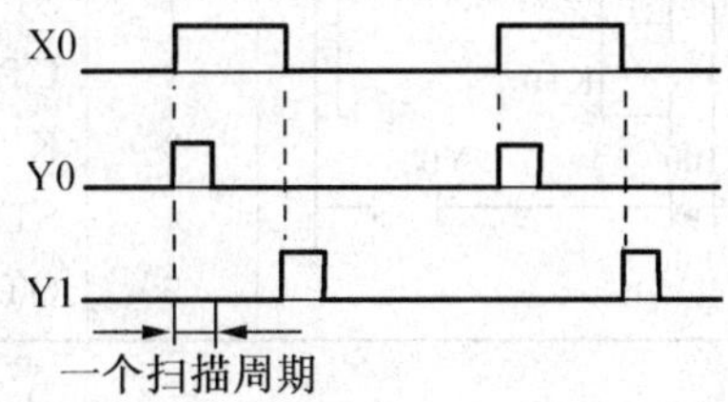</td></tr>
<tr><td>1</td><td>DF</td></tr>
<tr><td>2</td><td>OT　Y0</td></tr>
<tr><td>3</td><td>DF/</td></tr>
<tr><td>4</td><td>OT　Y1</td></tr>
</table>

程序说明：

当检测到 X0 接通时的上升沿时，输出继电器 Y0"ON"一个扫描周期；当检测到 X1 断开时的下降沿时，输出继电器 Y1"ON"一个扫描周期。

6. TMR、TMX、TMY 指令

TMR：设置以 0.01s 为单位的延时动作定时器。

TMX：设置以 0.1s 为单位的延时动作定时器。

TMY：设置以 1s 为单位的延时动作定时器。

指令应用见表 5-49。

表 5-49　TMX 指令应用

<table>
<tr><th rowspan="2">梯形图</th><th colspan="2">语句表</th><th rowspan="2">时序图</th></tr>
<tr><th>地址</th><th>指令</th></tr>
<tr><td rowspan="5">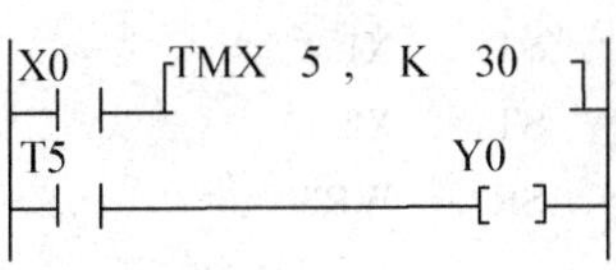</td><td>0</td><td>ST　X0</td><td rowspan="5">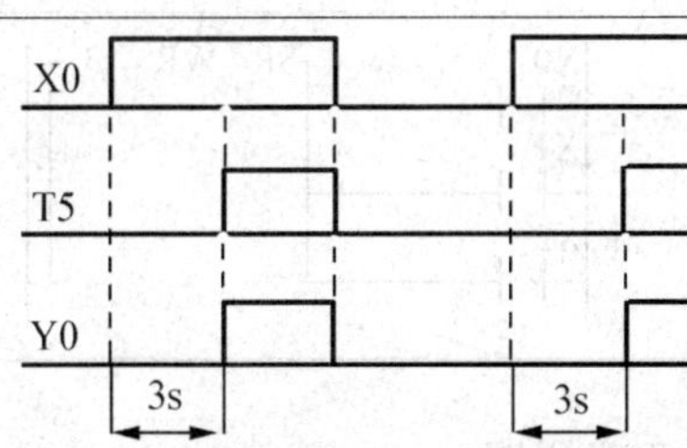</td></tr>
<tr><td>1</td><td>TM　X5</td></tr>
<tr><td>2</td><td>K　30</td></tr>
<tr><td>3</td><td>ST　T5</td></tr>
<tr><td>4</td><td>OT　Y0</td></tr>
</table>

程序说明：

当触点 X0 闭合后，经过 3s 延时，定时器 T5 的触点闭合，此时，输出继电器 Y0 接通。

7. CT 指令

CT：减计数器指令，当输入端信号从"OFF"变为"ON"状态时，计数器减 1，当计数器减为 0 时，计数器相应的触点动作。

指令应用见表 5-50。

表 5-50　　　　　　　　　　　　　**CT 指令应用**

梯形图	语句表		时序图
	地址	指令	
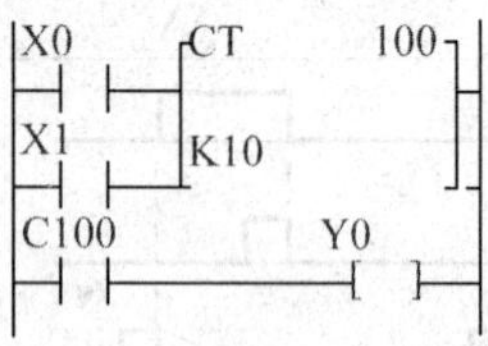	0	ST　X 0	
	1	ST　X 1	
	2	CT　100	
	3	K　10	
	4	ST　C 100	
	5	OT　Y 0	

程序说明：

当检测到计数触发信号 X0 的第 10 次上升沿到来时，计数器触点 C100 接通，此时，输出继电器 Y0 接通；当复位触发信号输入时（即触点 X1 闭合），计数器复位，清零；若要使计数器恢复计数，则需将复位信号切断（即触点 X1 断开）。

8. SR 指令

SR：左移寄存器指令，移位寄存器由数据输入、移位脉冲输入和复位脉冲输入三个端子，数据在移位脉冲的上升沿逐位向左（即高位）移位一次，最高位溢出；当复位信号到来时，参与移位的内容全部复位（变为 0）。

该指令只能为内部“字”继电器 WR 的 16 位数据左移 1 位。指令应用见表 5-51。

表 5-51　　　　　　　　　　　　　**SR 指令应用**

梯形图	语句表	
	地址	指令
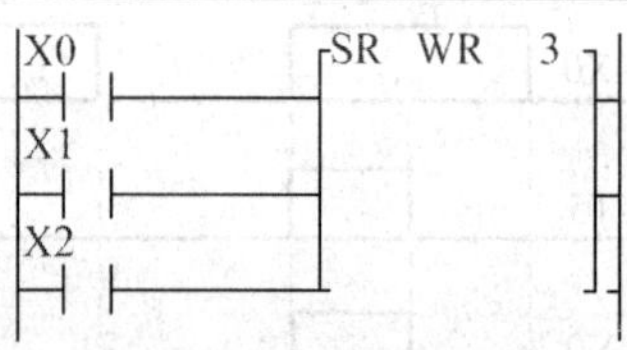	0	ST　X0
	1	ST　X1
	2	ST　X2
	3	SR　WR3

程序说明：

数据输入端（X0）、移位触发信号输入端（X1）和复位触发信号输入端（X2）的时序图如图 5-56 所示。

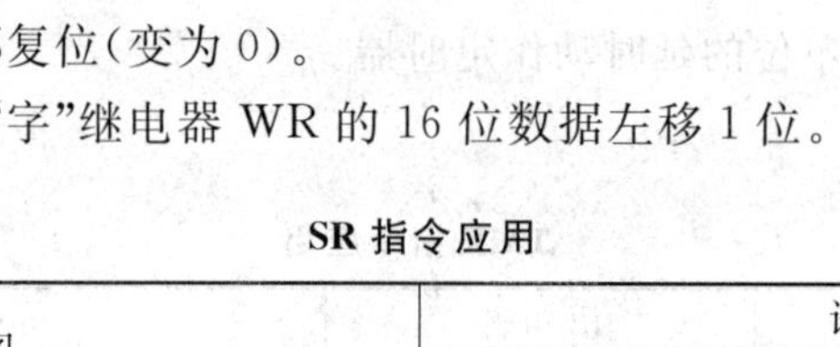

图 5-56　数据输入端（X0）、移位触发信号输入端（X1）和复位触发信号输入端（X2）的时序图

当第一次移位触发信号输入(即触点 X1 闭合)时,数据输入端的状态为“ON”,同时复位触发信号输入端的状态为“OFF”,内部继电器 WR3 的内容向左移动 1 位,将“1”送入 0 位址中,原 15 位中的“0”丢失,见表 5-52。第二次移位后,见表 5-53。第三次移位后,见表 5-54。

表 5-52　　第一次移位后 WR3

位　址	15	14	13	12	11	10	9	8	7	6	5	4	3	2	1	0
原数据	0	0	0	0	1	0	0	0	1	0	0	0	1	0	0	0
移位后数据	0	0	0	1	0	0	0	1	0	0	0	1	0	0	0	1

原“0”丢失

表 5-53　　第二次移位后 WR3

位　址	15	14	13	12	11	10	9	8	7	6	5	4	3	2	1	0
移位后数据	0	0	1	0	0	0	1	0	0	0	1	0	0	0	1	1

表 5-54　　第三次移位后 WR3

位　址	15	14	13	12	11	10	9	8	7	6	5	4	3	2	1	0
移位后数据	0	1	0	0	0	1	0	0	0	1	0	0	0	1	1	0

当复位触发信号输入时(即触点 X2 闭合),内部继电器 WR3 的内容被清除,所有位变为“0”,见表 5-55。

表 5-55　　复位后 WR3

位　址	15	14	13	12	11	10	9	8	7	6	5	4	3	2	1	0
复位后数据	0	0	0	0	0	0	0	0	0	0	0	0	0	0	0	0

9. JP、LBL 指令

JP:跳转指令。

LBL:跳转结束指令。

当预置触发信号接通时,程序跳过相同编号的 JP 指令与 LBL 指令之间的内容,继续向下执行。在一对 JP 指令与 LBL 指令之间,可以编入里一对 JP 指令与 LBL 指令,即该指令允许嵌套,用不同的编号区别,如 JP1-JP2-LBL2-LBL1。指令应用见表 5-56。

表 5-56　　JP、LBL 指令应用

梯形图	语句表	
	地址	指令
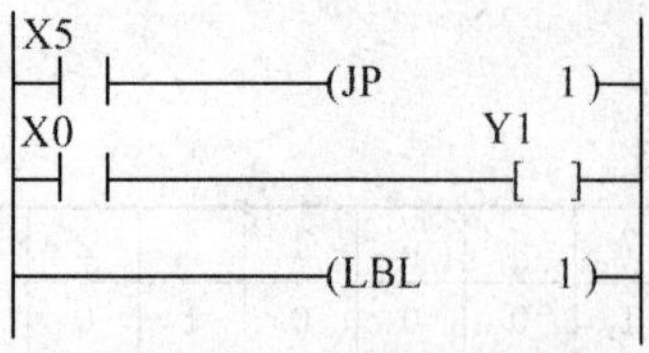	0	ST　X　5
	1	JP　　1
	2	ST　X　0
	3	OT　Y　1
	4	LBL　1

程序说明：

当触点 X5 闭合时，程序由 JP1 跳转到 LBL1，执行后面的程序。

10. ED 指令

ED：程序结束指令，表示一个扫描周期的结束。

四、应用举例

1. 三相异步电动机的正、反转控制

（1）控制要求　用松下 FP1 系列可编程序控制器对三相异步电动机正、反转进行控制。

（2）输入/输出分配　见表 5-57。

表 5-57　　输入/输出分配表

输入		输出	
元件符号	端子编号	元件符号	端子编号
正转启动 SB1	X0	正转接触器 KM1	Y2
反转启动 SB2	X1	反转接触器 KM2	Y3
停止控制 SB3	X2		

（3）梯形图设计　如图 5-57 所示。

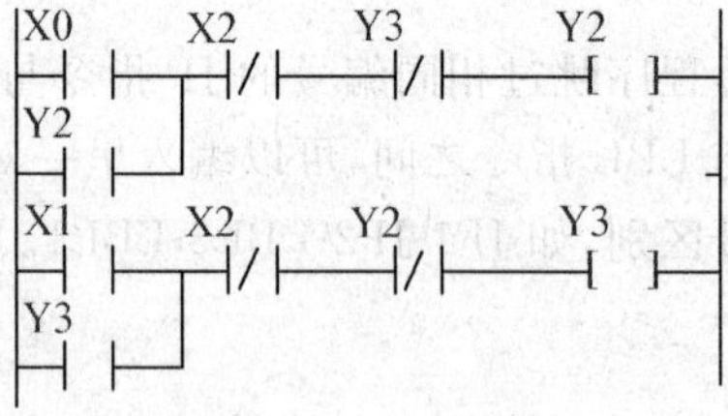

图 5-57　梯形图设计

（4）编写程序　见表 5-58。

表 5-58　　程序表

地址	操作码	操作数	地址	操作码	操作数
0000	ST	X0	0005	ST	X1
0001	OR	Y2	0006	OR	Y3
0002	AN/	X2	0007	AN/	X2
0003	AN/	Y3	0008	AN/	Y2
0004	OT	Y2	0009	OT	Y3

2. 三相异步电动机的 Y-△启动控制

(1)控制要求　用松下 FP1 系列可编程序控制器对三相异步电动机的 Y-△启动进行控制。

(2)输入/输出分配　见表 5-59。

表 5-59　　输入/输出分配表

输入		输出	
元件符号	端子编号	元件符号	端子编号
SB1	X0	KM1	Y2
SB2	X1	KM2	Y0
		KM3	Y1

(3)梯形图设计　如图 5-58 所示

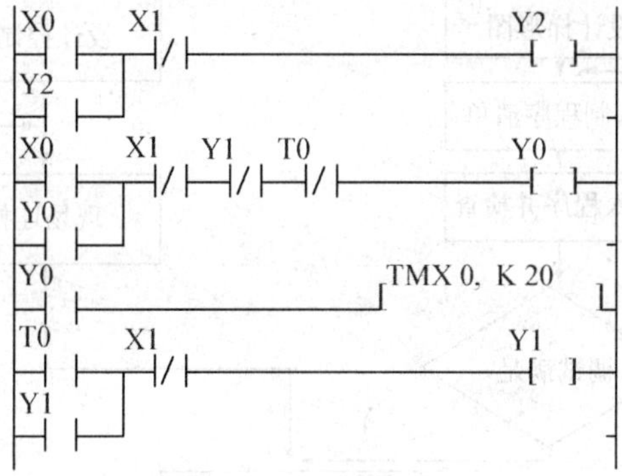

图 5-58　梯形图设计

(4)编写程序　见表 5-60。

表 5-60　　程序表

地址	指令	地址	指令	地址	指令
0000	ST　X0	0006	AN/　X1	0012	K　20
0001	OR　Y2	0007	AN/　Y1	0013	ST　T0
0002	AN/　X1	0008	AN/　T0	0014	OR　Y1
0003	OT　Y2	0009	OT　Y2	0015	AN/　X1
0004	ST　X0	0010	ST　Y0	0016	OT　Y1
0005	OR　Y0	0011	TM　X0		

第七节 可编程序控制器程序设计方法及应用实例

一、PLC 控制系统设计方法

1. PLC 控制系统设计的步骤

PLC 控制系统的设计内容及步骤流程如图 5-59 所示。

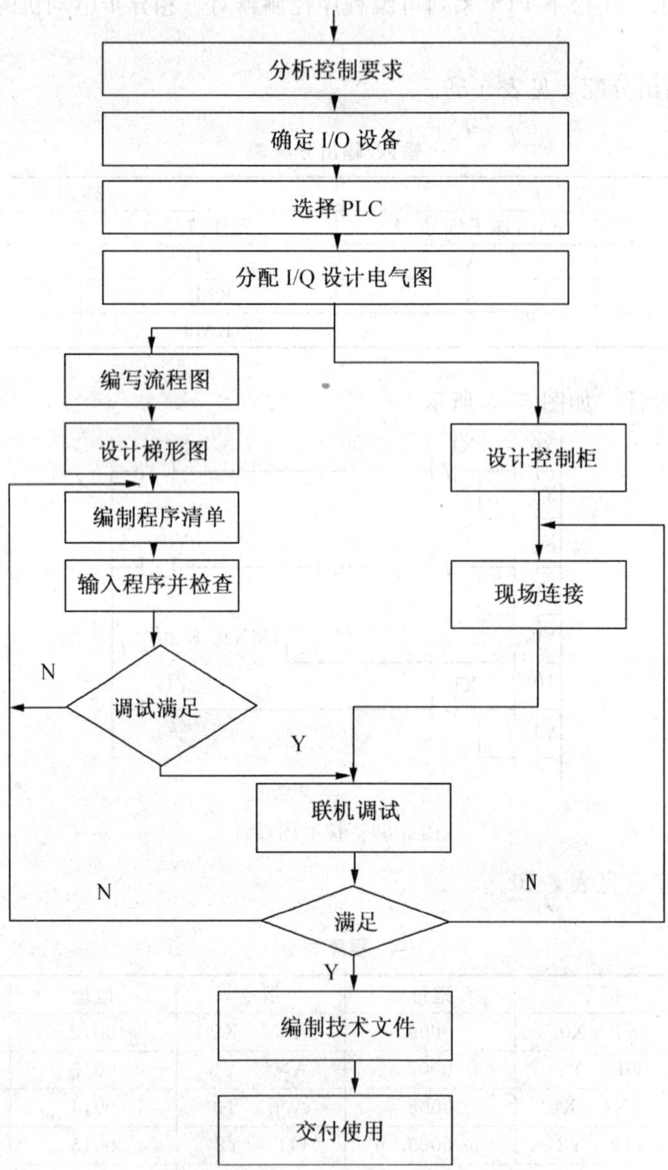

图 5-59 系统设计步骤流程图

(1)熟悉控制对象的工艺条件,确定控制范围 设计人员首先应对被控对象进行深入的调查和分析,熟悉工艺流程和设备性能。根据生产中提出的问题,确定系统所要完成的任务。明确控制任务和设计要求,划分控制过程的各个阶段及各阶段之间的转换条件。

确定输入/输信号与可编程序控制器之间的关系,即哪些是输入信号,哪些是输出信号,这些信号与输入/输出接口的匹配情况如何,输入/输出信号的数量各是多少等。

(2)选择合适的可编程序控制器机型 可编程序控制器的选型要满足控制系统的控制需要,根据输入/输出的形式和点数、控制方式与速度及用户程序的容量选用合适的机型。

选择能满足控制要求的可编程序控制器型号是应用设计中至关重要的一步。在设计时,首先要尽可能考虑选用与本单位正在使用的同品牌同型号的 PLC,以便于学习和掌握。其次是功能模块和配件的通用性,可减少编程器的投资。除此之外,还要根据控制要求的复杂程度、控制精度,估算用户程序的容量(程序步数)。

控制对象不同会对可编程序控制器提出不同的控制要求。如用 PLC 替代继电器完成设备或生产过程控制、时序控制时,只需可编程序控制器具备基本的逻辑控制功能即可。而对于需要模拟量控制的系统,则应选择配有模拟量输入/输出模块的可编程序控制器,并且其内部还应具有数字运算功能。有些系统需要进行远程控制,则应配置具有远程 I/O 控制的模块。还有一些特殊功能,如温度控制、位置控制、PID 控制等。如果选择了合适的可编程序控制器及相应的智能控制模块,将使系统设计变得非常简单。

(3)输入/输出设备的选择及输入/输出点的分配 根据选择可编程序控制器的型号及给定元件地址范围(如输入/输出继电器、内部辅助继电器、定时器、计数器等),对每个使用的相关输入/输出信号及内部器件分配各自专用的地址,并绘制所用元件的地址分配表。

(4)编写程序 编写程序是整个程序设计工作的核心部分。首先,根据受控对象的控制要求及各控制阶段的转换条件,绘制出控制流程图。由控制流程图绘制可编程序控制器的用户程序梯形图,梯形图是最普遍的编程语言,经验法是经常采用的方法,平时应多注意积累经验,在设计时可以借鉴其他相似的程序。

(5)程序调试 程序调试一般分为两个阶段。第一阶段为模拟调试,即将设计好的程序输入可编程序控制器后,不接输入元件和负载,而是直接输入与负载工作相似的模拟信号,根据相应指示灯的显示,观察模拟负载的响应情况,并分段调试程序,逐步修改,直至符合控制系统的要求。第二阶段为现场调试,就是将控制系统与受控负载相连,经局部调试后进行系统统调,进一步完善系统设计。

2. 梯形图的设计原则与技巧

(1)梯形图都是从左母线开始,线圈画在最右边且不能与左母线直接相连。触点不能放在线圈的右边,右母线一般可省略不画。如图 5-60 所示。

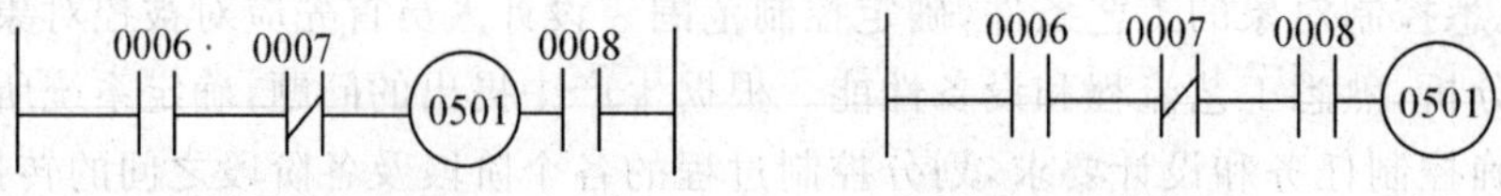

(a) 不正确　　(b) 正确

图 5-60　梯形图母线的画法

(2)在同一段程序中,相同编号的线圈只能出现一次,但同一编号的触点可以重复多次使用,如图 5-61 所示。

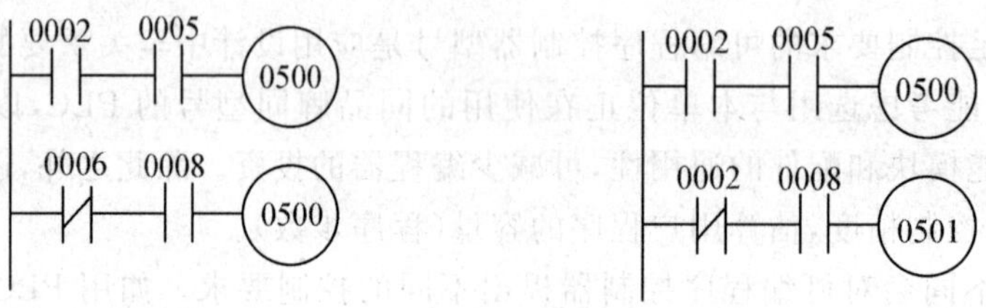

(a) 不正确　　(b) 正确

图 5-61　梯形图的画法

(3)几个串联支路相并联时,应将触点多的支路放在梯形图的上方;几个并联支路相串联时应将触点多的支路放在梯形图的左面。这样编写出的程序简洁明了,语句较少。如图 5-62 所示。

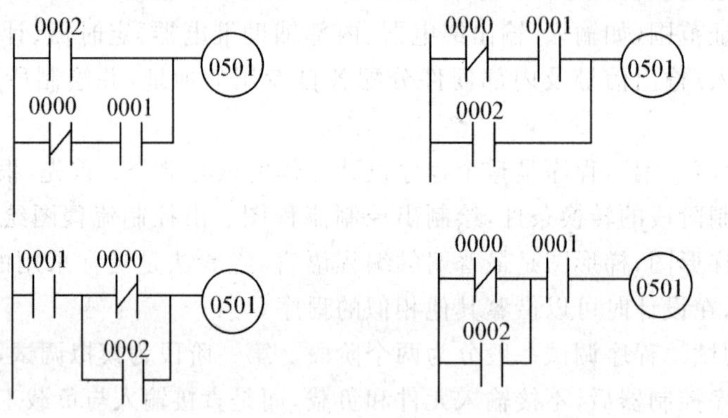

(a) 不正确　　(b) 正确

图 5-62　梯形图支路的画法

(4)桥式电路不能直接编程。即触点应画在水平线上,不能画在垂直线上;不包含触点的分支应画在垂直分支上。如图 5-63 所示。

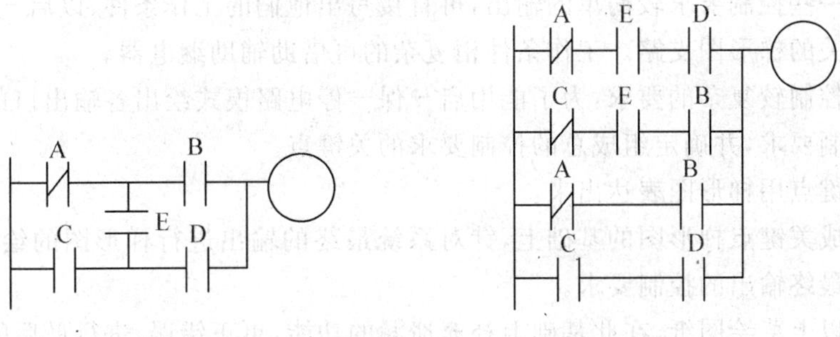

(a) 不正确　　(b)正确

图 5-63　梯形图触点的画法

(5)如果电路结构比较复杂,可重复使用一些触点画出它的等效电路,以便于编程及看清电路的控制关系。如图 5-64 所示。

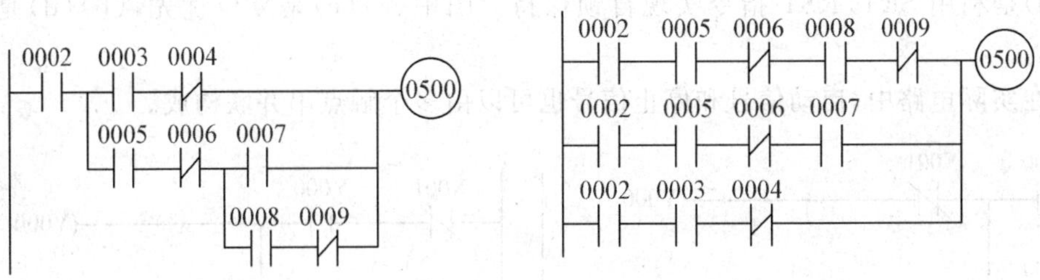

(a)不正确　　(b) 正确

图 5-64　等效电路的画法

二、梯形图程序设计方法

用户程序的设计是 PLC 应用中的最关键的问题。在掌握 PLC 的指令以及操作方法的同时,还要掌握正确的程序设计方法,才能有效的利用可编程控制器,使它在工业控制中发挥巨大作用。一般用户程序的设计可分为经验设计法、逻辑设计法和顺序功能流程图设计法等。下面主要以 FX_{2N}系列 PLC 来介绍如何利用经验设计法和顺序功能流程图设计法进行程序设计。

1.经验设计法

经验设计法沿用了继电器控制电路来设计梯形图。它是在基本控制单元和典型控制环节基础上,根据被控对象对控制系统的具体要求,依靠经验直接设计控制系统,不断的修改和完善梯形图。有时需要多次反复的调整和修改梯形图,并通过增加中间编程元件,最后才能达到一个较为满意的结果。这种方法没有普遍的规律可循,具有很大的随意性,最后的结果也不唯一。由于依赖经验设计,因此要求设计者具有丰富的经验,要能熟悉掌握控制系统的大量实例和典型环节。

(1)经验设计法的步骤

①在准确了解控制要求后,合理的为控制系统中的事件分配输入、输出口。选择必要的机内器件,如定时器、计数器、辅助继电器等。

②对于一些控制要求较简单的输出，可直接写出他们的工作条件，以启－保－停电路模式完成相关的梯形图支路。工作条件稍复杂的可借助辅助继电器。

③对于控制较复杂的要求，为了能用启－保－停电路模式绘出各输出口的梯形图，要正确分析控制要求，并确定组成总的控制要求的关键点。

④将关键点用梯形图表达出来。

⑤在完成关键点梯形图的基础上，针对系统最终的输出进行梯形图的绘制。使用关键点综合出最终输出的控制要求。

⑥审查以上草绘图纸，在此基础上补充遗漏的功能，更正错误，进行最后的完善。

经验设计法并无一定的章法可循，在设计经验多起来后就会得心应手。

(2)基本环节应用

①自锁控制电路：图 5-65 所示为实现 Y0 的自锁控制功能的四种梯形图程序。其中 X0 为启动信号，X1 为停止信号。图中(a)(b)是利用 Y0 的常开触点实现自锁保持，而(c)(d)是利用 SET，RST 指令实现自锁保持。图中(a)(c)是复位优先，(b)(d)是置位优先。

在实际电路中，启动信号和停止信号也可以由多个触点串并联构成。

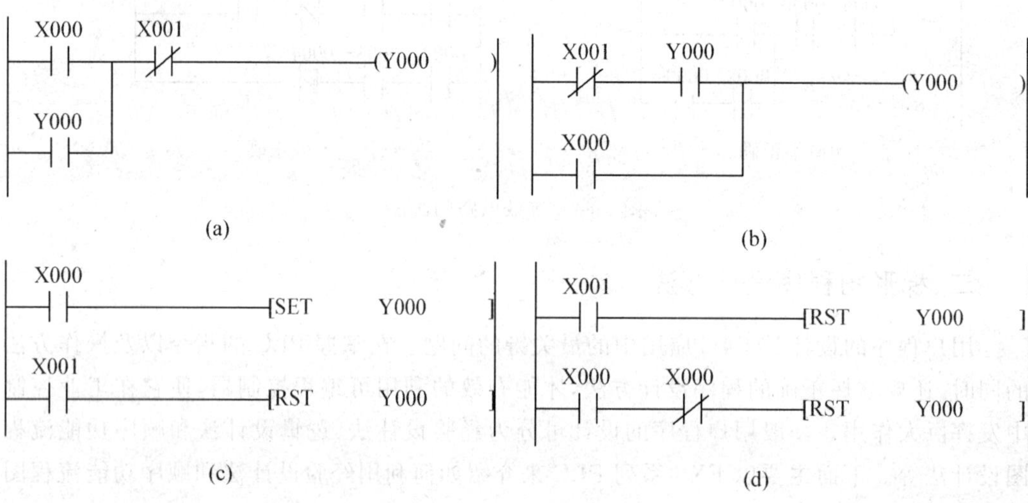

图 5-65　自锁控制梯形图

②互锁控制电路：图 5-66 所示为 3 个输出的互锁控制，要求三个线圈不能两两同时得电。其中 X0、X1、X2 是启动按钮，X3 是停止按钮。将 Y0、Y1、Y2 的常闭触点分别串联到其他两个线圈的控制电路中实现互锁保护，保证每次只能有一个接通。

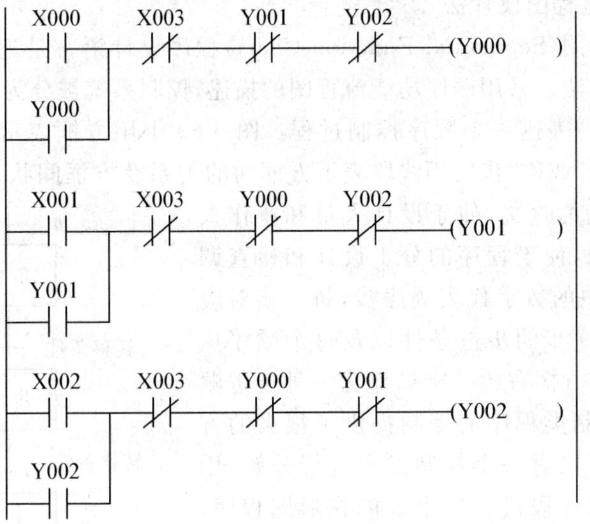

图 5-66　互锁控制梯形图

③顺序启动逆序停止控制电路：图 5-67 所示为顺序启动逆序停止控制电路梯形图，要求 Y1 必须在 Y0 接通后才能启动，Y0 必须在 Y1 停止后才能停止。

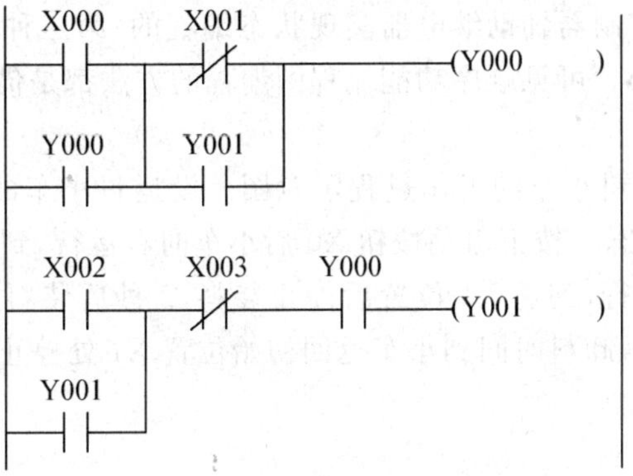

图 5-67　顺序启动逆序停止控制梯形图

④延时控制电路：图 5-68 所示为通、断电皆延时的控制程序，当 X0 常开触点接通后，T0 开始延时，2 秒后 T0 常开触点闭合，Y0 得电并保持；当 X0 断开后其常闭触点闭合，定时器 T1 开始延时，3 秒后 T1 为 ON，Y0 复位。

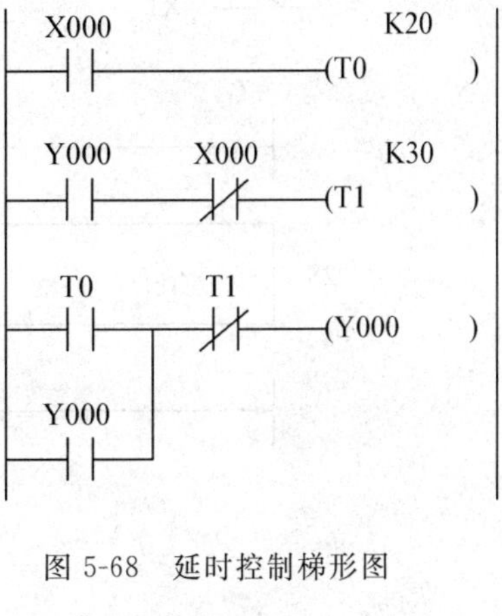

图 5-68　延时控制梯形图

2. 顺序功能流程图设计法

顺序功能流程图(Sepuential Function Chart)程序设计语言是近年来发展起来的一种较新程序设计方法。采用顺序功能流程图的描述,控制系统被分为若干个子系统,从功能入手,用"功能图"表达一个顺序控制过程。图 5-69 中用方框表示整个控制过程中的"状态",或称"功能"或称"步",用线段表示方框间的关系及方框间状态转换的条件,使系统的操作具有明确的含义,便于设计人员和操作人员设计思想的沟通,便于程序的分工设计和检查调试。图 5-69 方框中的数字代表顺序步,每一步对应一个任务,每个顺序步的步进条件以及每个顺序执行的功能可以写在方框右边。SFC 作为一种步进顺控语言,为顺序控制类程序的编制提供了很大的方便。用这种语言可以对一个控制过程进行分解,用多个相对独立的程序段代替一个长的梯形图程序,还能使用户看到在某个给定时间中机器处于什么状态。

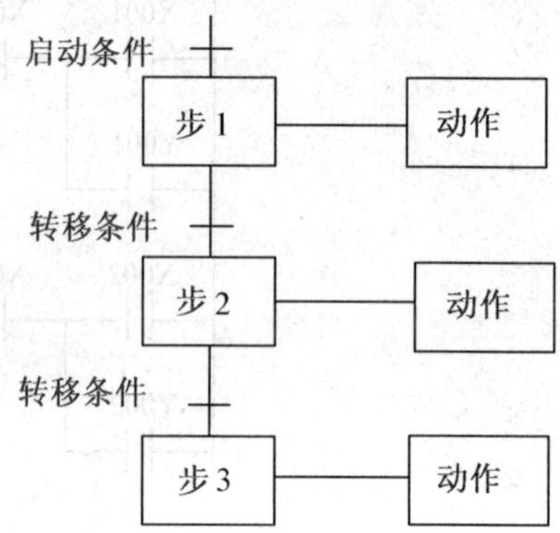

图 5-69 顺序功能流程图

目前,PLC 状态编程的方法主要有三种:第一种是借助于可编程控制器本身的步进顺控指令及大量专用的状态元件来实现状态编程;第二种是借助于可编程控制器辅助继电器实现状态编程的;第三种是借助于可编程控制器的移位寄存器来实现的。可见顺序功能流程图编程的方法都是借助于一定的"过渡性"软元件来实现的。

例如,图 5-70 为运料小车的工作过程示意图。设运料小车的初始位置是停在左边,限位开关 X1 为 ON 状态。按下启动按钮 X0 后小车向右运行,到达 X2 位置时停下卸料,3 秒卸料时间到小车左行,到达 X1 位置后停止装料,2 秒后装料结束小车右行,到达 X3 位置后停止卸料,3 秒后卸料时间到小车返回初始位置 X1 处停止。

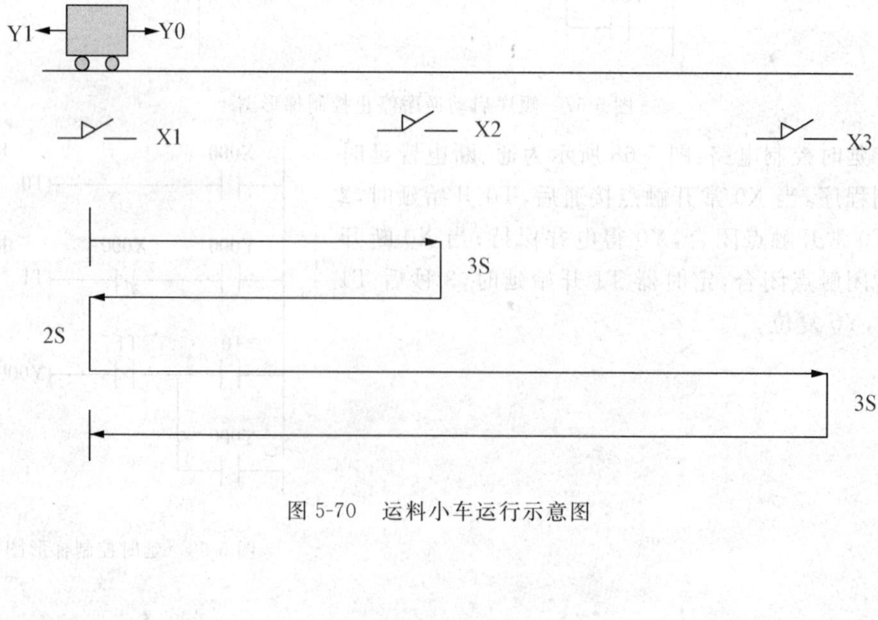

图 5-70 运料小车运行示意图

按照顺序功能流程图小车的工作周期可以分成一个初始步和七个运动步，如图 5-71 所示。

(1)利用 PLC 的步进顺控指令及状态元件来实现状态编程　运料小车的顺序功能如图 5-72 所示。PLC 上电进入 RUN 状态，初始化脉冲 M8002 的常开触点保持闭合一个扫描周期，初始步 S0 置为活动步，然后每满足一个转移条件后，其 S20～S26 活动步依次后移。梯形图程序如图 5-73 所示。

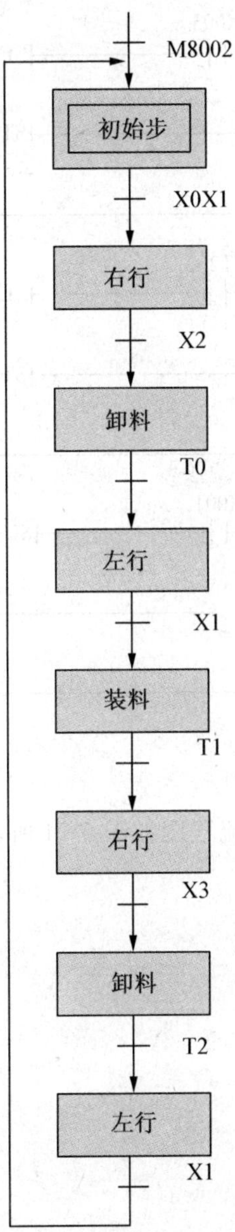

图 5-71　运料小车运行流程图

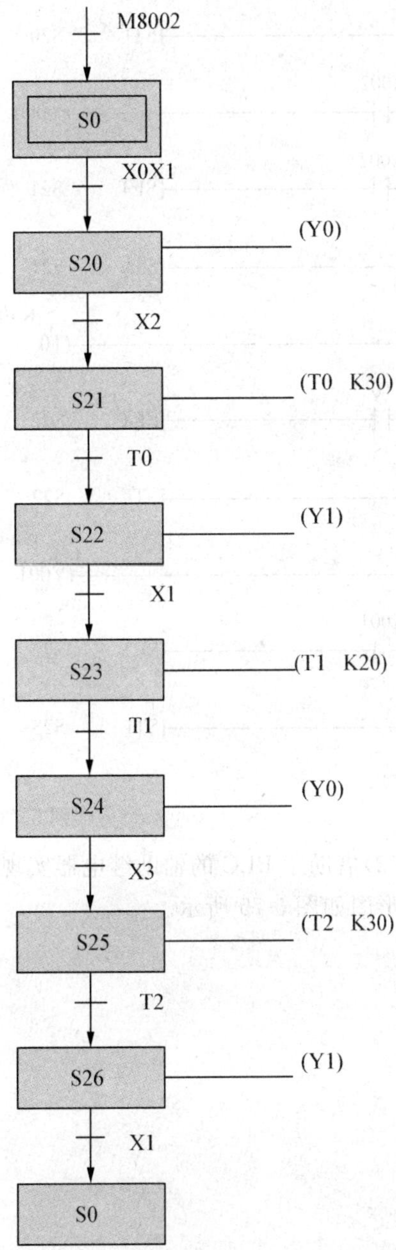

图 5-72　步进顺控指令功能流程图

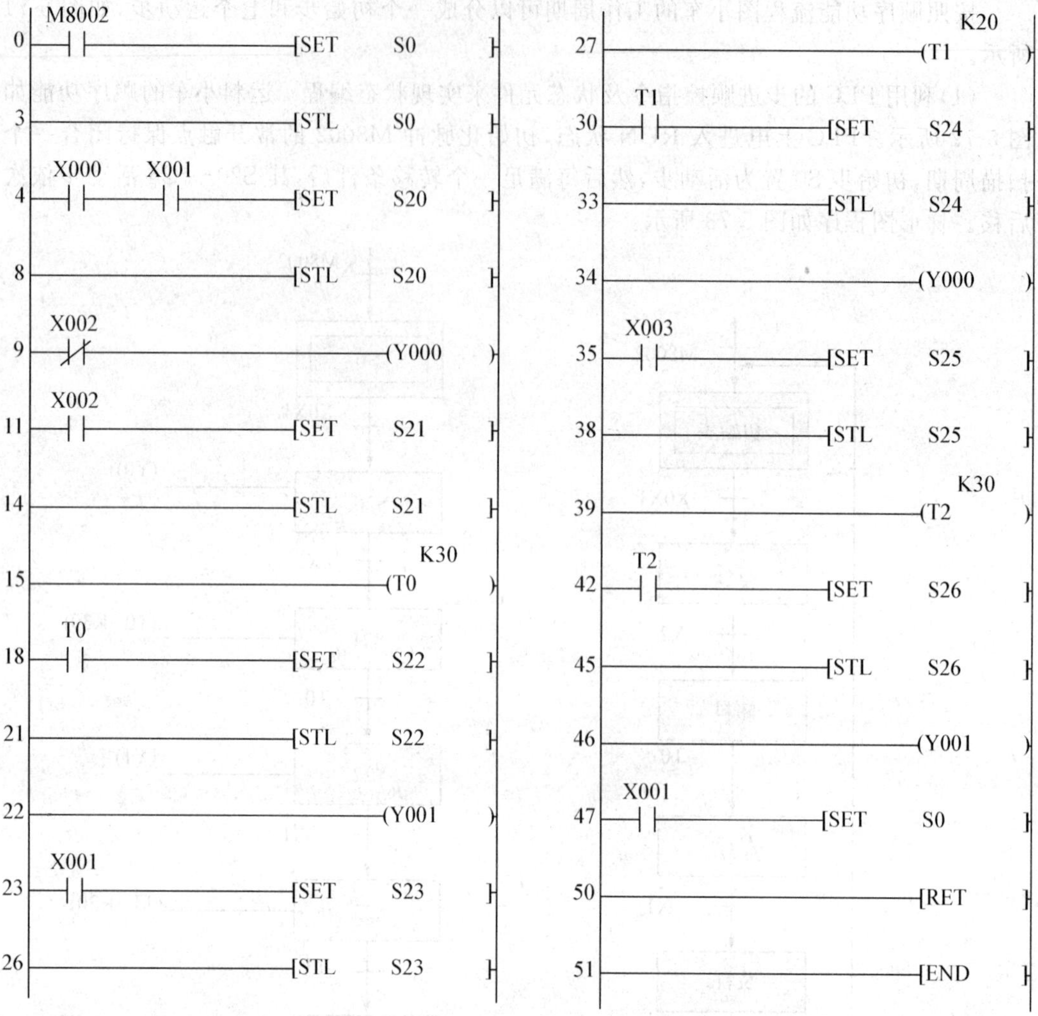

图 5-73　步进顺控梯形图

(2)借助于 PLC 的辅助继电器实现状态编程　其流程图如图 5-74 所示，其实现控制的梯形图如图 5-75 所示。

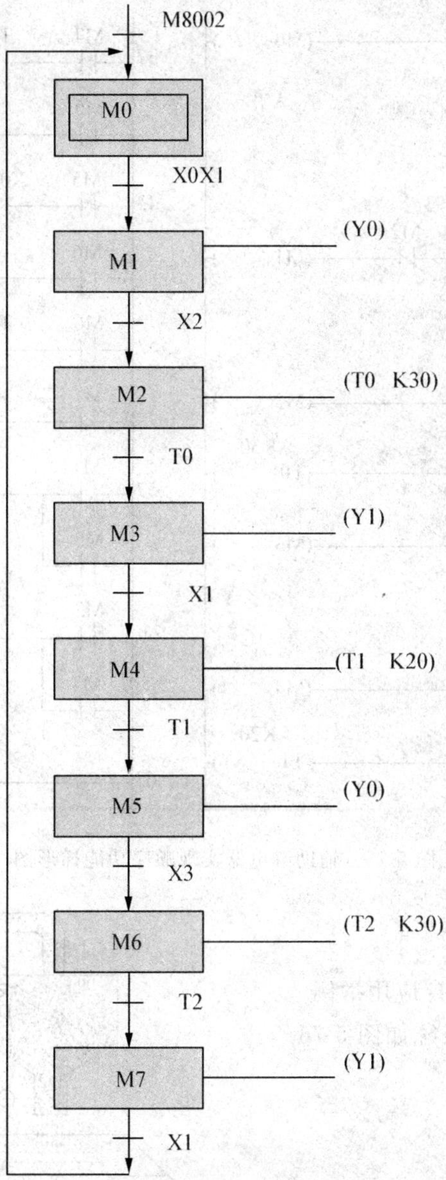

图 5-74 辅助继电器实现顺序功能图

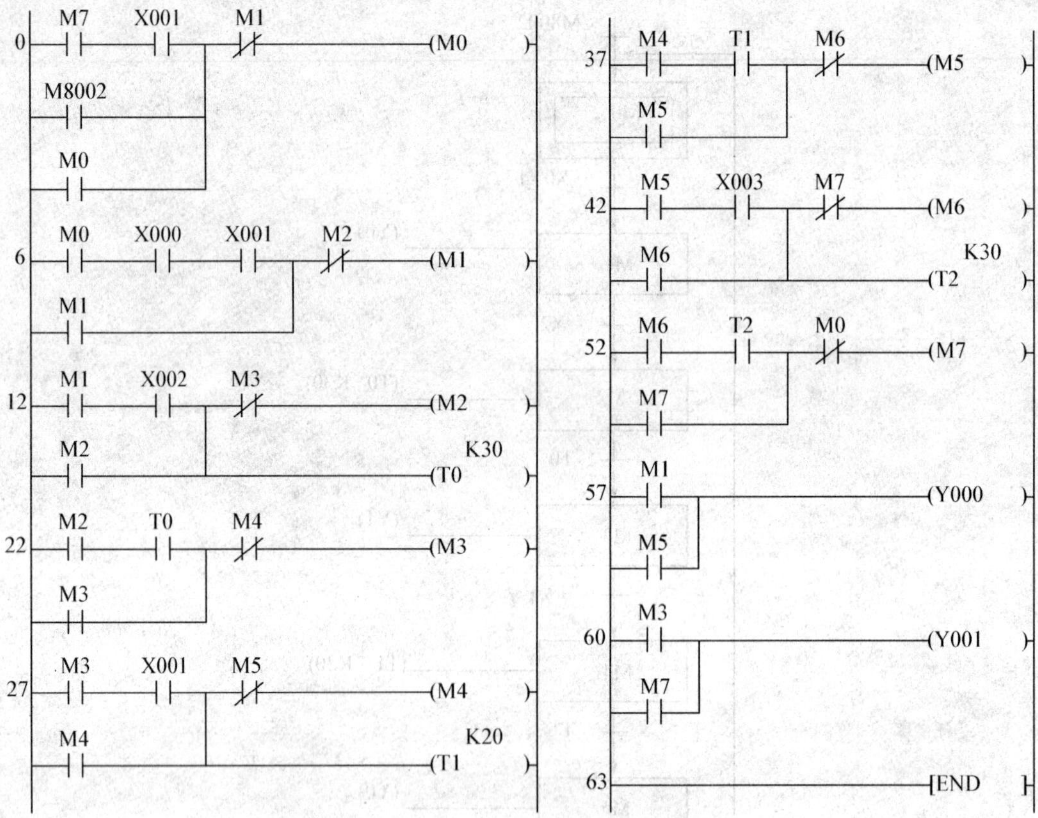

图 5-75　辅助继电器实现顺序功能梯形图

三、应用举例

1. 三菱 FX_{2N}系列 PLC 应用举例

自动送料装车控制系统如图 5-76 所示，其控制要求如下：

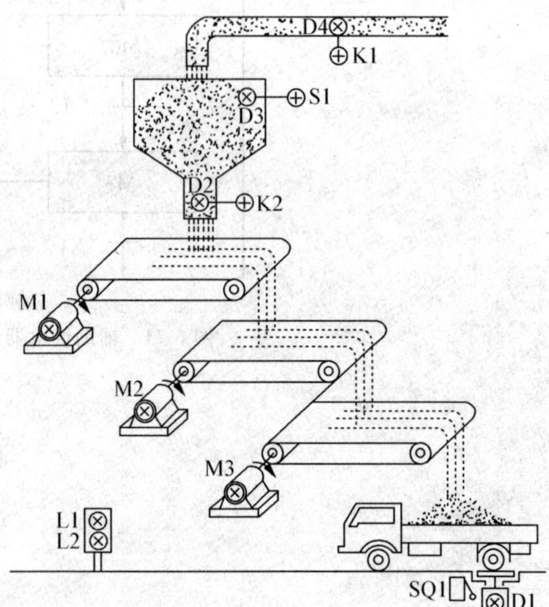

图 5-76　自动送料装车控制系统示意图

(1)初始状态　红灯 L1 灭,绿灯 L2 亮,表明允许汽车开进装料。料斗出料口 K2 关闭,电动机 M1、M2 和 M3 皆为 OFF。

(2)装车控制

①进料:如料斗中料不满(S1 为 OFF),5s 后进料阀 K1 开启进料;当满料(S1 为 ON)时,中止进料。

②装车:当汽车开进到装车位置(SQ1 为 ON)时,红灯 L1 亮,绿灯 L2 灭;同时启动 M3,经 2s 后启动 M2,再经 2s 后启动 M1,再经 2s 后打开料斗(K2 为 ON)出料。

当车装满 (SQ2 为 ON)时,料斗 K2 关闭,2s 后 M1 停止,M2 在 M1 停止 2s 后停止,M3 在 M2 停止 2s 后停止,同时红灯 L1 灭,绿灯 L2 亮,表明汽车可以开走。

(3)停机控制　按下停止按钮 SB2,整个系统中止运行。

根据自动送料装车控制的要求,I/O 配置及其接线,如图 5-77 所示。考虑到车在位指示信号和红灯信号的同步性,为了节省输出点,故用一个输出点 Y2 驱动红灯 L1 和车在位信号 D1。电动机 M1～M3,通过接触器 KM1～KM3 控制。

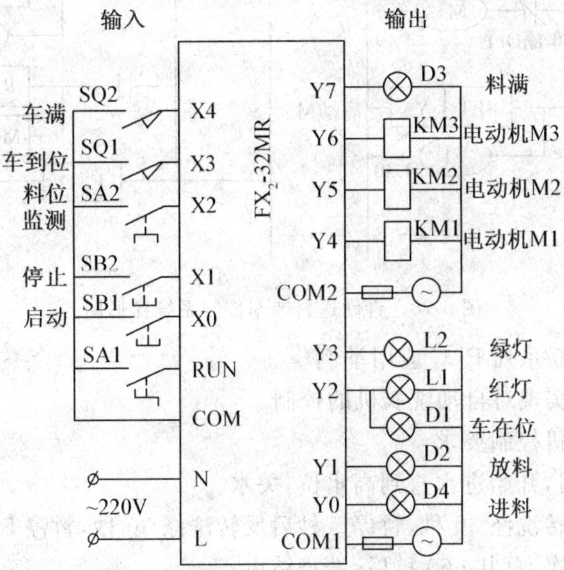

图 5-77　PLC I/O 配置及接线图

用基本逻辑指令编程:自动送料装车控制系统,进料阀 K1 受料位传感器 S1 的控制,S1 无监测信号,表明料不满,经 5s 后进料;S1 有监测信号,表明料已满,中止进料。送料系统的启动,可以通过台秤下面的限位开关 SQ1 实现。当汽车开进装车位置时,在其自重作用下,接通 SQ1,送料系统启动;当车装到吨位时,限位开关 SQ2 接通,停止送料。

用基本逻辑指令设计的自动送料装车控制系统梯形图如图 5-78 所示。

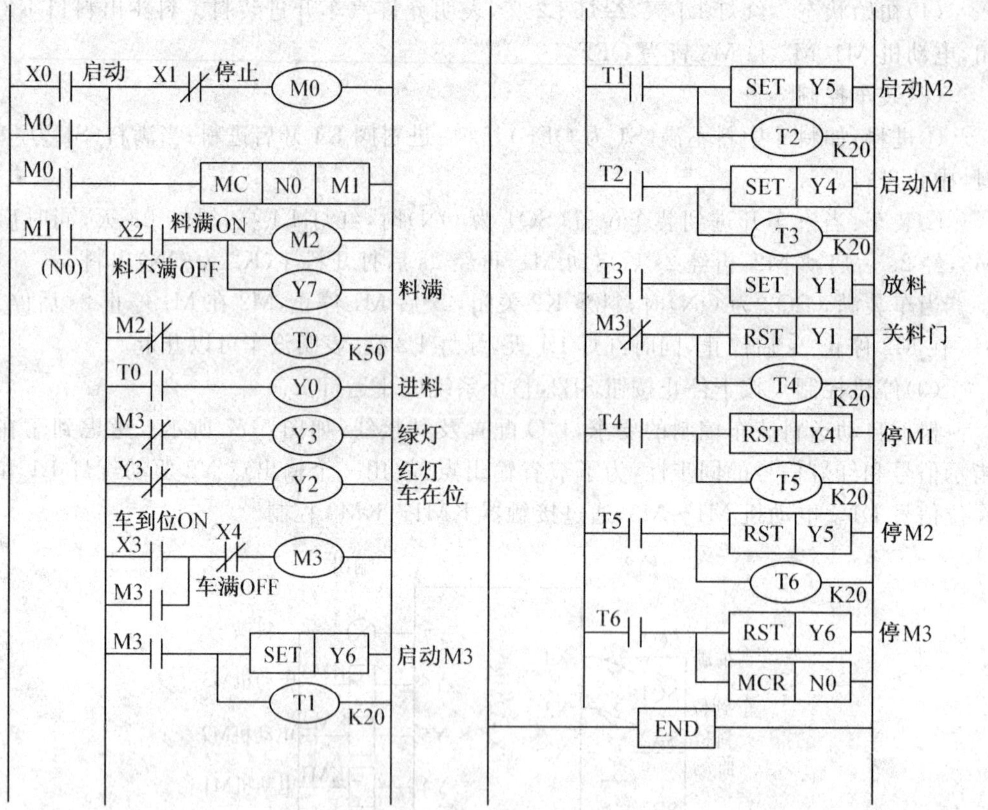

图 5-78　自动送料装车控制系统梯形图

2. 西门子 S7-200 系列 PLC 应用举例

应用 PLC 技术实现对自动洗衣机的控制。

(1)全自动洗衣机控制要求

①按下启动按钮,开始进水直到高水位,关水。

②开始洗涤,正转洗涤 30 秒,暂停 5 秒后反转洗涤 30 秒,暂停 5 秒后正转洗涤。

③如此循环 30 次,总共 660 秒后,洗涤结束。

④开始排水,当水位下降到低水位时,进行脱水(同时排水),脱水时间为 20 秒,脱水完成。

⑤开始清洗,重复洗涤过程,清洗两遍。

⑥清洗完成,报警 10 秒并自动停机。

(2)I/O 分配及外部接线　PLC 控制的输入输出配置见表 5-61。

表 5-61　I/O 分配

输　入		输　出	
启动按钮	I0.0	电动机正转 KM1	Q0.0
停止按钮	I0.1	电动机反转 KM2	Q0.1
高水位	I0.2	进水电磁阀 YV1	Q0.2
低水位	I0.3	排水电磁阀 YV2	Q0.3
		电磁离合器	Q0.4
		报警蜂鸣器	Q0.5

PLC 控制的外部接线图如图 5-79 所示。

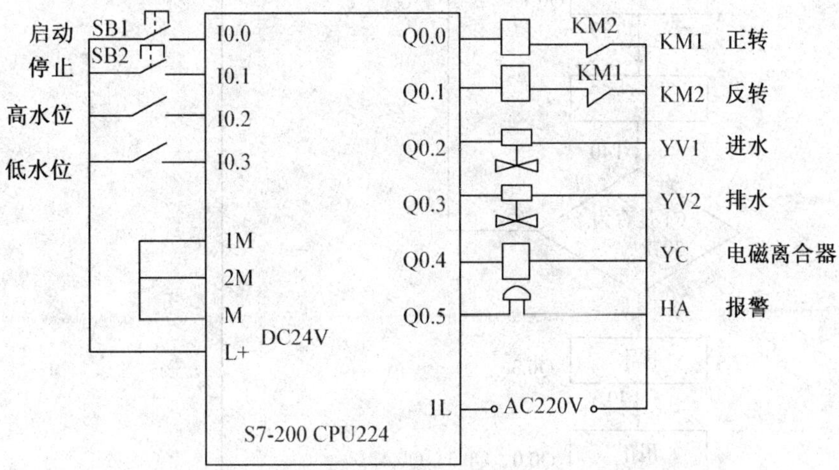

图 5-79　全自动洗衣机 PLC 控制的外部接线图

(3)程序设计　在进行程序设计之前，首先要根据全自动洗衣机的控制要求，画出控制流程图，如图 5-80 所示。

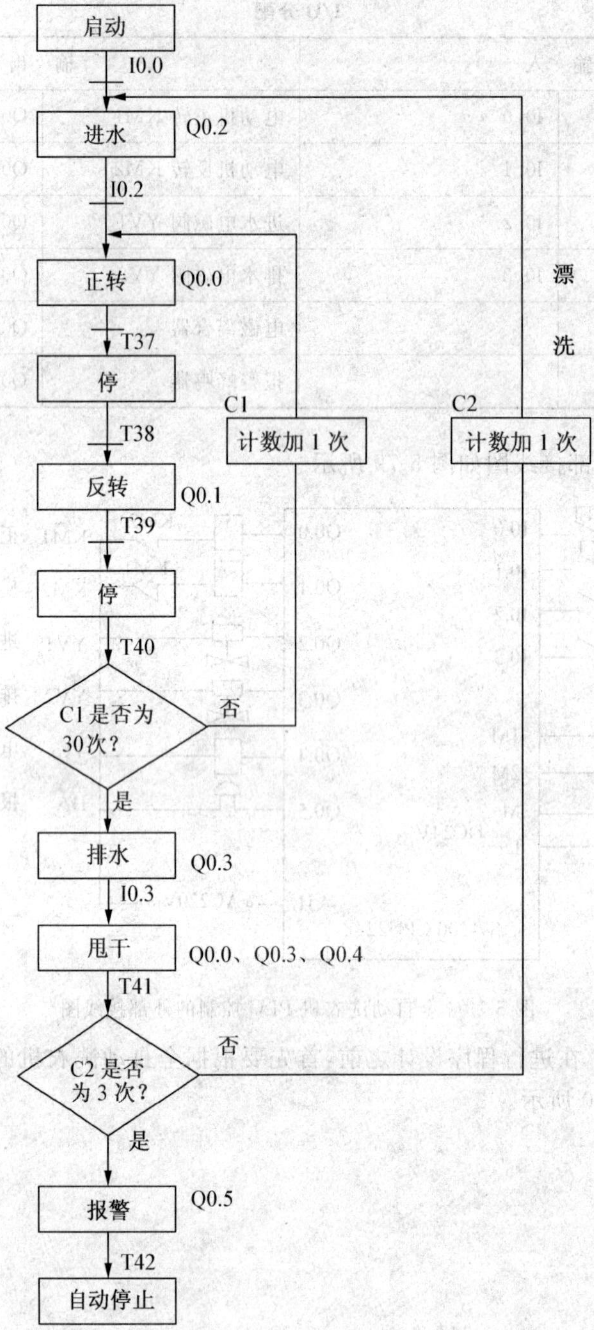

图 5-80　全自动洗衣机控制流程图

根据控制流程图所示的控制过程，设计出梯形图及程序语句表，见表 5-62。在设计中，增设了一个内部继电器 M0.0 作为程序总控制。

表 5-62　　**全自动洗衣机控制梯形图及程序语句表**

梯形图	说明	语句表
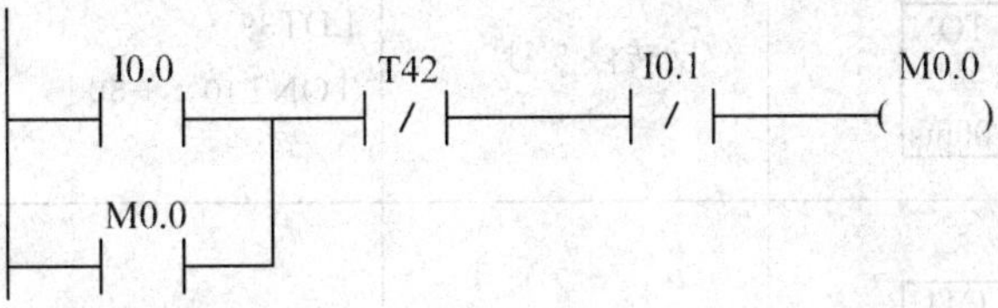	//M0.0 起程序总控制作用	LD　I0.0 O　M0.0 AN　T42 AN　I0.1 =　M0.0
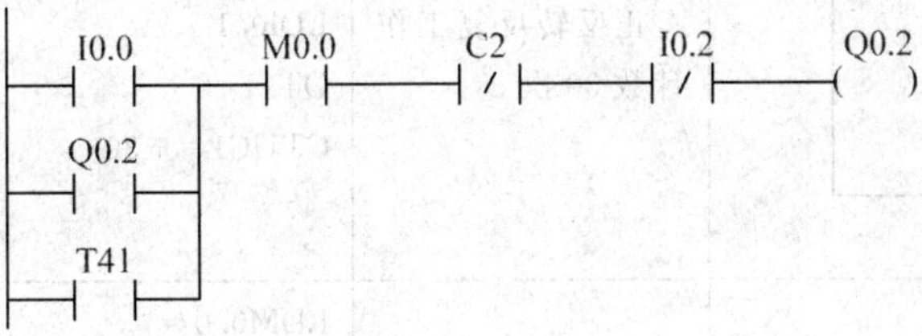	//进水控制程序	LD　I0.0 O　Q0.2 O　T41 A　M0.0 AN　C2 AN　I0.2 =　Q0.2
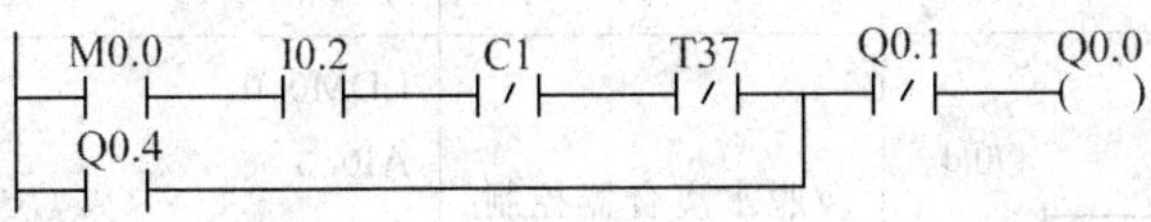	//电动机正转控制，Q0.4 是脱水甩干时工作	LD　M0.0 A　I0.2 AN　C1 AN　T37 O　Q0.4 AN　Q0.1 =　Q0.0
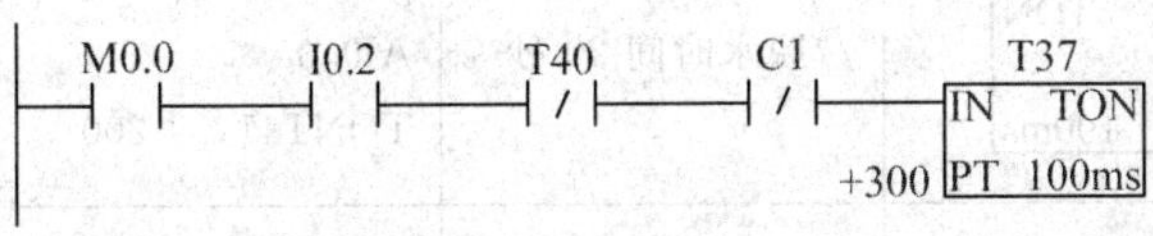	//正转工作定时 30 秒。	LDM0.0 AI0.2 ANT40 ANC1 TONT37，+300
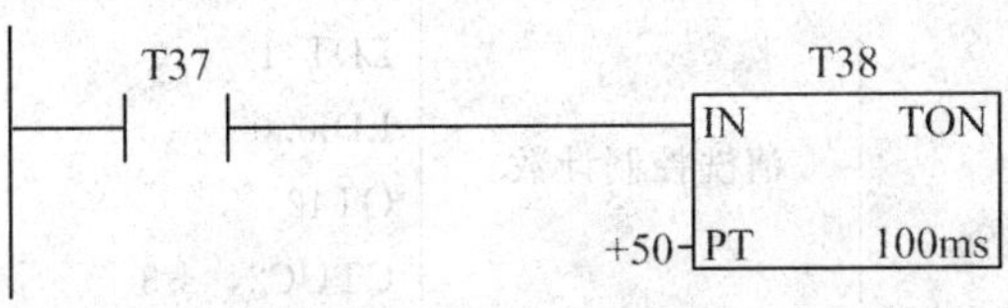	//正转停 5 秒	LDT37 TONT38，+50
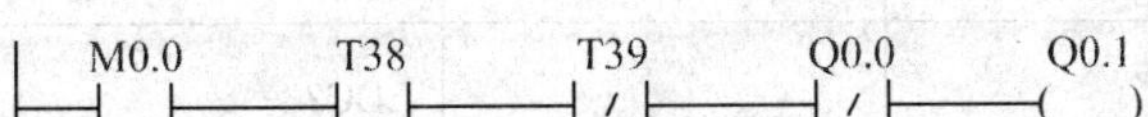	//电动机反转工作控制	LDM0.0 AT38 ANT39 ANQ0.0 =Q0.1
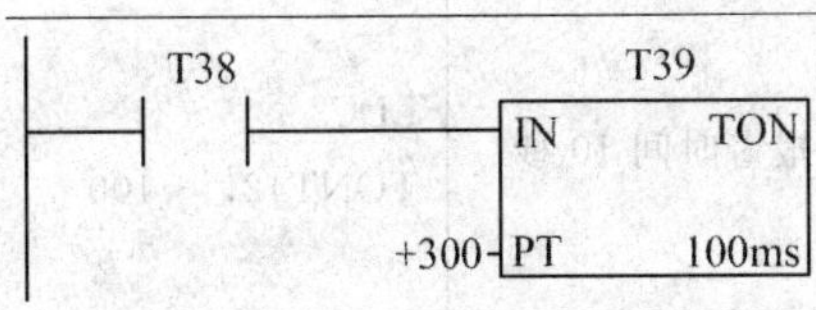	//反转定时 30 秒	LDT38 TONT39，+300

续表

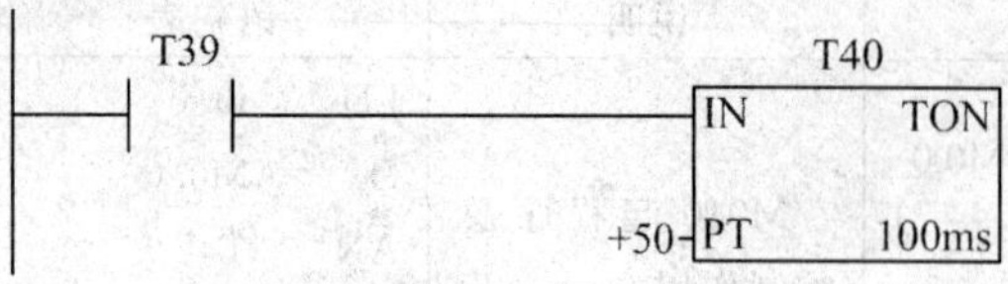	//反转停 5 秒	LDT39 TONT40，+50
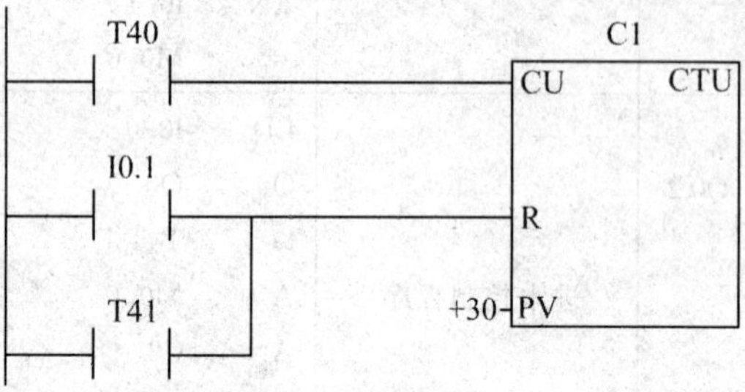	//正反转反复工作计数 30 次	LDT40 LDI0.1 OT41 CTUC1，+30
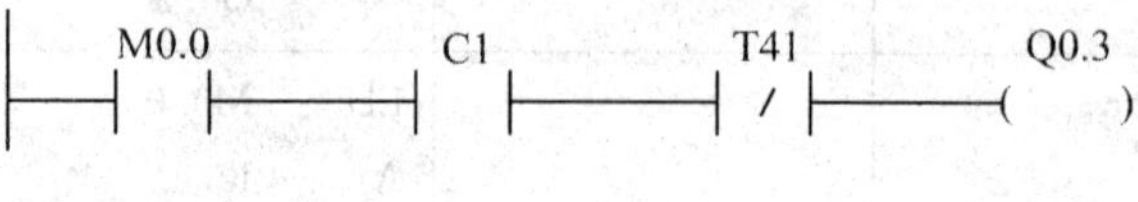	//排水控制	LDM0.0 AC1 ANT41 =Q0.3
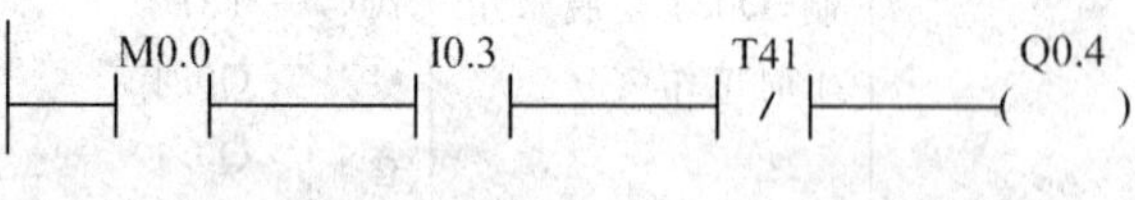	//脱水离合器控制	LDM0.0 AI0.3 ANT41 =Q0.4
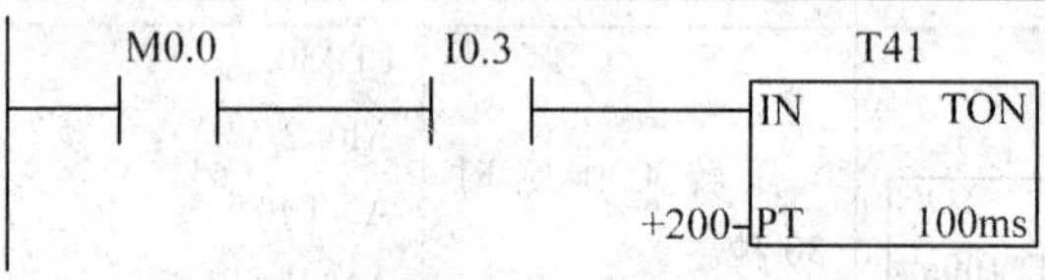	//脱水时间 20 秒	LDM0.0 AI0.3 TONT41，+200
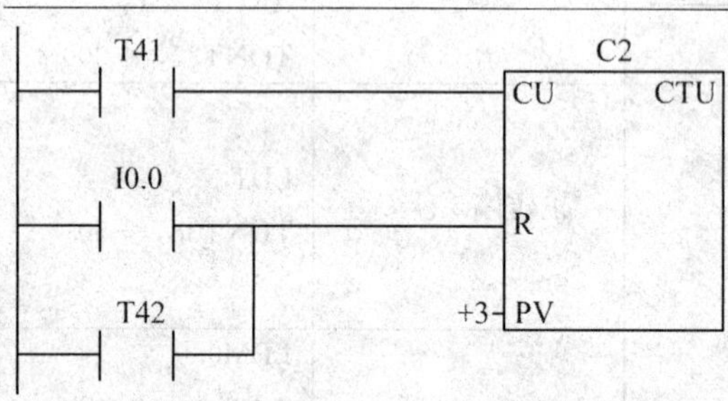	//清洗控制计数	LDT41 LDI0.0 OT42 CTUC2，+3
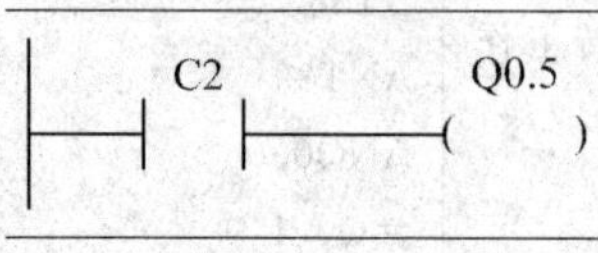	//报警控制	LDC2 =Q0.5
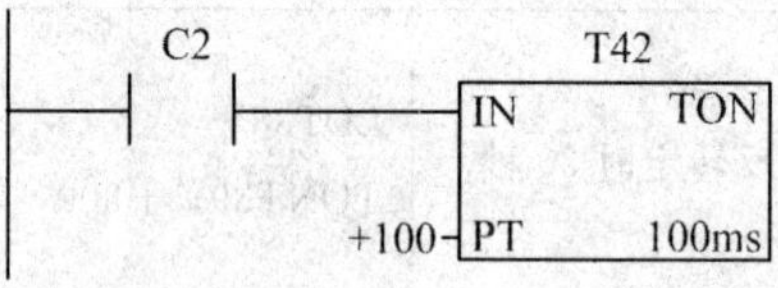	//报警时间 10 秒	LDC2 TONT42，+100

3. 欧姆龙 PLC 应用举例

(1)长延时控制

①控制要求:利用 OMRON 可编程序控制器实现长延时控制。当按下 SB1 按钮,输入信号输入 PLC,经过 20 分钟延时后输出信号接通,指示灯 L 亮。

普通的定时器最多只能实现 999.9s 延时,因此,要实现 20 分钟长延时控制仅使用一个定时器是达不到要求的。这里我们提供两种方案:方案一采用两个定时器顺序控制,方案二采用一个定时器和一个计数器配合控制。以下是两种方案的具体实现方法。

②输入/输出(I/O)及内部继电器分配:方案一见表 5-63,方案二见表 5-64。

表 5-63　I/O 分配表

输入		内部元件	
启动按钮 SB1	0005	内部辅助继电器	1000
停止按钮 SB2	0006	定时器 1	TIM01
输出		定时器 2	TIM02
指示灯 L	0502		

表 5-64　I/O 分配表

输入		内部元件	
启动按钮 SB1	0005	内部辅助继电器	1000
停止按钮 SB2	0006	定时器 1	TIM01
输出		计数器	CNT02
指示灯 L	0502		

③梯形图:如图 5-81 所示。

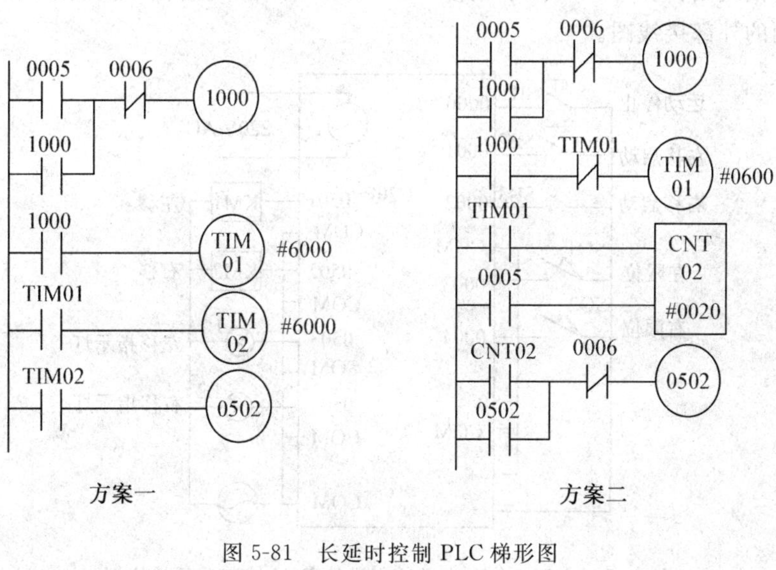

图 5-81　长延时控制 PLC 梯形图

(2)小车往复循环自动控制　小车自动往复循环由一台电动机驱动，利用 A、B 两地的限位开关完成纵向(左右)往复循环控制。小车运动示意图如图 5-82 所示。

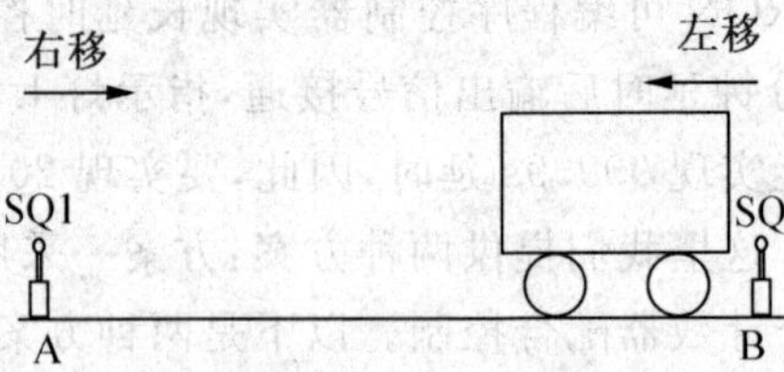

图 5-82　小车运动示意图

①控制要求：小车可在 A、B 两地分别启动，并且在 A、B 两地的停留时间均为 1min。小车运行到任意位置，均可采用手动停车。工作时，小车只能沿一个方向运动，左、右方向之间必须设置联锁。同时，小车运动过程中分别有指示灯指示其行进方向。

②输入/输出(I/O)分配：见表 5-65。

表 5-65　　**I/O 分配表**

输入		输出	
运动停止 SB1	0000	向左运动 KM1	0501
左移启动 SB2	0001	向右运动 KM2	0502
右移启动 SB3	0002	向左运动指示灯 L1	0503
左限位 SQ1	0003	向右运动指示灯 L2	0504
右限位 SQ2	0004		

③外部接线图：图 5-83 所示为使用 OMRON C20P 型可编程序控制器对小车自动往复运动控制的外部接线图。

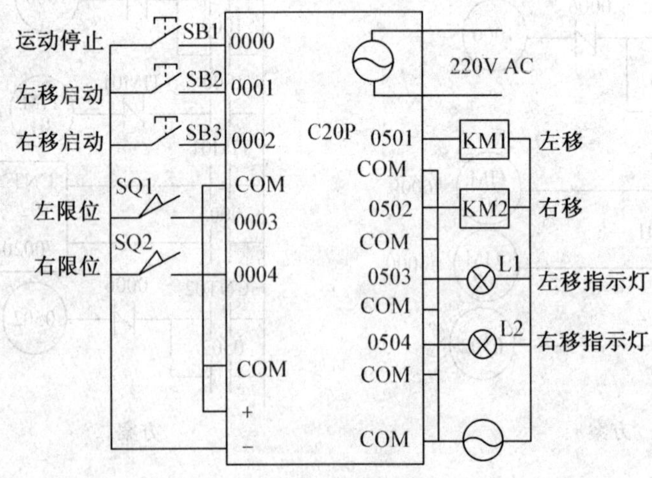

图 5-83　小车工作台自动往复进给 PLC 控制外部接线图

④梯形图：小车自动往复进给 PLC 控制梯形图如图 5-84 所示。

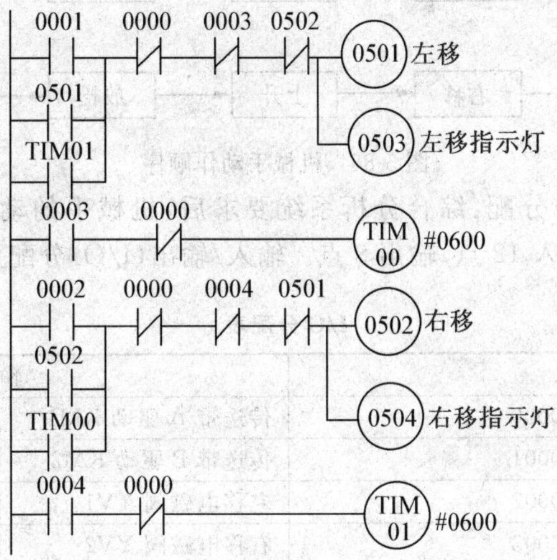

图 5-84　小车自动往复进给 PLC 梯形图

(3)机械手控制程序设计　图 5-85 为机械手工作示意图，机械手的任务是将传送带 A 上的物品搬送至传送带 B 上。

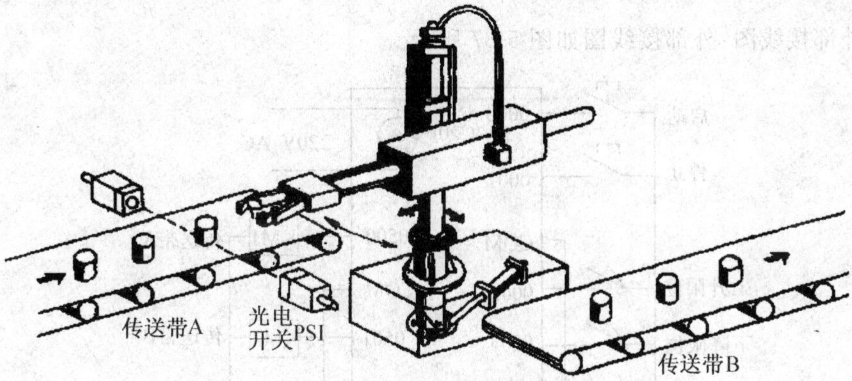

图 5-85　机械手工作示意图

①控制要求：机械手总是停于原位，每次进行循环动作时均从原位开始，动作顺序如图 5-86 所示。机械手到达原位时，传送带 A 能自行启动；当光电开关 PS1 检测到物品送来时，发出信号，传送带 A 和 B 同时停止。机械手将物体抓起；机械手把物品放到传送带 B 上后. 再上升到原位，传送带 B 自行启动，将物体送走。同时，控制传送带 A 的启动和停止也可以用启动按钮和停止按钮分别控制。机械手的步进控制可以通过移位寄存器很方便地完成。

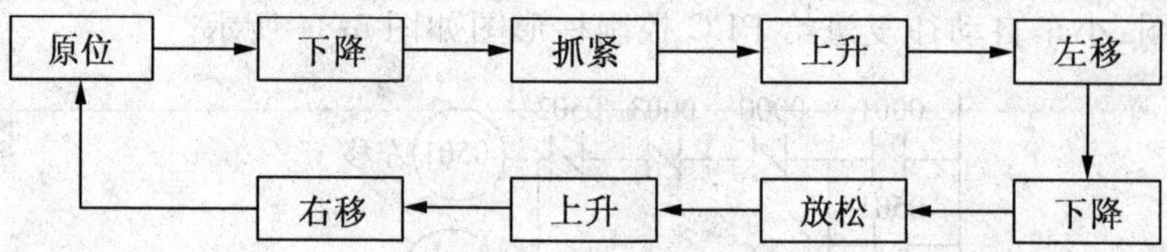

图 5-86　机械手动作顺序

②输入/输出(I/O)分配：综合分析系统要求后，机械手的动作过程采用 OMRON C20P 机型进行控制，输入 12 点，输出 8 点。输入/输出(I/O)分配见表 5-66。

表 5-66　　I/O 分配表

输入		输出	
启动按钮 SB1	0000	传送带 A 驱动 KM1	0500
停止按钮 SB2	0001	传送带 B 驱动 KM2	0501
上升限位 SQ1	0002	左移电磁阀 YV1	0502
下降限位 SQ2	0003	右移电磁阀 YV2	0503
左移限位 SQ3	0004	抓物/放物电磁阀 YV3	0504
右移限位 SQ4	0005	上升电磁阀 YV4	0505
抓物限位 SQ5	0006	下降电磁阀 YV5	0506
光电开关 PS1	0007		

③外部接线图：外部接线图如图 5-87 所示。

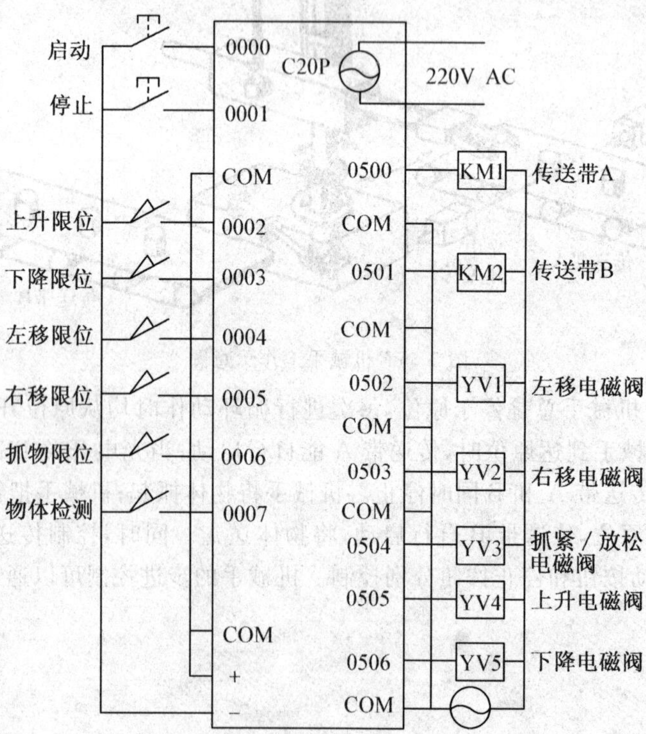

图 5-87　机械手 PLC 外部控制接线图

④梯形图:图 5-88 所示为机械手步进控制梯形图。

按下启动按钮 SB1 后(0000 端子接通),传送带 A 运转(0500 端子为“ON”状态);当检测到有物品到来时,0500 端子变为“OFF”状态,通过 MOV 指令把 # 0001 送入保持继电器 HR0,使 HR001 置“1”,机械手开始动作。

当物品放到传送带 B 上后(此时传送带 B 是静止的),HR006 为“ON”状态,机械手上升,到极限位置后,0002 为“ON”状态,从而使 0501 为“ON”状态,传送带 B 启动;当机械手将物体放在 B 传送带上时,停留 2s 后返回;机械手回到原位,HR008 为“ON”状态,使传送带 A 启动,开始下一循环。

当检测到再有物品到来时,0007 为“ON”状态,使传送带 A 和 B 同时停止。

如果在机械手工作时按下停止按钮 SB2,在整个循环完成后,才能使机械手停于原位,由中间继电器 1200 实现。

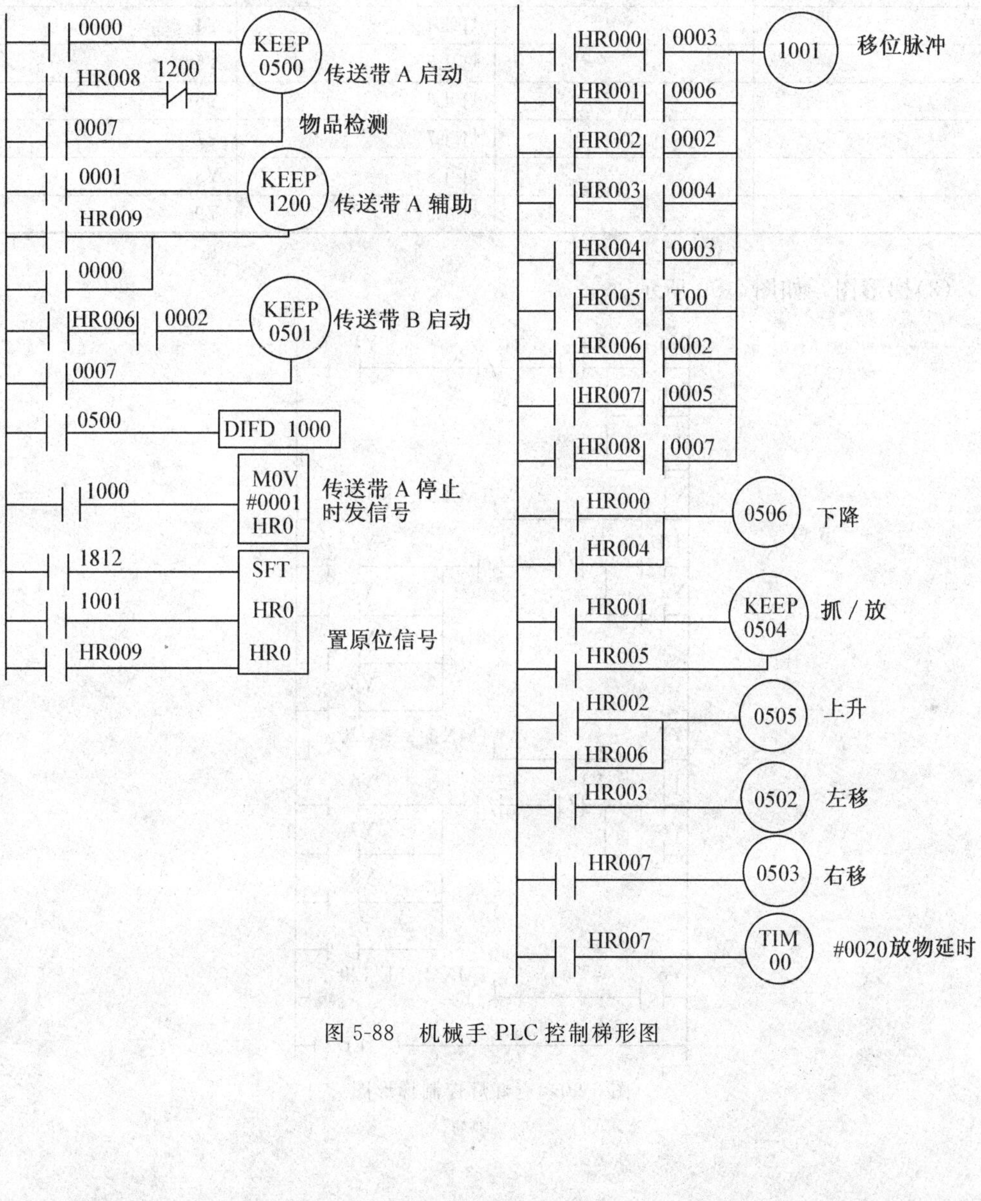

图 5-88　机械手 PLC 控制梯形图

4. 松下 PLC 应用举例——霓虹灯广告的程序设计

霓虹灯结构如图 5-89 所示。

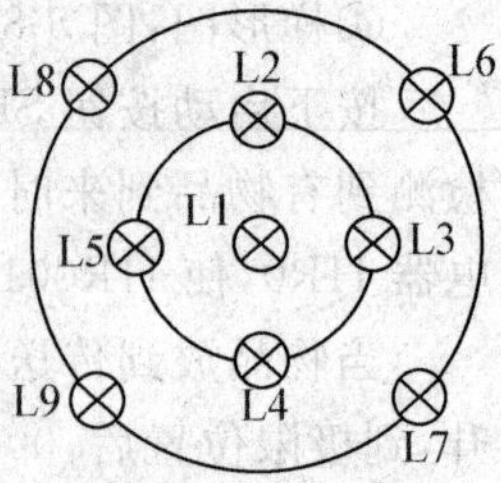

图 5-89　霓虹灯结构图

(1)控制要求:L1 灯亮,2s 后灭,接着 L2、L3、L4、L5 灯亮,2s 后灭,最后 L6、L7、L8、L9 灯亮,2s 后灭……如此循环。采用松下 FP1 系列 C40 可编程序控制器实现控制要求。

(2)输入/输出(I/O)分配　见表 5-67。

表 5-67　　**I/O 分配表**

输入		输出	
启动按钮 SB1	X0	灯 L1	Y1
停止按钮 SB2	X1	灯 L2	Y2
		灯 L3	Y3
		灯 L4	Y4
		灯 L5	Y5
		灯 L6	Y6
		灯 L7	Y7
		灯 L8	Y8
		灯 L9	Y9

(3)梯形图　如图 5-90 所示。

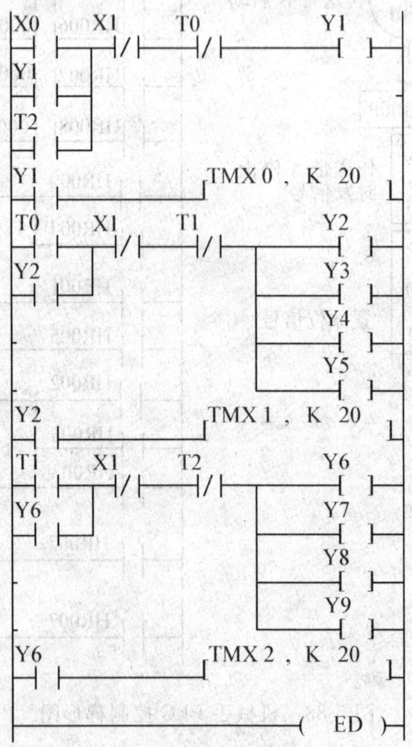

图 5-90　霓虹灯控制梯形图

习　题

5-1 简述可编程序控制器的特点。

5-2 简述可编程序控制器的系统组成及工作原理。

5-3 根据功能划分,可编程序控制器有哪几种?

5-4 OMRON C 系列 P 型机有哪些内部器件?

5-5 松下 FP1 系列可编程序控制器有哪些内部器件?各内部器件如何编号?

5-6 西门子 S7-200 系列 PLC 有哪些内部器件?各内部器件如何编号?

5-7 画出下列指令的梯形图:

```
LD        0004
OR        0005
OR        HR000
AND-NOT   0006
OUT       HR000
TIM       05
          #3000
LD        TIM05
OUT       0503
```

5-8 根据习题 5-8 梯形图,写出相应的指令程序。

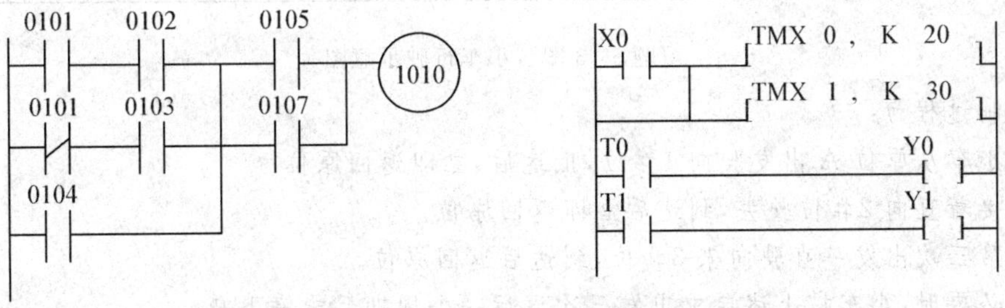

(a)　　(b)

习题 5-8 图

5-9 可编程序控制器控制系统的设计内容有哪些?

5-10 设计一个十字路口的交通信号灯控制。南北和东西方向按时间方式控制,信号灯控制时序图如习题 5-10 图所示。

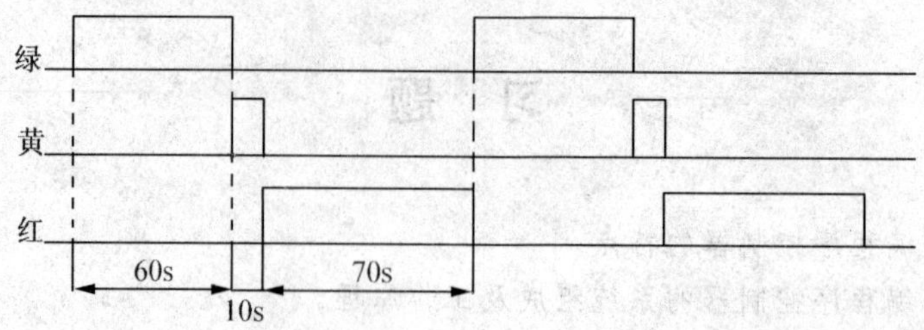

习题 5-10 图

5-11 编写一段输出控制程序，假设有 8 个指示灯，从左到右以 0.5s 速度依次点亮，到达最右端后，再从左到右依次点亮，如此循环显示。

5-12 现有三条运输皮带，每条皮带都由一台电动机拖动。按下启动按钮以后，3 号运输皮带开始运行。5s 以后，2 号运输皮带自动启动，再过 5s 以后，1 号运输皮带自动启动。停机的顺序与启动的顺序正好相反，间隔时间仍为 5s。试设计出该系统的 PLC 接线图以及相应的梯形图程序。

5-13 某自动生产线上，使用有轨小车来运转工序之间的物件，小车的驱动采用电动机拖动，其行驶示意图如习题 5-13 图所示。电机正转，小车前进；电机反转，小车后退。

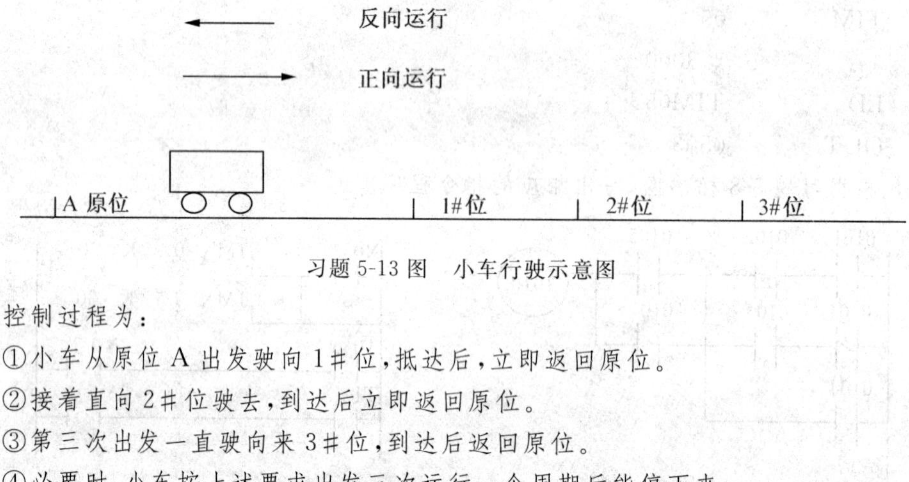

习题 5-13 图　小车行驶示意图

控制过程为：

①小车从原位 A 出发驶向 1＃位，抵达后，立即返回原位。

②接着直向 2＃位驶去，到达后立即返回原位。

③第三次出发一直驶向来 3＃位，到达后返回原位。

④必要时，小车按上述要求出发三次运行一个周期后能停下来。

⑤根据需要，小车能重复上述过程，不停地运行下去，直到按下停止按钮为止。

要求：按 PLC 控制系统设计的步骤进行完整的设计。

5-14 抢答器显示系统。请按系统设计答题，抢答器位置示意图，如习题 5-14 图所示。

控制要求：

①竞赛者若要回答主持人提出的问题，必须抢先按下按钮。

②指示灯亮后，需等到主持人按下复位按钮 SB4 后才熄灭，为了给参赛儿童一些优待，SB11 和 SB12 中任意一个按钮按下时，灯 L1 都亮；而为了对教授组做一定的限制，L3 只有在 SB31 和 SB32 都按下时才亮。

③如果竞赛者在主持人打开 SB0 开关的 10 秒钟内按下按钮，电磁阀将使彩球摇动，以示竞赛者得到一次幸运机会。

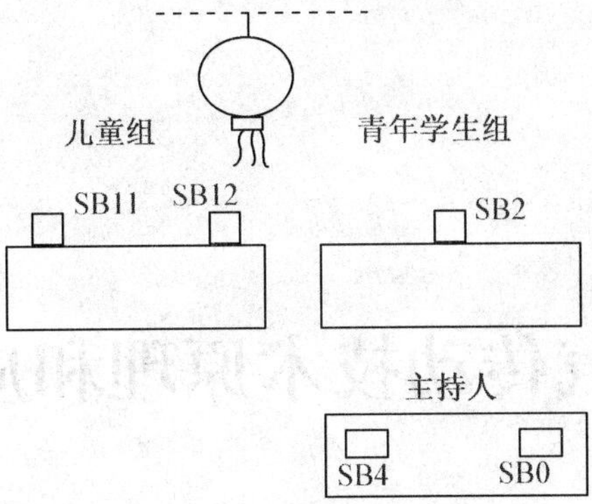

习题 5-14 图　抢答器示意图

第六章　电气传动技术原理和应用

第一节　直流无级调速系统的工作原理

一、速度控制的概念

任何一台需要控制转速的设备，其生产工艺对调速性能都有一定的要求。例如，最高转速与最低转速之间的范围，调速是有级的还是无级的，设备在稳态运行时或负载突变时允许转速波动的大小，电动机正、反转的过渡时间，设备运行停止时要求的定位精度等。总的来说，电气设备对于调速系统转速控制的要求有调速、稳速和加、减速三个方面。

所谓调速，是指在保持负载转矩不变的条件下，电气传动系统从最低转速到最高转速范围内，分档(有级)的或平滑(无级)的调节电动机的转速，以满足工作设备对不同转速的要求。应当注意的是，调速和由于负载变动引起的转速变化是不同的概念，若只是负载转矩改变，从而使稳态时的转速发生变化，这称为由负载变动而引起的速度变化(或转速波动)。

电气无级调速通过直接改变电动机的转速来实现，机床的齿轮变速箱变为减速器，从而使设备的机械传动系统变得很简单，该调速系统具有调速范围宽、控制灵活，可以实现远距离操作等优点，因此，目前大多设备使用电气无级调速。

稳速是以一定的精度在所需转速上稳定运行，在各种干扰下不允许有过大的转速波动。而对于不易经受剧烈速度变化的机械设备或是需要频繁启动、制动的设备，则要求加、减速要尽量快和平稳。

二、抑制定理与反馈定理

1. 抑制定理

抑制定理：对于反馈环内前向通道上的元件参数发生变化时，闭环系统有抑制能力；对于给定、反馈元件和反馈环外的元件参数发生变化时，闭环系统无抑制能力。

如图 6-1 所示，此定理告诉我们：对于反馈环内前向通道上的元件参数 $G_2(S)$ 和 $G_3(S)$ 发生变化时闭环系统有抑制能力；对于给定 $R(S)$、反馈元件 $H_1(S)$ 和反馈环外的

元件参数 $G_1(S)$ 和 $G_4(S)$ 发生变化时闭环系统无抑制能力。

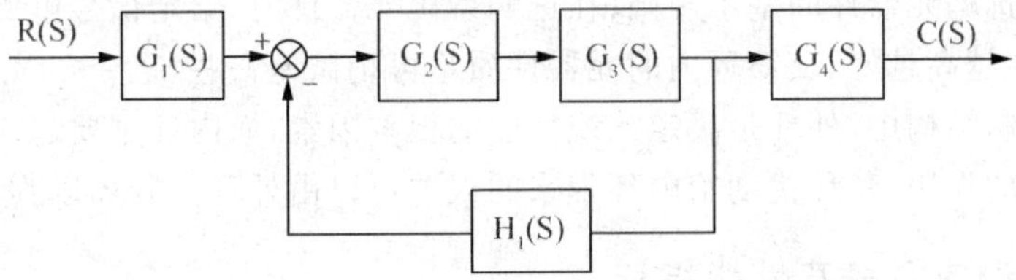

图 6-1　抑制定理系统

闭环回路增益 $G_2(S)*G_3(S)*H_1(S)$ 越大，抑制能力就越强。抑制定理告诉我们，在反馈环内前向通道上的元件参数发生变化时，系统有抑制定理能力。我们自然希望这种抑制能力越强越好，也就是说闭环回路增益越大越好。

提高抑制能力的方法：增大调节器 $G_2(S)$ 的放大倍数，$C_2(S)=K(K\geqslant 1)$；选择调节器 $C_2(S)$ 为积分环节，$G_2(S)=1/S$；选择调节器 $G_2(S)$ 为正反馈环节，$G_2(S)=1/(1-G(S))$，$S\to 0$ 时 $G(S)\to 1$。

注意：提高抑制能力的前提条件是增益增大后系统仍然是一个稳定系统。调节器也可选择智能调节器，选择何种类型的调节器应视被控对象传函的复杂程度而定。

对于环内前向通道上的参数发生变化时，我们可以通过提高闭环回路增益的方法，提高系统的抑制能力，降低系统输出受干扰的程度。要想对 $G_1(S)$、$H_1(S)$ 和 $G_4(S)$ 这三个元件函数发生变化时，系统也有抑制能力，在保证系统是一个稳定系统的条件下，解决的方法是再一次应用抑制定理把它们都包含在一个新的反馈环内，如图 6-2 所示。当 $G_1(S)$、$H_1(S)$ 和 $C_4(S)$ 这三个元件函数再发生变化时，这个新系统将对它们产生抑制能力，那么新系统的输出所受的干扰程度就会大大降低。由此得到了自动控制系统的另一个重要定理，即反馈定理。

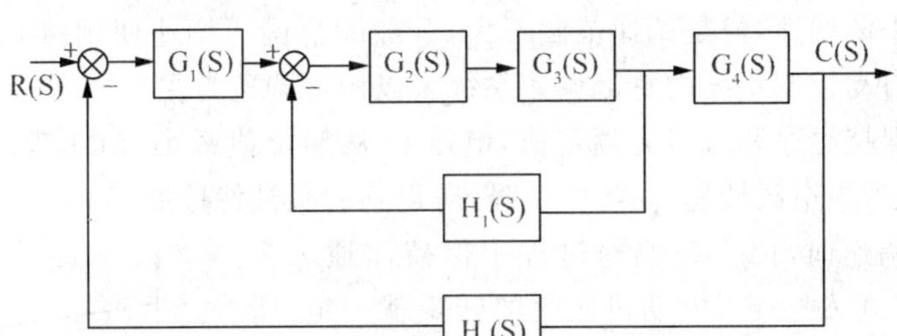

图 6-2　反馈定理控制系统

2. 反馈定理

反馈定理：要想维持一个物理量不变或基本不变，就应该引这个物理量的负反馈与恒值给定相比较，形成闭环系统。这个定理是一切自动控制系统构造的基本理论。

通过这个构造过程人们还发现另外一个方法，即多环组合方法。

3. 多环组合方法

多环组合方法：在一个控制系统中，如果有多个被反馈的物理量需要构造闭环，并且这些被反馈的物理量是同一个物理量所产生，那么延迟时间最短的那个物理量的反馈环应建在最里面，延迟时间最长的那个物理量的反馈环应建在最外面。通过这个构造过程，人们认识到了选购元器件的基本规则：在选购系统元器件时，给定信号电源和反馈元件的精确度、可靠性越高越好，反馈环内的元器件质量可稍微差一些。

在多环控制结构中，外环是决定系统性能的根本因素，而内环主要起改造对象特性以利于外环控制的作用，各种扰动给内环带来的误差可以由外环控制加以弥补或抑制。

三、直流调速方式及性能指标

直流电动机具有良好的启动、制动性能，易于在大范围内平滑调速，使电力拖动控制系统的主要执行部件，在轧钢机、卷扬机、挖掘机、金属切削机床和电梯等高性能可控电力拖动领域中得到了广泛的应用。从闭环控制的角度来看，直流调速系统是拖动控制系统的基础，并且随着电力电子技术的飞速发展，直流调速的控制也变得越来越精确。

1. 直流调速方式

根据直流电动机的机械特性得到直流电机调速公式为：

$$n=\frac{U-I_a(R_a+R_S)}{K_e\Phi} \tag{6-1}$$

式中：U——电枢电压；

I_a——电枢电流；

R_a——电枢电阻；

R_S——电枢回路串接电阻；

Φ——励磁磁通；

K_e——电动势系数，决定于电动机的结构。

可见，通过调节直流电动机的电枢电压U、励磁磁通Φ或改变电枢电阻R_a中的任意一个参数，都可以使得转速发生变化。其中，改变电枢电阻只能实现有级调速；调磁调速虽然能够实现平滑调速，但是调速范围不大，一般配合调压调速使用；调节电枢电压的方式最好，因此，自动控制系统的直流调速系统多以调压调速为主。

调压调速保持磁通和电阻为额定值，电压U从额定值减小，由于理想空载转速与电压成正比，因此理想空载转速n_0随之下降，所得到的机械特性如图 6-3 所示。

采用调压调速时，因为在调速过程中保持磁通为常数，只要电枢电流I_a一定，电动机产生的转矩就一定，所以这种调速方法属于恒转矩调速。

调压调速可以在比较宽的范围内实现平滑调速，在各种速度时机械特性硬度不变，而当电源电压跃变时，电枢电流的响应速度很快，过渡过程时间短，系统的动特性较好。但是，在调速时需使用专用的直流电源调压设备，如直流发电机—电动机（G-M）系统和晶闸管—电动机（V-M）系统。

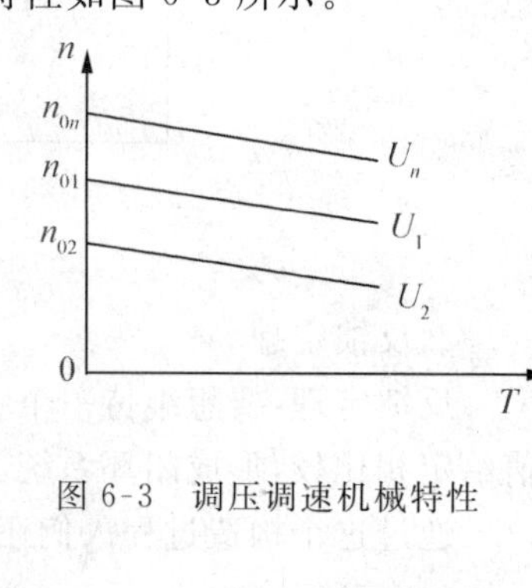

图 6-3　调压调速机械特性

2. 稳态性能指标

（1）调速范围　调速范围（D）是指电动机拖动额定负载时，所能达到的最大转速n_{max}

与最小转速 $n_{\min}$ 之比，即 $D=\frac{n_{\max}}{n_{\min}}$。不同的生产机械要求的调速范围是不同的，一般希望调速系统调速范围大一些好。

(2)静差率 静差率，又称相对稳定性(s)，是指当系统在某一转速下运行时，负载从理想空载转速 n_0 增加到额定值时对应的转速降落 Δn 与理想空载转速 n_0 之比，通常用百分数表示，即 $s=\frac{\Delta n}{n_0}\times 100\%$。静差率是衡量负载转矩变化时，电动机的转速随之变化的程度，电动机的机械特性越硬，相对稳定性就越好。不同的生产机械对相对稳定性的要求不同，一般设备要求 $s<30\%$，而精度高的造纸机则要求 $s\leqslant 0.1\%$。

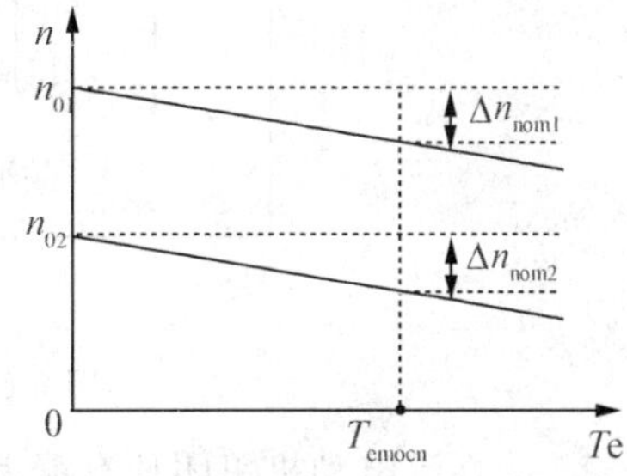

图 6-4 不同转速下的静差率

一般变压调速系统在不同的转速下机械特性相互平行，如图 6-4 所示，对于同一个负载运行在不同的机械特性上时，因为理想空载转速不同，对应的静差率也不相同的，因此，调速范围和静差率这两项指标应同时考虑。一个调速系统的静差率指标应以最低速时所能达到的数值为准，系统的调速范围是指在最低速时还能满足所需静差率的转速可调范围。

四、直流电动机调速系统

直流电动机调速系统按照直流电动机的种类分为普通直流电动机调速系统和控制用直流伺服电机调速系统；按照电动机调速系统中有无反馈环节，分为开环(手动)调速系统和闭环(自动)调速系统，在闭环调速系统中又分为单闭环调速系统和双闭环调速系统；按照调速系统中采用电力电子器件的不同，分为晶闸管—电动机直流自动调速系统、晶体管—电动机直流自动调速系统和集成电路—电动机直流自动调速系统，以及直流可逆调速系统和数字直流调速器等。

1. 开环直流电动机调速系统

按照系统有无反馈环节，即输出量是否反馈到输入端，控制系统可分为开环控制和闭环控制。不设反馈环节的，则为开环控制系统；设有反馈环节的，则为闭环控制系统。在开环控制系统中只有输入量对输出量的控制作用，而没有输出量再反馈回来影响输入量之力量。

图 6-5 为直流电动机开环调速系统示意图。开环系统的特点是每一规定转速下，给定电压是一个固定值。这样电动机负载增加时，主电路的电流必然造成电压降落，使电动机的转速下降，其机械特性变软，稳定性能差，故不能得到较大的调速范围，常用于精度要求不高的场合。

由于机床在加工过程中，不但要求调速系统能够调速，而且能够稳定速度，即能尽快消除扰动引起的转速波动，以保证加工表面粗糙度和精度，同时还要求调速系统具有足够的稳定性和快速性，使启动、制动、调速过程平稳迅速。对此，开环控制已无能为力，必须采用负反馈自动调速系统，即闭环速度控制方式。

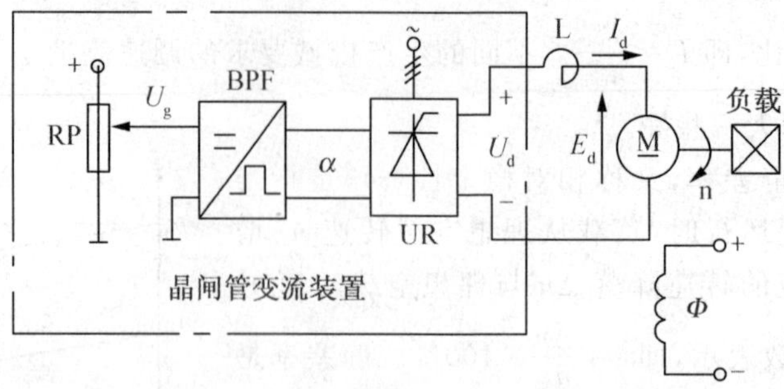

图 6-5　直流电动机开环调速系统示意图

2. 直流电动机单闭环有静差调速系统

单闭环直流自动调速系统，常采用各种反馈环节，如转速负反馈、电压负反馈和电流正反馈等，以提高调速精度和调速系统的机械特性硬度，扩大调速范围，达到自动调速的目的。有静差的自动调速系统中的放大器只是一个具有比例放大作用的调节器，它必须依靠实际转速与给定转速之间的偏差才能实现转速控制作用，因此这种系统不能消除转速的稳态误差。

图 6-6 为转速负反馈有静差直流调速系统的原理图。

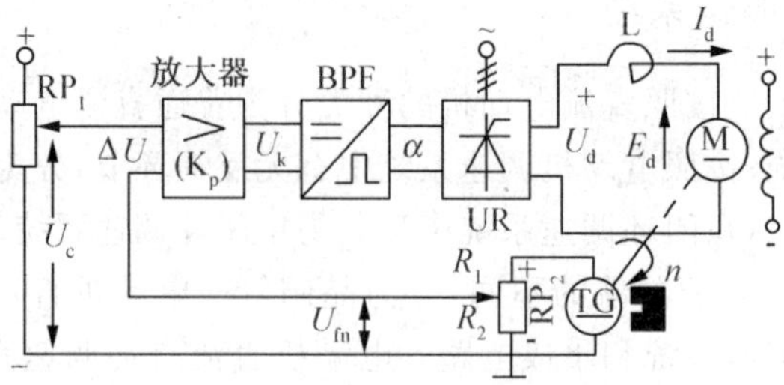

图 6-6　转速负反馈有静差直流调速系统原理图

系统的反馈信号是由测速发电机取自电动机的实际转速。由电位器 RP 给出一个给定电压 U_g，与由转速负反馈环节反馈回来的电压 U_{fn} 相减，经放大后作为触发电路的控制电压 U_c，触发晶闸管，晶闸管整流器输出一定的直流电压 U_d，加在电动机电枢上，在电动机电磁转矩与负载转矩平衡时，电动机以一定的转速运转，若调节给定电压，则可以改变电动机转速。

闭环系统能够减少稳态速降的实质在于它的自动调节作用，在于它能随着负载的变化而相应地改变整流电压，而开环系统不能自动调节。以负载增大为例，闭环调速系统的自动调节过程如下：

T_L 增大→n 减小→U_{fn}减小→U_g-U_{fn}增大→U_c 增大→U_d 增大 →n 升高

由于该系统的自动调速是按被调量的偏差进行调节，它只能使转速的变化减小，而不能使转速完全恢复到原来转速值，因此，这种系统属于有静差的调速系统。

3. 直流电动机单闭环无静差调速系统

无静差调速系统的被调量（电动机转速）在静态时等于系统的给定量（给定转速），因此，系统的输入偏差为 0。为使这种系统正常工作，一般引入具有积分作用的 PI 调节器，以兼顾系统无静差和快速型两个方面的要求。

采用PI调节器的单闭环无静差调速系统的稳态结构如图6-7所示。

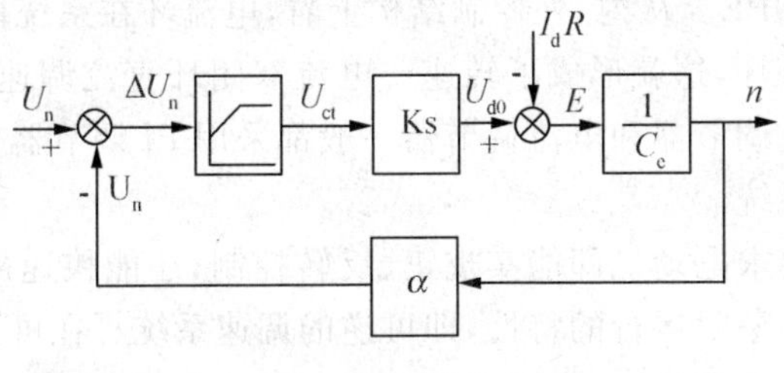

图6-7　单闭环无静差调速系统的稳态结构图

调速过程如下：

T_L增大 → n减小 → U_{fn}减小 → U_g-U_{fn}增大 → U_c增大 → U_d增大 → I_d增大

—直到$n_1=n_2$为止，否则一直进行调节升高← $T_M>T_L$

4.双闭环直流调速系统

采用闭环直流调速系统中的电流截至负反馈环节在控制电流时，只能在电枢电流超过临界值以后，靠强烈的负反馈作用限制电流的冲击，电流的动态变化并不是很理想。对于需要经常正、反转运行的调速系统，为了提高生产效率和加工质量，应尽量缩短起、制动过程的时间，在电动机最大允许电流和转矩受限的条件下，充分利用其过载能力，最好是在过渡过程中始终保持电流为允许的最大值，使电力拖动系统以最大的加速度启动，到达平稳状态转速时电流能够迅速"降"下来，使转矩及时与负载相平衡，从而进入稳态运行。这是在最大电流（转矩）受限时调速系统所能获得最快的启动过程。

为了实现理想的启动过程，工程一般采用转速—电流双闭环负反馈调速系统。启动时，电流环起主要作用，使电动机获得一段使电流为最大值的恒流过程，转速线形变化，并迅速达到给定值；稳态运行时转速环发挥主要作用，使转速满足给定值的需要，并且电流环跟随转速环调节电动机的电枢电流以平衡负载电流。

图6-8所示为转速—电流双闭环直流调速系统的原理图。

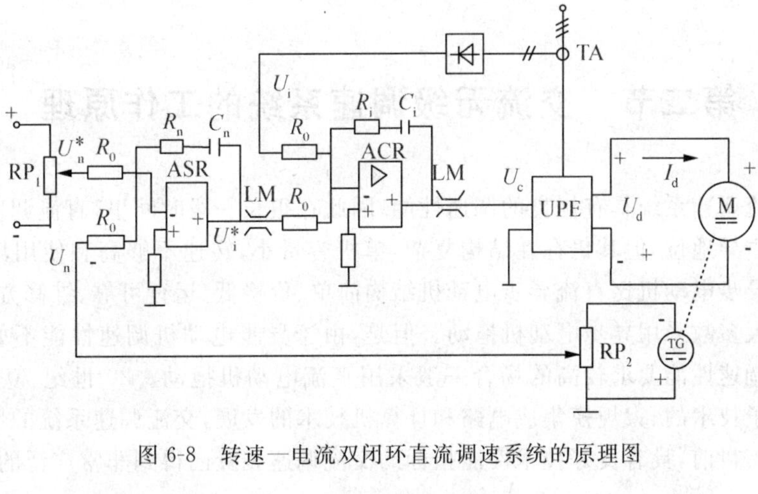

图6-8　转速—电流双闭环直流调速系统的原理图

为了使转速负反馈和电流负反馈分别起作用，系统中设置了电流调节器 ACR 和转速调节器 ASR，把转速调节器的输出作为电流调节器的输入，再由电流调节器的输出去控制电力电子变换器 UPE。从内、外控制结构上看，电流环在系统内部习惯上称内环，转速环在系统外部称为外环，这就形成了转速－电流双闭环直流调速系统。为了获得良好的静态、动态特性，转速调节器和电流调节器一般都采用 PI 调节器作用规律。

5. 直流可逆调速系统

有许多生产机械要求电动机即能实现正、反转控制，还能快速的启动和制动，这就需要电力拖动系统具有四象限运行的特性，即可逆的调速系统。在可逆调速系统中，电动机的电磁转矩方向需要经常的改变，来实现电动机旋转方向的频繁变化。根据直流电动机的转矩公式：$T_e=C_m\Phi I_d$ 可知，改变电磁转矩的方式有两种：一是“电枢可逆”，即在保持励磁磁通 Φ 恒定的前提下，改变电动机电枢电流 I_d 的方向，实际上就是改变电动机电枢电压 U_d 的极性；二是“励磁可逆”，即在保持电枢电压 U_d 极性恒定的前提下，改变励磁磁通 ϕ 的方向，即改变了励磁电流的方向。可见，可逆调速系统的电路分为电枢反接可逆电路和励磁反接可逆电路两种。

6. 数字直流调速器

上述直流调速系统是基于模拟控制方式实现的，随着电子技术、电力电子技术、微电子技术和计算机控制软件的发展，调速系统的各项功能几乎都可以通过微处理器及相关软件实现，即从过去模拟控制向模拟－数字结合控制发展，最后实现全数字化。数字调速器较模拟调速器具有长期保持高精度的静态特性；动态性能好；调速范围宽；电压波动小；参数实现软件化，不受漂移的影响；所需元器件数量少；设定值量化程度高，状态重复性好；放大器和极间耦合噪声很小，电磁干扰小；使用范围广等特点。

数字直流调速器除具有常规的调速性能外，完善的人机界面为系统实现实时参数整定提供了方便，并且具有故障报警、诊断和显示功能。另外，直流数字调速器还具有较强的通信能力，通过选配适当的通信接口模板，可以方便的实现主站和从站的数字通信，组成分级多机的自动化系统。

目前，工业生产领域广泛应用的数字直流调速器集控制功能和功率驱动于一体，具有十分优越的性能。

第二节　交流无级调速系统的工作原理

由于直流调速系统具有优良的调速性能，因此在很长一段时间里，直流调速在电力拖动系统中占主导地位，但其仍存在结构复杂，单机容量小，转速不够高和使用场合受限等缺点。交流异步电动机比直流异步电动机结构简单、价格低、运行可靠、维修方便，因此工业机械设备大多数采用异步电动机拖动。但是，由于异步电动机调速性能不如直流电动机，因此，在调速性能要求较高的场合一般采用直流电动机拖动。20 世纪 70 年代以来，随着电力电子技术的、大规模集成电路和计算机技术的发展，交流调速系统的性能也得到较大的提高。目前，具有良好技术性能指标的交流调速装置已得到非常广泛的应用。

电机学原理推导的交流异步电动机的转速公式为：

$$n=(1-s)\frac{60f}{p} \tag{6-2}$$

其中：f——电源频率；

p——磁极对数；

s——转差率。

因此，只要改变电源频率、磁极对数(p)或转差率(s)中的任何一个参数，都可以实现转速的变化。可见，交流异步电动机的调速有三种方法：改变磁极对数(p)的调速，变级调速；改变转差率(s)的调速，变转差率调速；改变供电电源频率(f)的调速，变频调速。其中，变极调速是有级的，转速不能连续调节。变转差率调速和变频调速能够实现无级调速，而且变转差率调速和变频调速又可以进一步细分，因此，交流电动机的调速方法可以概括为：

- 变极调速
- 变转差率调速
  - 串级调速(转子串附加电动势调速)
  - 电磁转差离合器调速(滑差电机)
  - 调压调速
  - 转子串电阻调速
- 变频调速
  - 交—交变频器调速
  - 交—直—交变频器调速

变转差率调速时，不调同步速，低速时转差损耗较大，效率较低，只有串级调速情况下转差损耗才可以利用，效率提高。变频调速则与变转差率调速方案有着本质区别，由于变频调速调节同步速，因此从低速到高速可以保持有限的转差率，调速范围大，效率高，是交流电动机比较理想的调速方案。本节主要针对变转差率调速介绍交流电动机的几种常见调速方式。

一、异步电动机串级调速

绕线型异步电动机具有启动性能好、启动转矩高、启动电流小等优点，通常采用转子外接电阻进行调速的传统调速方法，即转子串电阻调速。但是这种调速方法降低了调速系统的机械特性硬度，并把大量的转差功率消耗在调速附加电阻上，因此效率很低。为了提高系统的运行效率，目前常采用串级调速方法。

1. 串级调速系统的基本原理

所谓串级调速，就是在转子回路中传入附加电动势(图 6-9)，通过改变转差率，实现调速的方法。这种调速方法，因串入附加电动势而增加的转差功率，回馈给电网或电动机的轴上，因此属于转差功率回馈型调速方法。串级调速的方法可以使系统获得较高的运行效率，目前得到广泛的应用。

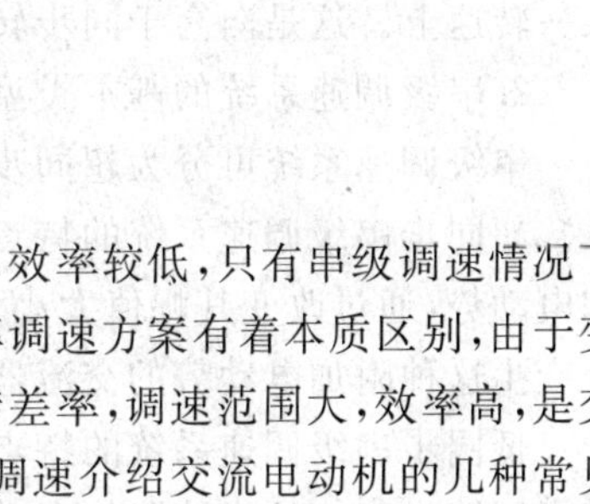

图 6-9 串级调速系统原理图

假定异步电动机在自然机械特性上稳定运行，电源电压和负载转矩均不变，转自电动势为 $E_2=sE_{20}$，转子电流 I_2 的值为：

$$I_2=\frac{sE_{20}}{\sqrt{R^2+(sX_{20})}} \tag{6-3}$$

式中：E_{20}——$s=1$ 时转子开路相电动势；

X_{20}——$s=1$ 时转子绕组的相漏抗。

当转子串入与 E_2 同频率、反相位的附加电动势 E_f 时，转子合成电动势减小为 $sE_{20}-E_f$，转子合成电动势的减小必然引起转子电流 I_2 的减小，因此，使电动机转矩 $T_e=C_m\Phi_m I'_2\cos\varphi_2$ 也减小。电动机转矩小于负载转矩，迫使电动机减速，转差率 s 增大，当 s 增大到一定值 s' 时，使 $s'E_{20}-E_f$ 与 sE_{20} 大小相等，I_2 回升到原值，电动机转矩与负载转矩达到新的平衡，电动机稳定运行在低于原值的某一转速上。这是向低于同步转速方向调速的原理。

当转子串入与 sE_{20} 同频率、同相位的附加电动势 E_f 时，转子合成电动势增大为 $sE_{20}+E_f$，引起转子电流 I_2 的增大，因此，使电动机转矩 $T_e=C_m\Phi_m I'_2\cos\varphi_2$ 也增大。电动机转矩大负载转矩，使电动机升速，转差率 s 减小，当 s 减小到一定值 s' 时，使 $s'E_{20}+E_f$ 与 sE_{20} 大小相等，电动机转矩与负载转矩达到新的平衡，电动机稳定运行在高于同步转速的某一转速上。这是向高于同步转速方向调速的原理。

2. 串级调速系统的基本类型

串级调速系统可分为超同步串级调速系统和低同步串级调速系统。

超同步串级调速系统的特点是在转子回路中传入的附加电动势为频率可变的交流附加电动势，通过改变其幅值大小和相位，实现不同的运行状态。因此这种调速系统需要一个产生这种附加电动势的交流器。

低同步串级调速系统的特点是用不可控整流器将转子电动势整流为直流电动势，与转子回路中串入的直流附加电动势合成，通过改变直流附加电动势的大小，只能实现低于同步转速的电动机运行和高于同步转速的回馈制动运行。低同步串级调速系统按照产生直流附加电动势的方式分为电气串级调速系统和机械串级调速系统。

典型的电气串级调速系统又称晶闸管串级调速系统。系统内直流附加电动势是由晶闸管有源逆变器产生的，通过改变逆变角改变逆变电动势，相当于改变了直流附加电动势，实现串级调速。由于晶闸管串级调速系统具有效率高、技术成熟及成本低等特点，在目前应用十分广泛。

机械串级调速系统即恒功率电动机型串级调速系统。系统内直流附加电动势由直流电动机产生，通过改变直流电动机的励磁电流来改变电枢感应电动势，实现调速。

二、电磁转差离合器调速

电磁调速电机是一种可实现恒转矩无级调速的电动机，它通常又被叫做滑差电机，由交流三相异步电动机、滑差离合器（亦称电磁转差离合器）、测速发电机和控制装置等几部分组成一套交流调速驱动装置。电磁转差离合器调速系统能在比较宽广的范围内，实现平滑的无级调速。电磁调速电动机结构简单、运行可靠、使用维护方便（无整流子，无滑环)、启动性能好、控制功率小、易于自控和遥控、调速比宽,调速精度好,被广泛应用于钢铁、电站、电线电缆、石油、化工、造纸、纺织、印染等行业。

1. 电磁转差离合器的基本结构与工作原理

由于利用电磁转差离合器对异步电动机进行调速可以使控制装置及结构简单,价格便宜,并且在加装控制器后,实现了交流无级调速,具有无失控区、调速范围广、控制功率小、启动性能好、启动力矩大、启动平滑等特点。因此,电磁转差离合器广泛用于恒转矩无级调速的各种机械设备上。

图 6-10 为电磁转差离合器示意图。

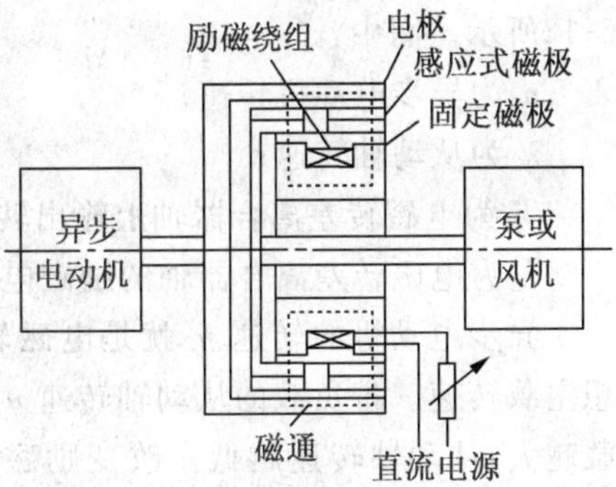

图 6-10　电磁转差离合器示意图

电磁转差离合器的基本部件为电枢与磁极,这两者之间没有机械联系,各自可以自由旋转。电枢是主动部分,直接与电动机的输出轴连接,并由电动机带动其旋转。电枢通常为圆筒形整块铸钢,在外表面铸有或焊有风扇叶,以提高散热效果。磁极为从动部分,它通过联轴器与泵或风机的输入轴相连。磁极由铁心和励磁绕组组成,励磁绕组有装设在转子上的,也有固定在机壳上的,前者的励磁电流需通过集电环和电刷引到转子。由示意图可见,主动部分(电枢)与从动部分(磁极)之间在机械上是分开的,中间有气隙。当励磁绕组无励磁电流通过时,这两部分互不相干;只有在通以励磁电流时,才能靠电磁效应相互联系起来。

2. 电磁转差离合器调速原理

电磁转差离合器的调速原理基于电磁感应定律,其调速系统原理如图 6-11 所示。

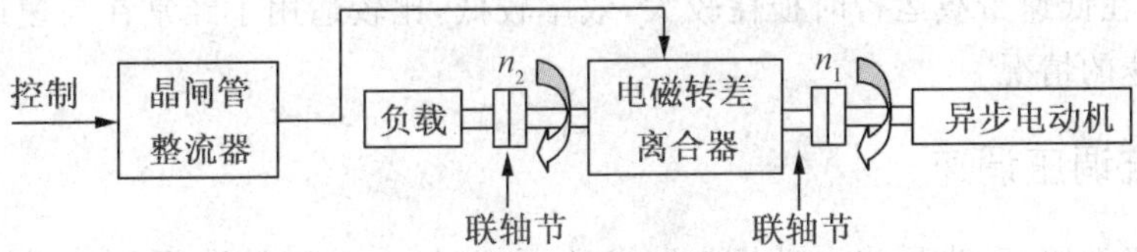

图 6-11　电磁转差离合器调速系统原理图

当励磁绕组通以直流电时,沿封闭磁路就产生了主磁通,磁通穿过气隙与电枢相链,形成一个闭合回路。当电动机带动电枢以恒速定向旋转时,电枢与磁极之间有相对运动,电枢切割磁场,因感应而产生感应电动势,这一感应电势将在电枢中形成涡流,此涡流是交变的,其方向可由右手定则确定。同时该涡流又与磁场的磁通相互作用,产生一个幅向脉动的电枢感应磁场,它与主磁通合成产生电磁力,其方向可按左手定则确定。此电磁力所形成的电磁转矩将驱动磁极跟着电枢同方向旋转,这样磁极带着生产机械一同旋转。主轴的转速 n_1 由异步电动机而定,由于异步电动机的固有机械特性较硬,所以认为 n_1 为恒值。从动轮转速 n_2 的大小取决于磁极和电枢耦合力的大小,即励磁电流的大小,也与从动轴的负载大小有关。对应恒定负载,励磁电流越大,从动轴的转速越高;而在恒定励磁电流下,负载越大,则从动轴的转速越低。因此,调节励磁电流就可以改变从动轴的转

速 n_2。

电磁转差离合器与硬性连接的普通联轴器传动的不同之处是：电磁转差离合器的磁极转速 n_2 是可以连续调整的，且一定小于电枢转速 n_1。这是因为若 $n_2=n_1$，则磁极与电枢之间不存在相对运动，即电枢没有切割磁力线，也就不可能在电枢中感应出电势，更谈不上产生力和转矩了。因此，电磁转差离合器的磁极与电枢之间必存在一个转速差 $\Delta n=n_1-n_2$，这就是"电磁转差离合器"名称的由来。

在不加反馈控制时，电磁转差离合器调速系统的机械特性就是电磁转差离合器的机械特性，因此与异步电动机的机械特性相似，如图 6-12所示。图中：

n_1 为异步电动机转速；

n_2 为从动轴转速；

T_e 为电磁转差离合器轴上输出转矩；

I_L 为电磁转差离合器轴的励磁电流；

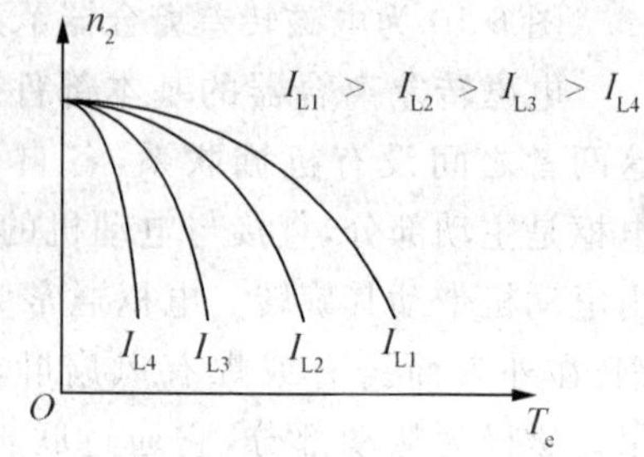

图 6-12　电磁转差离合器机械特性

异步电动机的转速 n_1 就是电磁转差离合器的理想空载转速。带负载的从动轴转速 n_2 一定低于 n_1，负载越大，从动轴转速越低。改变励磁电流 I_f 时，如同改变异步电动机的外加电压一样，可以获得图 6-12 中的一组特性，调节 I_f 就能平滑地调节转速。但是，由于电磁转差离合器的机械特性比较软，如果带恒转矩负载，调速范围就很窄，带风机、泵类负载还是比较合适的。

如果要扩大调速范围，和异步电动机变压调速系统一样，须采用带转速负反馈的闭环控制系统。需要注意的是，静特性虽然比开环机械特性硬更多，但左右两端要受到励磁电流的最小值 $I_{f\min}$ 和最大值 $I_{f\max}$ 的限制。电磁转差离合器闭环调速系统控制简单、价格低廉，但由于它在低速带载运行时损耗较大，效率较低，比较适用于经常在高速运行，只有空载才需要低速的情况。

三、交流调压调速

根据电机学原理，当异步电动机电路参数不变时，在一定转速下，电动机的电磁转矩与定子电压的平方成正比。因此，改变定子的外加电压就可以改变其机械特性函数，从而改变电动机在一定输出转矩下的转速。

交流调压调速是一种比较方便的调速方式，但是由于交流电动机在低压时的机械特性较软，所以性能不易稳定，负载稍有波动就会引起转速很大的变化。为了提高调压调速系统机械特性的硬度和稳定电动机转速，通常采用闭环控制系统。图 6-13 为转速闭环调压调速系统的原理图及静特性图。

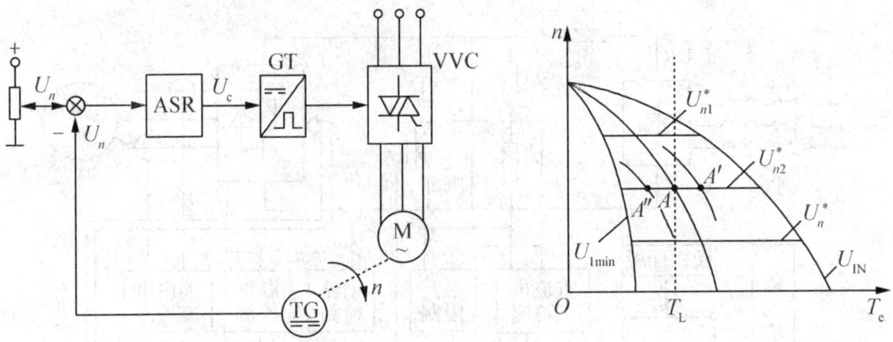

图 6-13　转速闭环调压调速系统的原理图及静特性图

从异步电动机闭环调速系统的静特性图可以看出，如果系统带负载 T_L 在 A 点稳定运行，当负载增大引起转速下降时，反馈控制作用能提高定子电压，使系统运行在一条新的机械特性 A' 点。当负载降低时，得到的定子电压就低，系统将运行在另一条新的机械特性的 A'' 点。将工作点 A、A' 和 A'' 连起来得到闭环系统在某一给定控制电压 U_n^* 的一条静特性。显然，该系统的闭环静特性较硬，系统的静差率较小。因此，为了得到较好的调速精度和较宽的调速范围，交流调压调速系统通常采用带转速负反馈的闭环控制系统。但需要注意的是，在额定电压下的机械特性和最小输出电压下的机械特性是闭环控制系统静特性的两个极限，当负载变化达到两侧极限时闭环系统将失去控制能力。

第三节　通用变频器的工作原理和使用

随着交流电动机调速控制理论、电力电子技术、数字化控制技术的发展，交流变频技术日趋成熟，其应用越来越广泛。变频调速技术的应用已扩展到工业生产的所有领域，并在家电产品中得到广泛的应用。

变频器即电压频率变化器，是一种将固有频率的交流电转换成频率、电压可调的交流电，以供给电动机运转的电源装置。通用变频器是指适用于工业通用电机和一般变频电机并由一般电网供电（单相 220V、三相 380V 50Hz）、作调速控制的变频器，此类变频器由于工业领域的广泛使用已成为变频器的主流。通用变频器与外界的联系基本由主电路接线端、控制端子和操作面板三部分构成，其基本结构如图 6-14 所示。主电路接线端包括工频电网的输入端、变频器接电动机的输出端；控制端子包括外部信号控制变频器的端子、变频器工作状态指示端子以及变频器与计算机或其他变频的通信接口；操作面板包括液晶显示屏和键盘。

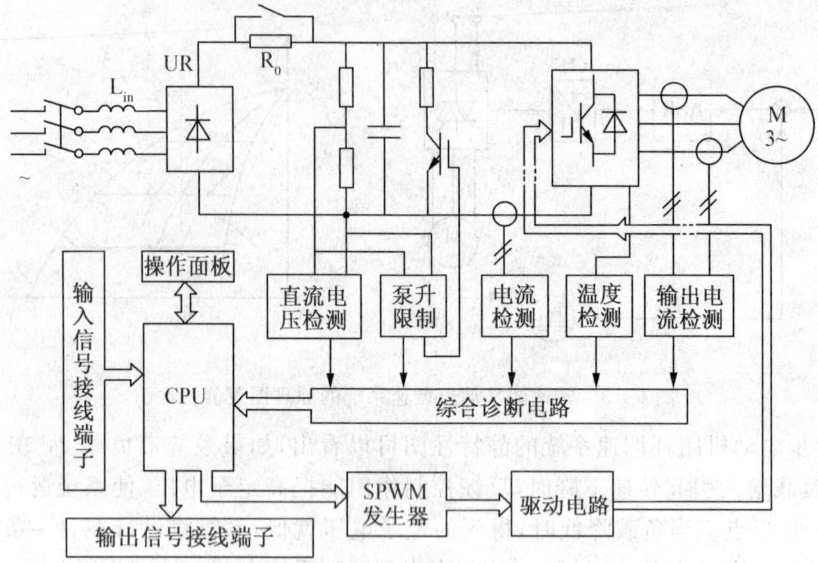

图 6-14　变频器的基本结构示意图

早期的通用变频器大多采用开环恒压比的控制方式，即 U/f = 常数，其特点是控制结构简单，成本较低，但是系统性能不高，主要表现在控制曲线随负载的变化而变化，转矩响应慢，电动机转矩利用率不高，低速时稳定性变差等方面，因而只适用于风机、水泵等调速场合。随着微处理技术的发展，电动机控制系统的芯片在品种、速度、功能、性价比等方面都有了很大发展。如日本三菱电机开发的用于电动机控制的 M37705、M7906 单片机和美国得州仪器开发的 TMS320C240DSP 等，都是很具有代表性的产品。

目前，变频器的产品正向着三个方向发展：一是向无须调整便能得到最佳运行效果的多功能与高性能变频器发展；二是向通过简单控制就能运行的操作方便的小型变频器方向发展；三是向大容量、高启动转矩及具有环保功能的变频器方向发展。自 20 世纪 80 年代以来，通用变频器经历了五次更新换代：模拟式通用变频器、数字式通用变频器、智能型通用变频器、多功能通用变频器和集中型通用变频器。

一、变频调速系统的控制方式

根据交流异步电动机的转速公式：$n=n_0(1-s)=(1-s)\dfrac{60f}{p}$可知，只要平滑的调节异步电动机的电源频率 f，就可以平滑的调节异步电动机的同步转速 n_0，从而实现异步电动机的无级调速，这就是变频调速的基本原理。

由电机学可知，如果忽略异步电动机定子上的内阻压降，则异步电动机定子绕组相电压有效值 U_1 或感应电动势的有效值 E_1 表示为：

$$U_1 \approx E_1 = 4.44 k_r f_1 N_1 \Phi_m \tag{6-4}$$

式中：U_1——异步电动机定子相电压；

E_1——气隙磁通在每相中感应电动势的有效值；

f_1——电源频率，即定子供电频率；

N_1——定子每相绕组串联匝数；

k_r——基波绕组系数；

Φ_m——每极气隙主磁通。

依据上式，如果使电源频率 f_1 增加，则主磁通 Φ_m 将降低，于是电动机的拖动转矩随之降低，对恒转矩负载因为拖不动而发生堵转。但是，如果使电源频率 f_1 减小，则主磁通 Φ_m 将升高，会引起主磁通饱和，励磁电流急剧升高，使定子铁芯的损耗急剧增加。因此，只改变电源频率无法实现正常的调速控制。通常要求在调节定子供电频率 f_1 的同时，调节定子供电电压 U_1 的大小，通过 f_1 和 U_1 配合实现不同类型的变频调速，下面介绍几种控制方式。

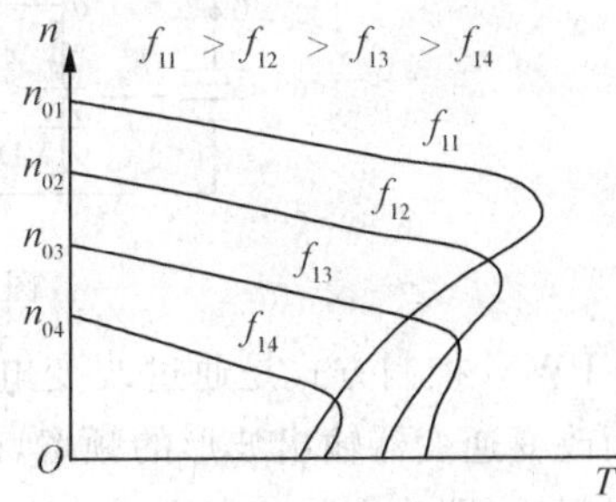

图 6-15 U_1/f_1＝常数时变频调速的机械特性

1. 保持 U_1/f_1＝常数的控制方式

保持 U_1/f_1＝常数，实质上是保持磁通基本不变，此时变频调速系统的机械特性如图 6-15 所示。当频率变化时，曲线基本是相互平行的，电动机的最大转矩随着频率的下降而减小。

2. 保持 E_1/f_1＝常数的控制方式

由于保持 U_1/f_1＝常数的控制方式在低频时最大转矩减小，为了在低频时最大转矩不变，要求恒磁通控制。图 6-16 给出了保持 E_1/f_1＝常数的协调控制方式的机械特性，曲线之间互相平行，最大转矩不变，从而获得恒转矩特性。

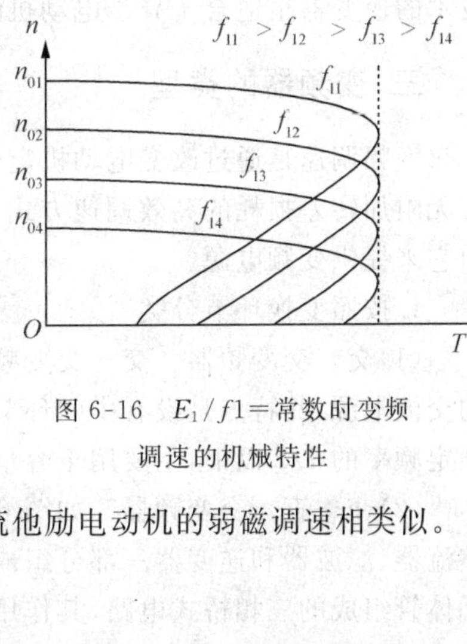

图 6-16 $E_1/f1$＝常数时变频调速的机械特性

3. 恒功率的控制方式

由额定频率向上变频调速时，由于电源电压不能超过额定电压，因此不能随着频率的增加而提高电源电压。当频率升高时，机械特性互相平行，最大转矩减小，可近似看作是恒功率调速性质，这与直流他励电动机的弱磁调速相类似。

二、PWM 逆变原理

理想的通用变频器输出波形是标准的正弦波，但是目前的技术水平还达不到这样的要求，通常我们使变频器输出端得到一系列幅值相等而宽度不等的方波脉冲，用这些脉冲来代替正弦波或所需的波形，即脉宽宽度调制(PWM)控制技术。

PWM 控制技术是变频交流技术的核心技术之一，也是目前应用较多的一项技术。从最初采用模拟电路完成三角调制波和参考正弦波比较，产生正弦脉宽调制(SPWM)信号以控制功率器件的开关开始，到目前采用全数字化方案，完成优化的实时在线的 PWM 信号输出。该技术的方法是使逆变器输入幅值恒定不变的直流电压，通过调节变频器的脉冲宽度和输出交流电的频率，实现调压调频以供负载。

由于 PWM 可以同时实现变频变压反抑制谐波的特点，所以在交流传动乃至其他能量交换系统中得到广泛的应用。PWM 控制技术大致可以分为三类：正弦波脉宽调制（SPWM）、优化脉宽调制和随机脉宽调制。图 6-17 所示为单向逆变器的原理图。

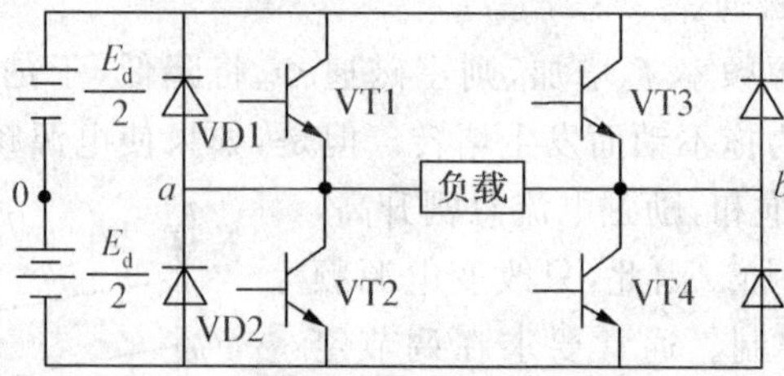

图 6-17　单向逆变器原理图

PWM 控制方式是通过改变电力晶体管 VT1、VT4 和 VT2、VT3 交替导通的时间，从而改变逆变器输出波形的频率，改变每半周内开关器件 VT1、VT4 和 VT2、VT3 的通断时间比，即改变脉冲宽度来改变逆变器输出电压幅值的大小。如果使开关在半个周期内反复通断多次，并使每个矩形波电压下的面积近似于对应正弦波电压下的面积，则逆变器的输出电压将很接近于基波电压，高次谐波电压降大大降低。如果使用快速开关器件，使逆变器输出脉冲次数增多，即使输出低频时，输出波形也是好的。所以采用 PWM 控制技术的逆变器很适合于异步电动机的变频调速的供电电源。

三、变频器的类型

变频调速是通过改变电动机定子供电频率来改变旋转磁场同步转速进行调速的，属于无附加转差损耗的高效调速方式。变频调速系统的关键装置是频率变换器，即变频器，由它来提供变频电源。

1. 按照变换环节分类

(1)交—交变频器　交—交变频器把频率固定的交流电源直接变换成频率连续可调的交流电源，其特点是没有中间环节，变频效率高，缺点是连续可调的频率范围小，一般为额定频率的 1/2 以下，主要用于容量大、速度低的场合。

(2)交—直—交变频器　如图 6-18 所示，交—直—交变频调速系统的变频部分是由整流器、滤波器和逆变器三部分组成。整流器为二极管三相桥式整流器，逆变器是大功率晶体管组成的三相桥式电路，其作用正好与整流器相反，它是将恒定的直流电交换为可调电压、可调频率的交流电，它是变频器的主要组成部分。中间滤波环节是用电容器或电抗器对整直后的电压或电流进行滤波。

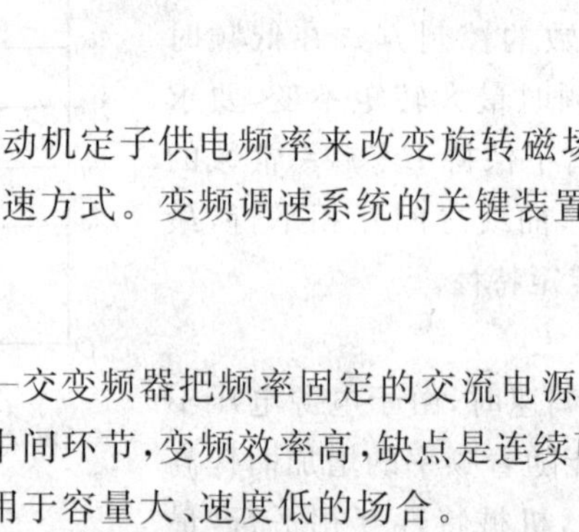

图 6-18　交—直—交变频器结构图

2. 按照滤波方式分类

(1)电压源型变频器　在交—直—交变频器装置中，当中间直流环节采用大电容滤波时，直流电压波形比较平直，在理想情况下，是一个内阻为零的恒压源，输出交流电压是矩形波或阶梯波，这类变频器装置称为电压源型变频器。由于滤波电容上的电压不能发生突变，所以电压源型变频器的电压控制响应慢，适合于作为多台电动机同步运行时的供电电源但不要求快速加减速的场合。

(2)电流源型变频器　在交—直—交变频器装置中，当中间直流环节采用大电感滤波时，输出交流电流是矩形波或阶梯波，这类变频器装置称为电流源型变频器。由于滤波电感上的电压不能发生突变，所以电流源型变频器对负载变化的反应迟钝，不适用于多电机传动，适合于一台变频器给一台电动机供电的单电机传动，但可以满足快速启动、制动和可逆运行的要求。

四、变频器的技术指标

1. 输入侧的额定值

输入侧的额定值主要是电压和相数。

2. 输出侧的额定值

(1)输出电压 U_N　由于变频器在变频的同时还要变压，因此输出电压的额定值是指输出电压的最大值。

(2)输出电流 I_N　输出电流是指允许长时间输出的最大电流。

(3)输出容量 S_N　$S_N=\sqrt{3}U_N I_N$。

(4)配用电动机容量 P_N(kW)　变频器规定的电动机配用容量。适用于长期连续负载运行。

(5)超载能力　变频器的超载能力是指输出电流超过额定值的允许范围和时间。一般规定为 $1.5I_N$，60s 或 $1.8I_N$，0.5s。

3. 频率指标

(1)频率范围　即变频器能够输出的最高频率和最低频率。

(2)频率精度　频率精度是指变频器输出频率的准确程度，用变频器实际输出频率与设定频率之间的最大误差与最高工作频率之比的百分数表示。

(3)频率分辨率　频率分辨率是指输出频率的最小变化量，即每相邻两挡频率之间的最小差值。

五、变频调速时异步电动机的选择

当使用标准的通用变频器进行变频调速时，由于变频器的性能和电动机自身运行工况的改变等原因，在确定电动机的参数时，除了按常规方法选择电动机的型号及参数外，还必须考虑电动机在各个频率段恒速运行时从未考虑过的一些新问题。

1. 电动机容量的选择

选择电动机容量的基本原则是：能带动负载，在生产工艺所要求的各个转速点长期运行不过热，在旧设备改造时，要尽可能地留用原设备的电动机。

选择电动机的容量时应考虑如下几点：

①电动机容量、启动转矩必须大于负载所需要的功率和启动转矩。

②电源电压下降10％～15％的情况下，转矩仍能满足启动或运行中的需要。

③从电动机温升角度考虑，为了不降低电动机的寿命，温升必须在绝缘所限制的范围以内。

④如果电动机每次在最低频率工作时间都不长，则可保留原有电动机；反之，如果在最低频率连续运行频率较长，则电动机容量应提高一倍。

2. 电动机磁极对数的选择

电动机的磁极对数一般由生产工艺决定，不易随意选择。如果通用变频器具有矢量控制功能，若有条件，最好选择4极($2p$)的电机。因为多数矢量控制变频器是以4极的电机模型进行设计的。

3. 电动机工作频率的选择

电动机工作频率应包含负载对调速范围的要求。由于某些通用变频器低速运行特性不理想，所以最低频率越高越好。

4. 使用变频器传动时电动机出现的新问题

笼型异步电动机由通用变频器传动时，由于高次谐波的影响和电动机运行速度范围的扩大，将出现一些新的问题，与工频电源传动时的差别比较大。因此，在旧设备的改造留用原有电动机时要特别注意如下问题：

(1)低速时散热能力问题　通用的标准笼型异步电动机的散热能力，是按额定转速且冷却风扇与电动机同轴的条件下考虑冷却风量的。当使用变频器之后，在电动机运行速度降低的情况下冷却风量将自动变小，散热能力随之变差。由于电动机的温升与冷却风量之间成反比，所以在额定速度以下连续运行时，可采用设置恒速冷却风扇的办法，改善低速运行条件下电动机的散热能力。

(2)额定频率运行时有温升提高问题　由于变频器的三相输出波形是SPWM波，所以不可避免地在异步电动机的定子电流中含有高次谐波，高次谐波增加了电动机的损耗，使电动机的效率和功率因数变差。高次谐波损耗基本与负载大小无关，所以电动机温升将比变频调速改造前有所提高。通用变频器高次谐波分量越少，电动机温升也就越小。这也是检验通用变频器性能是否优良的重要标志之一。

(3)电动机运行时出现噪声增大问题　这是SPWM变频器载波频率与电动机铁心固有振荡频率产生了谐振，引起电机铁心振动而发出的噪声。

六、变频器的选择

选择通用变频器就是选择变频器的容量和类型。

1. 变频器容量的选择

选择变频器容量的基本原则是：最大负载电流不能超过变频器的额定电流。一般情况下，按照变频器使用说明书所规定的配用电动机容量进行选择，但是当电动机不是4极时(通用变频器一般是以4极电机模型设计的)，就不能仅以电机的容量来选择变频器的容量，还需要考虑变频器的额定电流是否大于电机的额定电流。

选择时应注意：变频器的过载能力允许电流瞬时过载为150％额定电流(每分钟)或

120%额定电流(每分钟)。这对于设定电动机的启动和制动过程才有意义,而和电动机短时过载200%以上,时间长达几分钟是无法比拟的。凡是在工作过程中可能使电动机短时过载的场合,变频器的容量都应加大一挡。

2. 变频器类型的选择

根据变频器的控制功能将通用变频器分为两大类,而每一类都有两种类型。对于U/f控制方式,有普通功能型和恒定电磁转矩控制功能型;对于矢量控制方式,又有带速度传感器和不带速度传感器之分。变频器类型选择的基本原则是根据负载的要求选择。选择方法如下:

(1)风机和泵类负载　在过载能力方面要求过低,由于负载转矩与速度平方成正比,所以在低速运行时负载较轻(罗茨风机除外),又因为这类负载对转速精度没有什么要求,故选型时通常以廉价为主要原则,选择普通功能型通用变频器。

(2)恒转矩负载　多数负载具有恒转矩特性,但在转速精度及动态性能方面要求不高,例如挤压机、搅拌机、厂内运输电车、传动带、吊车的平移机构、吊车的提升机构和提升机等。选型时可选U/f控制方式的变频器,但是最好采用具有恒转矩控制功能的变频器,如果用变频器实现恒转矩调速,必须加大电动机和变频器的容量,以提高低速转矩。

(3)被控对象具有一定的动态、静态指标要求　这类负载一般要求低速时有较硬的机械特性,才能满足生产工艺对控制系统的动态、静态指标要求,如果系统采用开环控制,可选用具有无速度反馈矢量控制功能的变频器。

(4)可控对象具有较高的动态、静态指标要求　对于调速精度和动态性能指标都有较高要求,以及要求高精度同步运行的场合,可采用带速度反馈的矢量控制方式的变频器或直接转矩型变频器。如果控制系统采用闭环控制,可选用能够四象限运行、U/f控制方式、具有恒转矩功能型变频器。例如轧钢、造纸、塑料薄膜加工生产线,这一类对动态性能要求较高的生产机械,采用矢量控制的高性能通用变频器,不但能很好地满足生产工艺要求,还能降低调节器控制运算的难度。

七、变频器参数的设定和功能选择

1. 变频器运行频率的设定方法

(1)给定频率设定方法

1)面板给定:利用操作面板上的数字增加键(∧或Δ)和数字减小键(∨或▽)进行频率的数字量给定或调整。图6-19所示为三菱FR-E500系列变频器操作面板。

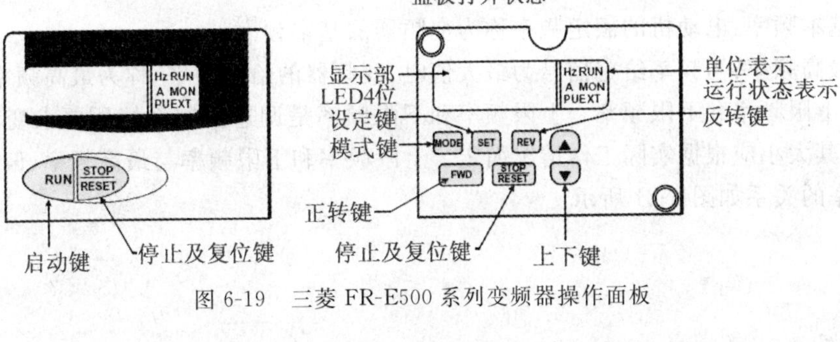

图 6-19　三菱 FR-E500 系列变频器操作面板

2)预置给定:通过程序预置的方法预置给定频率。启动时,按运行键(RUN 或 FWD 或 REV 键),变频器即自动升速到预置的给定频率为止。

3)外接给定:从控制接线端上,引入外部的模拟信号,如电压、电流信号,进行频率给定。这种方法常用于远程控制。

4)通信给定:从变频器的通信接口端上,引入外部的通信信号,进行频率给定。这种方法常用于微机控制或远程控制。

(2)变频器的外接给定配置

所有的变频器都提供了外接给定的控制信号输入端。外接给定的控制信号分数字给定和模拟给定两大类,模拟给定又分电压控制和电流控制两种。

1)外接电压给定信号控制端:外接给定电压信号又有两种给定方式:直接输入电压信号,通常用于计算机、PLC、PID 调节器或其他控制装置;利用变频器内部提供的给定信号控制电压,由外部电位器取出电压给定信号,送入变频器的相应端子。如图 6-20 所示。

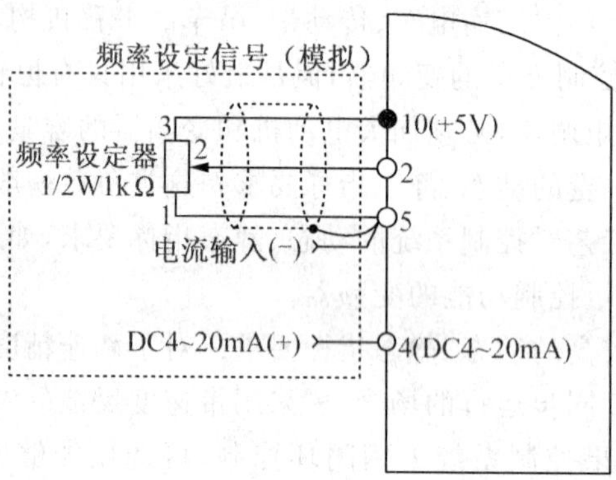

图 6-20 变频器的给定信号控制端子

2)外接电流给定信号的控制:当外接给定信号为电流时,将外接信号线接到外接电流给定信号端,如图 6-20 所示。一般用于远距离控制或 PID 调节器输出控制变频器,变频器对外接电流给定信号的取值范围一般为 4~20mA。

3)辅助给定:有的变频器在给定信号的输入端,配置有辅助给定信号的输入端,辅助给定信号与主给定信号叠加,在变频器网络中控制中常用辅助给定信号作为终端变频器的给定修正。

2. 变频器运行频率范围的设定

(1)基本频率和最高频率

1)基本频率:电动机的额定频率称为变频器的基本频率。

2)最高频率:当频率给定信号为最大值时,变频器的给定频率,称为最高频率。

(2)上限频率和下限频率　上限频率和下限频率是调速控制系统所要求变频器的工作范围,其大小应根据实际工作情况而定。上限频率和下限频率与最高频率、偏置频率和启动频率的关系如图 6-21 所示。

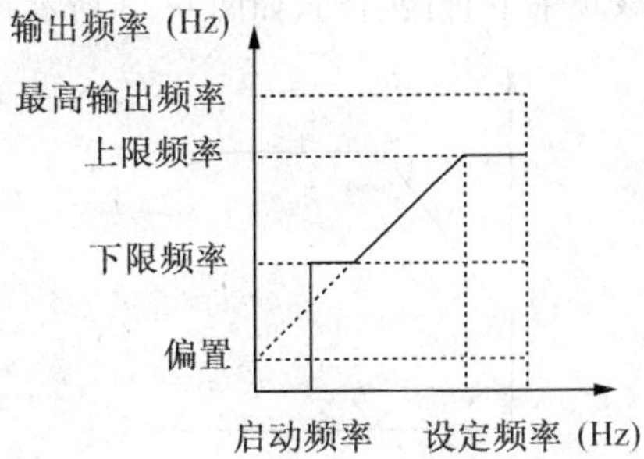

图 6-21 上、下限频率

(3)回避频率

任何机械都有一个固有的谐振频率,它取决于机械结构。在对机械进行无级调速时的过程中,机械的实际振荡频率在不断变化,当机械振荡频率与其固有频率相同时,机械将发生谐振,可能导致机械损坏。

消除机械谐振的途径如下:

1)改变机械的固有频率。

2)避开导致振荡的速度。

在变频调速系统中,预置回避频率 f,既可回避可能引起的振荡转速。方法如下:设置回避频率区域,回避区的下限频率 f_L,在频率上升过程中开始进入回避区的频率;回避区的上限频率 f_H,在频率上升过程中退出回避区的频率。如图 6-22 所示。

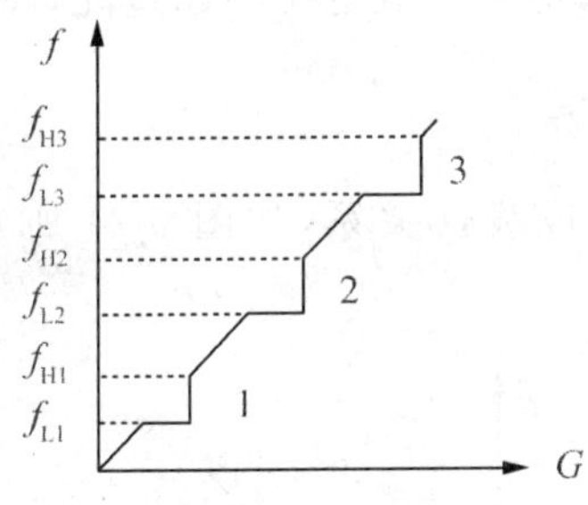

图 6-22 回避区

(4)载波频率设定 当变频器运行时,如果电机有噪声或对同一控制柜内的其他控制设备产生干扰,可以在一定范围内调整载波频率,降低噪声或干扰,但该参数一般按照出厂设定。

(5)瞬停再启动 这种功能允许变频器启动一个正在旋转的电机。一般情况下,变频器从 0Hz 运行电机,然后当电机正在自转或被负载带动时,将回到给定值之前进行制动,这将导致过电流。通过采用瞬停再启动功能,变频器“诊断”电机的速度,并且运转电动机,从这个速度一直到达给定速度值。

3. 变频器的启动

(1)变频器的启动

1)启动频率:对于静摩擦系数较大的负载,启动时需要较大的启动力矩,可根据需要预置启动频率，使电动机在该频率下直接启动，如图 6-23 所示。

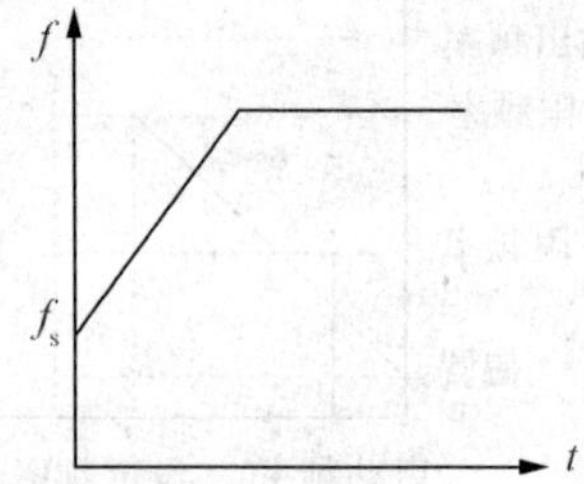

图 6-23　启动频率

2)启动前直流制动：变频调速系统总是从最低频率开始启动的，如果在开始启动时，电动机已有一定的转速，可能引起过电流或过电压。启动前的直流制动功能可以保证电动机在完全停转的状态下开始启动。

(2)升降速

1)升速时间：在机械工作过程中，升速过程是过渡过程，这段时间内通常不能进行生产活动，从工作效率出发，升速时间越短越好，但时间过短，频率上升过快，容易出现过流。另外，对于电梯、带式输送机、纺织类机械的启动过程要求较长，预置升速时间应更根据实际情况而定。

2)降速时间：电动机在降速过程中，有时会处于再生制动状态，将电能反馈到直流电路，产生泵升电压，使直流电压升高。如降速时间太短，频率下降过快，直流电压可能超过上限值。所以预置降速时间时，应在直流电压不超过允许范围的前提下，尽量减小降速时间。

3)升降速方式

① 线性方式：频率与时间成线性关系，如图 6-24 所示。大多数负载预置为线性方式。

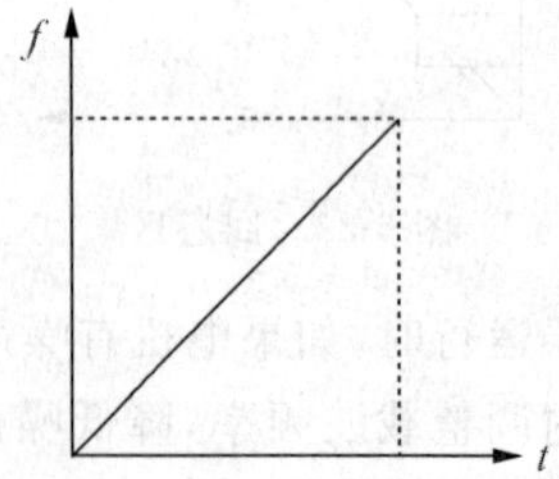

图 6-24　线性升速方式

② S形：对于带式输送机、纺织机一类的负载，如果加速度过大，会使被输送的物体产生倾倒或棉纱被拉断。因此，在启动的初始阶段加速过程比较缓慢，中间为线性加速，加速度不变，加速快结束时加速度又逐渐下降为 0。在整个加速过程中，速度与时间的关系呈“S”形，如图 6-25 所示。

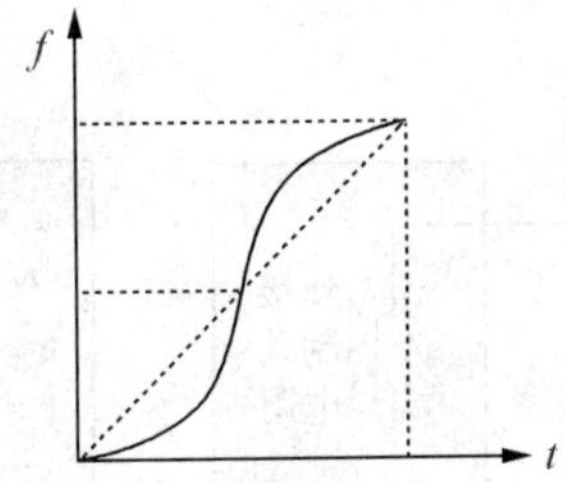

图 6-25　S形升速方式

4. 变频器的制动

通用变频器的电气制动方法，常用的有三种：直流制动、制动单元/制动电阻制动、整流回馈制动。这三种制动方式各有特点，使用条件和场合也不相同，见表 6-1。

表 6-1　　通用变频器三种制动方法比较

制动方式	直流制动	制动单元/制动电阻	整流回馈
使用限制条件	不能用于电动机频繁启动、制动的场合	不能用于中、大功率频繁启动、制动的场合	不能用于稳压质量不高的电网；电网的短路功率不足够时不能用
能量消耗方式	动能换成电能，以热损耗的形式消耗于电动机的转子回路中	动能换成电能，以热损耗的形式消耗于制动电阻上	动能换成电能，回馈给电网
附加选件	不需要	需要与不需要附件，由功率大小而定	需要
使用场合	用于准确停车控制；用于制止在启动前电动机由外因引起的不规则自由旋转	用于小功率频繁启动、制动的控制系统；用于动态指标要求较高的控制系统	用于大、中型控制系统的制动；用于回馈能量较多的控制方式

(1)直流制动　直流制动是指当变频器的输出频率为零，异步电动机的定子不再有磁场旋转时，变频器向异步电动机的定子绕组通入直流电流，异步电动机便处于能耗制动状态，转动的转子切割静止磁场而产生制动力矩，使电动机迅速停止。此种方法是动能换成电能，以热损耗的形式消耗于电动机的转子回路中，如果持续时间过长会使电动机发热，所以不适于经常制动的场合。这种变频器输出直流的制动方式，一般称“DC”制动。如图 6-26 所示。

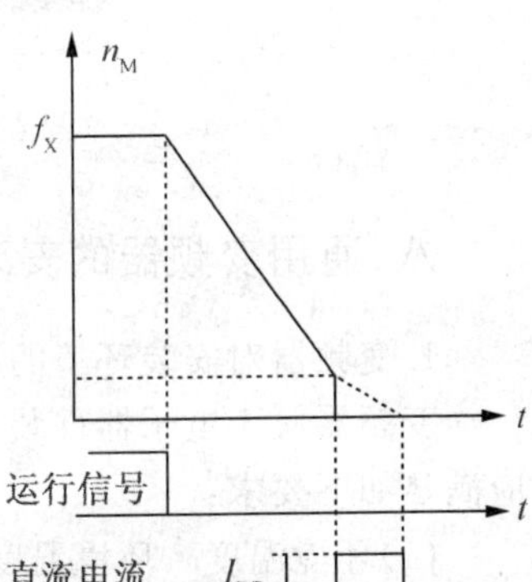

图 6-26　设定直流制动的要求

(2)外接制动电阻和制动单元　在需要进行频繁的制动或高转矩制动时，如制动单元内部电阻的制动功率不够，需外接制动电阻和制动单元，各种变频器的使用说明书上都提供了适用于本变频器的制动电阻的规格和型号，其外接方法如图 6-27 所示。

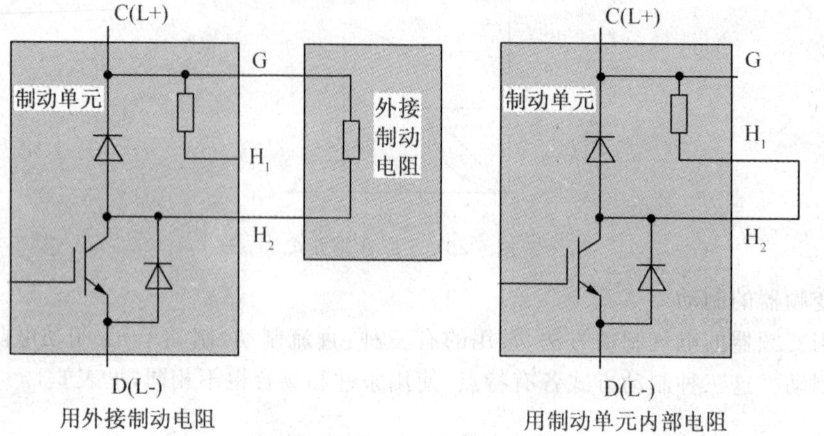

图 6-27　制动电阻接线图

(3)整流回馈制动　当给定频率下降时，如果电动机的同步转速低于转子的转速，这时电动机处于再生制动状态。如果此时变频器有回馈制动单元，就可以将电动机再生的电能反馈到电网中，使整个调速系统处于回馈制动状态。其原理如图 6-28 所示。

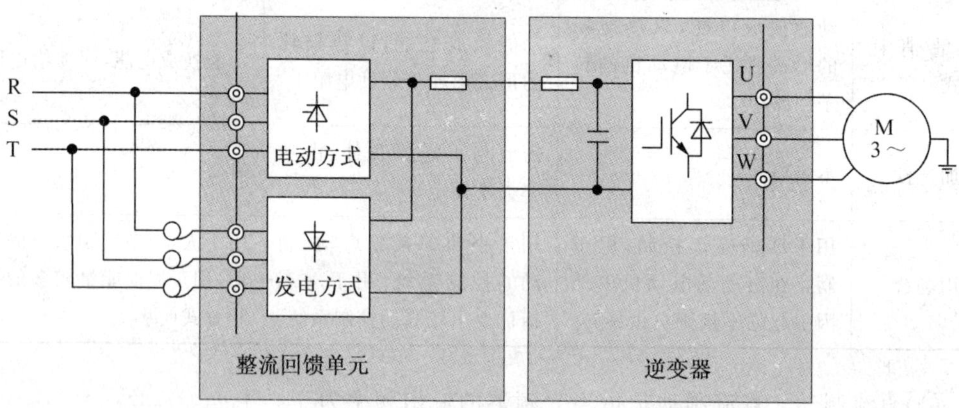

图 6-28　整流回馈电路

八、通用变频器的安装和接线

1. 变频器对安装环境的要求

变频器属于电子器件装置，为了确保变频器的安全、可靠地运行，变频器的安装环境应满足如下要求：

(1)环境温度　环境温度是影响变频器寿命及可靠性的重要因素，一般要求为－10℃～＋40℃。如果散热条件好(如除去外壳)，则上限温度可提高到＋50℃。如果变频器长期不用，存放温度最好为－10～＋30℃。如果无法满足这些要求，应安装空调。

(2)环境湿度　相对湿度不超过 90％(无结露现象)。对于新建厂房和在阴雨季节，每次开机前，应检查变频器是否有结露现象，以免变频器出现短路故障。

(3)安装场所　在海拔 1000m 以下使用。如果海拔超过 1000m，则变频器的散热能力下降，变频器最大输出电流和电压都要降低使用，降低的百分率与变频器的具体型号有关。例如某变频器安装在海拔 1000m 以下，最大输出电流和电压分别为 500A 和 400V，如果将此变频器安装在海拔高度 3000m 的场合，此变频器的生产厂家规定最大允许输出电流和电压分别为 465A 和 360V。

在室内使用，安装位置应无直射阳光、无腐蚀气体及易燃气体、尘埃少的环境。潮湿、腐蚀性气体及尘埃是造成变频器内部电子器件生锈、接触不良、绝缘性能降低的重要因素。对于有导电尘埃的场所（如碳纤维生产厂），要采用封闭式结构。对有可能产生腐蚀性气体的场所，应对控制板进行防腐处理。

(4)安装空间　变频器在运行中会发热。为了确保风道畅通，对于非水冷却的变频器，安装空间要求如图 6-29 所示。

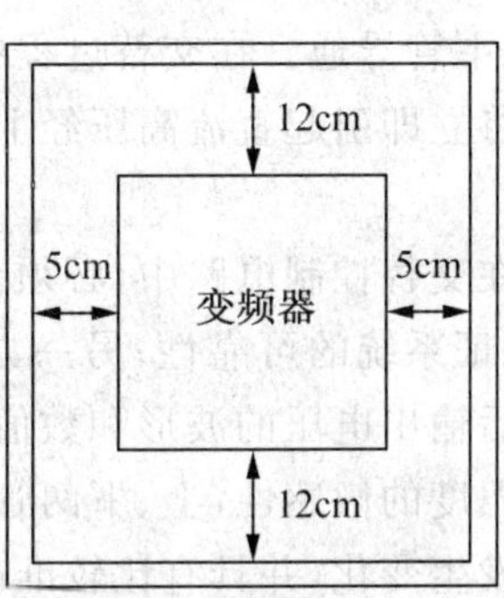

6-29　变频器的安装空间

如果需要在临近并排安装两台或多台变频器，应留有足够的距离，如图 6-30(a)所示。若竖排安装，其间隔至少为 50cm，两个变频器之间加隔板以增加上部变频器的散热效果，如图 6-30(b)所示。

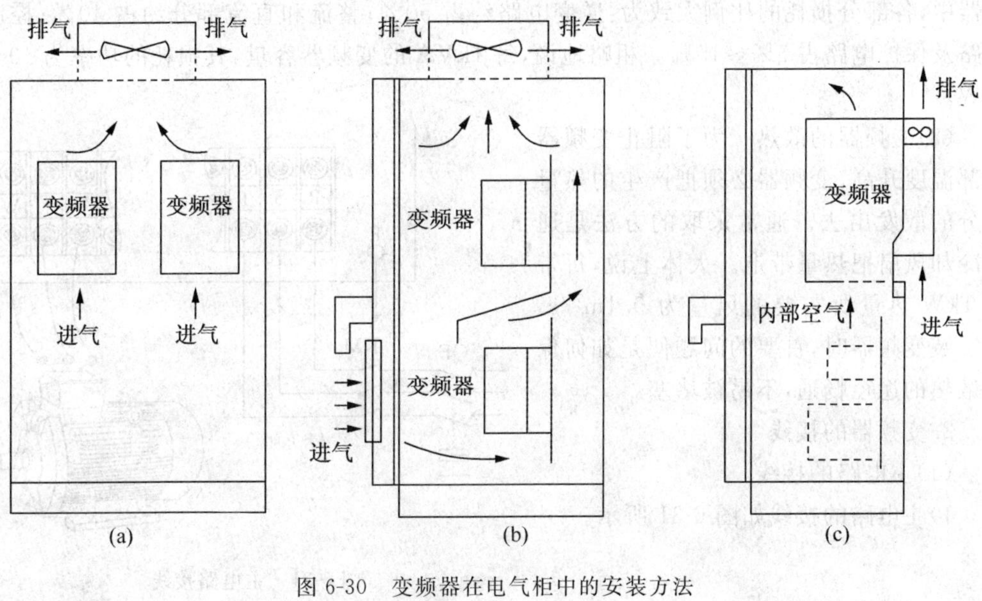

图 6-30　变频器在电气柜中的安装方法

如果需要柜外冷却，安装位置如图 6-30(c)所示。变频器在控制柜内请勿上下颠倒或平放安装，变频器在室内的空间位置，应便于变频器的定期维护。

(5)其他条件　如果变频器长期不用，变频器内的电解电容会发生劣化现象，当实际运行时会出现由于电解电容的耐压降低和漏电增加引发故障。因此最好每隔半年通电一次，通电时间保持 30～60min，使电解电容自我恢复，以改善劣化特性。在振动场所应用变频器时，应采用防振措施，并进行定期的检查、维护和加固工作。

2. 变频器的发热与散热

变频器散热很重要。温度过高对任何设备都有破坏作用，但就大多数设备而言，其破坏作用通常是比较缓慢的，受破坏时的温度是不很准确的，而唯独在 SPWM 逆变电路中，温度一旦超过某一限值，会立即导致逆变管的损坏，并且温度限值往往十分准确。

在 SPWM 逆变桥中，每个桥臂的上下两管总是处于不断地交替导通状态，或由上管导通、下管截止转换为上管截止、下管导通。在交替过程中，一旦出现一管尚未完全截止，而另一管已经完全开通的状况，将立即引起直流高压经上管和下管"直通"短路，造成上下管立即损坏。

为了避免上述现象的发生，在交替控制电路中，必须留出一个"等待时间"。等待时间的长短，一方面必须足够长，以保证系统的可靠性；另一方面，必须尽量短，否则将引起调制过程的非线性，从而影响逆变后输出电压的波形和数值，所以，其余量是很小的。

温度升高时，由于半导体对温度的敏感性，上、下两管的开通时间和关断时间，以及由延时电路产生的等待时间，都将发生变化，并具有比较准确的变化规律。当温度一旦超过某一限值时，将导致"等待时间"不足，使逆变的输出波形出现"毛刺"，最终逆变管因直通而损坏。

因此，变频器在安装时散热问题是至关重要的。

(1)变频器的发热　和任何其他设备一样，发热总是由内部的损耗功率产生的。在变频器中，各部分损耗的比例大致为：逆变电路约占 50%；整流和直流部分约占 40%；控制电路及保护电路占 5%～15%。粗略地说，每 1kVA 的变频器容量，其损耗的功率为 40～50W。

(2)变频器的散热　为了阻止变频器内部温度升高，变频器必须把产生的热量充分的散发出去。通常采取的方法是通过冷却风扇把热量带走。大体上说，每带走 1kW 热量所需要的风量为 0.1m^3/s。在安装变频器时，首要的问题便是如何保证散热的途径畅通，不易被堵塞。

2. 变频器的接线

(1)主电路的接线

1)主电路的接线如图 6-31 所示。

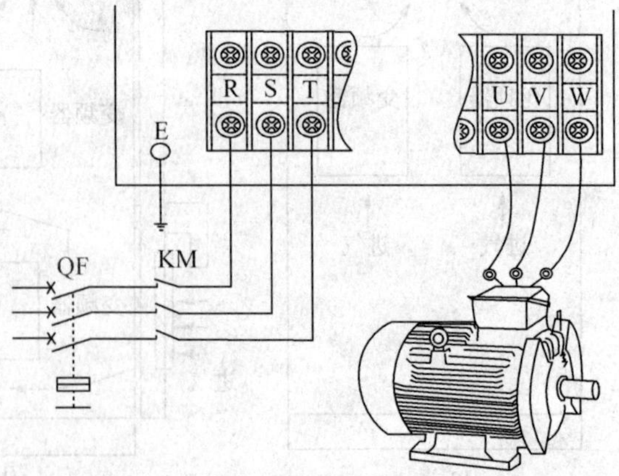

图 6-31　主电路接线

图中 QF 是低压断路器，KM 是接触器触点。R、S、T 是变频器的输入端，接电源进线。U、V、W 是变频器的输出端，与电动机相接。变频器与电动机之间的电缆长度，应满足变频器使用说明书的规定要求。注意，不能用接触器 KM 的触点来控制变频器的运行和停止，应使用控制面板上的操作键或接线端子上的控制信号；变频器的输出端不能接电力电容器或浪涌电容器；电动机的旋转方向和生产工艺要求不一致时，最好用调变频器输出相序的方法，不要调换控制端子 FWD 或 REV 的控制信号。

2)变频器的输入端和输出端是绝对不允许接错的。如果将输入电源接到了 U、V、W 端，则不管哪个逆变管导通，都将引起两相间的短路而将逆变管迅速烧坏，如图 6-32 所示。

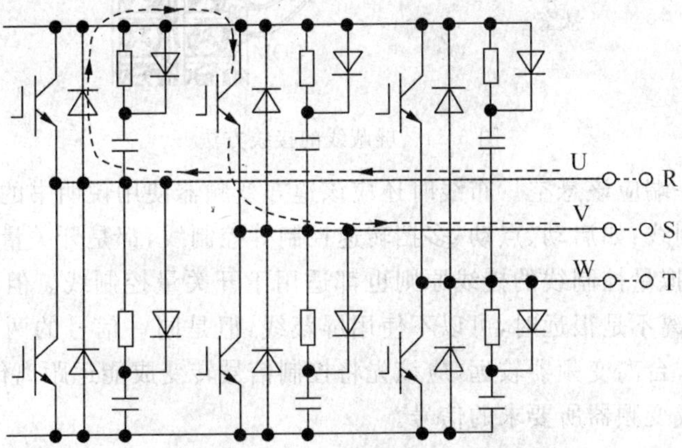

图 6-32　电源接错时的后果

3)设计与工频电源切换的电路。某些负载是不允许停车的，当变频器万一发生故障时，必须迅速将电动机切换到工频电源上，使电动机不停止工作。切换电路和控制电路如图 6-33 所示。

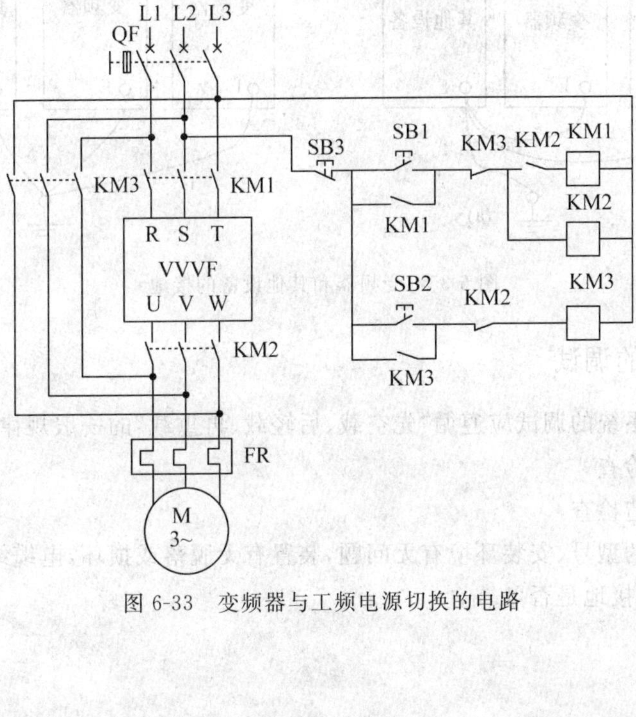

图 6-33　变频器与工频电源切换的电路

(2)控制电路的接线

1)模拟量控制线:主要包括输入侧的给定信号线和反馈信号线、输出侧频率信号线和电流信号线。模拟量信号抗干扰能力较低,因此必须使用屏蔽线。屏蔽层靠近变频器的一端,应接控制电路的公共端(COM),而不要接到变频器的地端(E)或大地,如图 6-34 所示。

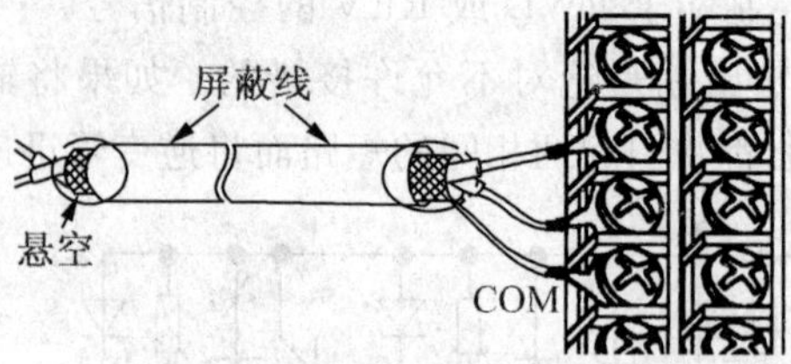

图 6-34　屏蔽线的接线方法

屏蔽层的另一端应该悬空。布线时还应该遵守变频器使用说明书的规定。

2)开关量控制线:如启动、点动、多挡转速控制等控制线,都是开关量控制线。

一般来说,模拟量控制线的接线原则也都适用于开关量控制线。但开关量的抗干扰能力较强,故在距离不是很远时,可以不使用屏蔽线,但是同一信号的两根线必须相互绞在一起。如果操作台离变频器较远,应该先将控制信号转变成能远距离传送的信号,再将传输的信号转变成变频器所要求的信号。

3)变频器的接地:所有的变频器都专门有一个接地端子"E",用户应将此端子与大地相接。当变频器和其他设备,或有多台变频器一起接地时,每台设备必须分别与地线相接,如图 6-35(a)所示。不允许将一台设备的接地端和另一台相接后再接地。如图 6-35(b)所示。

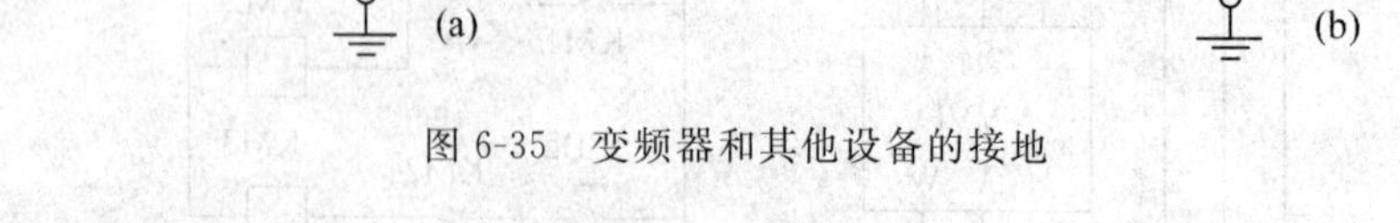

图 6-35　变频器和其他设备的接地

九、变频器的调试

变频器调速系统的调试应遵循"先空载、后轻载、再重载"的一般规律。

1. 通电前的检查

(1)外观、构造检查

检查变频器的型号、安装环境有无问题,装置有无脱落或损坏,电缆线径是否合适,电气连接有无松动,接地是否可靠。

(2)电源电压、绝缘电阻的检查

检查主电路电源电压和变频调速系统要求的电压值是否一致,检查主电路的绝缘电阻值是否达到要求。

2.变频器的通电和预置

新的变频器在通电时,输出端先不要接电动机,首先完成下面的工作:

(1)熟悉键盘　了解键盘上各键的功能,进行试操作,并观察显示的变化等。按说明书的要求进行"启动"和"停止"等基本操作,观察变频器的工作情况是否正常。

(2)进行功能预置　根据前面介绍的方法和步骤进行功能预置,完成后,先进行容易观察的项目,如升降速时间、点动频率、多挡变速时各挡频率等,检查变频器的执行情况与预置的内容是否相符。

(3)将外部输入控制线接好,逐项检查各外接控制功能的执行情况。检查三相输出电压是否平衡。

3.电动机的空载试验

变频器的输出端接上电动机,但电动机尽可能与负载脱开,进行通电试验。其目的是观察变频器接上电动机后的工作情况,顺便校准电动机的旋转方向。实验步骤如下:

先将频率设置为"0"位,合上电源,微微提升工作频率,观察电动机的起转情况及旋转方向是否正确。如方向相反,则予以纠正。

将频率上升到额定频率,让电动机运行一段时间。如一切正常,再选若干个常用的工作频率,也使电动机运行一段时间。

将给定频率信号突降至"0"(或按停止按钮),观察电动机的制动情况。

4.拖动系统的启动和停机

将电动机的输出轴与机械装置连接起来,进行试验。

(1)起转试验　使工作频率从0Hz开始微微增加,观察拖动系统能否起转,在多大频率下起转。如起转比较困难,应设法增加启动转矩。具体方法有:加大启动频率,加大U/f比值,以及采用矢量控制等。

(2)启动试验　将给定信号调至最大,按启动键,观察启动电流的变化及整个拖动系统在加速过程中运行是否平稳。如因启动电流过大而跳闸,则应适当延长升速时间。如在某一速度段启动电流偏大,则设法通过改变启动方式(S形、半S形等)来解决。

(3)停机试验　将运行频率调至最高频率,按停止键,观察拖动系统的停机过程是否出现因过电压或过电流而跳闸,如有则应适当延长降速时间。当输出频率为0Hz时,观察拖动系统是否有爬行现象,如有则应适当加强直流制动。

5.拖动系统的负载试验

负载试验的主要内容有:

如$F_{max}>F_N$,则应进行最高频率时的带载能力试验,也就是考察在正常负载下能不能带得动。

在负载的最低频率下,应考察电动机的发热情况。使拖动系统工作在负载所要求的最低转速下,施加该转速下的最大负载,按负载所要求的连续运行时间进行低速连续运行,观察电动机的发热情况。

过载试验，按负载可能出现的过载情况及持续时间进行试验，观察负载能否连续工作。当电动机在工频以上运行时，不能超过电动机容许的最高频率范围。

十、西门子变频器频率设定的应用实例

在此以西门子公司生产的MICROMASTER420系列变频器为例进行说明，其外形如图6-36所示。电动机参数和控制系统要求见表6-2，操作面板控制设定该变频器的功能和参数。

(a) (b)

图6-36 MICROMASTER420变频器外形和面板

表6-2 电动机参数和控制系统要求

项目名称	参数与要求功能	项目名称	参数与要求功能
电机额定频率	50Hz	电机启动、制动时间	不小于15秒
电机额定转速	1495r/min	电机所带负载为化纤设备	电动机平滑加速
电机额定电流	5.2A	升、降速调整	由操作面板控制
电机额定电压	3AC380V	正转点动频率(右转)	5Hz，用操作面板控制
电机额定功率	2.2kW	反转点动频率(左转)	10Hz，用操作面板控制
电机能正向、反向、停止运行	用操作面板控制	电机最高运行频率	50Hz
变频器输出频率监视	由操作面板显示	电机最低运行频率	20Hz

(1)为满足控制系统要求，确定或修改变频器相应的功能码，其他功能码保持出厂设定不变，修改结果见表6-3。

表 6-3　变频器根据控制系统要求确定或修改的功能码

功能码	功　能	范围[出厂设定]	修改结果	修改说明
P001	显示选择	0～6[0]	[0]	控制系统要求监视输出频率
P002	频率上升时间(s)	0～650.0[10.0]	[15]	满足系统要求条件下,越小越好
P003	频率下降时间(s)	0～650.0[10.0]	[15]	满足系统要求条件下,越小越好
P004	平滑区域时间	0～40.0[0.0]	[5]	预置数值,需要现场调试
P006	频率给定类型选择	0～2[0]	[0]	控制系统要求升、降速,由操作面板控制
P007	允许/封闭前面板上按键	0～1[1]	[1]	控制系统要求正向运行、反向运行、停止、点动,用操作面板控制
P012	最小电机频率(Hz)	0～650.00[0.00]	[20]	控制系统要求
P013	最大电机频率(Hz)	0～650.00[50.00]	[50]	控制系统要求
P031	右转点动频率(Hz)	0～650.00[5.00]	[5]	控制系统要求
P032	左转点动频率(Hz)	0～650.00[5.00]	[10]	控制系统要求
P081	电机额定频率(Hz)	0～650.00[50.00]	[50]	电机固有参数
P082	电机额定转速(r/min)	0～9999[☆☆☆]	[1495]	电机固有参数
P083	电机额定电流(A)	0.1～99.9[☆☆☆]	5.2	电机固有参数
P084	电机额定电压(V)	0～1000[☆☆☆]	380	电机固有参数
P085	电机额定功率(kW)	0～50.0[☆☆☆]	02.20	电机固有参数

(2)各种变频器都为用户提供了可按一定范围内任意设定升速时间的功能。所规定的设定范围各不相同,最短者为 0～120s,最长的可为 0～6000s。各种变频器对升速时间的定义一般分为两种:其一,从 0Hz 上升至基本频率所需要的时间;其二,从 0Hz 上升至最高频率所需要的时间。MICPOMASTER 系列变频器就属于后者。

从减小电动机启动电流的角度来说,升速时间应设定得长一些,但升速过程属于过渡过程,并非工作所需,因此对于频繁启动、制动的设备,上升速时间过长会影响工作效率。所以,设定升速时间的基本原则:在电动机的启动电流不超过允许值的前提下,尽可能地缩短升速时间。

在一般调试时,可先把升速时间设定得长一些,在满足生产工艺要求的条件下,观察启动过程中电流的大小,如果启动电流不大,再逐渐减小升速时间。

使用具有最佳升速功能的变频器时,应注意最佳升速功能的定义:一般是指变频器在升速电流不超过允许值的情况下以最短的时间上升到给定频率,但不一定能满足用户的其他要求,如电梯上升的舒适感要求。

(3)MICROMASTER 系列变频器提供了线性和“S”形两种升速方式。在没有特殊考虑的情况下，大都选用线性方式。对于带式输送机、纺织机一类的负载，若加速度变化过大，会使棉纱被拉断或使被输送的物体产生倾倒。因此，在启动的初始阶段，加速过程比较缓慢；中间为线性加速，加速度不变；加速快结束时，加速度又逐渐下降为 0。在整个加速过程中，速度与时间的关系呈"S"形特性。其特性如图 6-37 所示。

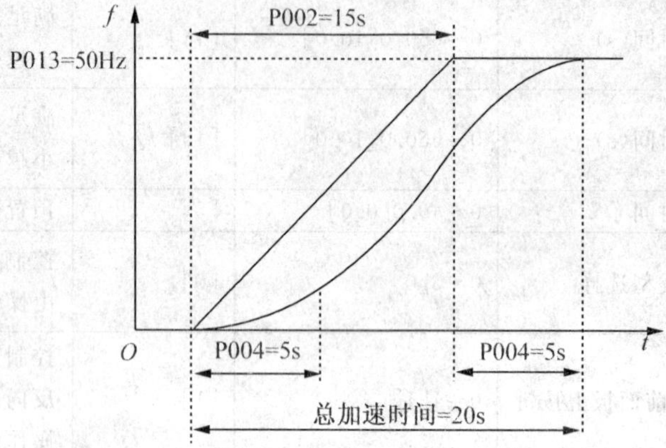

图 6-37　加速方式

用户可以在一定范围(如 0～40s)内，任意设定"S"形时间的大小，注意总的加速时间等于 P002 的设定时间与 P004 的设定时间之和。

(4)在调试过程中，经常需要"点动"，以便观察各部位的运转倾向是否满足生产工艺要求。一般通用变频器会给出"点动频率"、"点动方向"、"点动加减速"的功能，让用户任意选择。

(5)设定过程见表 6-4。

表 6-4　MICROMASTER 系列变频器参数的设定过程

序号	显示	操　作	序号	显示	操　作
1	050.0	变频器上电后，显示最后一次断电时，存储在变频器内部存储器内的设定频率。按编程键"P"将会出现下面的显示内容	5	0002	按编程键"P"，存储该数据，显示内容见下
2	P000	按上升键"∧"，出现下面的显示内容为止	6	P009	按下降键"∨"，将"P009"改为"P001"，然后按编程键"P"将会出现出厂设定数据或上次修改的数据，显示内容见下
3	P009	按编程键"P"将会出现出厂设定数据或上次修改的数据，显示内容见下	7	0005 (0000)	按下降键"∨"，将"0005"改为"0000"，然后按编程键"P"，存储该数据，显示内容见下
4	0000	按上升键"∧"，将"0000"改为"0002"或"0003"，显示内容见下	8	P001	按上升键"∧"，将"P001"改为"P002"，然后按编程键"P"，进入该功能码，显示内容见下

续表

9	0100	按上升键“∧”，将“0100”改为“0150”，然后按编程键“P”，存储该数据，显示内容见下	21	0000	按上升键“∧”，将“0000”改为“0200”，然后按编程键“P”，存储该数据，显示内容见下
10	P002	按上升键“∧”，将“P002”改为“P003”，然后按编程键“P”，进入该功能码，显示内容见下	22	P012	按上升键“∧”，将“P012”改为“P013”，然后按编程键“P”，进入该功能码，显示内容见下
11	0100	按上升键“∧”，将“0100”改为“0150”，然后按编程键“P”，存储该数据，显示内容见下	23	0500	与预设值相同不修改，按编程键“P”，存储该数据，显示内容见下
12	P003	按上升键“∧”，将“P003”改为“P004”，然后按编程键“P”，进入该功能码，显示内容见下	24	P013	按上升键“∧”，将“P013”改为“P031”，然后按编程键“P”，进入该功能码，显示内容见下
13	0000	按上升键“∧”，将“0000”改为“0050”，然后按编程键“P”，存储该数据，显示内容见下	25	0500	与预设值相同不修改，按编程键“P”，存储该数据，显示内容见下
14	P004	按上升键“∧”，将“P004”改为“P005”，然后按编程键“P”，进入该功能码，显示内容见下	26	P031	按上升键“∧”，将“P031”改为“P032”，然后按编程键“P”，进入该功能码，显示内容见下
15	0000	按上升键“∧”，将“0000”改为“0500”，然后按编程键“P”，存储该数据，显示内容见下	27	0500	按上升键“∧”，将“0500”改为“1000”，然后按编程键“P”，存储该数据，显示内容见下
16	P005	按上升键“∧”，将“P005”改为“P006”，然后按编程键“P”，进入该功能码，显示内容见下	28	P032	按上升键“∧”，将“P032”改为“P081”，然后按编程键“P”，进入该功能码，显示内容见下
17	0000	与预设值相同不修改，按编程键“P”，存储该数据，显示内容见下	29	0000	按上升键“∧”，将“0000”改为“0500”，然后按编程键“P”，存储该数据，显示内容见下
18	P006	按上升键“∧”，将“P006”改为“P007”，然后按编程键“P”，进入该功能码，显示内容见下	30	P081	按上升键“∧”，将“P081”改为“P082”，然后按编程键“P”，进入该功能码，显示内容见下
19	0001	与预设值相同不修改，按编程键“P”，存储该数据，显示内容见下	31	0000	按上升键“∧”，将“0000”改为“1495”，然后按编程键“P”，存储该数据，显示内容见下
20	P007	按上升键“∧”，将“P007”改为“P012”，然后按编程键“P”，进入该功能码，显示内容见下	32	P082	按上升键“∧”，将“P082”改为“P083”，然后按编程键“P”，进入该功能码，显示内容见下

续表

33	0000	按上升键"∧",将"0000"改为"0052",然后按编程键"P",存储该数据,显示内容见下	37	0000	按上升键"∧",将"0000"改为"0022",然后按编程键"P",存储该数据,显示内容见下
34	P083	按上升键"∧",将"P083"改为"P084",然后按编程键"P",进入该功能码,显示内容见下	38	P085	按键"∧"或"∨",将"P085"改为"P000",然后按编程键"P",进入该功能码,显示内容见下
35	0000	按上升键"∧",将"0000"改为"0380",然后按编程键"P",存储该数据,显示内容见下	39	0000	
36	P084	按上升键"∧",将"P084"改为"P085",然后按编程键"P",进入该功能码,显示内容见下			

习　题

6-1 交流电动机的基本调速方式有哪几种？各有什么特点？

6-2 直流电动机的基本调速方式有哪几种？各有什么特点？

6-3 有静差调速和无静差调速有何不同？

6-4 闭环调速系统与开环调速系统相比有哪些优点？

6-5 三相异步电动机变频调速系统有何优缺点？

6-6 电压源型交—直—交变频器和电流源型交—直—交变频器有什么不同？各用于什么场合？

6-7 使用通用变频器进行变频调速时,如何选择异步电动机？

6-8 选择变频器类型的原则是什么？

6-9 如何处理变频器的发热问题？

第七章　数控机床电气控制系统的应用技术

数控技术是综合了计算机、自动控制、电机、电气传动、测量、监控、机床制造等学科领域最新成果而形成的一门边缘科学技术。在现代机械制造领域中，数控技术已成为核心技术之一，是实现柔性制造、计算机集成制造、工厂自动化的重要基础技术之一。现代的CAD/CAM，FMS和CIMS、敏捷制造和智能制造等，都是建立在数控技术之上。自从20世纪中叶数控技术创立以来，它给机械制造业带来了革命性的变化。

第一节　数控机床的基本结构

国家标准(GB8129-89)将机床数控技术定义为“用数字化信息对机床运动及其加工过程进行控制的一种方法”，简称数控。

数控机床就是采用了数控技术的机床。国际信息处理联盟(International Federation of Information Processing)第五技术委员会对数控机床作了如下定义：“数控机床是一个装有过程控制系统的机床。”换言之，数控机床是一个采用计算机，利用数字信息进行控制的高效、能自动化加工的机床，它能够按照机床规定的数字化代码，把各种机械位移量、工艺参数、辅助功能(如刀具交换、冷却液开关等)表示出来，经过数控系统的逻辑处理和运算，发生各种控制指令，实现要求的机械动作，自动完成零件加工任务。在被加工零件或加工工序变换时，它只需改变控制的指令程序就可以实现新的加工。所以，数控机床是一种灵活性很强、技术密集度及自动化程度很高的机电一体化加工设备。

数控设备的基本结构通常由机床主体、数控装置和伺服系统等部分组成。但对较多的数控设备，在结构上已普遍将其数控装置与伺服系统(执行电机除外)进行了一体化设计，所以，数控设备的基本结构也可归纳为：主要由机床主体和数控系统两大部分组成。

数控设备的构成如图7-1所示。

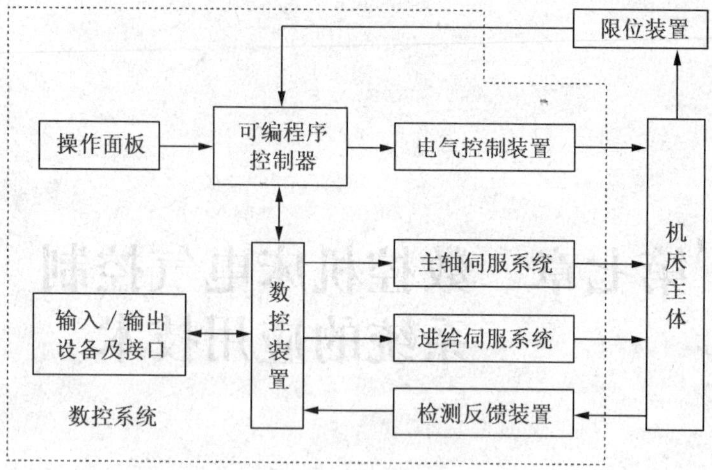

图 7-1 数控设备的构成

一、机床主体

数控设备机床主体的组成部分与该类普通机床基本相同，但为了实现其特殊的整体功能要求，故在其设计上进行了一系列专门的处理。例如，简化了主轴箱及其变速、变向等传动系统；简化了从主轴至工作台（或刀架滑板）间的机械传动结构，使机械传动链较短；广泛采用了提高机床刚性、减小振动及摩擦阻力等措施（如倾斜导轨，构件动平衡，采用滚珠丝杠、滚动导轨等）；增加了多刀架、多工作台、自动送料及自动排屑装置等。

机床本体主要由床身、立柱、工作台、导轨等基础件和刀库、刀架等配套件组成。数控机床由于切削用量大、连续加工发热量大等因素，对加工精度有一定影响。数控加工是自动控制，不能像普通机床那样由人工进行调整、补偿。数控机床的主运动、进给运动都由单独的伺服电机驱动，所以传动链短、结构较简单。除此之外，数控机床还配备有冷却，自动排屑、对刀、测量等配套装置，以利于更有效地发挥数控机床的功能。

机械结构基本组成如下：

(1)主传动系统，其功能是实现主运动，如切削加工等。

(2)进给系统，其功能是实现进给运动，如工作台的前后移动等。

(3)机床基础件（又称机床大件），通常指床身、底座、立柱、滑座和工作台等，它们是整个机床的基础和框架，其功用是支撑机床本体的其他零部件，并保证这些零部件在工作时或者固定在基础件上，或者在它的导轨上运动。

(4)实现某些部件动作和辅助功能的系统和装置，如液压、气动、润滑、冷却、防护和排屑等装置。

(5)刀库、刀架和自动换刀装置。

(6)自动托盘交换装置。

(7)实现工件回转、分度定位的装置和附件，如回转工作台。

(8)特殊功能装置，如刀具破损检测、精度检测和监控装置等。

二、机床数控系统

数控设备的数据处理和控制电路以及伺服机构等统称数控控制系统。数控系统是一种过程控制系统，它能逻辑地处理输入到系统中的数控加工程序，控制数控机床运动并加工出零件。它由程序输入、输出设备、计算机数字控制装置、可编程控制器、主轴进给及驱动装置等组成。

1. 操作面板

它是操作人员与数控装置进行信息交流的工具，由按钮站、状态灯、按键阵列（功能与计算机键盘一样）和显示器组成，如图 7-2 所示。它是数控机床特有部件。

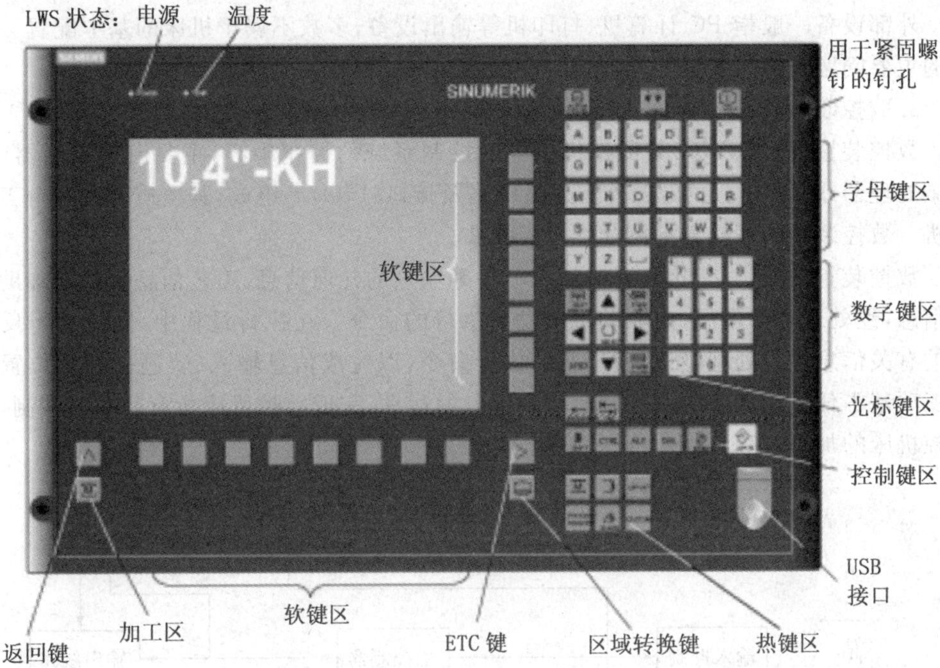

图 7-2　数控机床操作面板

2. 输入/输出设备及接口

数控设备操作人员与数控系统之间的信息交流过程是通过输入/输出设备或接口来完成的。除了操作面板上的键盘及显示器和启动键之外，还有信息输入、存储装置及计算机的通信和联网装置等。交互的信息通常是零件加工程序。即将编制好的记录在控制介质上的零件加工程序输入 CNC 系统或将调试好了的零件加工程序通过输出设备存放或记录在相应的控制介质上。

控制介质是记录零件加工程序的媒介，数控机床常用的控制介质和输入输出设备见表 7-1。

表 7-1 控制介质和输入输出设备表

控制介质	输入设备	输出设备	使用状况
穿孔纸带	纸带阅读机	纸带穿孔机	很少使用
磁　带	磁带机		较少使用
磁　盘	磁盘驱动器		常用

计算机的通信，现代的数控系统除采用输入输出设备进行信息交换外，一般都具有用通信方式进行信息交换的能力。它们是实现 CAD/CAM 的集成、FMS 和 CIMS 的基本技术。采用的方式有：串行通信（RS-232 等串口）、自动控制专用接口和规范（DNC 方式，MAP 协议等）、网络技术（internet，LAN 等）。

外部设备一般指 PC 计算机、打印机等输出设备，多数不属于机床的基本配置。使用中的主要问题与输入装置一样，是匹配问题。

3. 数控装置

数控装置（简称 CNC）是数控机床电气控制系统的控制中心，主要由主控制器（又称为微处理器或 CPU）、运算器、外围逻辑电路及接口（PIO）等组成，其实质就是一台工业计算机。数控装置的逻辑方框图如图 7-3 所示。

数控装置的作用是，接收通过加工程序等输入的几何信息、工艺信息及机床辅助动作等信息，经处理和分配后，向驱动机构发出执行的命令。在执行过程中，同时又将反馈回来的有关信息进行处理，然后发出新的执行命令，以完成信息输入、轨迹插补及位置控制这三项基本任务。从而协调控制机床各部分的运动，完成数控机床所有运动的控制，实现数控机床的加工过程。

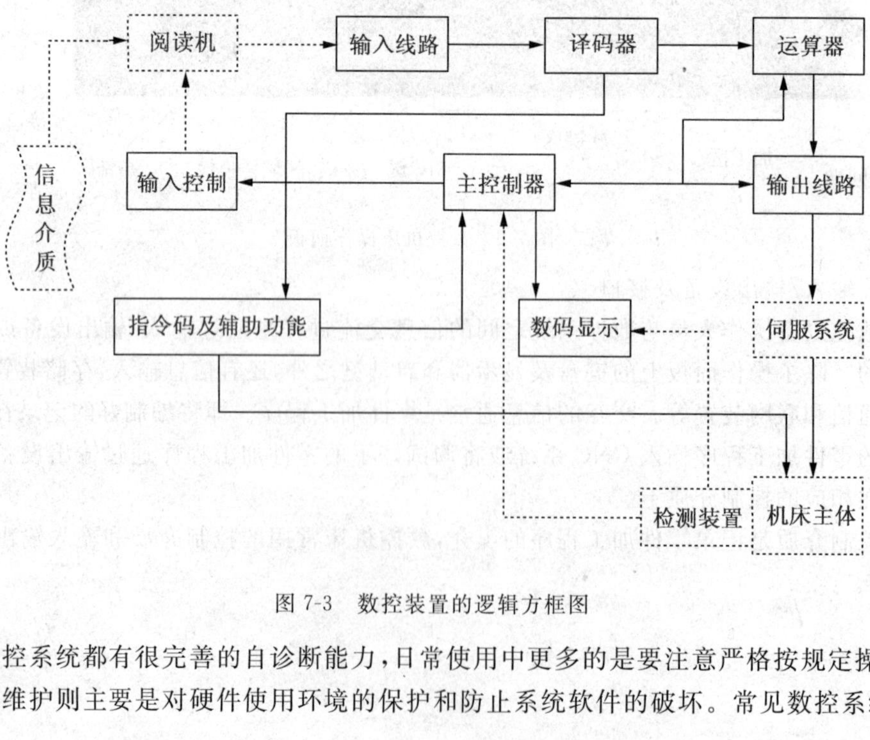

图 7-3　数控装置的逻辑方框图

数控系统都有很完善的自诊断能力，日常使用中更多的是要注意严格按规定操作，而日常的维护则主要是对硬件使用环境的保护和防止系统软件的破坏。常见数控系统的外形如图 7-4 所示。

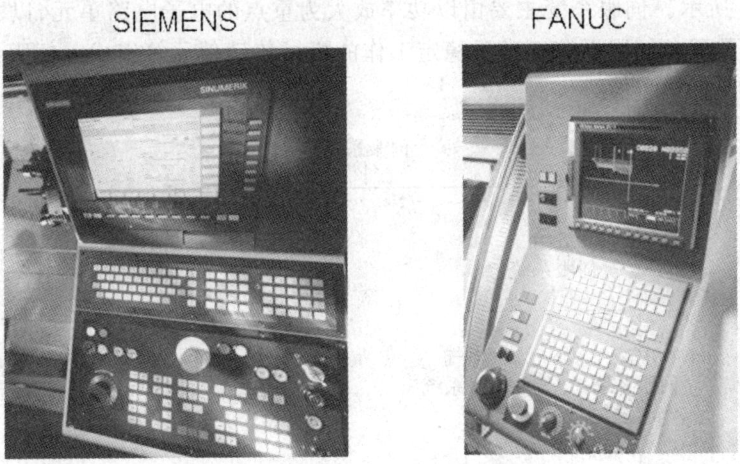

图 7-4　常见数控系统的外形图

4. PLC、机床 I/O 电路和装置

可编程序控制器(简称 PLC)是以 CPU 为基础的自动控制装置。可编程序控制器在数控设备中,通常不采用微机编程语言,而是通过它编制出所需要的顺序,配合数控系统以交换不同处理方式下的控制信息,完成对数控设备的主轴功能(S)、辅助功能(M)及刀具功能(T)的控制。当它与机床电器一起传递其控制的执行信号时,可替代大量的继电器、电磁阀及接触器等,从而提高了机床强电控制的可靠性和灵活性,还可减轻机床数控系统中微处理器(CPU)繁重的工作负担,节省其内存容量。

可编程逻辑控制器是机床各项功能的逻辑控制中心。它将来自 CNC 的各种运动及功能指令进行逻辑排序,使它们能够准确地、协调有序地安全运行;同时将来自机床的各种信息及工作状态传送给 CNC,使 CNC 能及时准确地发出进一步的控制指令,从而实现对整个机床的控制。当代 PLC 多集成于数控系统中,这主要是指控制软件的集成化,而 PLC 硬件则在规模较大的系统中往往采取分布式结构。

PLC 与 CNC 的集成是采取软件接口实现的,一般系统都是将二者间各种通信信息分别指定其固定的存放地址,由系统对所有地址的信息状态进行实时监控,根据各接口信号的现时状态加以分析判断,据此作出进一步的控制命令,完成对运动或功能的控制。不同厂商的 PLC 有不同的 PLC 语言和不同的语言表达形式,因此,力求熟悉某一机床 PLC 程序的前提是先熟悉该机床的 PLC 语言。

机床 I/O 电路和装置是实现 I/O 控制的执行部件(由继电器、电磁阀、行程开关、接触器等组成的逻辑电路,它除了对机床辅助运动和辅助动作(包括电动系统、液压系统、气动系统、冷却箱及润滑油箱等)的控制外,还包括对保护开关、各种行程极限开关和操作盘上所有元件(包括各种按键、操作指示灯、波段开关)的检测和控制。在机床强电控制系统中,可编程控制器(PLC)可替代机床上传统的强电控制中大部分机床电器,从而实现对润滑、冷却、气动、液压和主轴换刀等系统的逻辑控制。

5. 伺服系统

伺服系统是数控设备的驱动执行机构，它又分为主轴伺服系统和进给伺服系统两大类，如图 7-5 所示。伺服系统主要由以功率放大为重点的电子电路单元、以驱动电机为主的执行单元及配合伺服系统正常及稳定工作的机械传动单元等组成。伺服系统的控制过程如图 7-6 所示。

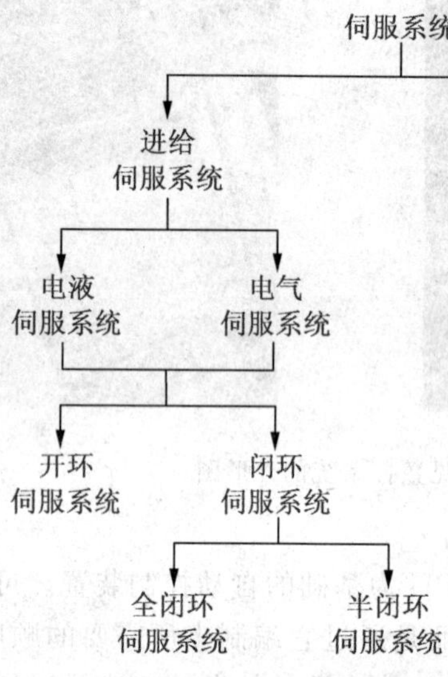

图 7-5　伺服系统的类别

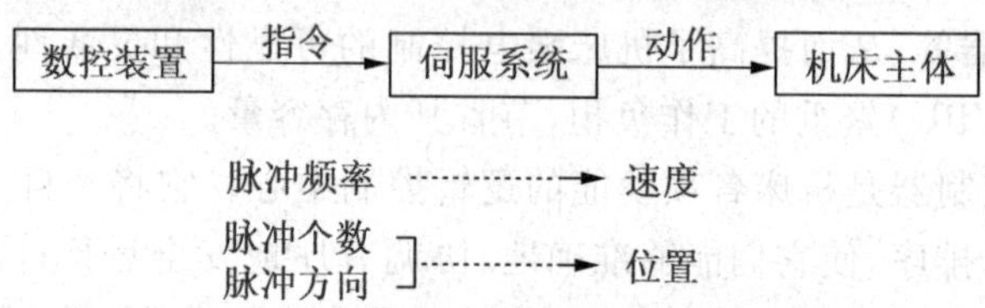

图 7-6　伺服系统的控制过程

主轴伺服系统用于控制主轴的旋转运动，实现在宽范围内速度连续可调，并在每种速度下都能提供切削所需要的功率。它接受来自 CNC 的驱动指令，经速度与转矩（功率）调节输出驱动信号驱动主电动机转动，同时接受速度反馈实施速度闭环控制。它还通过 PLC 将主轴的各种现实工作状态通告 CNC，以完成对主轴的各项功能控制。

主轴驱动系统自身有许多参数设定，这些参数直接影响主轴的转动特性，其中有些不可丢失或改变的，例如指示电动机规格的参数等，有些是可根据运行状态加以调改的，例如零漂等。通常 CNC 中也设有主轴相关的机床数据，并且与主轴驱动系统的参数作用相同，因此要注意二者取一，切勿冲突。

进给伺服系统用于控制机床各坐标轴的切削进给运动，提供切削过程中所需要的扭矩，并可以任意调节运动速度，再配以位置控制系统，可实现对工作台和刀具位置的精确控制。它接受来 CNC 对每个运动坐标轴分别提供的速度指令，经速度与电流（转矩）调节输出驱动信号驱动伺服电机转动，实现机床坐标轴运动，同时接受速度反馈信号实施速度闭环控制。它也通过 PLC 与 CNC 通信，通报现时工作状态并接受 CNC 的控制。进给伺服系统速度调节器的正确调节是最重要的，应该在位置开环的条件下作最佳化调节，既不过冲又要保持一定的硬特性。它受机床坐标轴机械特性的制约，一旦导轨和机械传动链的状态发生变化，就需重调速度环调节器。

6. 检测反馈装置

检测反馈装置的作用是，将检测元件准确测出的直线位移或角位移迅速反馈给数控装置，以便与加工程序给定的指令值进行比较。如果比较出有误差，数控装置将向伺服系统发出新的修正命令，以控制机床有关机构向消除误差的方向进行补偿位移，并如此反复进行，达到消除其误差的目的。

对于数控设备，通常按有、无检测反馈装置将其伺服系统分为开环、闭环及半闭环系统。开环系统无检测反馈装置，其控制精度主要取决于系统的机械传动链和步进电机运行的精度，而闭环系统的控制精度则主要取决于检测反馈装置的精度。

速度测量通常由集装于主轴和进给电动机中的测速机来完成。它将电动机实际转速匹配成电压值送回伺服驱动系统作为速度反馈信号，与指令速度电压值相比较，从而实现速度的精确控制。这里应注意测速反馈电压的匹配连接，并且不要拆卸测速机。由此引起的速度失控多是由于测速反馈线接反或者断线所致。

位置测量较早期的机床使用直线或圆形同步感应器或者旋转变压器，而现代机床多采用光栅尺和数字脉冲编码器作为位置测量组件。它们对机床坐标轴在运行中的实际位置进行直接或间接的测量，将测量值反馈到 CNC 并与指令位移相比较直至坐标轴到达指令位置，从而实现对位置的精确控制。位置环可能出现的故障多为硬件故障，例如位置测量组件受到污染、导线连接故障等。

第二节　数控机床的工作原理及分类

数控机床的确具有普通机床所不具备的许多优点：自动化程度高，可以减轻工人的体力劳动强度；加工的零件一致性好，精度高质量稳定；能实现复杂的运动，生产效率较高；便于产品研制，便于实现计算机辅助制造，有利于生产管理。任何事物都有两重性。数控加工虽有上述各种优点，同时在某些方面也存在不足之处：数控机床单位加工成本较高，只适宜于多品种小批量或中批量生产（占机械加工总量 70％～80％）；加工中的调整相对复杂，维修难度大。

一、数控设备的工作过程

数控机床的工作过程如图 7-7 所示。

（1）对零件图样进行分析，明确加工的内容和要求；确定加工方案；选择适合的数控机床；选择或设计刀具和夹具；确定合理的走刀路线及选择合理的切削用量等。

（2）在确定了工艺方案后，就需要根据零件的几何尺寸、加工路线等，计算刀具中心运动轨迹，以获得刀位数据，编制零件加工程序，并进行程序检验。

（3）将编制好的加工程序通过操作面板上的键盘或输入机将数字信息输送给数控装置。

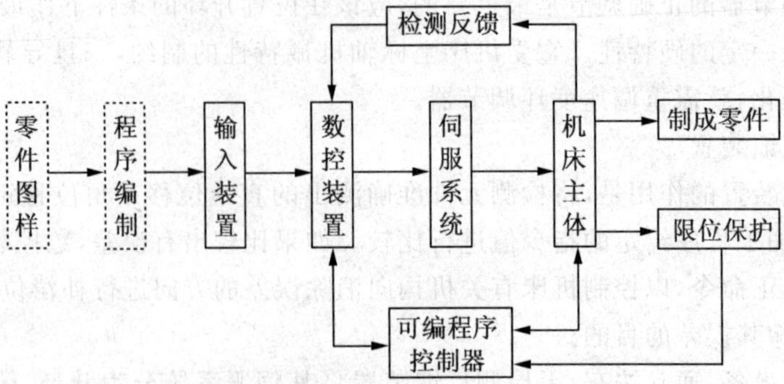

图 7-7　数控设备的工作过程

(4)数控装置将所接收的信号进行一系列处理后，再将处理结果以脉冲信号形式进行分配：一是向进给伺服系统发出进给等执行命令，二是向可编程序控制器发出 S、M、T 等指令信号。

(5)可编程序控制器接到 S、M、T 等指令信号后，即控制机床主体立即执行这些指令，并将机床主体执行的情况实时反馈给数控装置。

(6)伺服系统接到进给执行命令后，立即驱动机床主体的各坐标轴(进给机构)严格按照指令要求准确进行位移，自动完成工件的加工。

(7)在各坐标轴位移过程中，检测反馈装置将位移的实测值迅速反馈给数控装置，以便与指令值进行比较，然后以极快的速度向伺服系统发出补偿执行指令，直到实测值与指令值吻合为止。

(8)在各坐标轴位移过程中，如发生"超程"现象，其限位装置即可向可编程序控制器或直接向数控装置发出某些坐标轴超程的信号，数控系统一方面通过显示器发出报警信号，另一方面则向进给伺服系统发出停止执行命令，以实施超程保护。

综上所述，数控设备的工作原理可归纳为：数控装置内的计算机对通过输入装置以数字和字符编码方式所记录的信息进行一系列处理后，再通过伺服系统及可编程序控制器向机床主轴及进给等执行机构发出指令，机床主体则按照这些指令，并在检测反馈装置的配合下，对工件加工所需的各种动作，如刀具相对于工件的运动轨迹、位移量和进给速度等项要求实现自动控制，从而完成工件的加工。

二、数控机床坐标系

数控机床坐标系中 X、Y、Z 坐标轴的相互关系用右手笛卡尔直角坐标系决定：伸出右手的大拇指、食指和中指，并互为 90°。则大拇指代表 X 坐标轴，食指代表 Y 坐标轴，中指代表 Z 坐标轴。其中，大拇指的指向为 X 坐标的正方向，食指的指向为 Y 坐标的正方向，中指的指向为 Z 坐标的正方向，如图 7-8 所示。

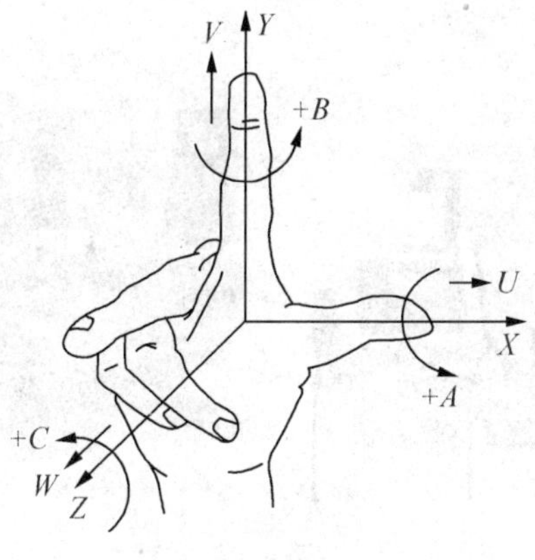

图 7-8　右手笛卡尔直角坐标系

假定刀具相对于固定的工件运动，增大工件和刀具之间距离的方向为运动的正方向。两轴数控车床坐标系如图 7-9 所示，三轴数控铣床坐标系如图 7-10 所示。

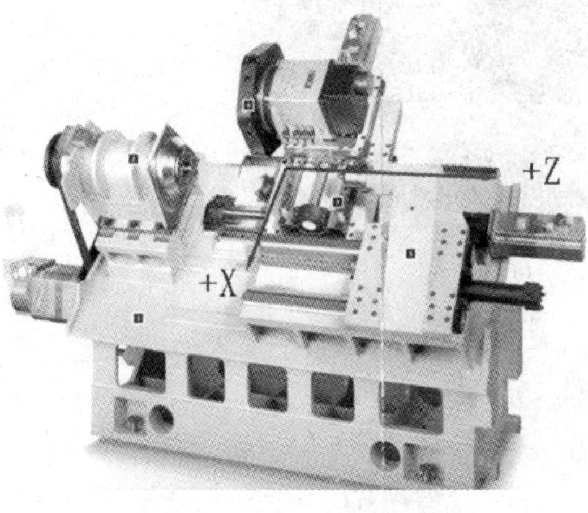

图 7-9　数控车床坐标系

图 7-10　数控铣床坐标系

三、数控机床的分类

数控机床的种类很多，从不同角度对其进行考察，就有不同的分类方法。通常有以下几种不同的分类方法。

1. 按工艺用途分类

(1)金属切削类　属于此类的有数控车床、钻床、铣床、镗床、磨床、齿轮加工机床和加工中心等。数控车床和数控铣床如图 7-11 所示，数控加工中心如图 7-12 所示。

加工中心是有刀库，并且能够自动换刀的数控机床。其中，包括镗铣类加工中心和车削中心。

(a)

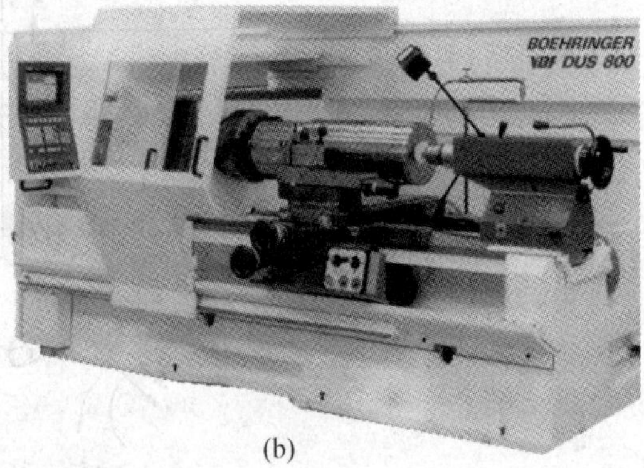

(b)

图 7-11　数控车床和数控铣床

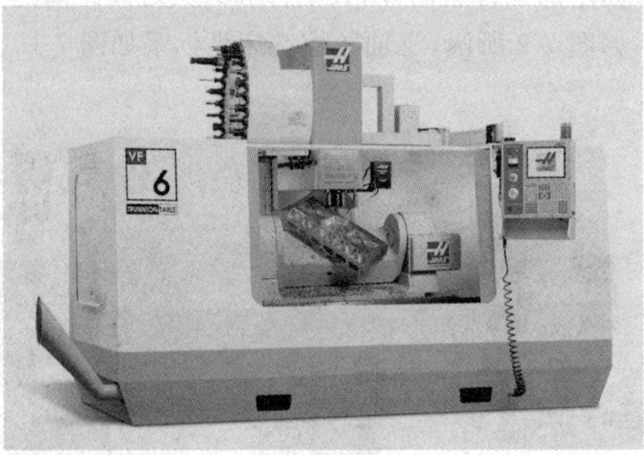

(a)

(b)

图 7-12　数控加工中心

镗铣类加工中心主要用于箱体类零件和复杂曲面零件的加工，能进行铣、镗、钻、攻丝等工序，工件一次装夹后，能自动地完成或接近完成工件各面的所有加工工序。

车削中心以轴类零件为主要加工对象，一般具有 C 轴控制（具有位置控制功能的附加主轴驱动控制)，除可进行车削、镗削外，还可进行端面和周面上任意部位的钻削、铣削和攻丝加工。有的还可以进行各种曲面的铣削加工。

(2)金属成型类　包括数控折弯机、数控弯管机等。

(3)特种加工类　包括数控线切割机床、电火花加工机床及激光切割机等。电火花线切割机床如图 7-13 所示。

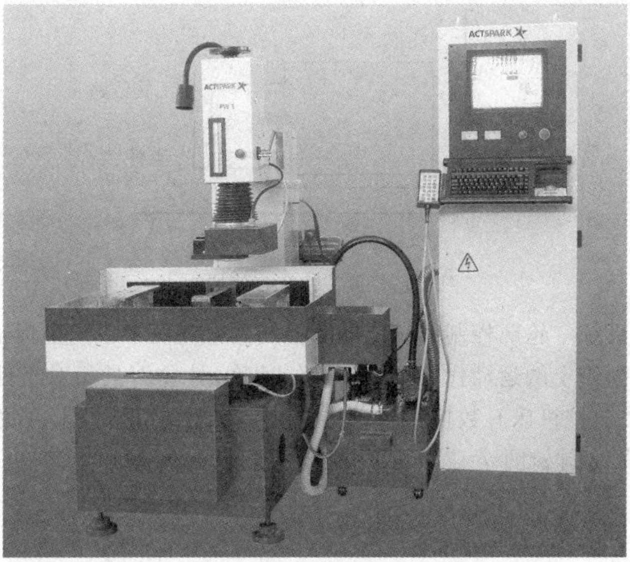

图 7-13　电火花线切割机床

(4)其他类型　包括数控装配机、数控测量机、机器人等。

2. 按运动控制轨迹分类

(1)点位控制系统　点位控制系统只是精确地控制刀具相对工件从一个坐标点移动到另一个坐标点，移动过程中不进行任何切削加工，点与点之间移动轨迹、速度和路线决定了生产率的高低。为了提高加工效率，保证定位精度，系统采用“快速趋近，减速定位”的方法实现控制。这类数控机床有数控钻床、数控镗床和数控冲床等。数控钻床点位控制如图 7-14 所示，A 孔和 B 孔的钻孔加工可以按图中所示两种路线加工。

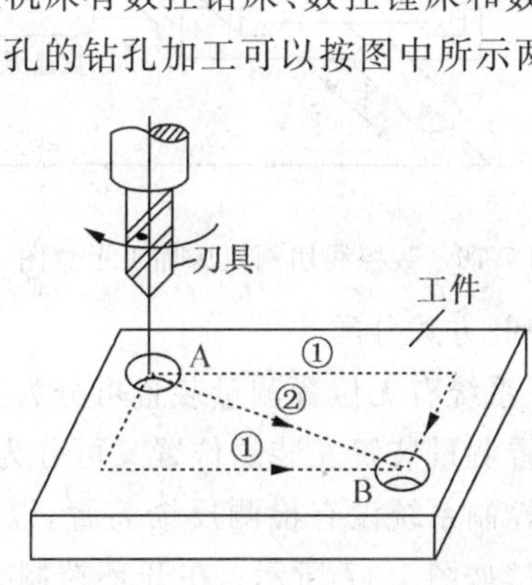

图 7-14　数控钻床点位控制

(2)直线控制系统　直线控制系统不仅要求具有准确的定位功能，而且要控制两点之间刀具移动的轨迹是一条直线，且在移动过程中刀具能以给定的进给速度进行切削加工。直线控制系统的刀具运动轨迹一般是平行于各坐标轴的直线；特殊情况下，如果同时动两套运动部件，其合成运动的轨迹是与坐标轴成一定夹角的斜线。这类数控机床有数控车床、数控镗铣床等。数控铣床直线控制系统如图 7-15 所示。

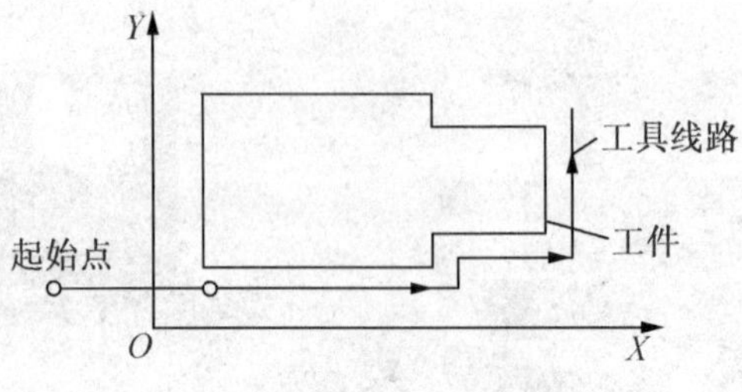

图 7-15　数控铣床直线控制

(3)轮廓控制系统　轮廓控制系统能同时控制两个或两个以上坐标轴，需要进行复杂的插补运算，即根据给定的运动代码指令和进给速度，计算刀具相对工件的运动轨迹，实现连续控制。这类数控机床有数控车床、数控铣床、数控线切割机床、数控加工中心等，数控线切割机床轮廓控制如图 7-16 所示。现代的数控机床基本上装备的都是这种数控系统。

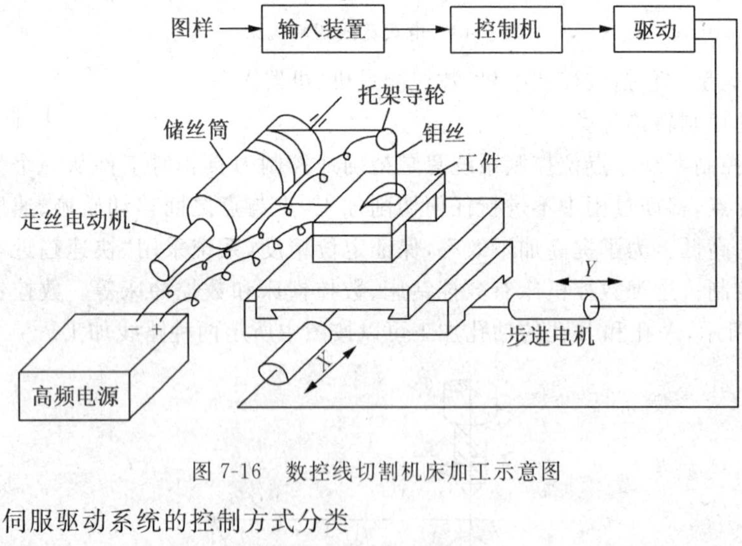

图 7-16　数控线切割机床加工示意图

3. 按照伺服驱动系统的控制方式分类

按数控系统的进给伺服子系统有无位置测量装置可分为开环数控系统和闭环数控系统，在闭环数控系统中根据位置测量装置安装的位置又可分为全闭环和半闭环两种。

(1)开环控制系统　开环控制系统没有检测反馈装置，以步进电机作为驱动元件，由步进驱动装置和步进电机组成，如图 7-17 所示。在开环控制系统中，CNC 装置输出的指令脉冲经驱动电路进行功率放大，控制步进电机转动，再经机床传动机构带动工作台移动。这类系统结构简单、价格低廉，调试和维修都比较方便，但无位置闭环控制，精度主要取决于步进电机及传动机构的精度，因而精度较差。又因为信号流是单向的(数控装置→进给系统)，故系统稳定性好。

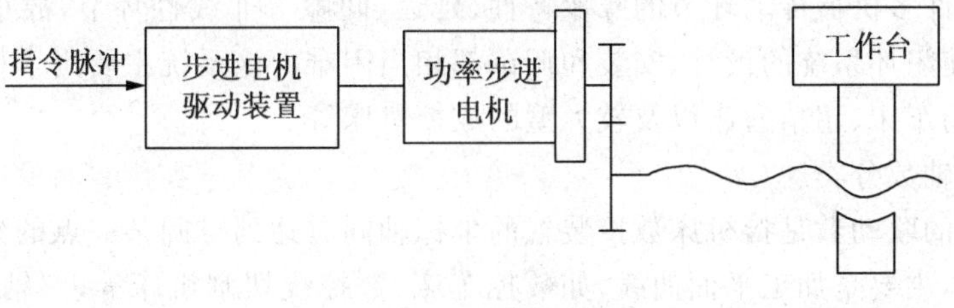

图 7-17　开环控制系统

这类系统具有结构简单、工作稳定、调试方便、维修简单、价格低廉等优点，在精度和速度要求不高、驱动力矩不大的场合得到广泛应用。一般用于经济型数控机床。

(2)半闭环控制系统　半闭环控制系统位置检测装置安装在电动机或丝杠轴端，通过角位移的测量，间接测量机床工作台的实际位置，并与 CNC 装置的指令值进行比较，用差值进行控制。半闭环控制系统以交、直流伺服电机作为驱动元件，由位置比较、速度控制、伺服电机等组成，如图 7-18 所示。

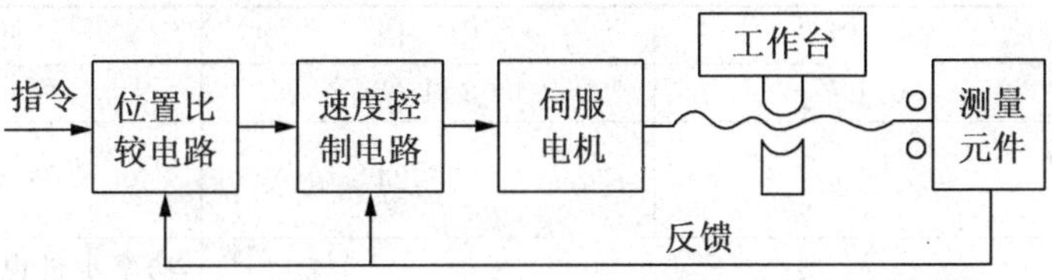

图 7-18　半闭环控制系统

半闭环环路内不包括或只包括少量机械传动环节，因此可获得稳定的控制性能，其系统的稳定性虽不如开环系统，但比闭环要好。由于丝杠的螺距误差和齿轮间隙引起的运动误差难以消除。但可对这类误差进行补偿，因而仍可获得满意的精度。因此，其精度较闭环差，较开环好。半闭环数控系统结构简单、调试方便、精度也较高，因而在现代 CNC 机床中得到了广泛应用。

(3)闭环控制系统　闭环控制系统位置检测装置安装在机床工作台上，直接测量工作台的实际位移，并与 CNC 装置的指令值进行比较，用差值进行控制。闭环控制系统以交直流伺服电机作为驱动元件，用于高精度设备的控制，如图 7-19 所示。

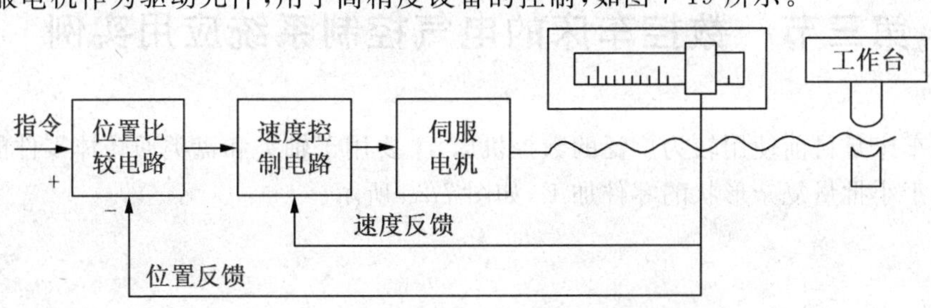

图 7-19　闭环控制系统

闭环控制系统直接从机床的移动部件上获取实际位移量,可调节全部传动环节造成的误差,具有很高的位置控制精度。检测装置的精度对系统的精度影响大。但由于在位置环中存在着许多机械传动环节的摩擦特性、延迟、间隙等非线性环节,故很容易造成系统的不稳定,使闭环系统的设计、安装和调试都相当困难。该系统主要用于精度要求很高的镗铣床、超精车床、超精磨床以及较大型的数控机床等。

4. 按联动轴数分类

数控机床的联动数是指机床数控装置的坐标轴同时达到空间某一点的坐标数目。目前有两轴联动,主要是加工平面曲线,如数控车床、数控线切割机床等;三轴联动,主要是加工空间曲面,如数控铣床;四轴联动和五轴联动,也是主要加工空间曲面的,如加工中心。联动轴数越多,数控系统的控制算法就越复杂。

5. 按照CNC装置的功能水平分类

按照CNC装置的功能水平可大致把数控机床分为高、中、低(经济型)三档。大体上可从分辨率、进给速度、伺服系统、同时控制轴数(联动轴数)、通信功能、显示功能、有无PLC及主CPU水平等几方面加以区分,见表7-2。

表7-2　　按CNC装置功能水平分类表

功　能	高　档	中　档	低　档
分辨率	0.1	1	10
进给速度(mm/min)	15～100	15～24	< 15
伺服系统	交、直流伺服电动机驱动的闭环、半闭环控制伺服系统		功率步进电动机驱动的开环控制伺服系统
控制轴数	3～5轴		2轴(3轴直线)
通信功能	带MAP(或相当)网卡、可以进网	RS-232C、RS-422或DNC通信接口	无或RS-232C通信接口
显示功能	可以进行三维图形显示	CRT(LCD)字符、图形显示	LED显示或CRT字符显示
有无PLC	有		无
主CPU	16位、32位、64位,主流为32位		8位,也有16位

第三节　数控车床的电气控制系统应用实例

数控车床是目前使用较为广泛的数控机床,主要用于轴类和盘类回转体零件的加工,特别适用于小批量复杂形状的零件加工,如图7-20所示。

(a) (b) (c)

图 7-20 数控车床加工零件图

数控车床种类很多，按主轴位置可分为卧式数控车床和立式数控车床，如图 7-21 所示。按可控轴数可分为单轴和双轴。按系统功能可分经济型和全功能型。

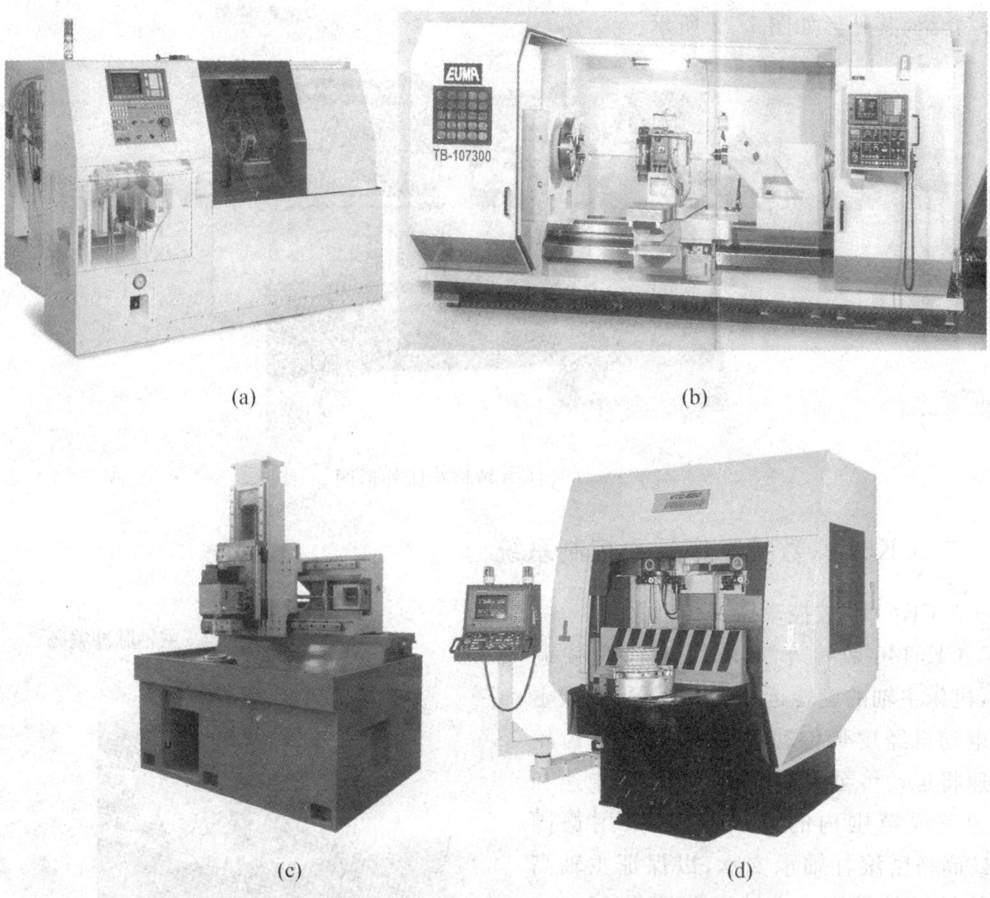

(a) (b)

(c) (d)

图 7-21 卧式数控车床和立式数控车床

数控车床加工效率高、适用性强、操作简便、精度高、稳定性好，特别适用于复杂零件或对精度要求较高的中、大批量生产。

一、数控车床机床的主要结构

数控车床一般由数控装置、床身、主轴箱、刀架进给系统、尾座、液压系统、冷却系统、润滑系统、排屑器等部分组成。机床导轨经超音频淬火、床鞍喷塑提高了机床的精度和使用寿命。

数控车床的机械部分比规格的普通车床更为紧凑和简洁。主轴传动为一级传动，去掉了主轴的变速齿轮箱，采用了变频器实现主轴无级变速。

进给移动装置采用滚珠丝杆，传动效率高、精度高、摩擦小。一般经济型数控车床的进给采用步进电机，进给电机的运动由 NC 装置实现信号控制。

数控车床的刀架能自动转位。换刀电机有步进、直流和异步电机之分，这些电动刀架的旋转、定位由 NC 装置发出信号，控制其动作。

冷却、液压等电气控制和普通机床的控制基本相同。此节以 CK6140 数控车床为例作一介绍，其外形如图 7-22 所示。

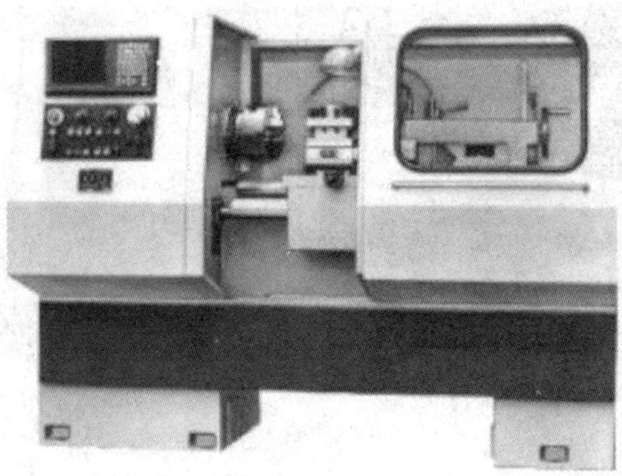

图 7-22　CK6140 数控车床外形图

二、CK6140 数控车床运动控制系统

1. CK6140 数控车床主传动系统

CK6140 数控车床采用主轴变频调速，机床主轴的旋转运动由 5.5kW 变频主轴电动机经皮带传动至 I 轴，经三联齿轮变速将运动传至主轴，并得到低速、中速和高速三段范围内的无级变速，采用德国 IBC 高精密滚柱轴承支承，以保证主轴高速旋转时的精度。主轴通孔直径 65mm，转速达 2100r/min，如图 7-23 所示。

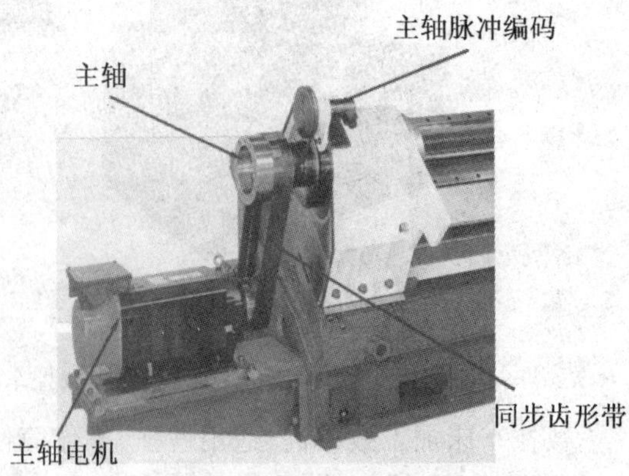

图 7-23　数控车床主传动系统

2. CK6140 数控车床进给系统

机床进给为两轴联动，Z 坐标为大拖板左右运动方向，其运动由 GK6063-6AC31 交流永磁伺服电动机与滚珠丝杠直联实现；X 坐标为中拖板前后运动方向，其运动由 GK6062-6AC31 交流永磁伺服电动机通过同步齿形带及带轮带动滚珠丝杠和螺母实现。如图 7-24 所示。

图 7-24 滚珠丝杠螺母副＋滑动导轨

进给运动配有四工位电动刀架，可满足不同需要的加工，如图 7-25 所示。为保证螺纹车削加工时主轴转一圈，刀架移动一个导程(即被加工螺纹导程)。主轴箱的左侧安装了一光电编码器配合纵向进给交流伺服电动机，主轴至光电编码器的齿轮传动比为 1∶1。

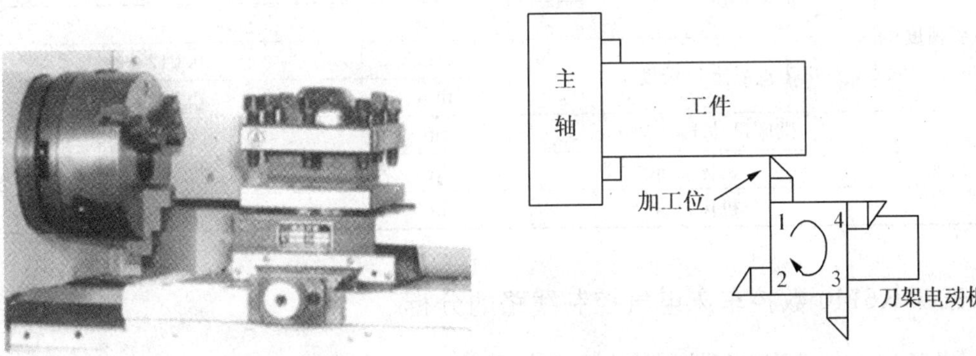

(a) (b)

图 7-25 电动四方刀架外形及加工示意图

3. 辅助运动控制

除上述主要运动形式外，还有电动刀架的转位控制，冷却电动机的起停控制，照明指示控制等，其他辅助运动控制。

CK6140 数控车床的技术参数见表 7-3。

表 7-3　CK6140 数控车床的部分技术参数

<table>
<tr><th colspan="3">项　目</th><th>单　位</th><th>技术规格</th></tr>
<tr><td rowspan="5">加工范围</td><td colspan="2">床身上最大回转直径</td><td>mm</td><td>∅400</td></tr>
<tr><td colspan="2">床鞍上最大回转直径</td><td>mm</td><td>∅180</td></tr>
<tr><td colspan="2">最大车削直径</td><td>mm</td><td>∅240</td></tr>
<tr><td colspan="2">最大工件长度</td><td>mm</td><td>1000</td></tr>
<tr><td colspan="2">最大车削长度</td><td>mm</td><td>800</td></tr>
<tr><td rowspan="7">主轴</td><td colspan="2">主轴通孔直径</td><td>mm</td><td>80</td></tr>
<tr><td colspan="2">主轴头形式</td><td></td><td>IS0702/Ⅱ No. 6</td></tr>
<tr><td colspan="2">主轴转速</td><td>r/min</td><td>36～2000</td></tr>
<tr><td colspan="2">高速</td><td>r/min</td><td>170～2000</td></tr>
<tr><td colspan="2">中速</td><td>r/min</td><td>95～1200</td></tr>
<tr><td colspan="2">低速</td><td>r/min</td><td>36～420</td></tr>
<tr><td colspan="2">主轴电动机功率</td><td>kW</td><td>5.5(变频)</td></tr>
<tr><td rowspan="3">尾座</td><td colspan="2">套筒直径</td><td>mm</td><td>∅55</td></tr>
<tr><td colspan="2">套筒行程(手动)</td><td>mm</td><td>120</td></tr>
<tr><td colspan="2">尾座套筒锥孔</td><td></td><td>MT No. 4</td></tr>
<tr><td rowspan="5">刀架</td><td colspan="2">快速移动速度 X/Z</td><td>m/min</td><td>3/6</td></tr>
<tr><td colspan="2">刀位数</td><td></td><td>4</td></tr>
<tr><td colspan="2">刀方尺寸</td><td>mm</td><td>20×20</td></tr>
<tr><td colspan="2">X 向行程</td><td>mm</td><td>200</td></tr>
<tr><td colspan="2">Z 向行程</td><td>mm</td><td>800</td></tr>
<tr><td rowspan="4">主要精度</td><td rowspan="2">机床定位精度</td><td>X</td><td>mm</td><td>0.030</td></tr>
<tr><td>Z</td><td>mm</td><td>0.040</td></tr>
<tr><td rowspan="2">机床重复定位精度</td><td>X</td><td>mm</td><td>0.012</td></tr>
<tr><td>Z</td><td>mm</td><td>0.016</td></tr>
<tr><td rowspan="3">其他</td><td colspan="2">机床尺寸 L×W×H</td><td>mm</td><td>2140×1200×1600</td></tr>
<tr><td colspan="2">机床毛重</td><td>kg</td><td>2000</td></tr>
<tr><td colspan="2">机床净重</td><td>kg</td><td>1800</td></tr>
</table>

三、CK6140 数控车床电气控制线路的分析

CK6140 数控车床电气控制的主要特点是：

①西门子 SINUMERIK 802C 或 GSK980T 等数控系统，带有标准循环及自诊断功能，多种语言菜单。

②模块结构，可通过 RS232C 接口与 PG 或 PC 连接。

③能与计算机联网实现程序传送和 CAD/CAM 加工。

④刀架可选用四、六工位电动刀架或刀排。

⑤全封闭结构，流线型设计，可根据用户需要选择半封闭或全封闭防护。

CK6140 数控车床电气系统框图如图 7-26 所示。数控系统采用最新高速数字信号处理器 DSP、大规模可编程门列矩阵 PLD 技术和现场工业级高速 CPU，实时控制高速度、

高精度；运用 320×240 点阵 LCD 液晶显示技术，整机结构更为合理。以车床为代表的二坐标联动、普及型全数字数控系统，直接控制交流伺服系统，也可以控制步进伺服系统，符合 ISO 国际代码标准。若配置高性能步进伺服系统，可实现微米级控制，加工精度更高。通过 RS232 端口与微机通信。

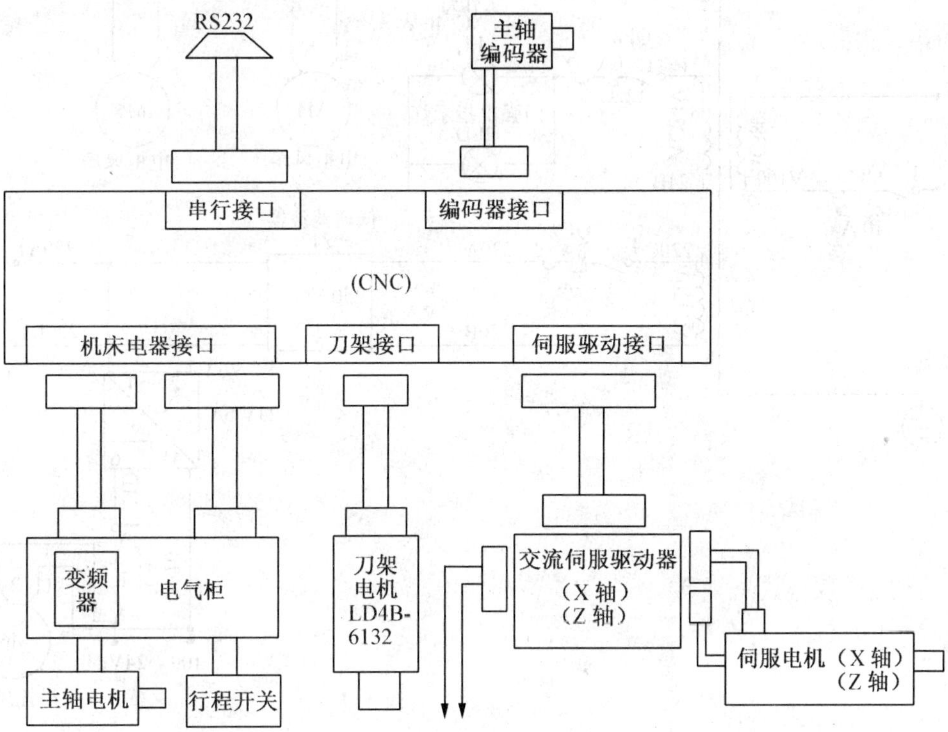

图 7-26　CK6140 数控车床的电气系统框图

1. 电源电路分析

CK6140 数控车床电气控制中的电源回路如图 7-27 所示。

图中 TC2 为控制变压器，初级为 AC380V，次级为 AC110V、AC220V、AC24V，其中 AC110V 给交流接触器线圈和强电柜风扇提供电源；AC24V 给电柜门指示灯、工作灯提供电源；AC220V 通过低通滤波器滤波给伺服模块、电源模块、DC24V 电源提供电源；VCl 为 24V 电源，将 AC220V 转换为 DC24V 电源，给世纪星数控系统、PLC 输入/输出、24V 继电器线圈、伺服模块、电源模块、吊挂风扇提供电源；QF6、QF7、QF8、QF9、QF10 空气开关为电路的短路保护。

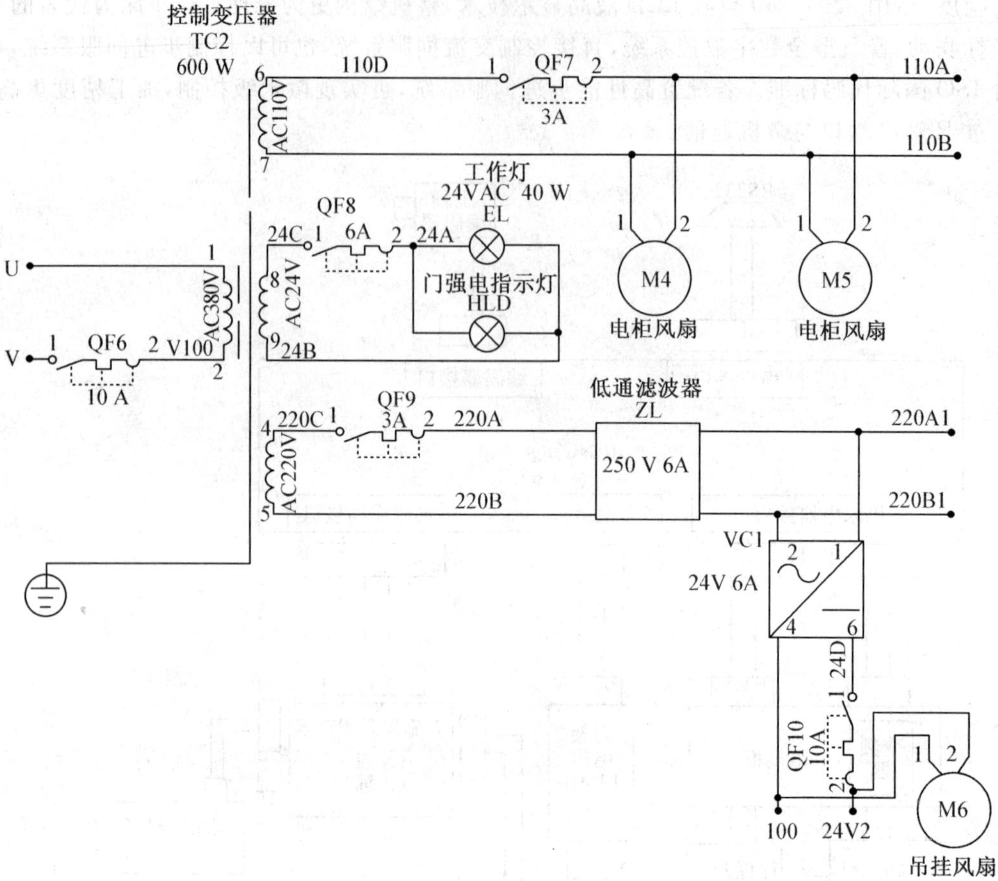

图 7-27　CK6140 数控车床的电源回路图

2. 主回路分析

CK6140 数控车床电气控制中的 AC380V 强电回路如图 7-28 所示。

图 7-28 中 QF1 为电源总开关，QF3、QF2、QF4、QF5 分别为主轴强电、伺服强电、冷却电动机、刀架电动机的空气开关，它们的作用是接通电源及短路、过流时起保护作用；其中 QF4、QF5 带辅助触头，该触点输入到 PLC，作为 QF4、QF5 的状态信号，并且这两个空气开关的保护电流是可调的，可根据电动机的额定电流来调节设定值，起到过流保护作用。KM3、KM1、KM6 分别为主轴电动机、伺服电动机、冷却电动机交流接触器，由它们的主触点控制相应电动机；KM4、KM5 为刀架正反转交流接触器，用于控制刀架的正反转。TCl 为三相伺服变压器，将交流 380V 变为交流 220V，供给伺服电源模块。RC1、RC3、RC4 为阻容吸收，当相应的电路断开后，吸收伺服电源模块、冷却电动机、刀架电动机中的能量，避免产生过电压而损坏器件。

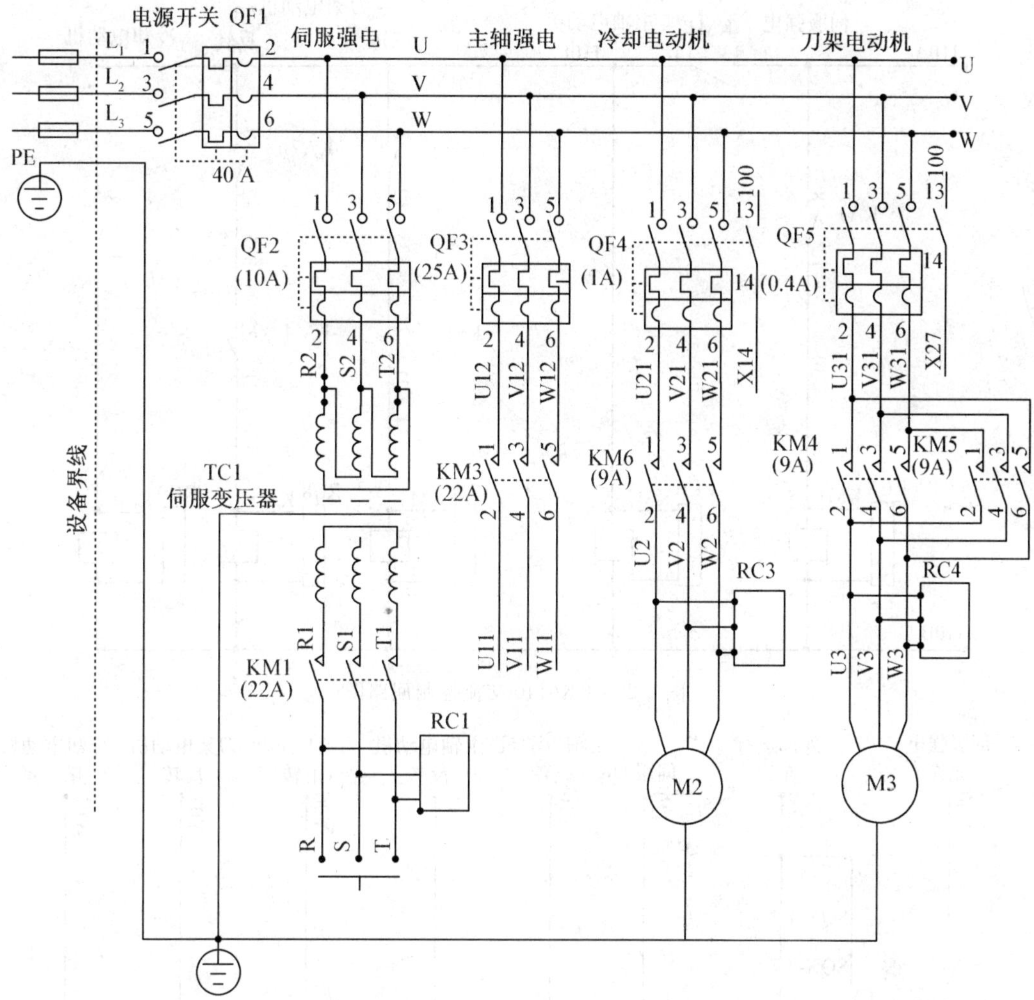

图 7-28　CK6140 数控车床的强电回路图

3. 控制电路分析

CK6140 数控车床电气控制中的交流控制回路如图 7-29 所示，直流控制回路如图 7-30 所示。

(1)主轴电动机的控制　在图 7-28 中，合上机床电源开关 QF1，再合 QF2、QF3 空气开关接通主轴电源，在图 7-30 所示直流控制回路中，当机床未压限位开关、伺服未报警、急停未压下、主轴未报警时，KA2、KA3 继电器线圈通电，继电器触点吸合，并且 PLC 输出点 Y00 发出伺服允许信号，KA1 继电器线圈通电，KA1 触点吸合。在图 7-29 中，KM1 交流接触器线圈通电，交流接触器触点吸合，KM3 主轴交流接触器线圈通电。在图 7-28 中 KM3 交流接触器主触点吸合，主轴变频器加上 AC380V 电压。若有主轴正转或主轴反转及主轴转速指令时(手动或自动)，在图 7-30 中，PLC 输出主轴正转 Y10 或主轴反转 Y11 有效，主轴转速指令输出对应于主轴转速的直流电压值(0～10V)至主轴变频器上，主轴按指令值的转速正转或反转。当主轴速度到达指令值时，主轴变频器输出主轴速度到达信号给 PLC，主轴转动

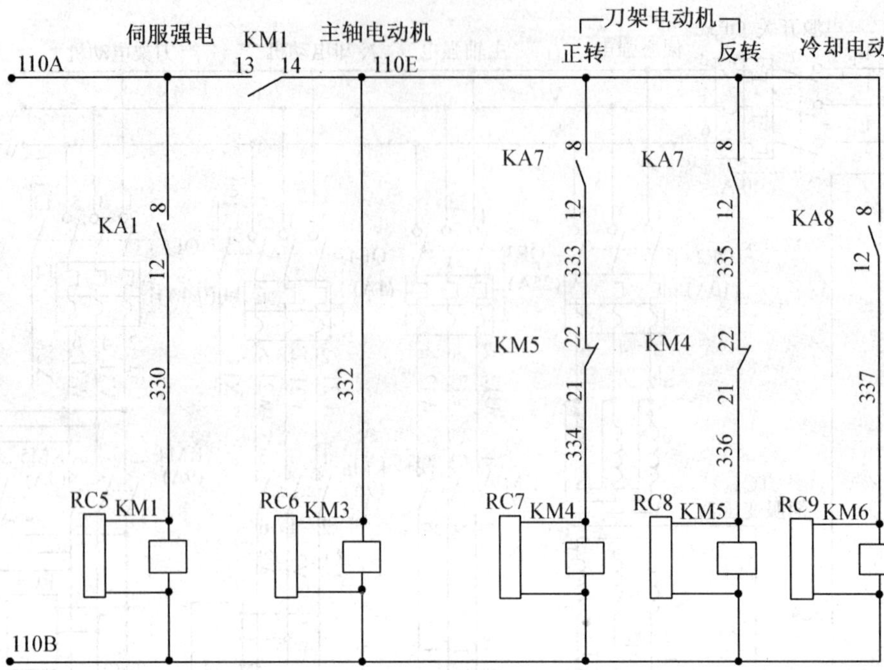

图 7-29　CK6140 交流控制回路图

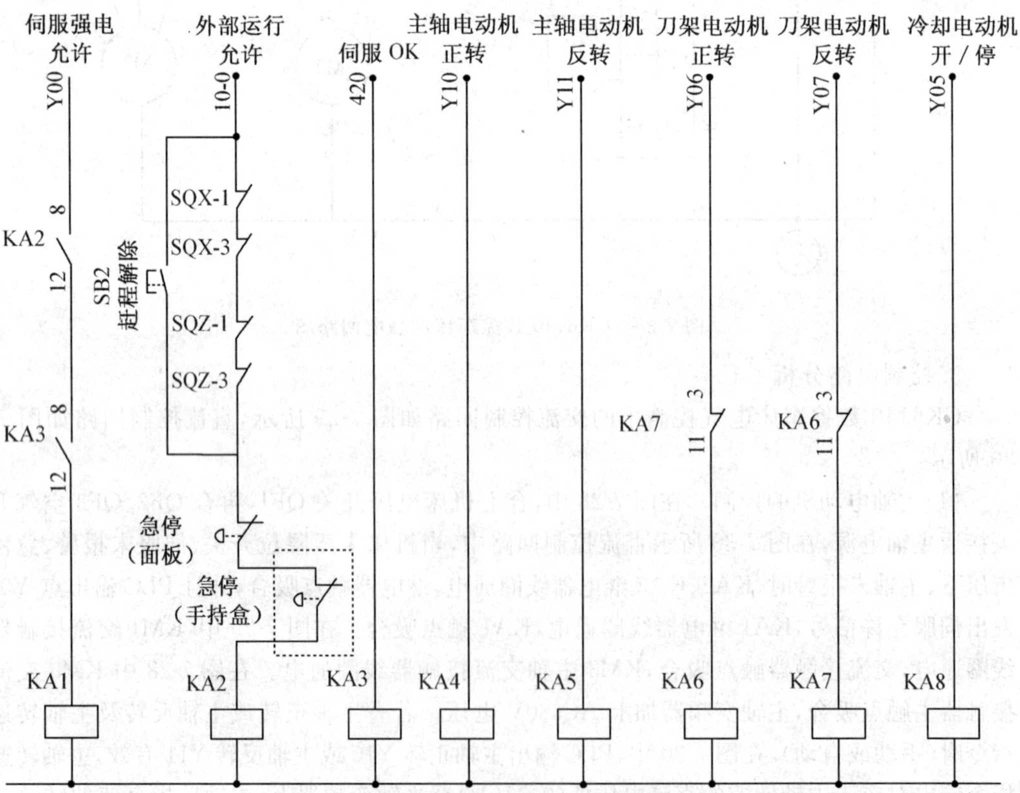

图 7-30　CK6140 直流控制回路图

指令完成。主轴的启动时间、制动时间由主轴变频器内部参数设定。

(2)刀架电动机的控制 当有手动换刀或自动换刀指令时,经过系统处理转变为刀位信号,这时在图 7-30 中,PLC 输出 Y06 有效,KA6 继电器线圈通电,KA6 触点闭合;在图 7-29 中,KM4 交流接触器线圈通电;在图 7-28 中,交流接触器 KM4 主触点吸合,刀架电动机正转。当 PLC 输入点检测到指令刀具所对应的刀位信号时,PLC 输出 Y06 有效撤销,刀架电动机正转停止;接着 PLC 输出 Y07 有效,KA7 继电器线圈通电,KA7 触点闭合,在图 7-29 中 KM5 交流接触器线圈通电,交流接触器 KM5 主触点吸合,刀架电动机反转,延时一定时间后(该时间由数控系统参数设定),并根据现场情况作调整,PLC 输出 Y07 有效撤销,KM5 交流接触器主触点断开,刀架电动机反转停止,换刀过程完成。

为了防止电源短路和电气互锁,在刀架电动机正转继电器接触器线圈回路中串入了反转继电器接触器常闭触点,反转继电器接触器线圈回路中串入了正转继电器接触器常闭触点,进行联锁保护。

注意:刀架转位选刀只能一个方向转动,取刀架电动机正转。刀架电动机反转时,刀架锁紧定位。

(3)冷却泵电动机控制 当有手动或自动发出冷却指令时,图 7-30 中 PLC 输出 Y05 有效,KA8 继电器线圈通电,图 7-29 中 KA8 继电器触点闭合,KM6 交流接触器线圈通电,图 7-28 中 KM6 交流接触器主触点吸合,冷却电动机单相旋转,带动冷却泵工作。

四、CK6140 数控车床常见电气故障的检修

数控机床运行过程就是软件控制下的机床动作过程,完好的硬件、完善的软件和正常的操作是机床正常工作的必要条件。如果机床出现故障停机,应首先检查软件,然后检查硬件。这是因为:

第一,数控机床停机故障多数是由操作不当、加工编程出错、软件出错等引起。

第二,优先检查软件可以不拆开机床系统,若发现问题排除后可省去许多麻烦。

软件故障在软件内容正确后即自行消失,亦被称作可恢复故障。

CK6140 数控车床常见电气故障检修如下:

1. 机床无电源故障

(1)电源变压器初次级电压是否正常,通过仪表进行测量。

(2)电源开关 QF1、QF6、QF7 等是否接触良好,检查电路中是否有短路现象。

2. CRT 不显示故障

(1)检查与 CRT 有关的电缆是否连接完好,插接件是否插好,控制线路有无报警。

(2)检查显示单元的输入电压是否正常,调节器单元是否良好。

(3)检查有无视频信号,如无故障可能在接口电路或主控板上。

3. 返回基准点时故障

(1)不能返回基准点,多是脉冲编码器断线,应检查脉冲编码器连接电缆、抽头。

(2)返回基准点时产生随机偏差,多是外界干扰,如屏蔽地连接不良、信号电缆与电源相距太近等。或是脉冲编码器反馈信号出现问题,如编码器电源电压过低、编码器性能不良、数控系统接口不良等。

4. 机床不能动作故障

(1)数控系统的复位按钮被接通,检查按钮有无机械卡壳,线路短路。

(2)数控系统处于锁住状态,检查软件设定。

(3)系统进给报警,检查进给设定是否错误,设定值是否为零。

5. 手轮不能工作故障

(1)摇动手轮时 CRT 显示不变化且机床不运动,可检查机床是否有锁住,检查是否在手轮方式状态,手轮接口是否良好,然后检查手轮自身是否正常。

(2)摇动手轮时 CRT 显示变化但机床不运动,如机床不处于锁定状态,则故障多出自伺服系统,应检查伺服系统。

6. 电动刀架故障

(1)电动刀架不动作时,应检查电源或控制箱开关位置是否正确;刀架电动机电源相序是否接反;刀架夹紧力是否过大;机械传动结构是否卡死。

(2)电动刀架的每个刀位都转动不停,应检查系统与电动刀架发信盘连线是否断路;刀位上的+24V 电压是否偏低,线路上的上拉电阻开路。如接线和电压都正常,就应检查电动刀架上霍尔元件的好坏和磁块的磁性是否不强了。

(3)电动刀架锁不紧,应检查发信盘位置是否对正了,应拆开刀架顶盖,旋转并调整发信盘位置,使刀架的霍尔元件对准磁块,使刀架停在准确位置。或是系统反锁时间不够,使锁定机构未完全到位,应调整 CNC 系统参数中刀架电机的反转时间参数。

7. 主轴系统常见故障

(1)主轴转速与进给不匹配　当进行螺纹切削或用每转进给指令切削时,会出现停止进给、主轴仍然运转的故障。主轴有一个每转一个脉冲的反馈信号,一般为主轴变频器有问题。可查 CRT 报警或用每分钟进给指令代替。

(2)转速偏离指令值　主轴实际转速超过所规定的范围时要考虑,电机过载、CNC 输出没有达到与转速指令对应值、测速装置有故障、主轴驱动装置故障。

(3)主轴电动机不转　CNC 是否有速度信号输出;使能信号是否接通、CTR 观察 I/O 状态、分析 PLC 梯形图以确定主轴的启动条件(润滑、冷却);主轴驱动故障;主轴电机故障。

习　题

7-1 数控机床的基本构成有哪些?

7-2 数控机床的定义是什么?

7-3 数控机床的工作过程是怎样的?

7-4 数控机床的坐标系是如何规定的?

7-5 数控机床是怎样进行分类的?

7-6 数控车床机床的主要结构有哪些?

7-7 CK6140 数控车床运动控制系统有几部分构成?

7-8 数控车床电气控制系统出现故障时,应怎样进行故障诊断?

参考文献

1. 常斗南等编．可编程序控制器原理·应用·实验．北京:机械工业出版社,2004.
2. 曾毅等编著．变频调速控制系统的设计与维护．2版．济南:山东科学技术出版社,2002.
3. 王兆晶主编．维修电工(高级)．北京:机械工业出版社,2007.
4. 王兆晶主编．维修电工(中级)．北京:机械工业出版社,2006.
5. 陈红康,王兆晶主编．设备电器控制与PLC技术．山东大学出版社,2006.
6. 李敬梅主编,电力拖动控制线路与技能训练．4版.北京:中国劳动和社会保障出版社,2007.
7. 王兆晶主编,劳动和社会保障部教材办公室．变频变流技术．北京:中国劳动社会保障出版社,2006.
8. 廖兆荣主编．数控机床电气控制．北京:高等教育出版社,2005.
9. 胡学林等编．可编程序控制器教程(基础篇)．北京:电子工业出版社,2003.
10. 余雷声等编．电气控制与PLC应用．北京:机械工业出版社,2004.
11. 张凤珊等编．电气控制及可编程序控制器．北京:中国轻工业出版社,2002.
12. 宋书中主编．交流调速系统．北京:机械工业出版社,2002.
13. 陈伯实等编．交流调速系统．北京:机械工业出版社,2005.
14. 机械工业技师培训教材编审委员会．维修电工技术培训教材．北京:机械工业出版社,2005.
15. 侯崇升主编．现代调速控制系统．北京:机械工业出版社,2006.
16. 房金菁,阎伟主编．电气控制．济南:山东科学技术出版社,2005.

图书在版编目(CIP)数据

电气控制与 PLC 技术/王兆晶主编．—2 版．—济南：山东大学出版社，2011．1
(2015．8 重印)

ISBN 978-7-5607-3906-9

Ⅰ．电…

Ⅱ．王…

Ⅲ．①电气控制—高等学校：技术学校—教材
②可编程序控制器—高等学校：技术学校—教材

Ⅳ．TM921．5　TP332．3

中国版本图书馆 CIP 数据核字(2009)第 134448 号

山东大学出版社出版发行

(山东省济南市山大南路 20 号　邮政编码：250100)

山东省新华书店经销

济南铁路印刷厂印刷

787×1092 毫米　1/16　18．75 印张　433 千字

2011 年 1 月第 2 版　2015 年 8 月第 3 次印刷

定价：32．80 元